GUOSHU
JIAGONG JISHU

高职高专"十一五"规划教材

★食品类系列

果蔬加工技术

祝战斌 主编

化学工业出版社

·北京·

本书共设十一章，各章以阐述不同果蔬产品的加工工艺为主，明确介绍产品质量标准。内容涵盖果蔬的基本化学组成、果蔬加工的基础知识、果蔬罐藏制品加工技术、果蔬干制品加工技术、果蔬汁加工技术、果蔬糖制品加工技术、蔬菜腌制品加工技术、果酒酿造技术、果蔬速冻制品加工技术、果蔬 MP 加工技术、果蔬副产品加工及综合利用。为方便读者更好地熟悉并与生产实际结合，本书将近年来果蔬加工生产中的新技术、新工艺渗透到教材之中，使教材内容与生产实际密切结合。本书突出实用性和职业性，强化对学生职业岗位能力的培养。

本教材适用高职高专食品类专业、农产品加工等相关专业选用，并可作为岗前、就业、转岗的培训教材。

图书在版编目（CIP）数据

果蔬加工技术/祝战斌主编. —北京：化学工业出版社，2008.5
（2023.1 重印）
高职高专"十一五"规划教材★食品类系列
ISBN 978-7-122-02567-8

Ⅰ. 果… Ⅱ. 祝… Ⅲ.①水果加工-高等学校：技术学院-教材
②蔬菜加工-高等学校：技术学院-教材 Ⅳ. TS255.36

中国版本图书馆 CIP 数据核字（2008）第 064220 号

责任编辑：梁静丽　李植峰　郎红旗　　　　装帧设计：风行书装
责任校对：宋　夏

出版发行：化学工业出版社（北京市东城区青年湖南街 13 号　邮政编码 100011）
印　　装：北京虎彩文化传播有限公司
787mm×1092mm　1/16　印张 16¾　字数 416 千字　2023 年 1 月北京第 1 版第 11 次印刷

购书咨询：010-64518888　　　　　　　　　　　售后服务：010-64518899
网　　址：http://www.cip.com.cn
凡购买本书，如有缺损质量问题，本社销售中心负责调换。

定　　价：38.00 元　　　　　　　　　　　　　　　　　　版权所有　违者必究

高职高专食品类"十一五"规划教材建设委员会成员名单

主 任 委 员　贡汉坤　逯家富
副主任委员　杨宝进　朱维军　于　雷　刘　冬　徐忠传　朱国辉　丁立孝
　　　　　　李靖靖　程云燕　杨昌鹏
委　　　员　（按照姓名汉语拼音排序）
　　　　　　边静玮　蔡晓雯　常　锋　程云燕　丁立孝　贡汉坤　顾鹏程
　　　　　　郝亚菊　郝育忠　贾怀峰　李崇高　李春迎　李慧东　李靖靖
　　　　　　李伟华　李五聚　李　霞　李正英　刘　冬　刘　靖　娄金华
　　　　　　陆　旋　逯家富　秦玉丽　沈泽智　石　晓　王百木　王德静
　　　　　　王方林　王文焕　王宇鸿　魏庆葆　翁连海　吴晓彤　徐忠传
　　　　　　杨宝进　杨昌鹏　杨登想　于　雷　臧凤军　张百胜　张　海
　　　　　　张奇志　张　胜　赵金海　郑显义　朱国辉　朱维军　祝战斌

高职高专食品类"十一五"规划教材编审委员会成员名单

主 任 委 员　莫慧平
副主任委员　魏振枢　魏明奎　夏　红　翟玮玮　赵晨霞　蔡　健
　　　　　　蔡花真　徐亚杰
委　　　员　（按照姓名汉语拼音排序）
　　　　　　艾苏龙　蔡花真　蔡　健　陈红霞　陈月英　陈忠军　初　峰
　　　　　　崔俊林　符明淳　顾宗珠　郭晓昭　郭　永　胡斌杰　胡永源
　　　　　　黄卫萍　黄贤刚　金明琴　李春光　李翠华　李东凤　李福泉
　　　　　　李秀娟　李云捷　廖　威　刘红梅　刘　静　刘志丽　陆　霞
　　　　　　孟宏昌　莫慧平　农志荣　庞彩霞　邵伯进　宋卫江　隋继学
　　　　　　陶令霞　汪玉光　王立新　王丽琼　王卫红　王学民　王雪莲
　　　　　　魏明奎　魏振枢　吴秋波　夏　红　熊万斌　徐亚杰　严佩峰
　　　　　　杨国伟　杨芝萍　余奇飞　袁　仲　岳　春　翟玮玮　詹忠根
　　　　　　张德广　张海芳　张红润　赵晨霞　赵晓华　周晓莉　朱成庆

高职高专食品类"十一五"规划教材建设单位

（按照汉语拼音排序）

北京电子科技职业学院
北京农业职业学院
滨州市技术学院
滨州职业学院
长春职业技术学院
常熟理工学院
重庆工贸职业技术学院
重庆三峡职业技术学院
东营职业学院
福建华南女子职业学院
福建宁德职业技术学院
广东农工商职业技术学院
广东轻工职业技术学院
广西农业职业技术学院
广西职业技术学院
广州城市职业学院
海南职业技术学院
河北交通职业技术学院
河南工贸职业技术学院
河南农业职业学院
河南濮阳职业技术学院
河南商业高等专科学校
河南质量工程职业学院
黑龙江农业职业技术学院
黑龙江畜牧兽医职业学院
呼和浩特职业学院
湖北大学知行学院
湖北轻工职业技术学院
黄河水利职业技术学院
济宁职业技术学院
嘉兴职业技术学院
江苏财经职业技术学院
江苏农林职业技术学院
江苏食品职业技术学院
江苏畜牧兽医职业技术学院
江西工业贸易职业技术学院
焦作大学
荆楚理工学院
景德镇高等专科学校
开封大学
漯河医学高等专科学校
漯河职业技术学院
南阳理工学院
内江职业技术学院
内蒙古大学
内蒙古化工职业学院
内蒙古农业大学职业技术学院
内蒙古商贸职业学院
平顶山工业职业技术学院
日照职业技术学院
陕西宝鸡职业技术学院
商丘职业技术学院
深圳职业技术学院
沈阳师范大学
双汇实业集团有限责任公司
苏州农业职业技术学院
天津职业大学
武汉生物工程学院
襄樊职业技术学院
信阳农业高等专科学校
杨凌职业技术学院
永城职业学院
漳州职业技术学院
浙江经贸职业技术学院
郑州牧业工程高等专科学校
郑州轻工职业学院
中国神马集团
中州大学

《果蔬加工技术》编写人员名单

主　　编　祝战斌　（杨凌职业技术学院）
副 主 编　李海林　（苏州农业职业技术学院）
　　　　　黄贤刚　（日照职业技术学院）
编写人员　（按照姓名汉语拼音排序）
　　　　　崔俊林　（重庆三峡职业学院）
　　　　　黄贤刚　（日照职业技术学院）
　　　　　李海林　（苏州农业职业技术学院）
　　　　　李正英　（内蒙古农业大学职业技术学院）
　　　　　冉　娜　（海南职业技术学院）
　　　　　汪慧华　（北京农业职业学院）
　　　　　袁玉超　（郑州牧业工程高等专科学校）
　　　　　袁　仲　（商丘职业技术学院）
　　　　　张海芳　（内蒙古化工职业学院）
　　　　　郑显义　（四川内江职业技术学院）
　　　　　祝战斌　（杨凌职业技术学院）

序

作为高等教育发展中的一个类型，近年来中国的高职高专教育蓬勃发展，"十五"期间是其跨越式发展阶段，高职高专教育的规模空前壮大，专业建设、改革和发展思路进一步明晰，教育研究和教学实践都取得了丰硕成果。各级教育主管部门、高职高专院校以及各类出版社对高职高专教材建设给予了较大的支持和投入，出版了一些特色教材，但由于整个高职高专教育改革尚处于探索阶段，故而"十五"期间出版的一些教材难免存在一定程度的不足。课程改革和教材建设的相对滞后也导致目前的人才培养效果与市场需求之间还存在着一定的偏差。为适应高职高专教学的发展，在总结"十五"期间高职高专教学改革成果的基础上，组织编写一批突出高职高专教育特色，以培养适应行业需要的高级技能型人才为目标的高质量的教材不仅十分必要，而且十分迫切。

教育部《关于全面提高高等职业教育教学质量的若干意见》（教高〔2006〕16号）中提出将重点建设好3000种左右国家规划教材，号召教师与行业企业共同开发紧密结合生产实际的实训教材。"十一五"期间，教育部将深化教学内容和课程体系改革、全面提高高等职业教育教学质量作为工作重点，从培养目标、专业改革与建设、人才培养模式、实训基地建设、教学团队建设、教学质量保障体系、领导管理规范化等多方面对高等职业教育提出新的要求。这对于教材建设既是机遇，又是挑战，每一个与高职高专教育相关的部门和个人都有责任、有义务为高职高专教材建设做出贡献。

化学工业出版社为中央级综合科技出版社，是国家规划教材的重要出版基地，为中国高等教育的发展做出了积极贡献，被新闻出版总署领导评价为"导向正确、管理规范、特色鲜明、效益良好的模范出版社"，最近荣获中国出版政府奖——先进出版单位奖。依照教育部的部署和要求，2006年化学工业出版社在"教育部高等学校高职高专食品类专业教学指导委员会"的指导下，邀请开设食品类专业的60余家高职高专骨干院校和食品相关行业企业作为教材建设单位，共同研讨开发食品类高职高专"十一五"规划教材，成立了"高职高专食品类'十一五'规划教材建设委员会"和"高职高专食品类'十一五'规划教材编审委员会"，拟在"十一五"期间组织相关院校的一线教师和相关企业的技术人员，在深入调研、整体规划的基础上，编写出版一套食品类相关专业基础课、专业课及专业相关外延课程教材——"高职高专'十一五'规划教材★食品类系列"。该批教材将涵盖各类高职高专院校的食品加工、食品营养与检测和食品生物技术等专业开设的课程,从而形成优化配套的高职高专教材体系。目前,该套教材的首批编写计划已顺利实施,首批60余本教材将于2008年陆续出版。

该套教材的建设贯彻了以应用性职业岗位需求为中心,以素质教育、创新教育为基础,以学生能力培养为本位的教育理念;教材编写中突出了理论知识"必需"、"够用"、"管用"的原则;体现了以职业需求为导向的原则;坚持了以职业能力培养为主线的原则;体现了以常规技术为基础、关键技术为重点、先进技术为导向的与时俱进的原则。整套教材具有较好的系统性和规划性。此套教材汇集众多食品类高职高专院校教师的教学经验和教改成果,又得到了相关行业企业专家的指导和积极参与,相信它的出版不仅能较好地满足高职高专食品类专业的教学需求,而且对促进高职高专课程建设与改革、提高教学质量也将起到积极的推动作用。希望每一位与高职高专食品类专业教育相关的教师和行业技术人员,都能关注、参与此套教材的建设,并提出宝贵的意见和建议。毕竟,为高职高专食品类专业教育服务,共同开发、建设出一套优质教材是我们应尽的责任和义务。

贡汉坤

前　言

中国加入WTO后，果蔬产品全面地参与国际市场的竞争，预计到2010年，中国的水果和蔬菜总产量将分别达到1亿吨和6亿吨。丰富的果蔬资源为果蔬加工业的发展提供了充足的原料。因此，果蔬加工业作为一个新兴产业，在中国农业和农村经济发展中的地位日趋重要，已成为中国广大农村和农民最主要的经济来源和农村新的经济增长点，成为极具外向型发展潜力的区域性特色、高效农业产业和中国农业的支柱性产业。随着果蔬加工业的发展，其对高技能人才的需求量也越来越大，并对人才提出更高的要求。正是在这一背景下，化学工业出版社组织编写这本《果蔬加工技术》教材，以满足市场对果蔬加工业高技能人才的需求和高等职业教育对高技能人才培养的需要。

本教材在编写过程中，根据教育部《关于全面提高高等职业教育教学质量的若干意见》（教高〔2006〕16号）的精神，坚持"理论够用、重点强化学生职业技能培养"的基本原则，广泛收集了国内外果蔬加工方面的新技术、新工艺、新方法、新设备，并结合编者多年的教学与生产实践，对各类果蔬加工基本原理、生产工艺、产品质量标准及常见的质量问题、解决途径等作了翔实介绍，侧重实践，操作及强化学生职业技能训练，力求内容系统且有实用价值。

本教材共分十章，编写分工为：绪论、第二～六章的实训部分由祝战斌编写；第一章由李海林编写；第二章由郑显义编写；第三章由张海芳编写；第四章第一、二节由冉娜编写；第四章第三、四节、第九章由黄贤刚编写；第五章由袁玉超编写；第六章由崔俊林编写；第七章由李正英编写；第八章由汪慧华编写；第十章由袁仲编写。全书由祝战斌制定编写提纲，并进行统稿。

由于编者水平有限，书中错误或不当之处在所难免，敬请同行专家和广大读者批评指正。

编者

2008年5月

目 录

绪论 ·········· 1
 一、中国发展果蔬加工业的重要意义 ······ 1
 二、中国果蔬加工业的现状 ············ 1
 三、中国果蔬加工业存在的主要问题 ······ 3
 四、国内外果蔬加工业的发展趋势 ········ 4
 五、中国果蔬加工业的发展对策 ·········· 6

第一章 果蔬加工基础知识 ············ 7
【教学目标】 ··················· 7
第一节 果蔬的基本化学组成 ············ 7
 一、水分 ···················· 7
 二、碳水化合物 ················ 8
 三、有机酸 ·················· 12
 四、单宁物质 ················· 13
 五、色素物质 ················· 14
 六、芳香物质 ················· 16
 七、维生素 ·················· 17
 八、矿物质 ·················· 18
 九、含氮物质 ················· 18
 十、酶 ····················· 19
第二节 果蔬加工原理 ··············· 19
 一、食品败坏的原因及控制 ········· 19
 二、食品保藏的方法 ············· 20
第三节 果蔬加工原料的选择 ············ 23
 一、原料的种类和品种 ············ 23
 二、原料的成熟度和采收期 ········· 24
 三、原料的新鲜度 ··············· 24
第四节 果蔬加工原料预处理 ············ 25
 一、原料的分级 ················ 25
 二、原料的洗涤 ················ 27
 三、原料去皮 ·················· 28
 四、切分、修整、破碎 ············ 31
 五、硬化处理 ·················· 32
 六、烫漂 ····················· 32
 七、工序间的护色 ··············· 34
【本章小结】 ···················· 36
【复习思考题】 ·················· 36
【实验实训一】 叶绿素变化及护绿 ······ 36

【实验实训二】 酶活性的检验及防止酶褐变 ········· 37

第二章 果蔬罐藏技术 ············· 39
【教学目标】 ····················· 39
第一节 罐头食品的保藏与杀菌 ·········· 39
 一、罐头食品保藏的影响因素 ········ 39
 二、罐头食品杀菌F值的计算 ········ 41
 三、影响杀菌的主要因素 ··········· 43
第二节 罐头食品加工技术 ············· 44
 一、原料选择 ·················· 44
 二、装罐和预封 ················ 45
 三、排气 ····················· 47
 四、密封 ····················· 47
 五、杀菌 ····················· 48
 六、冷却 ····················· 50
 七、保温检查与贴标签 ············ 50
第三节 常见果蔬罐头制品加工技术 ······ 50
 一、梨罐头加工技术 ·············· 50
 二、桃罐头加工技术 ·············· 51
 三、橘子罐头加工技术 ············ 52
 四、菠萝罐头加工技术 ············ 53
 五、盐水蘑菇罐头加工技术 ········· 53
第四节 常见的质量问题及解决途径 ······ 53
 一、罐头外形的变化 ·············· 54
 二、罐头内部的变化 ·············· 55
【本章小结】 ···················· 55
【复习思考题】 ·················· 56
【实验实训三】 糖水梨罐头加工 ······· 56
【实验实训四】 糖水橘子罐头加工 ······ 57

第三章 果蔬干制品加工技术 ········· 60
【教学目标】 ····················· 60
第一节 干制品加工的基本原理 ·········· 60
 一、果蔬中的水分与干制品保藏 ······ 60
 二、干制机理 ·················· 62
 三、影响干燥速度的因素 ··········· 63
 四、原料在干制过程中的变化 ········ 64

第二节　干制方式和设备 …………… 66
　　一、自然干制 ………………………… 66
　　二、人工干制 ………………………… 66
　　三、干制新技术介绍 ………………… 68
第三节　干制品加工技术 ………………… 70
　　一、工艺流程 ………………………… 70
　　二、原料处理 ………………………… 70
　　三、干制过程中的管理 ……………… 70
　　四、干制品的包装 …………………… 71
　　五、干制品贮藏 ……………………… 72
　　六、干制品复水 ……………………… 72
第四节　常见果蔬干制品加工技术 ……… 73
　　一、葡萄干制 ………………………… 73
　　二、柿果干制 ………………………… 73
　　三、黄花菜干制 ……………………… 74
　　四、香菇干制 ………………………… 74
　　五、脱水蒜片 ………………………… 75
第五节　干制品加工中常见的质量问题及
　　　　解决途径 ………………………… 75
　　一、色泽的变化 ……………………… 75
　　二、营养的损失 ……………………… 76
【本章小结】 ……………………………… 76
【复习思考题】 …………………………… 76
【实验实训五】　苹果干的加工 ………… 77

第四章　果蔬汁加工技术 78
【教学目标】 ……………………………… 78
第一节　果蔬汁的分类 …………………… 78
　　一、原果蔬汁 ………………………… 78
　　二、浓缩果蔬汁 ……………………… 79
　　三、果汁粉 …………………………… 79
第二节　果蔬汁加工技术 ………………… 79
　　一、原料的选择 ……………………… 79
　　二、挑选与清洗 ……………………… 79
　　三、原料取汁前预处理 ……………… 79
　　四、榨汁和浸提 ……………………… 80
　　五、粗滤 ……………………………… 82
　　六、澄清果蔬汁的澄清与精滤 ……… 83
　　七、浑浊果蔬汁的均质与脱气 ……… 85
　　八、浓缩果蔬汁的浓缩与脱水 ……… 86
　　九、果蔬汁的调整与混合 …………… 88
　　十、果蔬汁的杀菌与包装 …………… 89
第三节　常见果蔬汁加工技术 …………… 90
　　一、柑橘原汁加工技术 ……………… 91
　　二、苹果原汁加工技术 ……………… 92

　　三、番茄汁加工技术 ………………… 98
第四节　果蔬汁加工中常见的质量问题及
　　　　防止措施 ………………………… 101
　　一、变色 ……………………………… 101
　　二、浑浊果蔬汁的稳定性 …………… 102
　　三、绿色果蔬汁的色泽保持 ………… 103
　　四、柑橘类果汁的苦味与脱苦 ……… 103
　　五、微生物引起的败坏 ……………… 103
【本章小结】 ……………………………… 104
【复习思考题】 …………………………… 104
【实验实训六】　柑橘汁的加工 ………… 105
【实验实训七】　葡萄汁的加工 ………… 106

第五章　果蔬糖制品加工技术 108
【教学目标】 ……………………………… 108
第一节　果蔬糖制品的分类 ……………… 108
　　一、果脯蜜饯类 ……………………… 108
　　二、果酱类 …………………………… 109
第二节　糖制品加工的基本原理 ………… 110
　　一、食糖的种类 ……………………… 110
　　二、食糖的保藏作用 ………………… 111
　　三、食糖的基本性质 ………………… 111
　　四、果胶及其他植物胶 ……………… 115
　　五、糖制品低糖化原理 ……………… 117
第三节　果脯蜜饯加工技术 ……………… 118
　　一、原料的选择与处理 ……………… 118
　　二、原料预加工 ……………………… 119
　　三、糖制 ……………………………… 121
　　四、烘晒与上糖衣 …………………… 122
　　五、包装和贮藏 ……………………… 122
　　六、注意事项 ………………………… 123
第四节　果酱类产品加工技术 …………… 123
　　一、原料的选择与处理 ……………… 123
　　二、加热浓缩 ………………………… 125
　　三、包装 ……………………………… 126
　　四、杀菌冷却 ………………………… 126
　　五、成品量计算 ……………………… 126
第五节　常见糖制品加工技术 …………… 126
　　一、果脯蜜饯类 ……………………… 126
　　二、果酱类 …………………………… 132
第六节　糖制品加工过程中常见的质量
　　　　问题及解决途径 ………………… 134
　　一、糖制品的流汤、返砂、结晶与
　　　　控制 ……………………………… 134
　　二、蜜饯类产品的煮烂、皱缩与控制 … 135

三、糖制品的褐变与控制 …………… 135
　　四、糖制品的霉变、发酵与控制 …… 136
　【本章小结】 ………………………………… 137
　【复习思考题】 ……………………………… 137
　【实验实训八】 苹果脯的加工 …………… 137
　【实验实训九】 冬瓜条的加工 …………… 138
　【实验实训十】 苹果酱的加工 …………… 139

第六章　蔬菜腌制品加工技术 ………… 141
　【教学目标】 ………………………………… 141
　第一节　蔬菜腌制品的分类 ……………… 141
　　一、按工艺与辅料不同分类 ………… 141
　　二、按加工保藏原理分类 …………… 142
　　三、其他分类 ………………………… 143
　第二节　腌制品加工的基本原理 ………… 143
　　一、盐在蔬菜腌制中的作用 ………… 143
　　二、腌制过程中微生物的发酵作用 … 143
　　三、蛋白质的分解及其他生化作用 … 144
　　四、香料与调味料的防腐作用 ……… 145
　　五、腌渍蔬菜的护绿与保脆 ………… 145
　　六、蔬菜腌制与亚硝胺 ……………… 146
　　七、影响腌制的因素 ………………… 146
　第三节　盐渍菜类加工工艺 ……………… 147
　　一、榨菜的加工 ……………………… 147
　　二、冬菜的加工 ……………………… 151
　　三、大头菜的加工 …………………… 153
　　四、芽菜的加工 ……………………… 153
　第四节　酱菜类加工技术 ………………… 154
　　一、酱菜加工工艺流程 ……………… 154
　　二、酱菜加工操作要点 ……………… 154
　第五节　泡酸菜类加工技术 ……………… 156
　　一、泡菜的加工 ……………………… 156
　　二、酸菜的加工 ……………………… 158
　第六节　糖醋菜类加工技术 ……………… 159
　　一、糖醋菜加工工艺流程 …………… 159
　　二、糖醋菜加工操作要点 …………… 159
　第七节　蔬菜腌制品加工中常见的质量
　　　　　问题及解决途径 ………………… 160
　　一、蔬菜腌制品的质量劣变与原因 … 160
　　二、腌制品质量控制与安全性 ……… 161
　　三、酱腌菜生产过程中应把握的质量
　　　　控制和质量管理问题 …………… 161
　【本章小结】 ………………………………… 163
　【复习思考题】 ……………………………… 163
　【实验实训十一】 泡菜的加工 …………… 164

　【实验实训十二】 糖醋菜的加工 ………… 165

第七章　果品酿造技术 …………………… 166
　【教学目标】 ………………………………… 166
　第一节　果酒的分类 ……………………… 166
　　一、按果酒制作方法分类 …………… 166
　　二、按含糖量分类 …………………… 167
　　三、按酒精含量分类 ………………… 167
　　四、按生产果酒的原料分类 ………… 167
　第二节　果酒酿造基本原理 ……………… 167
　　一、果酒的发酵 ……………………… 167
　　二、陈酿 ……………………………… 170
　第三节　葡萄酒酿造技术 ………………… 172
　　一、葡萄酒的分类 …………………… 172
　　二、红葡萄酒的加工 ………………… 172
　　三、白葡萄酒的加工 ………………… 185
　　四、桃红葡萄酒的加工 ……………… 187
　第四节　其他发酵果酒的酿造技术 ……… 187
　　一、苹果酒的加工 …………………… 187
　　二、猕猴桃酒的加工 ………………… 190
　　三、柑橘酒的加工 …………………… 192
　第五节　发酵果酒酿造常见质量问题及
　　　　　解决途径 ………………………… 193
　　一、生膜 ……………………………… 193
　　二、果酒的变味 ……………………… 193
　　三、变色 ……………………………… 194
　　四、浑浊 ……………………………… 195
　第六节　果醋的加工 ……………………… 195
　　一、果醋酿造基本原理 ……………… 195
　　二、果醋酿造技术 …………………… 197
　【本章小结】 ………………………………… 201
　【复习思考题】 ……………………………… 201
　【实验实训十三】 干红葡萄酒生产 ……… 201
　【实验实训十四】 苹果醋的加工 ………… 203

第八章　果蔬速冻制品加工技术 ……… 206
　【教学目标】 ………………………………… 206
　第一节　速冻保藏的原理与过程 ………… 206
　　一、低温对微生物的影响 …………… 206
　　二、低温对酶的影响 ………………… 207
　　三、速冻过程 ………………………… 208
　第二节　果蔬速冻加工技术 ……………… 210
　　一、蔬菜的速冻加工技术 …………… 210
　　二、水果的速冻加工技术 …………… 215
　第三节　果蔬速冻方法及设备 …………… 217

一、直接冻结方法及设备 …………… 217
　　二、间接冻结方法及设备 …………… 217
　第四节　常见速冻果蔬加工技术 ………… 220
　　一、速冻草莓加工技术 ……………… 220
　　二、速冻荷兰豆加工技术 …………… 222
　第五节　果蔬速冻产品常见的质量问题及
　　　　　解决途径 …………………………… 222
　　一、变色 ……………………………… 223
　　二、流汁 ……………………………… 223
　　三、龟裂 ……………………………… 223
　　四、干耗 ……………………………… 223
　【本章小结】 ……………………………… 223
　【复习思考题】 …………………………… 223
　【实验实训十五】　速冻杏的加工 ……… 224
　【实验实训十六】　速冻菠菜的加工 …… 225

第九章　果蔬最少处理加工技术 ………… 227
　【教学目标】 ……………………………… 227
　第一节　MP果蔬加工的基本原理 ……… 227
　　一、控制低温 ………………………… 228
　　二、控制包装气体成分 ……………… 228
　　三、控制褐变及微生物繁殖 ………… 228
　第二节　MP果蔬加工工艺与设备 ……… 229
　　一、MP果蔬加工设备 ……………… 229
　　二、原料选择 ………………………… 233
　　三、原料处理 ………………………… 234
　　四、包装、预冷 ……………………… 235
　　五、冷藏、运销 ……………………… 236
　第三节　常见果蔬MP加工技术 ………… 236
　　一、马铃薯MP加工技术 …………… 236

　　二、花椰菜MP加工技术 …………… 236
　　三、荔枝MP加工技术 ……………… 237
　第四节　MP果蔬加工的常见影响因素 … 237
　　一、切分大小和工具的选择 ………… 237
　　二、清洗和控水 ……………………… 238
　　三、包装 ……………………………… 238
　　四、温度 ……………………………… 238
　　五、其他 ……………………………… 238
　【本章小结】 ……………………………… 239
　【复习思考题】 …………………………… 239
　【实验实训十七】　鲜切西芹的加工 …… 239

第十章　果蔬加工副产物的综合利用 … 241
　【教学目标】 ……………………………… 241
　第一节　果胶的制取 ……………………… 241
　　一、果胶的提取工艺 ………………… 241
　　二、低甲氧基果胶的提取 …………… 243
　　三、果胶提取实例 …………………… 243
　第二节　蛋白质与酶类的提取 …………… 245
　　一、菠萝蛋白酶的提取 ……………… 245
　　二、番茄种子蛋白质的提取 ………… 247
　第三节　色素的提取 ……………………… 248
　　一、辣椒红色素的提取 ……………… 248
　　二、葡萄皮红色素提取 ……………… 251
　【本章小结】 ……………………………… 252
　【复习思考题】 …………………………… 252
　【实验实训十八】　苹果果胶的制取 …… 252

参考文献 ……………………………………… 254

绪　　论

果蔬加工业是中国农产品加工业中具有明显优势和国际竞争力的行业，也是中国食品工业重点发展的行业。果蔬加工业的发展不仅是保证果蔬业迅速发展的重要环节，也是实现采后减损增值、建立现代果蔬产业化经营体系、保证农民增产增收的基础。

一、中国发展果蔬加工业的重要意义

中国水果、蔬菜资源丰富，其中果品产量近7000万吨，蔬菜产量5亿多吨，均居世界第一位。近20年是中国果蔬产业发展最快的阶段，中国果蔬产业已成为仅次于粮食作物的第二大农业产业。

随着中国加入WTO，果蔬产品全面地参与国际市场的竞争，中国的果蔬产业作为一种劳动密集型的产业，因其具备着明显国际竞争优势，必将保持较高的增长速度进一步得到发展。预计到2010年，中国的水果和蔬菜总产量将分别达到1亿吨和6亿吨。丰富的果蔬资源为果蔬加工业的发展提供了充足的原料。因此，果蔬加工业作为一个新兴产业，在中国农业和农村经济发展中的地位日趋重要，已成为中国广大农村和农民最主要的经济来源和农村新的经济增长点，成为极具外向型发展潜力的区域性特色、高效农业产业和中国农业的支柱性产业。

若以目前中国果蔬产量和采后损失率为基准，将水果产后减损15%就等于增产约1000万吨，扩大果园面积1000万亩[1]；蔬菜采后减损10%，就等于增产约4500万吨，扩大菜园面积约2000万亩，则若使果蔬采后损耗降低10%，就可获得约550亿元的直接效益；而果蔬加工转化能力提高10%，则可增加直接经济效益约300亿元。

由此可知，针对目前中国的优势和特色农业产业，积极发展果蔬加工业，不仅能够大量转化果蔬，大幅度提高附加值，增强出口创汇能力，还能够促进相关产业的快速发展，大量吸纳农村剩余劳动力，增加就业机会，促进地方经济和区域性高效农业产业的健康发展。这将大幅度提高中国优势农业和农产品的持续国际竞争力，对调整农业产业结构，提高农产品加工转化能力和附加值，实现农民增收、农业增效，促进农村经济与社会的可持续发展，从根本上缓解"三农"问题，均具有十分重要的战略意义。

二、中国果蔬加工业的现状

（一）果蔬种植及加工已形成优势产业带

目前，中国果蔬产品的出口基地大都集中在东部沿海地区，近年来产业正向中西部扩展，"产业西移"态势十分明显。

中国的脱水果蔬加工主要分布在东南沿海省份及宁夏、甘肃等西北地区，而果蔬罐头、速冻果蔬加工主要分布在东南沿海地区。在浓缩汁、浓缩浆和果浆加工方面，中国的浓缩苹果汁、番茄酱、浓缩菠萝汁和桃浆的加工占有非常明显的优势，形成非常明显的浓缩果蔬加工带，建立了以环渤海地区（山东、辽宁、河北）和西北黄土高原（陕西、山西、河南）两大浓缩苹果汁加工基地；以西北地区（新疆、宁夏和内蒙古）为主的番茄酱加工基地和以华北地区为主的桃浆加工基地；以热带地区（海南、云南等）为主的热带水果（菠萝、芒果和香蕉）浓缩汁与浓缩浆加工基地。而直饮型果蔬及其饮料加工则形成了以北京、上海、浙

---

[1] 1亩=1/15ha=666.67m²。

江、天津和广州等省市为主的加工基地。

（二）技术和装备水平明显提高

1. 果蔬汁加工领域

高效榨汁技术、高温短时杀菌技术、无菌包装技术、酶液化与澄清技术、膜技术等在生产中得到了广泛应用。果蔬加工装备，如苹果浓缩汁和番茄酱的加工设备基本是从国外引进的最先进的设备。在直饮型果蔬汁的加工方面，中国的大企业集成了国际上最先进的技术装备，如从瑞士、德国、意大利等著名的专业设备生产商引进利乐、康美包、PET 瓶无菌灌装等生产线，具备了国际先进水平。

2. 果蔬罐头领域

低温连续杀菌技术和连续化去囊衣技术在酸性罐头（如橘子罐头）中得到了广泛应用；引进了电脑控制的新型杀菌技术，如板栗小包装罐头产品；包装方面 EVOH 材料已经应用于罐头生产；纯乳酸菌的接种使泡菜的传统生产工艺发生了变革，推动了泡菜工业的发展。

3. 脱水果蔬领域

尽管常压热风干燥是蔬菜脱水最常用的方法，但中国能打入国际市场的高档脱水蔬菜大都采用真空冻干技术生产。另外，微波干燥和远红外干燥技术也在少数企业中得到应用。

4. 速冻果蔬领域

近些年，中国的果蔬速冻工艺技术有了许多重大发展。首先是速冻果蔬的形式由整体的大包装转向经过加工鲜切处理后的小包装；其次是冻结方式开始广泛应用以空气为介质的吹风式冻结装置、管架冻结装置、可连续生产的冻结装置、流态化冻结装置等，使冻结的温度更加均匀，生产效益更高；第三是作为冷源的制冷装置也有新的突破，如利用液态氮、液态二氧化碳等直接喷洒冻结，使冻结的温度显著降低，冻结速度大幅度提高，速冻蔬菜的质量全面提升。在速冻设备方面，中国已开发出螺旋式速冻机、流态化速冻机等设备，满足了国内速冻行业的部分需求。

（三）国际市场优势日益明显

在农产品出口贸易中，果蔬加工品占有重要的比重。据统计，2003 年中国农产品出口贸易额为 210 亿美元，其中果蔬及加工品出口额居第二位，达到了近 40 亿美元。2003 年，苹果浓缩汁出口量达到 46 万吨，番茄酱出口量达到 40 万吨，速冻果蔬出口 35 万吨，脱水果蔬出口 21.39 万吨，果蔬罐头 162 万吨，鲜食果蔬出口超过 170 万吨。中国的果蔬汁中，苹果浓缩汁生产能力达到 70 万吨以上，为世界第一位，番茄酱产量位居世界第三，生产能力为世界第二，而直饮型果蔬汁则以国内市场为主。经过多年的发展，逐步建立了稳定的销售网络和国内外两大消费市场。

中国的果蔬罐头产品已在国际市场上占据绝对优势和市场份额，如橘子罐头占世界产量的 75%，占国际贸易量的 80% 以上；蘑菇罐头占世界贸易量的 65%；芦笋罐头占世界贸易量的 70%。蔬菜罐头出口量超过 120 万吨，水果罐头超过 42 万吨。

中国脱水蔬菜出口量居世界第一，年出口平均增长率高达 18.5%。2003 年，中国脱水蔬菜出口 21.39 万吨，出口创汇 4.46 亿美元。出口的脱水菜已有 20 多个品种。

速冻果蔬以速冻蔬菜为主，占速冻果蔬总量的 80% 以上，产品绝大部分销往欧美国家及日本，年出口平均增长率高达 31%，年创汇近 3 亿美元。中国速冻蔬菜主要有甜玉米、芋头、菠菜、芦笋、青刀豆、马铃薯、胡萝卜和香菇等 20 多个品种。

（四）标准体系初步形成

中国已在果蔬汁产品标准方面制定了近 60 个国家标准与行业标准（农业行业、轻工行业和商业行业），这些标准的制定以及 GMP 与 HACCP 的实施，为果蔬汁产品提供了质量保障。在果蔬罐头方面，已经制定了 83 个果蔬罐头产品标准，而对于出口罐头企业则强制性规定必须进行 HACCP 认证，从而有效保证了中国果蔬罐头产品的质量。在脱水蔬菜方面，中国已制定《无公害食品脱水蔬菜》等标准，以保证脱水蔬菜产品的安全卫生。在速冻果蔬方面，中国已制定了一批速冻食品技术与产品标准，包括《速冻食品技术规程》、无公害食品速冻葱蒜类蔬菜、豆类蔬菜、甘蓝类、瓜类蔬菜及绿叶类蔬菜标准，并正在大力推行市场准入制度。在果蔬物流方面，与蔬菜有关的标准目前已制定了 269 项，其中蔬菜产品标准 53 项，农残标准 52 项，有关贮运技术的标准 10 项。

三、中国果蔬加工业存在的主要问题

1. 果蔬加工原料专用加工品种缺乏，原料基地不足

目前中国缺乏适宜加工的高品质果蔬品种，没有形成加工原料基地。农产品种植业与加工业的协调关系只是做到了"生产什么，加工什么"，还难以做到"加工什么，生产什么"，其原料生产基地不稳定，原料生产不规范，果蔬农药残留量超标的问题时有发生。

从水果来看，十多年的发展主要是追求数量的扩张，对质量重视不够，多数品质不高，优质果率小于 30%，高档果率不足 5%，许多品种面临淘汰，不适合加工。如适合加工果汁的苹果，在前些年中国种植的苹果品种中很难得到，不是出汁率低，就是色香味不适于加工果汁。再如柑橘中橙类比重只有 20% 左右，而不耐贮运的宽皮柑橘约占 70%，适合加工果汁的专用品种更少，目前中国的橙汁是进口最多果汁品种，约占进口总量的 80%，适合加工葡萄酒的葡萄专用品种不足 20%。同时，水果品种结构不尽合理，苹果、柑橘、梨比例偏大，约占水果总产量的 63%，且早、中、晚熟品种搭配不当，成熟期过于集中，以晚熟品种为主，缺乏优质的早、中熟品种。在蔬菜生产中，尽管蔬菜外观品质有了较大提高，但在花色品种、时令、营养成分、无污染蔬菜的生产上还尚有差距。

2. 果蔬加工技术水平低

中国果蔬加工乃至农产品加工尚处于初级阶段，还未能向深层次推进，技术与装备落后是最主要的原因，如发达国家早已用在产业化的食品生物技术、真空干燥技术、膜分离技术、超临界萃取技术等高新技术在中国多处于刚起步阶段，差距是明显的，中国果蔬企业的规模小、技术水平低、综合利用差、能耗高、加工出的成品品种少、质量不高。

就果品加工而言，一些技术难题尚未得到根本解决。如中国果汁生产中的果汁褐变、营养素损耗、芳香物逸散及果汁浑浊沉淀等问题没有很好地解决，与国外先进水平还存在很大差距，这些技术难题并没有因引进了国外果汁加工生产线而得到解决。在蔬菜加工方面，目前中国加工手段比较少，如罐藏、速冻、干制等，科技含量低，大部分蔬菜仍然沿袭荒菜上市的传统做法，基本上没有经过任何加工。

3. 果蔬及其加工品质量标准体系尚不完善

要实现果蔬加工转化增值，首先要做的基本工作是建立适应市场经济发展要求和国际贸易规范的果蔬及其加工产品质量标准体系。近年来中国虽然加强了标准的制订和修改工作，但是由于缺乏系统性而至今没有形成一套完整的果蔬及其加工产品质量标准体系，远不能满足国内市场发展的需要，也无法与国际市场接轨。中国主要水果加工品虽然都有相应的国家或行业标准，但加工果品质量标准、果品运输规则和果品加工全程质量控制体系等还属空白。

中国的蔬菜标准从数量上远远低于国外。目前新鲜蔬菜产品中属国家标准的有 4 个，行业标准不到 10 个，脱水蔬菜标准 3 个，速冻和冷冻蔬菜标准有 8 个，食用菌标准有 6 个，

蔬菜加工产品（主要是罐头产品）国家、行业标准有38个。蔬菜及其加工品的标准在时效性方面较差，有些标准从制订到现在就没有修改过。

4. 加工装备国产化水平低

近20年来，中国的果蔬加工设备取得了很大进步，技术水平有了很大提高，提供了一些水平较高的机械设备，如10t/h处理量的高压均质机、100m^{2}喷射泵式高效低耗真空冷冻干燥成套设备、JM-130胶体磨、SWWF200系列低温超微粉碎机、80~300罐/min易拉罐罐装生产线、12~1500盒/h砖形复合无菌包装饮料生产线、5t/h果酱生产线、橘瓣果汁加工关键设备、真空油炸果蔬脆片设备、带式榨汁机及果茶加工成套设备等，还有一些较高技术水平的加工设备正在相继问世。但是，因起步晚，基础差，中国与发达国家相比仍有很大差距。目前达到或接近世界先进水平的加工机械仅占5%~10%，比发达国家落后20~25年。仅以果汁加工机械为例，国产的机械品种少，许多关键机械尚未开发，目前基本上依赖进口，主要从美国、瑞典、意大利等国引进生产线和单机，尤其以美国FMC公司和瑞典Alfa Laval公司为多。

5. 综合利用水平低

中国已发展成为世界果蔬和加工品的最大出口国，但很多是以半成品的形式出口，到国外后仍要进行深加工或灌装，产品附加值较低。高附加值产品少，特别是对原料的综合利用程度低，皮渣中果胶、果蔬天然香精、膳食纤维、色素、籽油等精深加工产品的产业化核心技术没有突破。

6. 企业规模小，行业集中度低

果蔬加工行业通过资本运作，逐步进行企业的并购与重组，企业规模不断扩大，行业集中度日益增高，产生了一批农业产业化龙头企业，产业规模得以迅速扩张，但依然处于企业的加工规模小、抗风险能力差、产品单一、产品销路不畅、竞争力差的发展阶段。更重要的是，中国果蔬加工企业的研发与创新能力十分薄弱，核心竞争力实质只是所谓的"低价格优势"。在国外，绝大部分企业都设有企业的研发部门或研发中心，进行新产品的开发，一般企业的研发费用占销售收入2%~3%以上。但是，国内的大部分加工企业不重视产品的研发和科技投入，不注重企业人才培养与引进，造成企业研发人才和研发设施缺乏，从而导致企业研发与创新能力差、技术水平落后、产品难以满足市场需求。

四、国内外果蔬加工业的发展趋势

目前，国内外果蔬加工趋势主要有功能型果蔬制品、鲜切果蔬、脱水果蔬、谷-菜复合食品、果蔬功能成分的提取、果蔬汁的加工、果蔬综合利用。

1. 功能型果蔬制品

以复合保健浆果粉、营养酸橙粉、干燥李子酱、果蔬提取物补充剂、天然番茄复合物、水果低热量甜味料等为代表的功能型果蔬制品。营养酸橙粉用于强化木瓜、芒果、桃、油桃、浆果类、甜樱桃等各种水果加工品的风味强化和减少褐变反应。此外还可以添加在色拉调味汁、调味液、加味酒、香辣料、糕点、甜食和饮料生产中。干燥李子酱广泛应用于各种焙烤食品中。一些焙烤食品可利用干燥李子酱的保湿作用来延长产品的货架期；利用李子酱产品的营养功能性成分还可以改善焙烤产品的营养均衡效果和营养价值。经加拿大研究人员试验证明，天然番茄复合物具有防止骨钙流失和促进骨细胞生长的作用。水果低热量甜味料用于目前甜味剂的替代品，这些甜味料的甜度是砂糖甜度200~2000倍的高倍甜味剂，可以大大减少甜味剂的用量，同时降低砂糖等甜味剂带来的高能量。

2. 鲜切果蔬（MP果蔬）

鲜切果蔬又称为果蔬的最少加工，指新鲜蔬菜和水果原料经清洗、修整、鲜切等工序，最后用塑料薄膜袋或以塑料托盘盛装外覆塑料膜包装，供消费者立即食用的一种新型果蔬加工产品。不对果蔬产品进行热加工处理，只适当采用去皮、切割、修整等处理，果蔬仍为活体，能进行呼吸作用，具有新鲜、方便，可100%食用的特点。因为鲜切果蔬具有新鲜、营养卫生和使用方便等特点，在国内外深受消费者的喜爱，已被广泛用于胡萝卜、生菜、圆白菜、韭菜、芹菜、马铃薯、苹果、梨、桃、草莓、菠菜等果蔬。与速冻果蔬产品及脱水果蔬产品相比，更能有效地保持果蔬产品的新鲜质地和营养价值，食用更方便，生产成本更低。

3. 脱水果蔬

脱水果蔬是利用先进的加工技术，使原料中的水分快速减少至1%~3%或更低。脱水果蔬不仅营养损失少、耐贮藏，且因质量轻、体积小、便于运输、食用方便等特点，在人们日益追求安全、营养、保健、方便的绿色食品中，脱水果蔬越来越受到人们的青睐。其中以果蔬脆片的加工和果蔬粉的加工为两种主要加工方式，在欧美、日本等国家十分受宠，前景广阔。果蔬粉加工对原料的大小没有要求，拓宽了果蔬原料的应用范围。果蔬粉能应用到食品加工的各个领域，用于提高产品的营养成分、改善产品的色泽和风味以及丰富产品的品种等，主要可用于面食、膨化食品、肉制品、固体饮料、乳制品、婴幼儿食品、调味品、糖果制品、焙烤制品和方便面等。

4. 谷-菜复合食品

谷-菜复合食品是以谷物和蔬菜为主要原料，采用科学方法将它们"复合"所生产出的产品，其营养、风味、品种及经济效益等多种性能互补，是一种优化的复合食品。如蔬菜面条、蔬菜米粉及营养糊类、蔬菜谷物膨化食品、蔬菜饼干、面条、面包、蛋糕类食品等。

5. 果蔬中功能成分提取

果蔬中含有许多天然植物化学物质，这些物质具有重要的生理活性。如蓝莓被称为果蔬中"第一号抗氧化剂"，它具有防止功能失调的作用和改善短期记忆、提高老年人的平衡性和协调性等作用；红葡萄中含有白藜芦醇，能够抑制胆固醇在血管壁的沉积，防止动脉中血小板的凝聚，有利于防止血栓的形成，还具有抗癌作用；坚果中含有类黄酮，能抑制血小板的凝聚、抑菌、抗肿瘤；柑橘中含有胡萝卜素等，能抑制血栓形成，抑菌、抑制肿瘤细胞生长；南瓜中含有环丙基结构的降糖因子，对治疗糖尿病具有明显的作用；大蒜中含有硫化合物，具有降血脂、抗癌、抗氧化等作用；番茄中含有番茄红素，具有抗氧化作用，能防止前列腺癌、消化道癌以及肺癌的产生；胡萝卜中含有胡萝卜素，具有抗氧化作用，消除人体内自由基；生姜中含有姜醇和姜酚等，具有抗凝、降血脂、抗肿瘤等作用；菠菜中含有叶黄素，具有减缓中老年人的眼睛自然退化的作用。从果蔬中分离、提取、浓缩这些功能成分，制成胶囊或将这些功能成分添加到各种食品中，已成为当前果蔬加工的一个新趋势。

6. 果蔬汁加工

近年来中国的果蔬汁加工业有了较大的发展，大量引进国外先进果蔬加工生产线，采用一些先进的加工技术如高温短时杀菌技术、无菌包装技术、膜分离技术等。果蔬汁加工产品的新品种目前有以下几种。①浓缩果汁：具有体积小、质量轻，可以减少贮藏、包装及运输的费用，有利于国际贸易。②中性复合果蔬汁：不是用浓缩果蔬汁加水还原而来，而是果蔬原料经过取汁后直接进行杀菌后包装成成品，免除了浓缩和浓缩汁调配后的杀菌，果蔬汁的营养高、风味好，是目前市场上深受欢迎的果蔬汁产品。③复合果蔬汁：利用各种果蔬原料的特点，从营养、颜色和风味等方面进行综合调制，创造出更为理想的果蔬汁产品。④果肉饮料：较好保留了水果中的膳食纤维，原料的利用率较高。乳酸发酵型果蔬饮料为新兴饮料，综合了果蔬汁和乳酸发酵的优点，使原料风味与发酵风味浑然一体，营养成分更为丰富。

已有研究发现，果蔬汁有利于提高人体免疫力，如甘蓝汁，它通过提高人体巨噬细胞和淋巴细胞的活性来增强细胞免疫力，增强人体健康。因为果蔬汁恰好能满足人们日益重视的健康、营养要求，因此也已成为果蔬加工的必然趋势。

7. 果蔬综合利用

果蔬深加工已成为国内外果蔬加工的趋势，在实际的果蔬深加工过程中，往往有大量废弃物产生，如风落果、不合格果以及大量的下脚料，如果皮、果核、种子、叶、茎、花、根等，这些废弃物中含有较为丰富的营养成分，对这些废弃物加以利用称为果蔬综合利用。美国利用核果类的种仁中含有的苦杏仁生产杏仁香精；利用姜汁的加工副料提取生姜蛋白酶，用于凝乳；从番茄皮渣中提取番茄红素，用以治疗前列腺疾病。在新西兰猕猴桃皮可以提取蛋白分解酶，用于防止啤酒冷却时浑浊，还可以作为肉质激化剂，在医药方面作为消化剂和酶制剂。由此可见，果蔬的综合利用也已成为国际果蔬加工业的新热点。

五、中国果蔬加工业的发展对策

中国的果蔬生产仍将继续保持高速发展的势头，这就为中国果蔬加工产业的快速发展奠定了坚实的基础。未来5~10年，中国果蔬业要在保证水果、蔬菜供应量的基础上，努力提高水果、蔬菜的品质和调整品种结构，加大果蔬采后贮运加工力度，使中国果蔬业由数量效益型向质量效益型转变，更适应国内外市场需求。要既重视鲜食品种的改良和发展，又重视加工专用品种的引进与推广，保证鲜食和加工品种合理布局的形成；培育果蔬加工骨干企业，加速果蔬产、加、销一体化进程，形成果蔬生产专业化、加工规模化、管理企业经、服务社会化和科工贸一体化；按照国际质量标准和要求规范果蔬加工产业，在"原料-加工-流通"各个环节中建立全程质量控制体系，用信息、生物等高新技术改造提升果蔬加工业的工艺水平。同时，要加快中国果蔬精深加工和综合利用的步伐，重点发展果蔬贮运保鲜，果蔬汁、果酒、果蔬粉、切割蔬菜、脱水蔬菜、速冻蔬菜、果蔬脆片等产品及其果蔬皮渣的综合利用，大力提高果蔬资源的利用率，争取果蔬加工处理率由目前的20%~30%增加到45%~55%，采后损失率从25%~30%降低到15%~20%，并重点在以下领域加强研究与开发：

①果蔬优质专用型品种原料基地的建设；②果蔬的MP加工（最少处理加工）与产业化；③果蔬中功能成分的提取、利用与产业化；④果蔬汁饮料加工与产业化；⑤果酒等果蔬发酵制品与产业化；⑥果蔬速冻加工与产业化；⑦果蔬脱水、果蔬脆片和果蔬粉加工与产业化；⑧现代果蔬加工新工艺、关键新技术及产业化；⑨传统果蔬加工（罐藏、糖制和腌制）的工业化、安全性控制与产业化；⑩果蔬加工的综合利用；⑪果蔬加工的产品标准和质量控制体系；⑫果蔬加工机械装备与包装。

第一章 果蔬加工基础知识

> **教学目标**
> 1. 了解果蔬中主要化学成分的种类及含量。
> 2. 重点理解糖类、果胶物质、有机酸、单宁和色素物质的加工特性及其应用。
> 3. 了解食品败坏的原因,掌握果蔬加工保藏的主要方法和途径。
> 4. 熟悉果蔬加工原料预处理的基本工艺。
> 5. 熟练掌握去皮、烫漂、护色的原理和方法。

果蔬加工是以新鲜的水果和蔬菜为原料,依其不同的理化特性,采用不同的加工方法,改变原有的形状和部分性质而制成各种产品的过程。由于果蔬为富含水分的新鲜农产品,极易在微生物和酶等的作用而发生各种不良的物理、化学和生化反应而造成腐烂变质,只有通过加工果蔬原料才能达到长期保藏的目的。对于果蔬加工保藏,除了应具备食品加工技术外,还应掌握果蔬原料本身的产品特性、食品败坏原因等基本知识。只有这样,才能科学地制定出适合于原料品质的加工工艺,最大限度地保持果蔬原有品质的加工保藏方法。

第一节 果蔬的基本化学组成

新鲜果蔬中所含的各种化学成分主要有存在于果蔬细胞液内的糖分、果胶、有机酸、含氮物质、色素物质、单宁物质、芳香物质、矿物质和水分以及组成果蔬细胞壁的纤维素和原果胶等。在果蔬加工及其制品贮存过程中,这些化学成分常常会发生各种不同的化学变化,从而直接影响加工制品的食用品质和营养价值。果蔬加工的目的就在于防止腐败和变质,并尽可能地保存其原有的营养成分和风味品质,其实质就是控制果蔬化学成分在加工过程中的变化。因此,有必要了解和理解果蔬的主要化学成分及其加工特性。

一、水分

新鲜果蔬的含水量一般为 $75\%\sim90\%$,大多数在 80% 以上,少数蔬菜如冬瓜、黄瓜等可达 98% 以上。水分是影响果蔬新鲜度、嫩度和口感的重要成分,同时也是造成果蔬耐贮性差、容易腐烂变质的原因之一。含水量充足的果蔬原料,其细胞膨压大、组织饱满脆嫩、食用品质好、商品价值高。但采收后由于水分的蒸发,使果蔬大量失水,表现为萎蔫、皱缩、松软,直接造成商品品质下降;同时,很多果蔬采后一旦失水,就难以再恢复新鲜状态。因此,在果蔬加工过程中,一定要保持采后果蔬原料的新鲜状态,保持其优良品质。但是,正因为果蔬含水量高,其生理代谢旺盛,营养物质消耗快;同时也给微生物和酶的活动创造了有利条件,使得果蔬产品容易腐烂变质。为了减少损耗,一定要将果蔬加工厂建在原料基地的附近,且原料进厂后要及时加工处理,以保证果蔬的品质。

1. 果蔬中水分存在的状态

(1) 游离水　主要存在于果蔬组织细胞的液泡中与细胞间隙,所占比例大约为含水量的 $70\%\sim80\%$,且以溶液形式存在,具稀溶液性质,在细胞中能自由流动,是果蔬组织中最容易被排除的水分,也是果蔬冻结过程中形成冰晶体的水分。

在游离水总量中,与结合水相毗邻的部分,其性质与普通游离水不同,是以氢键结合的水。这部分水不能完全自由运动,但加热时仍较容易排除,占水分总量的7%~17%,通常将其称为准结合水。

(2) 结合水 与蛋白质、多糖等胶体微粒相结合,并包围在胶体微粒周围的水分子膜(包括果蔬组织胶粒表面水和吸附水)。这类水分不能溶解溶质,不能自由移动,不能为微生物所利用,唯有靠蒸发才能排除一部分。在原料中占水分总量的20%。

(3) 化合水 这类水分与果蔬组织中化学物质化合在一起,性质很稳定,在加工过程中一般不与其他物质发生作用。它不仅不蒸发,也难以人工排除。只有在较低的冷冻温度或较高的温度(105℃)方可分离。

从水分对微生物、酶和化学反应的影响角度来看,起决定作用的不是食品的水分总量,而是它的有效水分(游离水)的含量,但由于通常所测定的食品含水量中,既包括游离水,也包括结合水,不能准确表达有效水分情况,故有必要引入水分活度概念。

2. 水分活度

水分活度是指食品中水的蒸汽压 p 与相同温度下纯水的饱和蒸汽压 p_0 之比值,即 $A_w=p/p_0$,纯水时 $A_w=1$,完全无水时 $A_w=0$。

各种微生物的生长发育,都有各自适宜和最低的水分活度界限。果蔬原料中的结合水属于不能为微生物所利用的水分,其蒸汽压低于游离水的蒸汽压,当结合水含量增加时,则水分活度降低,可被微生物利用的水分就减少。

大多数新鲜果蔬原料,当 $A_w \geqslant 0.99$,对各种微生物均比较适宜,属于易腐食品。大多数腐败菌(如肉毒杆菌、沙门氏菌、葡萄球菌等),只适宜在 $A_w=0.9$ 以上的环境条件下生长发育,而霉菌、酵母菌在 $A_w=0.8 \sim 0.85$ 时,仍能在 1~2 周内造成食品腐败变质。只有在 A_w 值 $\leqslant 0.75$ 时,食品的腐败变质才得以明显减缓,可在 1~2 个月内保持不变质,若 A_w 值 $\leqslant 0.65$,则在常温下可贮藏 1~2 年。

二、碳水化合物

碳水化合物是果蔬中最主要的干物质成分。在果蔬加工中其会发生各种变化,从而影响到加工制品的品质。果蔬中碳水化合物的种类很多,已发现的有 40 种以上。与加工关系密切的主要有可溶性糖类、高聚的淀粉、纤维素和果胶物质等。

1. 糖

(1) 果蔬中的主要的糖类 大多数果蔬中含有的可溶性糖主要是葡萄糖、果糖和蔗糖,是果蔬甜味的主要来源。此外还含有少量的甘露糖、半乳糖、木糖和阿拉伯糖以及山梨醇、甘露醇和木糖醇等。

不同种类和品种的果蔬中含糖的种类、数量及比例不同(表 1-1)。一般仁果类以果糖为主,葡萄糖、蔗糖次之;核果类以蔗糖为主,葡萄糖、果糖次之;成熟浆果类以含葡萄糖、果糖为主;柑橘类含蔗糖为主;樱桃、葡萄、番茄则不含蔗糖;叶菜类、茎菜类则含糖量较低,加工中也不显重要。大多数水果的含糖量在 7%~15% 之间,而蔬菜含糖量大多在 5% 以下。

(2) 糖的加工特性 糖是影响果蔬制品风味和品质的重要因素,是果蔬组织含有的主要营养物质。同时糖也是微生物生长繁殖所需要的主要营养物质,加上果蔬本身含水量高的特点,在加工过程中极易引起微生物的危害,故应注意糖的变化及卫生条件,如糖渍初期、甜型果酒等的发酵变质等。

表 1-1　常见果蔬中含糖的种类及数量　　　　　单位：g/100g（鲜重）

名　称	蔗　糖	转　化　糖	总　糖
苹果	1.29～2.99	7.35～11.61	8.62～14.61
梨	1.85～2.00	6.52～8.00	8.37～10.00
香蕉	7.00	10.00	17.00
草莓	1.48～1.76	5.56～7.11	7.41～8.59
桃	8.61～8.74	5.56～7.11	10.38～12.41
杏	5.45～8.45	3.00～3.45	8.45～11.90
白菜			5.00～17.00
胡萝卜			3.30～12.00
番茄			1.50～4.20
南瓜			2.50～9.00
甘蓝			1.50～4.50
西瓜			5.50～11.00

注：1. 引自刘兴华，1998。
　　2. 空白项表示没有测相关数据。

① 糖的甜味。果蔬的甜味不仅与糖的含量有关，还与所含糖的种类相关。各种不同的糖，其相对甜味差异很大（表 1-2）。若以蔗糖的甜度为 100，则果糖为 173，葡萄糖为 74，麦芽糖为 32，木糖为 40。由于不同果蔬所含糖的种类及各种糖之间的比例各不相同，其甜度与味感也不尽一样。

表 1-2　几种糖的相对甜度

名　称	相　对　甜　度	名　称	相　对　甜　度
果糖	173	木糖	40
蔗糖	100	半乳糖	32
葡萄糖	74	麦芽糖	32

果蔬甜味的强弱除了与含糖的种类与含量有关外，在很大程度上还受果蔬中糖酸比的影响。当果蔬中的糖和酸的含量相等时，只感觉到酸味而很少感到甜味，只有在含糖量高出含酸量较多时，才会感到甜味，且糖酸比愈大，甜味就越浓，反之酸味增强。如红星、红玉苹果的含量糖基本相同，但红玉苹果的含酸量约为 0.9%，而红星苹果的酸含量只有 0.3% 左右，因此，红星苹果食之有较强的甜味。果蔬及其制品中所含的糖酸比不但决定了果蔬的甜味，而且也是其风味的主要指标。

② 糖的吸湿。糖的吸湿性与糖的种类及空气的相对湿度有很大的关系。其中果糖的吸湿性最强，葡萄糖次之，蔗糖最小。空气的相对湿度越大，糖的吸湿量也会越多。糖的这种吸湿特性会使果蔬干制品和糖制品在贮藏中易吸收空气中的水分，而影响其保藏性。

③ 糖的变色。果蔬组织中的还原糖与氨基酸或蛋白质共存时，会发生碳氨反应（即美拉德反应）而生成黑色素，使果蔬加工制品发生褐变，影响产品的质量。此即糖的变色。这种褐变属于一种非酶褐变，多发生于同加热有关的加工过程中。此外，在高温和低 pH 值条件下，糖自身也会发生一定的糖焦化反应，导致果蔬制品的变色。

④ 糖的抑菌。糖液的高渗透压作用能抑制微生物的生长繁殖。糖的渗透压随糖液浓度的增高而增大，而在常温条件下，糖的溶解度又依糖的种类和溶解温度的不同有一定的差异，故不同的糖液和糖的浓度，其抑菌效果也是不同的。如 50% 蔗糖溶液能抑制一般酵母菌的生长，但抑制霉菌和细菌则就需要蔗糖溶液的浓度达到 65% 和 80%。有些酵母菌和霉菌还能耐更高浓度的糖液，如蜂蜜制品有时会发生败坏，就是由于某些耐高渗透压的酵母菌作用而造成的。

2. 淀粉

果蔬虽然不是人体所需淀粉的主要来源，但某些未成熟的水果（如香蕉、苹果）以及一些根茎类蔬菜也含有大量的淀粉。成熟香蕉中的淀粉几乎能全部转化为糖分，故在非洲及部分亚洲国家与地区，香蕉还常作为主食来消费，是人们获取膳食能量的重要途径。马铃薯在欧洲某些国家和地区也是不可缺少的食品，更是当地居民膳食淀粉的重要来源之一。

（1）果蔬中的淀粉含量　淀粉是由葡萄糖脱水缩合而成的多糖，作为贮存物质，在谷物和薯类中大量存在（14%～25%）。淀粉一般是在未成熟的果实（普通果蔬）中含量较高，如未熟的绿香蕉中含量可达20%～25%，但在成熟果实中仅以香蕉（1%～2%）、苹果（1%）的含量较高，其余含量均较低。而在柑橘、葡萄果实的发育过程中，尚未见淀粉的积累。虽然一般果蔬中淀粉含量较少，但是淀粉在果蔬组织中的变化也会直接影响制品的质量。

（2）淀粉的加工特性　在淀粉含量丰富的果蔬中，淀粉含量越高，其耐贮性就越强。对于地下根茎类蔬菜，淀粉含量越高，其品质与加工性能也就越好。但是，对于新鲜的青豌豆、菜豆、甜玉米等一些以幼嫩的豆荚或子粒供鲜食的蔬菜，淀粉含量的增加则意味着其品质的下降。

① 淀粉的高温膨胀。淀粉不溶于冷水，当加温至55～60℃时，其受热膨胀而变成带黏性的半透明凝胶或胶体溶液。这一特性容易使淀粉含量多的果蔬原料，在罐头加工中出现汤汁的浑浊或产品的开裂。

② 淀粉的分解。淀粉与稀酸共热或在淀粉酶的作用下，会被不断地水解为低聚糖和单糖。这使成熟香蕉、苹果在后熟期间，淀粉含量不断下降，而含糖量增高；同样在谷物、干果酿酒过程中，需添加一定的淀粉酶，促使淀粉的分解转化，有利于酒的发酵。但是对于富含淀粉的马铃薯，若在加工过程中淀粉分解转化过多，则会因转化糖多反而易引起马铃薯制品的色变。

3. 纤维素及半纤维素

纤维素及半纤维素是构成果蔬细胞壁的骨架物质，是细胞壁和皮层中的主要成分，它们在果蔬中的含量与存在状态直接影响到果蔬及其加工产品的品质。幼嫩的果蔬中的纤维素多为水合纤维素，软而薄，食用时感觉柔韧、脆嫩、容易咀嚼。但当老熟之后，纤维素会与半纤维素、木质素、角质、栓质等形成复合纤维素，使果蔬组织变得粗糙而坚硬，食用价值显著下降。复合纤维素具有耐酸、耐氧化、不易透水等特性，其主要存在于果蔬表皮细胞内，虽然不能被人体吸收，但是可保护果蔬免受机械损伤，且抑制微生物侵染，从而增加果蔬的耐贮性。

纤维素是由葡萄糖脱水缩合而成的多糖类物质。水果中的含量在0.5%～2%之间，蔬菜中的含量在0.2%～2.8%之间，主要存在于细胞壁中，具有保持细胞形状，维持组织形态以及支持功能。它在果蔬组织内一旦形成，就很少再参与代谢，但是对于某些果蔬如番茄、荔枝、香蕉、菠萝等，在其成熟过程中需要有纤维素酶与果胶酶及多聚半乳糖醛酸酶等共同作用才能被软化。半纤维素是由木糖、阿拉伯糖、甘露糖、葡萄糖等多种五碳糖和六碳糖组成的大分子物质，在果蔬组织中与纤维素共存，其不很稳定，容易被稀酸水解成单糖。如刚采收的香蕉中，半纤维素的含量约为8%～10%，但在成熟的香蕉果肉中，半纤维素含量仅为1%左右。半纤维素在果蔬中有着多重作用，既有类似纤维素的支持功能，又有类似淀粉的贮藏功能。

纤维素和半纤维素是影响果蔬质地与食用品质的重要物质，同时也是维持人体健康不可缺少的辅助功能性成分。就果蔬加工制品的品质而言，以纤维素、半纤维素含量越少越好，这样制品的口感细腻，但纤维素及半纤维素可以刺激人体肠壁蠕动，帮助其他营养物质的消化，并有利于废物的排泄，这对预防消化道癌症和便秘等有着重要的作用。

此外，膳食纤维一般是指不能为人体消化道分泌的酶所分解的多糖类碳水化合物和木质素。包括植物细胞壁物质、非淀粉多糖及作为食品添加剂所添加的多糖（如琼脂、果胶、羧甲基纤维素等可溶性多糖）。由于膳食纤维来源广泛，成分复杂，迄今尚无一种简单而准确的分析方法能测定上述定义范围内的全部膳食纤维含量。

4. 果胶物质

果胶物质是由多聚半乳糖醛酸脱水聚合而成的高分子多糖类物质。它是构成果蔬细胞壁的重要成分，主要存在于果蔬的细胞壁与中胶层中。果胶物质在果蔬中存在的形态、数量与果蔬组织细胞间的结合力有着密切关系。不同的果蔬及它们的皮、渣等下脚料中均含有很多的果胶物质（表1-3）。一般水果的果胶含量在0.2%～6.4%左右，其中以山楂的含量最高，可达6.4%，并富含甲氧基。而甲氧基具有很强的凝胶能力，故生产上常利用山楂的高甲氧基这一特性来制作山楂糕。虽然有些蔬菜果胶含量也很高，但由于其甲氧基含量较低，凝胶能力较弱，很难形成胶凝，只有与山楂混合后，才可利用山楂果胶中高甲氧基的凝胶能力，制成复合山楂糕，如胡萝卜、山楂糕等。

表1-3　几种常见果蔬的果胶含量

种　类	果胶含量/%	种　类	果胶含量/%
梨	0.5～1.2	柑橘皮	20～25
李子	0.6～1.5	橘皮	1.5～3.0
杏	0.5～1.2	苹果心	0.45
山楂	3.0～6.4	苹果渣	1.5～2.5
桃	0.6～1.3	苹果皮	1.2～2.0
柚皮	6.0	胡萝卜	8～10
柠檬皮	4.0～5.0	成熟番茄	2～2.9

（1）果蔬中果胶物质的存在形态　在果蔬成熟过程中，果胶物质以原果胶、可溶性果胶和果胶酸三种不同的形态存在于果蔬组织中。各种形态的果胶物质具有不同的特性，同时在不同生长发育阶段，果胶物质的形态会发生变化，所以，果胶物质的存在直接影响果蔬及其制品的品质和加工工艺。

原果胶存在于未成熟的果蔬中，其具有不溶于水，与纤维素缩合成为细胞壁的主要成分，并通过纤维素把细胞与细胞以及细胞与皮层紧密地结合在一起，赋予未成熟果蔬较大的坚硬质地。随着果蔬的成熟，原果胶在原果胶酶的作用下，渐渐分解为可溶性果胶，并与纤维素分离。

可溶性果胶是由多聚半乳糖醛酸甲酯与少量多聚半乳糖醛酸连接而成的长链分子，存在于细胞汁液中。此时的细胞汁液黏性增大，相邻细胞间已彼此分离，组织软化。但由于可溶性果胶仍具有一定的黏结性，使成熟果蔬的组织能保持较好的弹性。随着果蔬进一步成熟，开始进入过熟阶段时，则果胶在果胶酶的作用下分解为果胶酸与甲醇。

果胶酸无黏结性，使相邻细胞间不再有黏结性，果蔬组织的质地呈软烂状态，失去弹性，同时原料也失去食用和加工价值。

果胶物质形态的变化是导致果蔬硬度下降的主要原因。在实际生产中，果蔬硬度是影响其品质性能的重要因素。了解果胶物质形态的变化规律，有助通过硬度来判断和掌握果蔬的采收成熟度，以适应果蔬加工的品质要求。此外，果胶物质在人体内不能分解利用，但具有帮助消化、降低胆固醇等作用，亦属膳食纤维之范畴，为健康食品原料。

（2）果胶物质的加工特性

① 果胶的水解作用。利用原果胶可在酸、碱、酶的作用下水解和果胶溶于水而不溶于酒精等性质，可以从富含果胶的果实中（如柑橘皮、苹果皮）提取果胶。

② 果胶的凝胶作用。由于果胶溶液具有较高的黏度，对于浑浊果汁则起着稳定作用，对于果酱、果冻类制品则有着很好的增稠凝胶作用，如利用山楂果胶含量高，凝胶能力强的特性来制作山楂糕等。同样对于生产澄清果汁则往往造成取汁困难，影响果蔬原料的出汁率，故需要添加果胶酶水解。

③ 果胶酸的保脆作用。果胶酸不溶于水，但能与 Ca^{2+}、Mg^{2+} 生成不溶性盐类，常作为果脯蜜饯、罐头的硬化保脆剂，有利于改善果蔬加工制品的脆度。

三、有机酸

果蔬的酸味主要来自于果蔬中存在的一些有机酸，除了柠檬酸、苹果酸和酒石酸外，还含有少量的琥珀酸、α-酮戊二酸、水杨酸、草酸、乳酸等，其中在水果中柠檬酸、苹果酸、酒石酸的含量较高，故又统称为果酸。蔬菜的含酸量相对较少，除番茄外，大多数都感觉不到酸味的存在。但有些蔬菜如菠菜、苋菜、茭白、竹笋则含有较多的草酸，由于草酸会刺激和腐蚀人体消化道内的黏膜蛋白，并可与人体内的钙质结合成不溶性的草酸钙，从而妨碍人体对钙质的吸收利用，故不宜多食。

1. 果蔬中的有机酸含量

不同种类和品种的果蔬，其有机酸种类和含量不同（表1-4）。如苹果总酸含量为 0.2%～1.6%，梨为 0.1%～0.5%，葡萄为 0.3%～2.1%。果蔬中含酸量的多少，不仅直接影响产品的口味，而且影响果蔬加工过程中工艺条件的控制。

表1-4　常见果蔬中的主要有机酸种类

名　称	有机酸种类	名　称	有机酸种类
苹果	苹果酸	菠菜	草酸、苹果酸、柠檬酸
桃	苹果酸、柠檬酸、奎宁酸	甘蓝	柠檬酸、苹果酸、琥珀酸、草酸
梨	苹果酸，果心含柠檬酸	石刁柏	柠檬酸、苹果酸
葡萄	酒石酸、苹果酸	莴苣	苹果酸、柠檬酸、草酸
樱桃	苹果酸	甜菜叶	草酸、柠檬酸、苹果酸
柠檬	柠檬酸、苹果酸	番茄	柠檬酸、苹果酸
杏	苹果酸、柠檬酸	甜瓜	柠檬酸
菠萝	柠檬酸、苹果酸、酒石酸	甘薯	草酸

2. 有机酸的加工特性

（1）对风味的影响　有机酸作为果蔬中的主要呈酸物质，其酸味的强弱不仅与含酸的种类和浓度有关，还与酸根、解离度（pH）、缓冲效应及糖的含量有关（表1-5）。一般酒石酸表现出酸味的最低浓度为 75mg/kg，苹果酸为 107mg/kg，柠檬酸为 115mg/kg，故酒石酸的酸度最强。此外，果蔬的酸味并不是简单取决于酸的绝对含量，而是由它的解离度决定的，pH值越低，酸味就越强；缓冲效应增大，也可以改变酸味的柔和性。如在果汁饮料及有些产品中，适当添加所含有机酸的盐类，使其形成一定的缓冲作用，以改善酸味。通常幼嫩的果蔬原料含酸量较高，但随着生长发育的成熟，其酸的含量会因呼吸消耗而逐渐降低，使得糖酸比提高，则酸味感下降。

表 1-5　苹果糖酸比与果实味感的关系

含糖量/%	含酸量/%	苹果果实味感	含糖量/%	含酸量/%	苹果果实味感
10	0.1～0.25	甜	10	0.46～0.60	酸
10	0.26～0.35	甜酸	10	0.61～0.85	强酸
10	0.36～0.45	微酸			

(2) 对杀菌条件的影响　果蔬中有机酸的存在，对微生物的生长繁殖非常不利，可以降低微生物的热致死温度。微生物细胞所处环境的 pH 值，能直接影响微生物的耐热性，一般细菌在 pH6～8 时，其耐热性最强。在罐头生产中，通常将 pH4.5 作为区分低酸性食品与酸性食品的界限，就是因为具有强烈产毒致病作用的肉毒梭状芽孢杆菌的芽孢在 pH4.5 以下不发育为依据。因此，在实际生产中，通过提高食品的酸度（即降低 pH 值），以减弱微生物的耐热性，从而缩短食品热杀菌的时间和温度，来最大限度地保持其原有品质。果蔬的 pH 值是确定果蔬罐头杀菌条件的主要依据之一。

(3) 对容器、设备的腐蚀作用　由于有机酸能与铁、铜、锡等金属反应，促使容器和设备的腐蚀，影响制品的色泽和风味。因此，在加工中凡与果蔬原料接触的容器、设备部件，均要求采用不锈钢制作。

(4) 对制品色泽的影响　有机酸的存在与色素等物质的稳定性有着密切关系。如叶绿素在酸性条件下脱镁，则变成黄褐色的脱镁叶绿素；花青素在酸性条件下呈红色，在中性、微碱性条件下呈紫色，在碱性条件下又呈蓝色；单宁在酸性条件下受热，会变成红色的"红粉"（或称软红）等。另外，有机酸的含量对酶褐变和非酶褐变均有很大影响，因为在酸性条件下可以降低酶的活性和减少溶液中氧的溶解量。

(5) 对其他的影响　有机酸具有很好的抗氧化作用，防止维生素 C 的氧化损失（含维生素 C 高的水果一般均味酸）；在加热时，还能促进蔗糖和果胶等物质的水解。

四、单宁物质

单宁又称单宁酸、鞣质，属于酚类化合物，其结构单体主要是邻苯二酚、邻苯三酚及间苯二酚。单宁与果蔬的涩味和色泽有着十分密切的关系。在果蔬原料中的单宁物质是指具有涩味，且能够产生褐变或与金属离子反应产生变色的物质，通常包括水解型单宁和缩合型单宁两种类型。水解型单宁也称焦性没食子酸单宁，是由没食子酸或没食子酸衍生物以配位键或糖苷键形成的酯或糖苷，并在稀酸、加热或酶的作用下水解成单体而得。而缩合型单宁也称儿茶酚单宁，为儿茶素的衍生物，结构复杂，但不含酯键、糖苷键，其在酸或热的作用下，不是分解为单体而是进一步缩合，成为高分子的无定型物质——鞣红。

1. 果蔬中的单宁含量

单宁物质主要存在于水果中，在蔬菜中含量比较少。一般在单宁的含量达到 0.25% 左右时就可感到明显的涩味（如涩柿）。未熟果蔬的单宁含量较高，食之酸涩，难以下咽，但在成熟果实的可食部分中单宁含量约在 0.03%～0.1% 之间，食之有一种清凉的口感。在果蔬加工过程中，对于单宁含量多的原料，如果处理不当，往往会引起制品品质的劣变。

2. 单宁的加工特性

(1) 对风味的影响　当单宁与糖酸共存，且比例适当时，能给产品带来清爽的感觉，也可以强化酸味的作用。如葡萄酒的饱满圆润之口感。但单宁也具有强烈的收敛性，含量过多会导致舌头味觉神经的麻痹，使人感到强烈的涩味。

涩味的产生是由于可溶性的单宁使口腔黏膜蛋白质凝固，使之发生收敛性作用而产生的一种味感。随着果蔬的成熟，可溶性单宁的含量降低。当人为采取措施使可溶性单宁转变为不溶性单宁时，涩味减弱，甚至完全消失。如乙醛与单宁发生聚合反应，使可溶性单宁转变为不溶性酚醛树脂类物质，涩味消失，故生产实践中人们往往通过温水浸泡、乙醇或高浓度的二氧化碳处理等，诱导柿果无氧呼吸产生乙醛而达到脱涩的目的。

(2) 单宁的变色　在果蔬加工中单宁引起的变色是最常见的变色现象之一。如在苹果、梨、香蕉、樱桃、草莓、桃等水果中，经常发生由单宁物质和酶引起的酶褐变；但在柑橘、菠萝、番茄、南瓜等果蔬中，又因缺乏诱发褐变的多酚氧化酶，却很少出现酶褐变。在单宁含量较高的果蔬原料中，pH值的控制是十分重要的。pH值高时，易发生酶褐变，而pH值低时，又易发生其自身的氧化缩合，均会对产品色泽产生影响。目前生产上主要是采取破坏或抑制氧化酶的活性来控制其变色。此外，单宁在加工过程中若遇金属离子也可引起变色。如水解型单宁遇Fe^{3+}变为蓝黑色，缩合型单宁遇Fe^{2+}变绿黑色，与锡长时间共热则呈玫瑰色。由于单宁在碱性条件下可变成黑色，故在果蔬碱液去皮时应特别注意。

(3) 单宁的絮凝作用　单宁与蛋白质结合，可使蛋白质由亲水胶体变为疏水胶体，从而形成不溶性沉淀。这一与蛋白质作用发生凝固、沉淀的絮凝特性，常被应用于果酒、果汁的下胶澄清工艺中。

五、色素物质

果蔬的色泽是其在生长过程中因各种色素物质变化而形成的，色素又随着果蔬的成熟程度而不断变化。所以，色素物质的种类和特性直接反映了果蔬的新鲜程度、成熟度和品质的变化。果蔬中所含色素物质的种类很多，一般按其溶解性分为两大类，即脂溶性色素（如叶绿素、类胡萝卜素）和水溶性色素（如花青素、黄酮类色素）。

1. 叶绿素类

果蔬中的绿色主要由叶绿素a和叶绿素b两种叶绿素构成。叶绿素a呈蓝绿色，叶绿素b为黄绿色，通常在绿色果蔬中的含量比约为3：1。叶绿素不溶于水，属脂溶性色素，易溶于乙醇、丙醇、乙醚、氯仿和苯等有机溶剂中。在正常生长发育的果蔬中，叶绿素的合成作用往往大于其分解作用，而在果蔬进入成熟期及采收之后，叶绿素的合成作用就会停止，原有的叶绿素逐渐分解致使绿色消退，并呈现各种果蔬特有的色泽。但对于绿色果蔬来讲，尤其是绿叶蔬菜，绿色消退就意味着其品质的下降。

在果蔬加工中，酸、碱、热、酶和光的辐射等因素都会对叶绿素产生很大的影响。若在酸性条件下，叶绿素分子中的Mg^{2+}被H^+所取代，会生成暗绿色至绿褐色的脱镁叶绿素，而在稀碱溶液中则可水解为鲜绿色的脱植基叶绿素、叶绿醇、甲醇和水溶性的叶绿酸等，且加热可使反应速度加快；在强碱性条件下，叶绿酸又能进一步生成绿色的叶绿酸钠（或钾）盐，使绿色保持更好，更为稳定。叶绿素还不耐热也不耐光，在氧及日光照射下易遭受破坏而发生褪色。

此外，透明包装的脱水绿色蔬菜易发生光氧化和变色，γ射线辐照食品及其在贮藏过程中易使叶绿素降解而失绿。

绿色蔬菜加工中的关键技术技术如何保持新鲜蔬菜原有的天然绿色。目前常用的方法有：①对于蔬菜类，采用加入一定浓度的$NaHCO_3$（小苏打）溶液处理以提高pH值，从而保持其天然的色泽。②用Cu^{2+}、Zn^{2+}等取代叶绿素分子中的Mg^{2+}，还可用叶绿素铜钠盐或葡萄糖酸锌处理等，使叶绿素色泽更鲜亮稳定。③挑选品质优良的原料，尽快加工并在低温下贮藏等保持其原有的绿色。

2. 类胡萝卜素类

类胡萝卜素是由多个异戊二烯组成的一类脂溶性色素，其颜色呈现多为浅黄至深红色。

广泛存在于果蔬中的,如胡萝卜、番茄、杏、黄桃等。类胡萝卜素对热、酸、碱都具有很好的稳定性,即使与锌、铜、铁等金属共存也不易被破坏,故含有类胡萝卜素的果蔬原料,在经加热处理后仍能保持原有的色泽。但类胡萝卜素在有氧条件下,易被脂肪氧化酶和过氧化物酶等氧化,同时紫外线还会促进其氧化分解,使果蔬褪色,因此,在生产中应尽量采取隔氧和避光措施,以保护类胡萝卜素的呈色。目前,已证实的类胡萝卜素多达130种以上,主要的有胡萝卜素、番茄红素、叶黄素。虽在未成熟果蔬中含量极少,但随着果蔬的成熟其含量会逐渐上升。

(1) 胡萝卜素　胡萝卜素常与叶黄素、叶绿素同时存在,在胡萝卜、南瓜、番茄、辣椒、绿叶蔬菜、杏、黄桃等中含量较多。果蔬中的胡萝卜素是人体膳食维生素 A 的主要来源,根据其分子两端环化情况的不同分为 α、β、γ 三种类型。胡萝卜素在人体内受酶的作用可降解成为具生物活性的维生素 A,其中 β-胡萝卜素因含有两个 β-紫罗酮环,可降解成两分子维生素 A,而 α、γ 胡萝卜素只含一个 β-紫罗酮环,只分解为一分子维生素 A,故胡萝卜素又被称为维生素 A 源。胡萝卜素不溶于水,耐高温,但在有氧存在的情况下加热,也会发生氧化,其在碱性介质中比酸性介质中较稳定。

胡萝卜素不仅为色素物质,同时也是营养物质。近年来,由于胡萝卜素分子的高度不饱和性,其抗癌、防癌等营养保健功能已经引起人们的重视。

(2) 番茄红素　番茄红素是成熟番茄中的主要色素,也存在于西瓜、桃、杏等的果肉和柑橘类的果皮中,呈橙红色。番茄红素的最适合成温度为 16~24℃,29.4℃ 以上的高温会抑制番茄红素的合成,直接影响炎夏季节番茄的着色。番茄红素又没有维生素 A 的功能。

通常番茄加工制品的颜色应为鲜红明亮,其主要取决于番茄红素含量的多少。一般番茄酱中番茄红素含量应不少于 35mg/100g,整番茄罐头中应不少于 6mg/100g。番茄红素在番茄果肉中相当稳定,但在加工过程中当果肉与空气接触,并伴随加热时也会造成番茄红素的损失。

(3) 叶黄素　叶黄素与胡萝卜素、叶绿素共同存在于果蔬的绿色部分中,只有当叶绿素分解后,才呈现出其色泽,它是绿色果蔬发生黄化的主要色素。如苹果成熟时的底色主要是由叶黄素呈现出来的。叶黄素同胡萝卜素一样,不溶于水,比较稳定。

3. 花青素

花青素是一类以糖苷形式存在于果蔬中的水溶性色素,又称花色素。它是果蔬呈现红、紫红、紫蓝、蓝等颜色的色素,主要存在于果皮、果肉细胞中。花青素的基本结构是一个2-苯基苯并吡喃环,随着苯环上取代基的种类与数目的变化,颜色也随之发生变化。果蔬中的花青素主要有天竺葵色素、芍药花色素、矢车菊色素、牵牛花色素、飞燕草色素和锦葵色素 6 种类型。花青素在葡萄、樱桃、李、苹果、草莓等果实的果皮、果肉中及蔬菜中含量较多。由于花青素是一种感光色素,充足的光照有利于花青素的形成,故山地、高原地带生产的水果往往着色好于平原地带。此外,花青素的形成和累积还受植物体内营养状况的影响,营养状况越好,着色就越好,而着色好的水果,其风味品质也就越佳。所以,花青素着色状况常常是判断果蔬品质和营养状况的重要指标之一。

花青素的主要加工特性如下。

① 花青素的水溶性。由于花青素为水溶性色素,所以在果蔬加工过程中会大量流失,如原料的清洗、烫漂工序等。在生产中应注意操作方法,尽量轻些,特别是浆果类果实(草莓等)要避免揉捻。

② 花青素的呈色。花青素在不同的 pH 条件下呈现不同的颜色。在酸性条件下呈红色,

中性、微碱性条件下呈紫色，而在碱性条件下呈蓝色。因为在不同 pH 条件下，花青素的结构也会发生变化。因此，同一种色素在不同果蔬中可以表现出不同的颜色，而不同的色素在不同的果蔬中也可以表现出相同的色彩。

③ 花青素的褪色。花青素与亚硫酸发生加成反应生成无色的色烯-2-磺酸，使花青素的呈色褪色，但此反应可逆，一旦加热脱硫又可复色。因此，含花青素的水果半成品用亚硫酸保藏会褪色，但去硫后仍可复色。

另外，抗坏血酸也会引起花青素的分解褪色，即使在花青素红色较稳定的酸性条件下（pH2.0），抗坏血酸对其的破坏作用仍很强，这虽在生产中已被证实，但其机理尚不完全清楚，可能与抗坏血酸降解过程中的中间产物过氧化物有关。

④ 花青素的变色。花青素很不稳定，对氧、热、光及金属离子等都比较敏感。如氧、紫外线可使花青素分解，产生沉淀，这在杨梅汁、草莓汁、树莓汁的贮藏中极易出现；加热可促使花青素发生分解破坏，使色泽减退、变暗；在许多用透明包装的果蔬加工制品的货架期间，所含花青素会受日光照射而变色（红色—紫红色—红褐色—褐色）。还有，花青素与铁、铜、锡等金属离子反应，能生成花青素金属盐而呈蓝色或灰紫色。

尽管天然花青素的稳定性较差，不耐光、热、氧等，但由于资源丰富，人们仍在努力探索，以克服其稳定性差的缺点。在果蔬加工过程中，应该控制加热温度，注意 pH 的变化，防止日光照射，避免与铁、铜、锡等金属器具和设备接触，以减少花青素的变色，保持其原有的外观色泽。

4. 黄酮类色素

黄酮类色素又称黄酮类化合物或花黄素，是一类结构与花青素类似的水溶性的色素。多呈浅黄色或白色，偶尔为鲜橙色，广泛存在于果蔬中，如柑橘、苹果、洋葱、玉米、芦笋等，其中以柑橘类果皮中含量最多。它主要包括黄酮、黄酮醇、黄烷酮和黄烷酮醇，前两者为黄色，后两者为无色。黄酮类色素具有调节毛细血管渗透性的功能，是维生素 P 的重要组成成分。

黄酮类色素由于结构不同，遇铁盐作用会呈现蓝、蓝黑、紫等颜色。在酸性条件下无色，在碱性条件下则呈深黄色，乃至褐色，故当富含黄酮类色素的果蔬（洋葱、马铃薯等）在碱性水中预煮时往往会发生黄变现象，影响产品质量，生产中可加入少量酒石酸氢钾调节 pH 值，即可消除这一变色。此外黄酮类色素对氧比较敏感，在空气中久置也会产生褐变沉淀。

六、芳香物质

果蔬特有的芳香是由其所含的多种芳香物质所致，此类物质大多系油状挥发性物质，故又称挥发油。由于其含量极少，也称精油。果蔬种类的不同，其所含芳香物质的种类也有差别（表1-6），即使在同一果蔬中因存在部位不同，其所含芳香物质也不同。如柑橘类果实存在于果皮中较多；仁果类存在于果肉和果皮中；核果类则在果核中存在较多，但果核与果肉的芳香常有一定的差异；许多蔬菜的芳香物质分别存在于根（萝卜）、茎（大蒜）、叶（香菜）和种子（芥菜）中。

虽然果蔬中芳香物质含量极微，但其成分却非常复杂。据分析，苹果的芳香成分有 100 多种，香蕉中含有 200 多种，草莓中已经分离出 150 多种，葡萄中已检测出 78 种，洋葱中也有 16 种。同时果蔬中的芳香物质还随着果实的成熟而增加，这也使得某些水果越久放越香，越熟越香。当然，芳香物质主要是由醇、酯、醛、酮、烃、萜及烯等有机物组成，也有少量果蔬（如葱、蒜）的芳香物质是以糖苷或氨基醇形式存在的，且必须在酶的作用下分解，生成挥发性物质才具备香气，如芥子油、苦杏仁油、蒜油等。芳香物质不仅赋予果蔬及其制品香气，而且还能刺激食欲。

表1-6　几种果蔬的主要香味物质

名　称	香味主体成分	名　称	香味主体成分
苹果	乙酸异戊酯、己酸异戊酯	萝卜	甲硫醇、异硫氰酸丙烯酯
梨	甲酸异戊酯	叶菜类	叶醇
香蕉	乙酸戊酯、异戊酸异戊酯	花椒	天竺葵醇、香茅醇
桃	乙酸戊酯、δ-癸酸内酯	蘑菇	辛烯-1-醇
柑橘	乙酸、乙醇、丙酮、苯乙醇及甲酯和乙酯	蒜	二烯丙基二硫化物、烯丙基硫醚甲基烯丙基二硫化物
杏	丁酸戊酯	葱	烯丙基硫醚、二烯丙基二硫化物

其主要加工特性有：

① 提取香精油。由于许多果蔬含有特有的芳香物质，故可利用各种工艺方法提取与分离，作为香精香料使用，添加到各种香气不足的制品中。柑橘类的外果皮及花、核果类的果核、大蒜、生姜等均可作为提取香精油的原料。在果汁加工中可设置回收装置进行芳香物质的回收。

② 氧化与挥发损失。大部分果蔬的芳香物质为易氧化和热敏感物质，果蔬加工中长时间加热可使芳香物质挥发损失，某些成分会发生氧化分解，出现其他风味或异味，此现象值得注意。

③ 抑菌作用。大多数芳香物质都具有一定的防腐抑菌作用，如大蒜精油、橘皮油、姜油等，可作为天然防腐剂应用于食品保藏。

七、维生素

维生素是维持人体正常生命活动不可缺少的营养物质，它们大多是以辅酶或辅因子的形式参与生理代谢。维生素缺乏会引起生理代谢的失调，诱发生理病变。果蔬中含有多种多样的维生素，但与人体关系最密切的主要是维生素C和维生素A。据报道，人体所需维生素C的98%和维生素A的57%左右均来自于果蔬。

目前，保存和强化维生素是果蔬加工过程中最重要的技术问题。维生素在果蔬中的含量受果蔬种类、品种、成熟度、部位、栽培措施及气候条件的影响而变化。在加工过程中主要受维生素的热稳定性和光敏感性的影响。维生素A、维生素K、维生素B_1、维生素B_2、泛酸、叶酸、维生素C等热稳定性差，温度越高损失越大。如贮存2d的菠菜，在0℃时维生素C损失率为0，而在20℃时则高达70%。此外，氧化、光照、酸、碱、重金属离子也会影响和破坏维生素的保存。

1. 维生素A

在天然果蔬中并不存在维生素A，它由胡萝卜素在人体内转化而来，故胡萝卜素又被称为维生素A源。新鲜果蔬中含有大量的胡萝卜素，但按结构，理论上一分子β-胡萝卜素可转化成两分子维生素A，而α、γ胡萝卜素却只能形成一分子维生素A，功效也只有β-胡萝卜素的一半。果蔬中以杏、柑橘类、甜瓜、番茄、胡萝卜、黄瓜等含量最高。

维生素A比较稳定，不溶于水，而溶于脂肪，但由于其分子的高度不饱和性，在果蔬加工过程中易被空气氧化，而对高温和碱性条件相当稳定。所以在果蔬加工过程中，采取冷藏、避免日光照射和添加抗氧化剂等可减少损失。维生素A_2名视黄醇是维持视觉功能所必需的维生素；同时新近研究发现维生素A能阻止癌细胞的增长，具有有一定的抗癌作用。

2. 维生素C

维生素C又称抗坏血酸，广泛存在于果蔬组织及果皮中。不同果蔬中维生素C的含量差异较大，其中以刺梨（900～1300mg/100g）、印度樱桃（1300mg/100g）、枣（300～500mg/100g）、猕猴桃等含量较高，而核果类、仁果类和柑橘类含量较低，蔬菜中以青椒、嫩茎花椰菜、番茄、黄瓜等含量较高。通常维生素C在果实的果皮中的含量远远高于果肉，故应该重视对果实果皮的开发利用。维生素C的作用是抗坏血病。目前已研究发现维生素C能阻止致癌物质二甲基亚硝胺的形成，对防治癌症有着重要的作用。抗坏血酸属于单糖的衍生物，它在抗坏血酸氧化酶的作用下，被氧化成脱氢抗坏血酸，此反应为可逆的。脱氢抗坏血酸同样具有维生素C的功能，但脱氢抗坏血酸进一步氧化即为不可逆的，并失去其生理活性。因此，在生产上应采取隔绝氧气和抑制抗坏血酸氧化酶活性等措施，以防止和减少抗坏血酸的损失。

维生素C为水溶性物质，在人体内无积累作用，人们需要每天从膳食中摄取大量的维生素C，而果蔬又是人体所需维生素C最直接的来源。在果蔬干制品中维生素C非常稳定，但维生素C水溶液在有氧条件下很快被氧化分解，且分解速度受温度、pH值和金属离子及紫外线等影响。在酸性介质中比碱性介质中稳定，高温和碱性环境能促进氧化，铜、铁等金属离子可大大增加维生素C的氧化速度，在光照条件下，特别是紫外线的照射也会大大加速氧化分解。因此，在果蔬加工中须注意避免长时间暴露于空气中，低温和低氧可有效防止维生素C的损失。同时加工过程中的原料切分、烫漂、蒸煮等常是造成维生素C损失的重要原因，也应采取适当措施尽可能减少维生素C损失。此外，维生素C在果蔬加工中常用作抗氧化剂和保鲜剂，防止果蔬加工制品的氧化褐变。

八、矿物质

矿物质又称无机质，是人体结构的重要组成成分，又是维持体液渗透压和pH不可缺少的物质，直接或间接地参与体内的生化反应。人体缺乏某些矿物质元素，就会产生一定的营养缺乏症。因此，矿物质是构成人体结构与调节生理机能不可缺少的重要营养物质。

果蔬中含有丰富的矿物质，主要有钙、镁、磷、铁、钾、钠、铜、锰、锌、碘等，其含量约占果蔬干重的1%～5%，在一些叶菜中矿物质含量可高达10%～15%。它们大部分以硫酸盐、磷酸盐、碳酸盐、硅酸盐、硼酸盐或与有机物结合的盐类存在，如蛋白质中含有硫和磷，叶绿素中含有镁等。通常，在食品中与人体营养关系最为密切的矿物质为钙、磷、铁，故常以这三种元素的含量来衡量其矿物质的营养价值。果蔬含有较多量的钙、磷、铁，尤其是某些蔬菜的含量很高，是人体所需钙、磷、铁的重要来源之一。

矿物质在果蔬加工中一般比较稳定，其损失往往是通过水溶性物质的浸出而流失，如热烫、漂洗等工艺，其损失的比例与矿物质的溶解度呈正相关。矿物质中的一些微量元素，往往还可以通过与加工设备、加工用水及包装材料的接触而得到补充，除某些特殊食品，如运动员饮料、某些富含微量元素的保健食品外，一般不作补充。

九、含氮物质

果蔬中存在的含氮物质种类很多，其中主要是蛋白质和氨基酸，此外还有酰胺、硝酸盐和亚硝酸盐等。水果中的含氮物质含量较少，一般只有0.2%～1.2%，且以核果类、柑橘类含量最多，仁果类和浆果类最少；而在蔬菜中的含量往往高于水果，一般在0.6%～9.0%，尤其是豆类蔬菜中蛋白质含量可高达2.5%～13.5%。果蔬中的蛋白质虽然不是人体所需的主要来源，但是它能增进粮食中蛋白质在人体中的吸收率。研究表明，如果多吃蔬菜和水果，那么人体对粮食中蛋白质的可消化率将从75%提高到90%左右。

果蔬中存在的含氮物质与果蔬加工也有着密切关系。果蔬中的蛋白质主要是催化各种代谢反应的酶类，故在果蔬加工过程中起着非常重要的作用。荔枝采后褐变和芒果、香蕉等的后熟过程都是在酶的作用下发生的。氨基酸中的酪氨酸在酪氨酸氧化酶的作用下易氧化产生黑色素，使果蔬切分后易发生变色（如马铃薯切片变色）。含硫氨基酸及蛋白质在高温杀菌时会受热降解形成硫化物而引起变色。在加工过程中，蛋白质与单宁结合发生聚合作用，使溶液中的悬浮颗粒随同沉淀，这一特性可用于澄清果蔬汁和果酒的澄清工艺。还有氨基酸在酶的作用下可转变为醇，而醇与酸化合产生酯即带来香味，这使某些蔬菜在腌渍后能具有独特的风味。

十、酶

酶是一类本质为蛋白质的生物催化剂，它是有机体生命活动中不可缺少的因素，决定着体内的新陈代谢。果蔬在整个生长与成熟以及贮藏过程中均有各种酶的活动，对果蔬加工影响较大的主要有氧化酶类和水解酶类。果蔬中的氧化酶类包括多酚氧化酶、抗坏血酸氧化酶、过氧化物酶、过氧化氢酶等，它的作用是使物质氧化，引起产品品质的劣变和营养成分的损失，如多酚氧化酶导致果蔬发生酶褐变；抗坏血酸氧化酶能使维生素 C 遭受损失。水解酶中较重要的有果胶酶、淀粉酶、蛋白酶、纤维素酶等。

在果蔬加工中，一方面为了防止氧化酶引起的氧化褐变，常需抑制或钝化酶的活性。另一方面，也可利用酶的活性，如利用果胶酶来澄清果汁与果酒，利用淀粉酶分解淀粉制糖，利用柚皮苷酶脱苦等。总之，抑制和利用酶的活性是果蔬加工的两个方面，应合理掌握。

第二节　果蔬加工原理

一、食品败坏的原因及控制

食品是以动、植物为主要原料的加工制品，多数食品营养丰富，是微生物生长活动的良好基质，而动、植物机体内的酶也常常继续起作用，因而常常造成食品败坏、腐烂变质。如何控制和防止食品败坏是保证食品质量的重要研究课题。

食品败坏广义地讲是指改变了食品原有的性质和状态，使质量劣变，不宜或不堪食用的现象。一般表现为变色、变味、长霉、生花、腐烂、浑浊、沉淀等现象，引起食品败坏的原因主要有化学和微生物败坏两个方面。

1. 化学败坏

（1）化学败坏的特征　食品败坏的一个主要原因就是在食品加工过程中发生各种不良的化学变化，如氧化、还原、分解、合成、溶解、晶析、沉淀等。与微生物败坏相比，化学败坏的程度较轻，但却普遍存在，常导致食品质量不符合标准，其中某些败坏所引起的变色至今仍是果蔬食品加工中的一大难题。这些败坏使食品变色、变味、软烂和维生素等营养成分的损失，虽然在一定范围内允许存在，但少数亦不利于健康。

（2）化学败坏的原因分析　这类败坏一是由于食品内部本身化学物质的改变（水解），二是由于化学成分与氧气接触发生作用（氧化），再就是可能与加工设备、包装容器及加工用水的接触等发生化学反应。如多酚氧化酶引起的酶褐变，脂肪氧化酶引起的脂肪酸败，蛋白酶引起的蛋白质水解，果胶酶引起的组织软化等；叶绿素和花青素在不良的处理条件下发生变色或褪色、胡萝卜素的氧化以及各种金属离子与食品中的化学成分发生化学反应而起的变色；变味主要是贮藏加工过程中造成芳香物质损失或异味的产生等。还有果蔬加工后的软烂，则是由于果胶物质的水解所致，过于软烂导致品质下降；维生素的损失是由于氧化和受热分解所致。所有这些败坏都与食品中所含的化学物质的性质有关。

2. 微生物败坏

（1）微生物败坏的特征　微生物的生长繁殖又是导致食品败坏的另一个最重要的原因。凡是有害微生物引起的败坏常表现为食品的生霉、酸败、发酵、软化、腐烂、膨胀、产气、变色、浑浊等，其对食品的危害极大，轻则产品变质，重则不堪食用，甚至误食造成中毒死亡。

微生物的种类繁多，自然界无处不有，如加工用水、原料、加工机械等均易导致微生物的污染，加上食品本身具有丰富的营养物质，极易滋生微生物。通常引起食品败坏的有害微生物主要是细菌、霉菌和酵母菌。其中新鲜果蔬中主要为霉菌，包括青霉属、芽孢霉属、交链孢霉属和木霉属。在罐藏制品中主要为杆菌，如巴氏固氮梭状芽孢杆菌、乳酸杆菌、酪酸梭状芽孢杆菌以及引起平酸菌腐败的嗜热脂肪芽孢杆菌和凝结芽孢杆菌。在果酱类和蜜饯类制品中主要为一些耐渗透压的酵母菌，它们可以抵抗高糖、高盐和低水分的高渗透压条件，包括接合酵母菌属和串状酵母菌属等。对于高酸的果汁制品（pH<3.7）如葡萄汁、柠檬汁等，主要为乳酸菌、酵母菌和霉菌。葡萄酒也会受到酵母菌和醋酸菌的危害。

（2）微生物败坏的原因分析　在食品加工过程中能引起微生物败坏的原因很多，如原料不洁、清洗不足、杀菌不彻底、卫生条件不符合要求、加工用水被污染、某些制品密封不严以及保藏剂（糖、酸、醇、醋及盐等）浓度不够等。一般来说，在果蔬加工中除了果酒、果醋、乳酸饮料和某些腌渍蔬菜等需要利用有益微生物外，其他制品均应采取杀灭微生物，来控制微生物的危害，保证产品的品质。所要指出的是，微生物败坏虽属外来因素所致，但在实际生产中更多的是与原料的清洁程度有关，许多有害菌都是从原料中带入的，故应注意加工原料的选择和处理。

总之，引起食品败坏的原因很多，并且常常是多种因素综合影响的结果，但起主导作用的因素是有害微生物的危害和食品本身的化学变化。

二、食品保藏的方法

食品保藏的方法就是针对上述败坏的原因，采取相应的保藏措施，大致包括物理的、化学的和生化的三个方面。在实际生产中常以物理方法为主，辅以化学和生化的方法。总的要求就是减少或避免理化因素的影响；消灭有害微生物或造成不适于有害微生物生长的环境；将制品与外界环境隔绝，不再与水分、空气、光照和微生物相接触。

1. 热处理

热处理是食品加工中用于防止食品败坏、改善品质、延长贮藏期的最重要的保藏方法之一。它能杀灭致病菌和其他有害微生物，钝化酶的活性，破坏食品中的有害成分或因子，改善食品的品质与特性，以及提高食品中营养成分的利用率及消化性等。当然，热处理也会给食品带来一定的负面影响，如对食品色、香、味及营养成分的影响，也会使食品中某些特性发生不良的变化等。

热处理是采用加热杀死微生物，但由于不同微生物的抗热性不同，其致死温度存在很大差异，同时加热对果蔬制品有一定的影响，故热杀菌的温度和时间应视具体情况而定。

（1）巴氏杀菌　采用较低温度，在规定的时内，对食品进行加热处理，达到杀死有害微生物的目的。巴氏杀菌热处理的温度比较低，一般在沸点以下（75~80℃），以热水为加热介质，它是一种既达到加热杀菌的目的又能最大限度地保持食品良好品质的食品保藏方法。正因为巴氏杀菌的温度较低，故只能杀死微生物的营养体而不能杀死其芽孢，在生产中只适用于酸性食品和高糖或高盐食品，如果汁、果酒、果酱、果冻、糖浆制品及酱菜、泡菜等。由于果汁的低酸性，糖制品和腌渍品的高渗透压，果酒含有乙醇，故微生物不易生长繁殖，加之其抗热性差，则无需高温即可使微生物死亡。

对于果汁等易受热变质的流体食品也可采用高温短时间杀菌，此法由普通巴氏杀菌演变而来，故又称为瞬时巴氏杀菌。其不仅能杀灭微生物营养体，还能钝化果胶酶及过氧化物酶的活性，两者的钝化温度分别在88℃和90℃，因此瞬时巴氏杀菌的温度应不低于88℃或100℃，如柑橘汁常用93.3℃，30s。

（2）高温杀菌　即杀菌温度在水的沸点以上，常在100～121℃之间，是低酸性罐头食品的基本杀菌方法。其不但杀灭微生物营养体，而且也能杀死其芽孢，使杀菌后不再存在能繁殖的微生物，达到所谓的"商业无菌"状态。此法因杀菌方法不同可分常压杀菌和高压杀菌。

常压杀菌在普通大气压下进行，杀菌温度为水的沸点温度（100℃），常用于pH4.5以下的酸性或高酸性果蔬罐头。加压杀菌在增加大气压的条件下进行，温度高于水的沸点，可达到115～121℃，适用于pH4.5以上的蔬菜类罐头及其他罐头食品。

2. 冷冻

将食品中心温度降到－18℃以下，并使食品中的水分冻结成为冰晶体，之后再将制品保存在－18℃以下的环境条件下。因为低温能抑制酶和微生物的活动，冻结又使食品的水分活度大大下降，控制其有效水分的含量，这样就可以很好地保持食品原有的品质。

食品冻结可分快速冻结和缓慢冻结，而果蔬加工宜采用快速冻结。大部分食品经冻结后均能很好地保持新鲜食品原有的风味和营养价值。随着低温冷链系统的形成以及耐热复合塑料薄膜袋和解冻复原加工设备的研究成功，使得冷冻食品加工成为国内外食品加工保藏的重要途径。近年来，中国冷冻食品工业发展迅速，如速冻蔬菜、速冻点心及肉、兔、禽、虾等已远销海外，特别是果蔬速冻是国内目前发展最快、技术最先进的食品保藏方法。

3. 干燥

干燥是指利用各种自然或人工方法排除食品中含有的水分，减少食品中所含有的大量游离水和部分胶体结合水，使食品中的可溶性物质浓度提高到微生物无法利用的程度。在果蔬食品中也因缺乏有效水分作为反应介质，使生物酶的活性受到抑制。食品干燥在工艺上既要降低水分，创造最佳的保藏条件，又要尽可能避免食品有效成分在加工过程中发生变化。目前，食品干燥主要采用人工干燥方法使食品水分蒸发，将干制品的水分含量控制在5%～20%，最低的水分含量可在1%～5%，同时进行严密包装，防止与外界湿润空气相接触，以免因受潮而影响食品的保藏效果。

4. 高渗透压

食品的糖制和腌制都是利用一定浓度的食糖和食盐溶液来提高制品渗透压的加工保藏方法。

食糖本身对微生物并无毒害作用，它主要是通过减少微生物生长发育所能利用的有效水分，降低食品的水分活度，并借高渗透压导致微生物细胞质壁分离而使食品得以保藏。为了有效地保藏食品，在制糖时糖液浓度需达到50%～75%，以70%～75%为合适，只有高浓度的糖液才能抑制有害微生物的危害。同样由于1%的食盐溶液就能产生0.618MPa的渗透压，则15%～20%的食盐溶液可产生9.27～12.36MPa的渗透压，而一般细菌的渗透压仅为0.35～1.69MPa。故当食盐浓度在10%时，就可使各种腐败杆菌完全停止活动，浓度达到15%时就可使腐败球菌停止发育。果酱、果冻及蔬菜腌制品等都是利用这个原理来进行食品保藏的。

5. 酸（pH值）

氢离子对微生物具有一定的毒害作用。在低pH值时，游离的H^+可使细胞原生质发生凝固，故加酸降低介质pH值有着显著的保藏作用。每种微生物均有其不同的pH值最适范围，如细菌在pH7的中性介质中生长最旺盛，偏于酸性则生长受阻，但酵母菌在酸性介质中生长良好，加酸难以抑制，霉菌也能在酸性环境内生长，即使pH小于3.0其仍能生长。所以，加酸保藏主要是控制细菌的生长繁殖。

在加酸保藏时，注意加酸的种类对抑菌效果的影响也不同，同样的pH值条件下，无机酸的效果比有机酸好。一般食品加工中主要采用醋酸、乳酸、磷酸、柠檬酸等。

6. 抽真空

抽真空处理不仅可以防止因氧化而引起食品的各种劣变，有助于食品的保藏；同时在食品干燥和加热浓缩时，可以缩短加热时间，并能在较低温度下完成其工艺过程，使食品品质得到进一步的提高。

当然，抽真空保藏必须与密封和杀菌相结合。密封可以保证食品与外界空气的隔绝，杀菌可以杀灭食品中原有的微生物。不论何种食品，只有在密封和杀菌的条件下，保持一定的真空度，且避免与大气中的水分、氧和微生物再接触，才能使保藏食品久藏不坏。

7. 食品添加剂

食品添加剂是用于改善食品品质，延长食品保存期、便于食品加工和增加食品营养成分的一类化学合成或天然的物质。其种类较多，用于保藏的如防腐剂、抗氧化剂等。在食品中添加食品防腐剂或抗氧化剂可抑制微生物的生长发育和推迟化学反应的发生，从而达到食品保藏的目的。但是这种保藏方法只在一定时间内能保持食品原有的品质，故属于暂时性保藏。由于食品防腐剂只能延长细菌生长滞后期，因而只有在食品未被细菌严重污染时才有效果。同样抗氧化剂也只有在化学反应尚未发生前添加才有作用。值得注意的是，添加食品防腐剂和抗氧化剂并不能改善低质食品的品质，即如果食品的腐败变质和氧化反应已经发生，则绝不会因添加食品防腐剂和抗氧化剂而提高其食品的品质。而且食品添加剂只能限量使用，生产中必须严格按照食品卫生法的相关规定控制其用量，以确保食品的安全。

食品防腐剂是一些能杀灭或抑制食品中微生物生长发育的化学药剂。其本身必须是低毒，高效，经济实用，不妨碍人体健康，不破坏食品固有品质。目前世界上用于食品保藏的防腐剂约有30~40种，通常分为化学合成防腐剂和天然防腐剂，并提倡使用天然防腐剂，如大蒜素、芥子油、壳聚糖、有机酸等。在实际生产中，添加防腐剂保藏主要作为其他保藏方法的辅助手段，常用的有苯甲酸及其钠盐、山梨酸及其钾盐、对羟基苯甲酸酯等。

抗氧化剂是能使食品避免或延缓氧化反应发生的一类化学物质。其作用一是自身先与氧参加反应，以消耗环境中的有效氧；二是减少氧在溶液中的溶解；三是阻止或减弱氧化酶系统的活性。抗氧化剂主要用于防止食品哈败（油脂氧化）和褐变。常用的有抗坏血酸、异抗坏血酸及其衍生物等。在果蔬的预处理（切分、去皮、破碎）以及产品中添加抗坏血酸能够防止其酶褐变，如果汁加工时常以50~200mg/L的用量在果实破碎时添加，以防止其酶褐变。

8. 辐射处理

辐射处理是利用适当的辐射源产生的辐射能量，以安全剂量照射食品（包括原材料），达到抑制发芽、延缓成熟或杀菌、消毒、杀虫、防霉的保藏方法。

辐射处理作为一种较先进的食品保藏方法，其效果与辐射的剂量、介质与状态、温度、气压和微生物的种类等因素有关。由于在辐射过程中，不同食品吸收辐射能量的程度不同，所以在实际生产中应根据不同的保藏目的和食品种类，选择不同的辐射处理剂量，其中辐射杀菌的剂量常以肉毒梭状芽孢杆菌致死为对象，故又称冷杀菌。食品辐射处理的剂量有三种：①辐射阿氏杀菌。所用的辐射剂量足以使食品中的微生物数量减少到零或有限个数。如在处理后没有再污染的情况下，食品可在任何条件下贮藏。其一般剂量在1~5Mrad。②辐射巴氏杀菌。所用的剂量足以使食品中用现有的方法检测不出特定的非芽孢致病菌（如沙门氏菌）。其辐射剂量在500krad~1Mrad之间。③辐射耐贮杀菌。所用的剂量只能降低食品中腐败菌的数量并延缓微生物大量繁殖的时间。主要用于推迟新鲜食品的后熟期（如新鲜果蔬），提高耐贮性。其辐射剂量在500krad以下。

注意：食品辐射处理必须以不会有诱导发射性危害的安全剂量为前提，既达到有效杀菌而又避免杀菌带来的影响。

第三节 果蔬加工原料的选择

果蔬加工的方法较多，其性质相差很大。不同的加工方法和产品对原料均有不同的要求，优质高产、低耗的加工品除受工艺和设备的影响外，还与原料的品质及其加工适性有着密切的关系，在一定的加工技术和设备条件下，只有优质的原料才能的生产优质加工制品。对于某些原料品种虽不具有良好的鲜食品质（如桃子、柑橘、番茄和青刀豆），但是非常适合加工，通常将这些品种的原料常称为加工专用品种。总的来说，果蔬加工对原料的要求就是：种类和品种合适，成熟度适宜，且新鲜、完整和卫生。

一、原料的种类和品种

随着科学技术的发展和生产设备的完善，几乎所有的果蔬原料都可以进行一定程度的加工，但是从加工制品的品质、附加值、成本等角度综合考虑，还是存在很大的差别。不同种类和品种的果蔬原料由于其理化性质各异，适宜加工的产品种类也不同。就果蔬原料的加工特性而言，水果除在构造上有较大差别外，可供加工的部分一般都是果实；而蔬菜则相对较复杂，因为所食用的器官或部位不同，其结构与性质差异更大。因此，正确选择适合于加工的果蔬原料的种类和品种是生产优质加工制品的首要条件。

目前，果蔬加工制品的种类主要有罐制品、速冻制品、脱水制品、糖制品、腌制品、果蔬汁及果酒等。如何选择合适的原料，这就要根据各种加工制品的生产要求和原料本身的加工特性来选择。

① 罐制品及速冻制品要求原料肉质厚、可食部分多、质地紧密、糖酸比适当、形态美观及色泽一致的种类和品种。大多数的果蔬原料均可适合此类制品的加工。

② 果蔬汁及果酒制品要求原料汁液丰富、取汁容易、可溶性固形物含量高、酸度适宜、风味芳香独特、色泽良好及果胶含量适宜的种类和品种。如葡萄、苹果、甜橙、桃、桑葚、菠萝、番茄等。当然也有些果蔬原料虽然汁液含量并不丰富，但它们具有特殊的营养价值及风味色泽，如胡萝卜、山楂等，则可采取特殊的工艺处理而加工成澄清或浑浊果汁饮料。

③ 脱水制品要求原料水分含量较低、干物质含量高、粗纤维少、风味及色泽佳的种类和品种，如枣、柿子、山楂、苹果、龙眼、杏、马铃薯、胡萝卜、洋葱、大蒜及大部分的食用菌等。但某一适宜的种类中并不是所有的品种都适合加工脱水制品，例如脱水胡萝卜制品，新黑田五寸就是一种最好的加工品种，而有的胡萝卜品种则不宜用于加工。

④ 糖制品要求原料肉质肥厚、果胶丰富、耐煮性好及风味浓、香气足，如山楂、杏、草莓、苹果等都是最适合加工的原料种类。而蔬菜类的番茄酱对原料番茄的番茄红素要求甚为严格，目前最好的番茄加工品种有红玛瑙140、新番4号等品种。

⑤ 蔬菜腌制品对原料的要求不太严格，一般应以水分含量低、干物质较多、肉质厚、风味独特、粗纤维少为好。如芥菜类、根菜类、白菜类、黄瓜、蒜、姜等。

二、原料的成熟度和采收期

果蔬成熟度是指原料在生长发育过程中，从感官上呈现其固有的色、香、味和质地等特征现象。它是决定原料品质和加工适应性的重要指标之一。原料成熟度和采收期适宜与否，将直接关系到产品质量、生产效率和原料的损耗。不同的加工制品对原料成熟度和采收期的要求不同，选择适当的成熟度和采收期，是加工优质制品的又一重要条件。

通常将果蔬成熟度分为三个阶段，即可采成熟度、加工成熟度和生理成熟度。

可采成熟度是指果实个体充分膨大，但风味还未达到顶点。这时采收的果实，适合于贮运并经后熟后方可达到加工要求的原料，如香蕉、西洋梨等水果。一般工厂为了延长加工期常在这时采收进厂入贮，以备加工。

加工成熟度是指果实已具备该品种应有的加工特征，并可分为适当成熟与充分成熟，以根据加工制品对原料成熟度的不同要求。如生产罐头、蜜饯类，则要求原料成熟适当，这样果实因含原果胶物质较多，组织比较坚硬，可以耐煮制；若原料充分成熟或过熟，则在高温煮制或热杀菌中易煮烂变形，罐头汁液容易浑浊。而果糕、果冻类加工时，则要求原料具有适当的成熟度，其目的是利用原果胶含量高，使产品具有凝胶特性。生产果汁、果酒类，则要求原料充分成熟，色泽好，香味浓，酸低糖高，取汁容易，才能制得优质的产品；若原料成熟不足，则产品色淡味酸，不易取汁，果汁澄清困难。生产脱水制品类，则也要求原料充分成熟，否则产品质地坚硬，缺乏应有的风味，外观暗褐，干燥率低，直接影响产品的外观品质。

生理成熟度是指果实质地变软，风味变淡，营养价值降低，一般称这个阶段为过熟。这种果实除了可做果汁和果酱外，一般不适宜加工其他产品。即使要做上述制品，也必须通过添加一定的添加剂或在加工工艺上进行特别处理，方可生产出比较满意的制品，这样势必要增加生产成本，因此，绝大多数均不提倡在这个时期进行加工。但对葡萄来讲，此时果实含糖量最高，色泽风味最佳，这时采收品质最好。

对于大多数蔬菜，由于食用器官的不同，它们在生长发育过程变化很大，故采收期的选择显得尤为重要。如青豌豆、青刀豆等豆类蔬菜，以乳熟期采收为宜。一般在青豌豆开花后18d采收品质最好，糖分含量高，粗纤维少，表皮柔嫩，生产的青豆罐头甜、嫩，且不浑汤；若采收过早，则果实发育不充分，难于加工，产量也低；而若采收过迟，则籽粒变老，糖转化成淀粉，失去加工罐头的价值。蘑菇以子实体在1.8～4.0cm时采收生产盐水蘑菇罐头为佳，否则过大或开伞后的蘑菇，菌柄空心，外观欠佳，只可生产脱水蘑菇。富含淀粉的莲藕、马铃薯，以地上茎开始枯萎时采收为宜，此时淀粉含量高，品质好。根用芥菜、萝卜和胡萝卜等以充分膨大，尚未抽薹时采收为宜，此时的原料粗纤维少；过老者，其组织木质化或糠心，而不能食用。叶菜类以在生长期采收为好，此时粗纤维少，品质好。

三、原料的新鲜度

果蔬的新鲜程度与其品质和加工适应性有着密切的关系。果蔬在一定的成熟度条件下，原料越新鲜完整，其品质就越好，加工损耗率也就越低。果蔬原料均为易腐农产品，如葡萄、草莓、桑葚及番茄等原料，不耐重压，易破裂自行流汁，且极易被微生物侵染，这样给以后制品的杀菌工艺带来困难。这些原料在采收、运输过程中，极易造成机械损伤，若及时进行加工，尚能保证产品的品质，否则这些原料严重腐烂，就会失去食用和加工价值，直接影响企业的经济效益。因此，从采收到加工应尽量缩短时间，以保证原料的新鲜完整程度。

一般蔬菜类应不超过12h，如蘑菇、芦笋要在采后3～4h内运到工厂并及时加工；青刀豆、蒜薹等不得超过1～2d；大蒜、生姜等如采后3～5d，表皮干枯，去皮困难；甜玉米采后30h就会迅速老化，含糖量下降近1倍，淀粉含量增加近一半，水分也大大下降，这样势必影响到加工产品的质量。而水果类一般不超过24～48h，如桃采后若不迅速加工，果肉会迅速变软，故要求在采后12h内进行加工；葡萄、杏、草莓及樱桃等必须在8～12h内进行加工；杨梅则有"一日味变，二日色变，三日色味俱变"之说，更要求在采收后及时加工处理；柑橘、中晚熟梨及苹果可在3～7d内进行加工。

总之，果蔬原料要求从采收到加工的时间应尽量短，生产中可以根据生产加工的需要分期分批采收，以确保持原料其新鲜完整。如果因原料生产的季节性而必须贮藏，则应采取一定的保藏措施，如蘑菇等食用菌可用盐渍保藏，甜玉米、豌豆、青刀豆及叶菜类等蔬菜可进行预冷处理；桃子、李子、番茄、苹果等可以冷藏贮存。同时，在原料采收、运输过程中还应注意避免机械损伤、日晒、雨淋及冻害等，以充分保证原料的优良品质。

第四节 果蔬加工原料预处理

果蔬加工原料的预处理对其制品的影响很大，如处理不当，不但会影响产品的质量和产量，而且会对加工工艺带来影响。为了保证产品的品质，必须认真对待加工前原料的预处理。

原料的预处理主要包括选别分级、洗涤、去皮、修整、切分、硬化、烫漂（预煮）、护色等工序。尽管果蔬种类和品种不同，其组织特性相差很大，加工方法也有很大的差别，但加工前原料的预处理过程却基本相同。

一、原料的分级

进厂的原料绝大部分含有杂质，且大小、成熟度有一定的差异。果蔬原料的选别分级就是根据原料的大小、色泽、成熟度、形状以及病虫害等情况，按照产品规格标准和加工要求进行分级处理，即首先对进厂的原料进行粗选，剔除虫蛀、霉变和伤口大的果实，对残、次果和损伤不严重的则先进行修整后再应用；其次，按大小、成熟度及色泽进行分级。原料合理的分级，不仅便于加工工艺的操作，提高生产效率，更重要的是可以保证提高产品质量，得到均匀一致的产品，如将柑橘进行分级，按不同的大小和成熟度分级后，有利于制定出最适合于每一级原料的机械去皮、热烫、去囊衣的工艺条件，保证以后工艺处理的一致性，使其具有良好的产品质量和数量，同时也降低能耗和辅助材料的用量。

果蔬原料的分级可以视不同的果蔬种类及加工制品的要求依原料的大小、成熟度及色泽形态对原料进行单项或综合分级。

1. 按原料的成熟度、色泽和形态感官分级

按成熟度、色泽和形态分级主要采用目视估测的方法进行。在果蔬加工中，桃、梨、苹果、杏、樱桃、柑橘、豆类、黄瓜、芦笋等常先按成熟度、色泽和形态分级，大部分以感官目视分成L、M、S三级，以便能合理地制定后续工序。如豌豆等也可用盐水浮选法进行分级，因为成熟度高的含有较多的淀粉，故相对密度较大，在特定相对密度的盐水中利用其上浮或下沉的原理即可将其分开。在日本，对苹果、樱桃等已采用先进的光电法进行色泽和成熟度的分级。按成熟度、色泽及形态进行感官分级，可使产品的质量划一，保证能够达到规定的产品质量要求。大部分罐藏果蔬除了在预处理以前分级外，在装罐前还需按色泽进行挑选分级。

2. 按原料的大小分级

按大小分级是果蔬原料分级的主要内容，几乎所有的果蔬均需按大小分级。其分级的目的就是便于后道的工艺处理，能够达到均匀一致的产品，有利于提高商品价值。一般原料大小分级的方法分手工分级和机械分级。

(1) 手工分级　在生产规模不大或机械设备较差时常用手工分级，同时可配备简单的辅助工具，如圆孔分级板等。分级板由长方形板上开不同孔径的圆孔制成，孔径的大小视不同的果蔬种类而定。通过每一圆孔的为一级别，但不应往孔内硬塞，以免擦伤果皮。另外，果实也不能横放或斜放，以免大小不一。

此外，有根据同样原理设计而成的分级筛。适用于豆类、马铃薯、洋葱及部分水果，分级效率高，比较实用。

(2) 机械分级　采用机械分级可大大提高分级效率，且分级均匀一致。

① 振动分级筛。它是果蔬加工生产中常用的分级机械，大多数水果均可利用此机进行分级。该分级筛本身为带有孔眼的不锈钢板，每一段范围内的孔眼大小一致，但各段不同，且由进口至末端依次增大。分级时筛子沿一定方向作往复直线运动，并稍作振动。果蔬原料以一定速度向前滚动，在滚动过程中从不同直径的筛孔中振落，这样小于第一层筛孔的果实，从第一层筛子落入第二层筛板，依次类推。大于筛孔的果实，从各层的出料口送出，作为一个级别。

此种分级筛结构简单，操作方便，且果实损伤少，适用于一些圆形果实，苹果、梨、李、杏、桃、柑橘、番茄等都可用。但使用和购买时应注意选择果品专用分级筛以及筛孔的大小与果实是否相符。

② 滚筒式分级机。主要部件为一个长形的滚筒筛，一般用 1.5～2.0mm 的不锈钢板冲孔后卷成。滚筒上有不同孔径的几段孔眼，从进口至出口各段的孔径逐渐比前段增大，筛孔直径依原料和分级要求而定，每段之下有一漏斗装置装。为使原料从滚筒内向出口处运动，整个滚筒装置一般有 3°～5° 的倾斜角，原料随滚筒的转动而前进，并沿段分别落到各段漏斗口卸出，作为一个级别（图1-1）。滚筒式分级机适用于山楂、蘑菇、杨梅及豆类等。

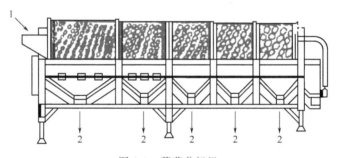

图1-1　蘑菇分级机
1—进口；2—出口

③ 皮带分级机。它作为一种分离输送机，其分级部分是由若干组成对的长橡皮带构成，每对橡皮带之间的间隙由始端至末端逐渐有规律的加宽，形成"V"形，整个进程分为几段，每段为一个级别。果实进入输送带始端，两条输送带以同样的速度带动果实往末端运动，带下装有各段集料斗，小的果实先落下，大的后落下，以此分级。此种设备简单，分级速度快，原料不会受到摩擦或碰撞而损伤，效率高，适合于大多数果品。但皮带间隙调整较费事，分级不太严格，易串级。

除了各种通用机械外，国内外还有许多专用的果蔬分级机械，如日本的胡萝卜分级机、柑橘分级机和黄瓜分级机等。而对无需保持形态的果蔬汁、果酒和果酱等制品，其原料则不需要进行形态及大小的分级。

二、原料的洗涤

新鲜果蔬在长期的生长及采后的贮运过程中，常会受到自然环境的污染，微生物的侵入以及化学农药的残留等。原料洗涤的目的就在于除去果蔬表面附着的尘土、泥沙和部分微生物以及可能残留的化学农药等，以保证产品的清洁卫生和质量。特别是新鲜蔬菜原料，洗涤不仅可以减少原料的初菌数，尤其是耐热性芽孢，还对除去蔬菜表面可能残留的农药具有十分重要的意义。

1. 洗涤材料

洗涤用水必须符合饮用水标准，除了生产果脯和腌渍类原料可用硬水外，其他加工原料通常应使用软水。水温一般是常温，有时为了提高洗涤效果可以用热水，但不适于柔软多汁、成熟度高的果蔬原料。若洗前用水浸泡，则污物更易洗去，必要时还可用热水浸渍。对于有残留农药的原料，洗涤时须用化学洗涤剂处理，这样既可减少或除去农药残留，还可除去虫卵，降低耐热性芽孢数量。一般常用的化学洗涤剂有 0.5%～1.5% 盐酸溶液、0.1% 高锰酸钾或 600×10^{-6} 漂白粉液等（表1-7），在常温下浸泡数分钟，再用清水洗去化学药剂。注意清洗时必须用流动水或使原料振动及摩擦，以提高其洗涤效果，当然要注意节约用水。

表 1-7　几种常用化学洗涤剂及使用方法

药品种类	浓　度	温度及处理时间	处理对象
盐酸	0.5%	常温 3～5min	梨、樱桃、葡萄等具有蜡质表皮的果实
氢氧化钠	1.5%	常温数分钟	苹果等具有果粉的果实
漂白粉	600×10^{-6}	常温 3～5min	柑橘、苹果、桃、梨等
高锰酸钾	0.1%	常温 10min 左右	枇杷、杨梅、草莓等

2. 洗涤方法及设备

果蔬洗涤的方法很多，在生产中应根据各种果蔬原料被污染程度、耐压耐摩擦的承受能力以及表面情况的不同，选择不同的洗涤方法及设备。目前最简单的方法是手工洗涤，其方法简单易行，设备投资省，只需洗涤水池和自来水管就可以洗涤，但劳动强度大，且非连续化操作，效率低。较适宜于一些易损伤的浆果类水果，如葡萄、杨梅、草莓、樱桃等。机械洗涤是果蔬加工中原料洗涤的主要方法，其采用的设备种类较多，具体应根据生产条件、果蔬形状、质地、表面状态、污染程度、夹带泥土量以及加工工艺等选择合适的洗涤设备。

（1）洗涤水槽　洗涤水槽呈长方形（图1-2），大小随需要而定，可 3～5 个连在一起呈直线排列。其槽体的建造及结构与手工洗涤水池（槽）相似，常用砖或不

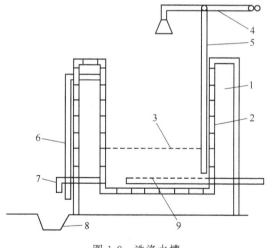

图 1-2　洗涤水槽
1—槽身；2—瓷砖；3—滤水板；4—热水管；
5—通入槽底的水管；6—溢水管；7—排水管；8—出水槽；9—压缩空气喷管

锈钢制成水槽槽体。在槽内安装金属或木质滤水板，用以存放原料；在水槽上方安装冷、热水管及喷头，用来喷淋洗涤原料，并安装一根水管直通到槽底，以便洗涤喷洗不到的原料；在水槽侧壁的上部有溢水管，下部有排水管排入出水沟；在槽底也可安装压缩空气喷管，借通入压缩空气使水翻动，提高洗涤效果。

此种设备较简易，适用各种果蔬原料的洗涤。可以将果蔬放在滤水板上冲洗或放在水槽中浸洗，但不能连续化操作，速度慢，劳动强度大，耗水量多。

（2）压气式浮洗机　其关键在于洗涤槽内安装有许多压缩空气喷嘴，通过压缩空气使水产生剧烈的翻动，使原料在空气和水的搅动下不断翻滚，果实与水、果实与果实之间产生一定的摩擦，将原料表面清洗干净。在洗涤槽内的原料可以用滚筒、金属网、刮板等进行传递。此种设备用途广泛，适用于番茄、草莓、杨梅等柔软多汁的原料洗涤。

（3）桨叶式清洗机　在洗涤槽内安装有桨叶的装置，每对桨叶互相垂直排列，在主轴转动时桨叶起着搅拌助洗和推动原料前进的作用；末端装有料斗。原料清洗时，槽内装满水，开动搅拌机，然后可连续进料、连续出料，原料在水中不断前进的过程中，通过水的翻滚摩擦作用而完成洗涤。新的洗涤用水也可以从槽体的另一端不断补充进入，满槽后多余水可由溢水口排出。此种设备适合于胡萝卜、甘薯、芋芳等质地较坚硬及表面耐磨损的原料洗涤。

（4）振动式喷洗机　在洗涤装置的上方或下方均安装喷水装置，原料在连续的滚筒或其他输送带上缓缓向前移动，受到高压喷水的冲洗。喷洗效果与水压、喷头与原料间的距离以及喷水量有关，压力大，水量多，距离近则效果好。此种设备常在番茄、柑橘的连续生产线中应用。

（5）滚筒式清洗机　主要部分是一个可以旋转的滚筒，筒壁呈栅栏状，与水平面成30°左右的角倾斜安装在机架上。滚筒内有高压喷头，以0.3～0.4MPa的压力喷水。原料由滚筒一端经流水槽进入后，即随滚筒转动并与栅栏板条摩擦，同时被冲洗干净，滚至另一端出口。此种设备的洗涤效果受滚筒的旋转速度、筒壁的粗糙程度及洗涤时间的影响，比较适合于质地比较硬和表面不怕机械损伤的原料，如李、黄桃、甘薯、胡萝卜等。

此外，还有鼓风式清洗机、毛刷式清洗机等专用洗涤设备。

三、原料去皮

许多果蔬原料外皮都较粗糙、坚硬，虽有一定的营养成分，但口感和风味不良，对加工制品有一定的不良影响。因此，在果蔬加工前一般均要求去皮，以提高制品的品质。如柑橘类果实的外皮含有香精油、纤维素及苦味的糖苷物质；桃、梅、李、杏、苹果等外皮富含纤维素、原果胶及角质；荔枝、龙眼的外壳木质化；甘薯、马铃薯的外皮含有单宁物质及纤维素、半纤维素；竹笋的外壳高度纤维化，不可食用等。这些原料除加工某些果脯蜜饯和果汁及果酒外，都必须去除外皮。

果蔬去皮时，只要求去掉不可食用或影响制品品质的部分即可。如过度去皮反而会增加原料的损耗，使产品质量低下。果蔬去皮的方法主要有手工、机械、碱液、热力和酶法去皮，此外还有真空去皮、冷冻去皮等。

1. 手工、机械去皮

（1）手工去皮　手工去皮就是借助特殊的刀具进行人工削皮、刮皮、剥皮，其应用范围较广。优点就在于去皮干净、损失率少，并兼有修整的作用，还可去心、去核、切分等同时进行。尤其是在原料质量较不一致的情况下更能显示出其优点。但手工去皮也存在费工、费时、生产效率低的缺点，不适合大规模生产。

(2) 机械去皮　机械去皮是采用专门的去皮机械来进行,它与手工去皮相比,效率高、质量好,但一般要求原料在去皮前进行严格的分级。另外,用于果蔬去皮的机械,特别是与果肉接触的部分必须用不锈钢或合金制成,否则会引起果肉迅速褐变或因器具被酸腐蚀而增加制品内的重金属指标。

① 旋皮机。主要原理是在特定的机械刀架下将果实皮旋去,适合于苹果、梨、柿等大型果品的去皮。

② 擦皮机。利用内表面涂有金刚砂,形成表面粗糙的转筒。在旋转时借旋转摩擦的作用擦去果实表皮。此法去皮效率较高,但去皮后的表面不光滑,需进一步修整,且原料的利用率低。主要适合于马铃薯、甘薯、荸荠、芋芳等原料。

③ 专用去皮机。豌豆、黄豆等采用专用的去皮机来完成,菠萝也有专门的菠萝去皮通心机及切端通用机,还有芦笋专用的削皮机等。

2. 碱液去皮

碱液去皮是果蔬原料去皮中应用最广的方法,处理正确时既经济又高效。其原理就是利用碱液的腐蚀性,将果实表皮与果肉间的中胶层腐蚀溶解,致使果实表皮脱落分离。绝大部分果蔬外皮均为角质、半纤维素等组成,而果肉为薄壁细胞组成,果皮与果肉之间为一层中胶层,富含果胶物质,将果皮与果肉连接。当原料与碱液接触时外果皮的角质、半纤维素易被碱液腐蚀而变薄乃至溶解,中胶层的果胶被碱液水解而失去胶凝性,而果肉的薄壁细胞则比较抗碱,这样使果蔬的表皮脱落而保存果肉。如桃、李、杏、苹果、胡萝卜等。碱液处理的程度由中胶层细胞的性质决定,只要求溶解此层细胞,这样去皮恰当且果肉表面光滑,否则就会腐蚀果肉,使果肉部分溶解,造成果肉表面毛糙,同时增加原料之损耗。

(1) 碱液去皮的工艺条件　碱液去皮的作用和程度取决于碱液的浓度、处理的时间和碱液温度三个工艺参数(表1-8)。具体工艺参数随不同的果蔬原料种类、成熟度和大小而异。碱液浓度大、处理时间长及温度高都会增加皮层松离及腐蚀的程度,适当增加任何一个参数,都能加速去皮作用,反之则影响去皮效果。如温州蜜柑橘瓣去囊衣时,0.3%左右的碱液在常温下需10~12 min左右,35~40℃时只需7~9 min,在45℃时仅需处理2min即可。而在0.8%的浓度下45℃只需0.5 min。故生产中必须视具体情况灵活掌握三个工艺参数的关联作用,只要处理后经轻度摩擦或搅动能脱落果皮,且果肉表面光滑即为适度。

表1-8　几种果蔬碱液去皮的工艺参数

果蔬种类	碱液浓度/%	碱液温度/℃	处理时间/min	备注
桃	1.5~3	90~95	0.5~2	淋碱或浸碱
杏	2.0~6.0	>90	1~1.5	淋碱或浸碱
李	5.0~8.0	>90	2~3	浸碱
猕猴桃	5	95	2~5	浸碱
全去囊衣橘瓣	0.8~1.0	45~65	0.25~0.5	浸碱
苹果	8~12	>90	1~2	浸碱
梨	8~10	>90	1~2	浸碱
海棠果	8~12	>90	2~3	浸碱
茄子	5	>90	2	浸碱
胡萝卜	4	>90	1~1.5	浸碱
马铃薯	10~11	>90	2	浸碱

经碱液处理后的果蔬原料应立即投入流动水中漂洗,且反复换水、搓擦、淘洗,洗除果皮渣及黏附的余碱,直至果实表面无滑腻感,口感无碱味为止。有时为了加速降低pH值和

漂洗，可用0.1%~0.2%的盐酸或0.25%~0.5%的柠檬酸溶液浸泡几秒钟中和碱液，再用水漂洗除去盐类，这样兼有防止变色的作用。一般用盐酸比柠檬酸效果好，因盐酸解离后的H^+和Cl^-对氧化酶有一定的抑制作用，而柠檬酸较难解离。同时，盐酸和余碱还可生成盐类，也可起到抑制酶活性的作用，更兼有价格低廉的优点。

常用的碱液为氢氧化钠或氢氧化钾，其腐蚀性强。为了更好地控制碱液去皮工艺，保证产品质量和去皮效果，还可以添加一些表面活性剂帮助去皮。通过表面活性剂降低果蔬的表面张力，再经润湿、渗透、乳化、分散等作用使碱液在低浓度下迅速达到很好的去皮效果。如在橘瓣去瓤衣时用0.05%的蔗糖脂肪酸酯、0.4%的三聚磷酸钠、0.4%的氢氧化钠混合液在50~55℃下处理橘瓣2~3s，即可冲洗去皮；桃、番茄等去皮时在碱液中添加0.3%的2-乙基己基磺酸钠或甲基萘磺酸盐，均可降低碱液浓度，增加表面光滑性，减少清洗水的用量。

（2）碱液去皮的方法及设备　碱液去皮的处理方法有浸碱法和淋碱法。

① 浸碱法。可分为冷浸与热浸，生产上常用热浸。即将一定浓度的碱液装在特制的容器中，先加热，再将果实浸泡一定的时间并搅动、摩擦，取出后用水反复漂洗即可。

简单的热浸设备常为夹层锅，用蒸汽加热，原料的浸碱、取出、去皮均为手工操作。在大量生产时可用连续的螺旋推进式浸碱去皮机或其他浸碱去皮机械，其主要部件均由浸碱箱和清漂箱两大部分组成。切半后或整果的果实，先进入浸碱箱的螺旋转筒内，经过箱内的碱液处理后，随即在螺旋转筒的推进作用下，将果实推入清漂箱的刷皮转筒内，由于螺旋式棕毛刷皮转筒在运动中边漂洗、边刷皮、边推动的作用，将果皮刷去，原料由出口取出。此法适用于桃、李、杏等的浸碱去皮。

② 淋碱法。即将热碱液喷淋于输送带上的果实上，经淋碱的果蔬原料进入转筒内，在冲水的情况下与转筒边翻滚边摩擦而去皮。此法广泛应用于杏、桃、巴梨等果实的去皮。

淋碱设备主要是专用的淋碱去皮机。如桃子淋碱去皮机的构造由回转式链带输送装置及在其上面的淋碱段、腐蚀段和冲洗段组成（图1-3）。传动装置安装在机架上带动链带回转，链带有网带式和履带式。任何形式的淋碱去皮机，其碱液都应进行加热和循环使用。

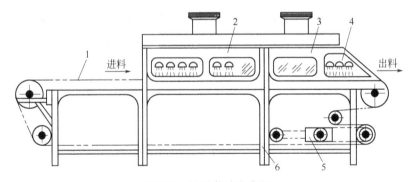

图1-3　桃子淋碱去皮机
1—输送链带；2—淋碱段；3—腐蚀段；4—冲洗段；5—传动系统；6—机架子

碱液去皮的特点就是适应性广，几乎所有的果蔬均可应用碱液去皮，且对原料表面不规则、大小不一的原料也能达到良好的去皮效果；只要工艺条件掌握合适，既可减少损耗，提高原料利用率，同时能节省人工、设备。但必须注意碱液的强腐蚀性，注意生产安全，并及时调整碱液浓度。

3. 热力去皮

热力去皮就是对果实进行短时间高温加热处理下，使其表面迅速变热，且膨胀破裂，中胶层的果胶物质失去凝胶性，随之果皮与果肉组织分离，然后迅速冷却即可去皮。此法较适用于成熟度高的桃、杏、枇杷、番茄等薄皮果实的去皮。热力去皮依采用热源的不同又分为热水去皮和蒸汽去皮。

(1) 热水去皮　热水去皮时，若小量生产可采用夹层锅加热开水；若大量生产则应采用带有传送装置的蒸汽加热开水槽进行。果蔬原料经开水短时间处理后，即可用手工剥皮或用高压水冲洗去皮。如完熟的番茄在 95～98℃ 的开水中浸烫 10～30s，取出冷水浸泡或喷淋，然后手工剥皮；枇杷在 95℃ 以上的开水中浸烫 2～5min，即可剥皮。

(2) 蒸汽去皮　蒸汽去皮通常用蒸汽去皮机，其型号很多，但主要部件是蒸汽供应装置。一般采用近 100℃ 的蒸汽，这样可以在短时间内使果皮松软，以便分离。当然具体的蒸汽处理时间，应根据原料的种类和成熟度情况来确定。如桃子蒸汽去皮，可先把充分成熟的桃子切半去核，皮向上放在不锈钢输送带上进入蒸汽去皮机（箱），用 100℃ 的蒸汽处理 8～10min，以果皮蒸透为度，然后淋水冷却，再经毛刷辊或橡皮辊边冲洗、边刷皮、边翻滚将果皮除去。

热力去皮的特点是原料损耗低，果肉色泽风味保存好，但只适用于皮薄成熟充分的果实。此外，热力去皮还有用火焰加热的火焰去皮法和红外线加热的红外线辐射去皮法等。如红外线辐射去皮法即用红外线照射，使果蔬表皮温度迅速提高，皮层下水分汽化，因而压力骤增，组织间的中胶层破坏而使果皮分离脱落。据试验，将番茄放在红外线 1500～1800℃ 的高温下受热 4～20s，再用冷水喷射即可除去果皮，效果较好。

4. 酶法去皮

酶法去皮就是利用果胶酶的作用，使组织间中胶层的果胶发生水解，以便脱去果皮。其关键技术在于掌握酶的浓度及酶处理的温度、时间、pH 值等工艺条件的确定。如将橘瓣放在 1.5% 703 果胶酶溶液中，在 35～40℃ 和 pH1.5～2.0 的条件下处理 3～8 min，即可达到除去囊衣的目的。采用酶法去皮的产品色泽风味好，品质高，特别在橘瓣半去囊衣中效果尤为明显。

综上所述，果蔬原料去皮的方法很多，且各有其优缺点，在实际生产中应根据具体的生产条件、果蔬的状况来选择。不论采用哪种去皮方法，都以达到除净外皮不可食用部分，保持去皮后原料外表的光洁，注意防止去皮过度，增加果蔬原料的损耗及影响产品质量。

四、切分、修整、破碎

果蔬原料在罐藏、干制、速冻、腌制及果脯蜜饯加工时，对大多数原料都需按照一定的工艺要求进行适当地切分。但切分的形状和大小须根据产品的标准和消费习惯而定，原料切分后的形状有块、片、条、丝以及对开或四分等。在罐藏及果脯蜜饯加工时，为了保持良好的外观形状，需对果块在装罐或糖制前进行修整，以便剔除果蔬去皮后果肉上未去净的皮以及残留于芽眼或梗洼中的皮，还有除去部分黑色斑点和其他病变组织；对全去囊衣橘瓣则需修整除去未去净的囊衣。在生产果酒、果蔬汁及果酱等制品时，加工前原料需破碎，使之便于压榨或打浆，提高出汁率和产品质量。此外，对于核果类、仁果类、柑橘类等果实，有时在加工前还需分别去核、去心或去种子；对枣、金橘、青梅等果实，在加工蜜饯时也需进行划缝或刺孔，以便糖液的渗透等。

原料切分、修整、破碎的方法依原料的形状、性质和加工要求而不同。一般的修整、去心及去核可采用手工操作，借助于一些专用的小型工具。如枇杷、山楂、枣的管状通核器，杏、桃、梨的匙形去核去心器，苹果的轮式切瓣器以及青梅的刺孔器等。但在规模生产时，原料的切分和破碎则采用专用的机械设备。常用的切分、破碎工具与设备如下。

劈桃机：用于将桃切半，主要原理是利用圆锯式刀片将桃锯成两半。

多功能切分机：为目前采用较多的切分机械，主要用于果蔬原料的切片、切块、切条或切丝等。设备中装有可换式组合刀具架，可根据需要选换刀具。

专用切片机：常用的有蘑菇定向切片机、青刀豆切端机、甘蓝切条机等。

破碎打浆机：果蔬的破碎通常采用破碎打浆机完成。还有刮板式打浆机也常用于打浆、去籽。此外，在制造果酱时果肉的破碎还可采用绞肉机进行。而果泥则采用磨碎机或胶体磨破碎。葡萄酒生产中常用葡萄破碎、去梗、送浆联合机，直接将成穗的葡萄送入进料斗后，经破碎辊破碎、去梗后，再将果浆送入发酵池中，自动化程度很高。

五、硬化处理

在果蔬加工过程中，由于一些原料本身质地较柔软，不耐热处理、易变形，为此常将原料放入石灰、明矾或氯化钙等溶液中浸泡进行硬化保脆处理，使蜜饯类制品能利用原料组织中的果胶物质与硬化剂中的钙、镁等金属离子作用，生成不溶性的果胶酸盐，从而获得不同程度的松脆质地，提高其硬度和耐煮性。同样，在一些果蔬罐藏和速冻生产中也可加入适量的氯化钙，以增加原料的硬度，防止产品的发酥或软烂。

硬化剂的用量要适当。一般石灰水处理的浓度为 0.5%～2.0%，氯化钙溶液浓度为 0.1%～0.5%，明矾水溶液浓度为 0.1%～0.2%，但在罐藏和速冻生产中氯化钙溶液浓度应控制在 0.05% 以下。注意硬化剂的用量过少往往起不到硬化作用；而过多则会引起原料纤维素钙化或生成果胶酸盐过多，反而使产品质地粗糙，品质下降。硬化处理的时间以渗透至原料中心为度。原料经过硬化处理后，还必须用清水彻底漂洗干净，除去残余的硬化剂。

六、烫漂

烫漂是果蔬加工预处理中较为关键的工序之一。在生产上烫漂又称为预煮或杀青，即将已切分的或经过预处理的新鲜果蔬放入沸水（热水）或蒸汽中进行短时间的热处理。

1. 烫漂的作用

（1）钝化酶活性，防止酶褐变　果蔬受热后可以钝化氧化酶的活性，停止其本身的生化活动，从而防止氧化酶引起的酶褐变。这在速冻和脱水蔬菜加工中尤为重要。一般抗热性较强的多酚氧化酶在 71～73.5℃、过氧化物酶可在 90～100℃ 的温度下处理 1～3min 即失去活性。

（2）稳定色泽，减少维生素 C 的氧化损失　由于烫漂后果蔬组织中空气被排除，有利于果蔬罐头保持一定的真空度，并减少维生素 C 的氧化损失和罐内壁的腐蚀；对于含叶绿素的颜果蔬色更为鲜绿，不含叶绿素的果蔬则成为半透明状态，使成品更为美观。

（3）改进组织结构，增加细胞透性　烫漂使新鲜果蔬的细胞死亡，膨压消失，组织变得柔韧，富有弹性，不易破损。同时使细胞内原生质发生变性而与细胞壁分离，使细胞膜的透性增大。这样在果蔬干制时使细胞内的水分更容易蒸发而加快干燥速度，在糖制时更有利于糖分的渗透，缩短糖制时间，并避免裂纹和皱缩的产生。

（4）消除不良风味，改善风味　对于含有苦涩味或辛辣味和其他异味的果蔬原料，经过烫漂之后可减轻其不良风味。如石刁柏的苦味，菠菜的涩味以及辣椒的辛辣味等。无论是罐藏还是干制，烫漂均可使这些果蔬制品的品质得到明显的改善。

（5）杀灭微生物，减少初菌数　果蔬原料在去皮、切分或其他预处理过程中难免受到微生物等污染，经烫漂可杀灭附在原料表面的虫卵和部分微生物。减少对原料的污染，降低初菌数，这对于蔬菜速冻加工尤为重要。

但是烫漂处理同时也会造成一部分营养成分的损失。特别是采用热水烫漂时，果蔬视不同的状态将损失一部分的可溶性固形物。如切片的胡萝卜用热水烫漂1min即维生素C损失26%，整条的也要损失16%。另外，矿物质及其他营养成分也受到一定损失（表1-9）。

表1-9 蔬菜烫漂对营养成分的损失

蔬菜种类及状态	维生素C/%			矿物质/%			蛋白质/%		
	A	B	C	A	B	C	A	B	C
胡萝卜	16	44	32	6	16	9	10	10	9
胡萝卜片	26	39	22	15	24	10	30	30	26
胡萝卜块	23	46	20	29	33	17	23	21	7
青豌豆	29	40	16	12	16	5	9	15	4
青刀豆	7	18	18	9	11	15	1	10	3
甘蓝	31	48	11	10	23	17	5	12	11
马铃薯	32	34	39	7	9	10	8	10	10

注：A为热水烫漂1min，B为热水烫漂6min，C为蒸汽烫漂3min。

2. 烫漂处理的方法

（1）烫漂工艺条件 果蔬烫漂的关键技术是最短时间内达到使酶活性被钝化的目的，否则会因烫漂加热过度而使组织软烂，影响品质；相反，若烫漂处理不彻底，反而会促进酶褐变，如白洋葱和荸荠若烫漂不完全，则其变色的程度比未烫漂的更严重。至于烫漂具体的工艺条件应根据果蔬原料的种类、块形大小及产品加工工艺要求等来确定（表1-10）。一般烫漂所用的温度为沸点或接近沸点，个别组织较嫩的蔬菜如菠菜及小葱，为了保持其绿色可采用76.6℃的低温。烫漂的时间应控制在2～10min，原料从外表上烫至半生不熟，组织比较透明，并失去原来新鲜果蔬的硬度，但又不像煮熟后那样柔软即可。

在实际生产中，烫漂程度的掌握也常以果蔬中最耐热的过氧化物酶活性被全部破坏为标准，特别是在脱水蔬菜和速冻蔬菜加工中更为如此。检查果蔬中过氧化物酶的活性可用1.5%的愈创木酚或联苯胺酒精溶液和0.3%的过氧化氢溶液进行测试。其方法就是先将试样（已烫好的原料）浸入愈创木酚或联苯胺酒精溶液中，取出后在切面上滴上几滴0.3%的过氧化氢，数分钟后观察，若仍变色（愈创木酚变褐色、联苯胺变蓝色），则说明过氧化物酶未被破坏，烫漂程度不够，反之则说明酶已被钝化，烫漂效果好。

表1-10 几种果蔬的烫漂工艺参数

种 类	温度/℃	时间/min	备 注
豌豆	100	1～2	—
青刀豆	100	3～4	—
花椰菜	95	3～4	
蘑菇	100	2～5	罐藏用0.1%的柠檬酸液
青蚕豆	100	1～2	0.2%的柠檬酸液
荸荠	100	2～3	—
莲藕片	100	1～2	0.4%的柠檬酸液
胡萝卜	95～100	2～3	0.1%～0.15%的柠檬酸液
黄秋葵	95	2～4	0.2%的柠檬酸液
石刁柏	90～95	2～5	
甜玉米粒	100	2～3	
甜玉米棒	100	7～11	
菠菜	95	2	

果蔬烫漂后，必须及时用冷水或冷冻水迅速冷却，以冷透且停止热处理的作用，便于保

持原料的脆性，减少营养成分的损失。

（2）烫漂的方法及设备　果蔬烫漂常用的方法有热水烫漂和蒸汽烫漂。一般手工操作可用夹层锅进行，而现代化生产都采用专门的连续化预煮设备，依其输送物料的方式，目前主要有链带式连续预煮机和螺旋式连续预煮机等。

① 热水烫漂。即利用温度在沸点或沸点以下的热水进行烫漂处理。其操作既可以人工在夹层锅内进行，也可以采用专门的连续化机械如链带式连续预煮机和螺旋式连续预煮机内进行。有时为了保持一些蔬菜绿色，还常在烫漂水中添加0.5%的碳酸氢钠或其他的碱性物质，使叶绿素在中性或微碱性条件下呈色更稳定。但可能对维生素C保存有一定的影响。此外，某些果蔬罐头可采用添加2%的食盐水或0.1%~0.2%的柠檬酸液进行烫漂处理，这样也有利于原料色泽的保存。

热水烫漂的特点是物料受热均匀，升温速度快，烫漂彻底，方法简便；但原料中部分维生素及可溶性固形物的损失较多，一般可达到10%~30%。在热水烫漂过程中，其烫漂用水的可溶性固形物浓度会随着烫漂的进行不断加大，且浓度越高，果蔬中的可溶性物质的损失也随之逐渐减少，故生产中在不影响烫漂效果和品质的情况下，应避免频繁更换烫漂用水。如果重复使用烫漂水，则可减少其可溶性物质的流失，甚至还可以对有些原料的烫漂水进行收集浓缩并加以综合利用，如市场上生产蘑菇酱油、健肝片等。

② 蒸汽烫漂。即在密闭的条件下，借蒸汽喷射使原料受热而进行烫漂处理。一般将采用蒸锅（笼）或蒸汽箱进行。蒸汽烫漂减少果蔬原料在烫漂处理中营养物质的损失，但必须有较好的设备，否则会因原料受热不均，烫漂不彻底而影响产品质量。

近年来，国内外对果蔬烫漂工艺的研究甚多。如美国企业研究采用热风代替蒸汽进行烫漂来钝化酶的活性，同时用冷空气代替冷水进行冷却已获得成效。此法就是将果蔬原料置于不锈钢输送带上，在温度高达155℃，风速107m/s的热风隧道中进行短时间的热处理，然后再用冷风进行冷却。这样既可避免常规烫漂的废水污染和营养成分的损失，又可以提高烫漂的效果。

七、工序间的护色

果蔬原料预处理工序间的护色是整个果蔬过程中品质管理的关键之一。若处理不当，不仅会影响到产品的美观，而且也会引起营养成分和风味发生变化，使产品质量下降。因此，了解和分析果蔬原料变色的原因，掌握抑制或控制其变色的措施有着非常重要的意义。

1. 褐变原因

果蔬在去皮和切分之后，一旦与空气接触就会迅速发生褐色，从而影响产品的外观，也会破坏产品的风味和营养品质。究其原因有酶褐变和非酶褐变，其中最主要的是酶褐变所引起的。酶褐变主要是由于果蔬中普遍存在有酚类化合物，其在多酚氧化酶的催化下，被氧化并聚合生成醌类化合物使新鲜果蔬原料变色。引发这种褐变的程度关键取决于果蔬组织中酚类化合物的含量、酶的活性及氧气的存在。因为酚类化合物往往是不可能除去的，故控制酶褐变的途径主要从排除氧气和抑制酶活性两方面着手。而非酶褐变是在没有酶参与的情况下出现的变色现象，主要有美拉德反应（羰氨反应）、抗坏血酸氧化、脱镁叶绿素褐变及金属离子引起的褐变等。对于非酶褐变主要是通过降低温度、改变pH值及控制金属离子含量等方法加以延缓及控制。

2. 护色措施

（1）烫漂护色　烫漂可以钝化酶的活性、防止酶褐变、稳定和改进产品色泽，已如前述。

(2) 氯化物溶液护色　将去皮或切分后的果蔬原料浸于一定浓度的食盐水中护色。因为食盐本身对酶的活力有一定的抑制和破坏作用，同时食盐溶于水后，能减少水中的溶解氧，从而抑制氧化酶的活性，起到护色的效果，且食盐溶液浓度愈高，则抑制效果愈好。在果蔬预处理工序间的短期护色中，常用1%～2%的食盐水浸泡，能抑制酶活性3～4h，注意食盐水浓度过高，会带来脱盐的困难，所以有时对于容易变色的原料，可以再添加0.1%柠檬酸液，以增强护色效果。如桃、梨、苹果、莲藕等均可采用此法。

另外，在生产上有时还可用氯化钙溶液浸泡处理，这样既有护色作用，又能增进果肉的硬度，提高原料的耐煮性，此法常用于果脯蜜饯的护色处理。

(3) 有机酸溶液护色　有机酸溶液既可降低pH值以抑制多酚氧化酶的活性，又可减少氧的溶解度而兼有抗氧化作用。它是控制酶褐变措施中广泛使用的方法之一。常用的有机酸有柠檬酸、苹果酸以及抗坏血酸等，但后两者费用较高，在生产中除了一些名贵的水果或速冻水果外，大多数都采用柠檬酸，一般柠檬酸浓度控制在0.5%～1%左右。

(4) 加碱保绿　由于叶绿素的钾盐和钠盐都比较稳定，具有与叶绿素相似的绿色，在生产中常利用它作为蔬菜保持鲜嫩绿色的措施。其方法就是当蔬菜原料进行热水烫漂时，在烫漂水中添加0.5%的碳酸氢钠（$NaHCO_3$），这样经过烫漂后就能有效地保持蔬菜原有的鲜嫩绿色。

(5) 抽空护色　对于一些组织比较疏松，含空气较多的果蔬原料，如苹果、番茄等（表1-11），在罐藏加工中特别容易引起氧化变色，故生产上常采用抽空处理将原料周围及果肉组织中的空气排除，以便抑制酶的活性，防止酶褐变。所谓抽空护色处理就是利用真空泵等机械造成真空状态，使置于真空状态下的原料其组织内的空气释放出来，并用糖水或无机盐溶液淹没之以保持真空度。其抽空系统比较简单，主要由真空泵、气-液分离器、抽空罐等组成（图1-4）。一般真空泵都采用食品工业中常用的水环式，除能产生真空外，还可带走水蒸气。抽空罐为带有密封盖的圆形筒，内壁用不锈钢制造，锅上有真空表、进气阀和紧固螺丝。

表1-11　几种果蔬组织中的空气含量

种　类	含量/%（体积分数）	种　类	含量/%（体积分数）
桃	1.6～5.4	梨	5～7
番茄	1.3～4.1	苹果	12～29
杏	6～8	樱桃	0.5～1.9
葡萄	0.1～0.6	草莓	3.3～12.3

果蔬抽空护色处理的方法又有干抽法和湿抽法之分。

① 干抽法。即将处理好的果蔬原料装于容器中，置于90kPa以上的抽空罐内抽去组织内的空气，然后吸入一定浓度的糖水或盐水等抽空液，使之淹没果面5cm以上，当抽空液吸入时，应防止抽空罐内的真空度下降。

② 湿抽法。即将处理好的果蔬原料先浸没于糖水或盐水等抽空液中，再放入抽空罐内，在一定的真空度下使组织内部的空气释放出来，直至果蔬表面透明为度。常用的抽空液有糖水、盐水、护色液三种，应视果蔬原料的种类、品种、成熟度而具体选择。抽空液的浓度原则上浓度越低，渗透越快；浓度越高，成品色泽就越好。一般防止易变色的原料常用2%食盐和0.2%柠檬酸作为抽空母液，而对不易变色的原料只用2%食盐溶液作为抽空母液即可防止变色。在生产中水果原料常用糖水作为抽空母液，在66.7kPa的真空度下抽空处理5～10min即可护色，且果肉色泽更为鲜丽。

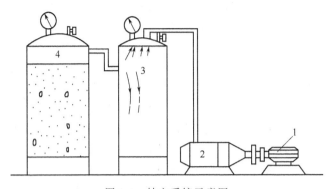

图 1-4 抽空系统示意图
1—电机；2—水环式真空泵；3—气-液分离器；4—抽空罐

【本章小结】

果蔬的化学成分主要包括水分、糖、淀粉、纤维素及半纤维、果胶物质、有机酸、单宁物质、色素物质（叶绿素类、类胡萝卜素类、花青素、黄酮类色素）、芳香物质、维生素、矿物质、含氮物质和酶等。它们既是构成果蔬色泽、风味、质地和营养的最基本的成分，同时又是生化反应的基质。化学成分在加工过程中的变化直接影响着加工制品的品质。

引起食品败坏的原因是多方面的，但以有害微生物的危害和食品本身的化学变化为主导因素。控制的途径主要有热处理、冷冻、干燥、高渗透压、酸（pH 值）、抽真空、食品添加剂和辐射处理等。

果蔬加工是以新鲜果蔬为原料，除考虑不同制品选用不同的种类和品种外，还应该考虑原料的成熟度和新鲜完整程度。总的要求是合适的种类及品种，适当的成熟度和良好、新鲜完整的状态。

原料的预处理包括选别分级、洗涤、去皮、修整、切分、烫漂（预煮）、硬化、护色等工序。

【复习思考题】

1. 简述果蔬原料中的主要化学成分及其加工特性？
2. 果蔬加工对原料的种类和品种有什么具体要求？
3. 简述食品败坏的原因及其主要保藏方法。
4. 果蔬的成熟度和新鲜度对产品加工有何影响？
5. 果蔬原料的去皮常用哪些方法，其原理是什么？
6. 果蔬烫漂处理的作用是什么？
7. 分析果蔬加工工序间变色的原因及其控制的措施。

【实验实训一】 叶绿素变化及护绿

一、技能目标

通过实验实训了解果蔬组织中叶绿素的变化规律，并掌握保持蔬菜绿色的途径和方法。

二、实训原理

果蔬中叶绿素 a 和 b 是一种不稳定的物质，不耐光、热、酸等，不溶于水，易溶于碱、乙醇与乙醚，在碱性溶液中可皂化为叶绿素碱盐。果蔬中的叶绿素是与脂蛋白结合的，脂蛋白能保护叶绿素免受其体内存在的有机酸的破坏。叶绿素 a 的四吡咯结构中镁原子的存在使之呈绿色，但在酸性介质中很不稳定，而变为脱镁叶绿素，外观由绿色转变为褐绿色，特别是受热时，脂蛋白凝固而失去对绿色的保护作用，继而与果蔬体内释放的有机酸作用，使叶绿素脱镁。

研究发现，遇酸脱镁的叶绿素在适宜的酸性条件下，用铜、锌、铁等离子取代结构中的镁原子，不仅能保持或恢复绿色，且取代后生成的叶绿素对酸、光、热的稳定性相对增强，从而达到护绿目的。另外，铜离子是酶抑制剂，可以抑制酶促褐变，这样也有利于护色。

三、材料用具

菠菜、青刀豆、生菜；0.5% $NaHCO_3$、0.5% CaO、0.1% HCl；电炉、不锈钢锅、水果刀、烧杯、竹筷、搪瓷盘、烘箱、分析天平。

四、操作步骤

1. 将清洗干净的新鲜菠菜、青刀豆、生菜分别在 0.5% $NaHCO_3$、0.5% CaO、0.1% HCl 溶液中浸泡 30min，沥干明水。

2. 将经上述处理的原料放在热水（90℃以上）中烫漂 2~3min，取出放入冷水中冷却，沥干明水。

3. 将清洗干净的对照蔬菜放在热水（90℃以上）中烫漂 2~3min，取出放入冷水冷却，沥干明水。

4. 将处理后的蔬菜样品和对照蔬菜放入 60℃烘箱内恒温干燥。

5. 观察不同处理蔬菜的色泽变化，并记录。

五、实训记录

处理方法 原料名称	对照		0.5% $NaHCO_3$		0.5% CaO		0.1% HCl		备注
	烘前	烘后	浸后	烘后	浸后	烘后	浸后	烘后	

六、实训思考

在本次实训中哪种护绿效果最好？

【实验实训二】 酶活性的检验及防止酶褐变

一、技能目标

了解蔬菜原料在加工前的烫漂处理对控制蔬菜酶褐变的作用和意义；熟悉过氧化酶活性的测定方法；掌握烫漂处理对控制蔬菜酶褐变的最适温度和时间。

二、实训原理

蔬菜在加工过程中，由于过氧化物酶的作用，使蔬菜因氧化造成酶褐变，而这种氧化，只有在酶、氧和底物三者共同存在时才能发生。烫漂处理是控制过氧化酶活性的最简单、最方便的方法。

三、材料用具

青刀豆、莲藕、马铃薯；水果刀、培养皿、电炉、不锈钢锅、温度计、烧杯、竹筷、0.3% 双氧水、95% 酒精、1.5% 愈创木酚或联苯胺溶液。

四、操作步骤

1. 将新鲜蔬菜清净，切成3mm厚的薄片或小块，暴露于空气中，观察其切面颜色的变化。
2. 用95%酒精溶解愈创木酚或联苯胺，配成1.5%的酒精溶液，置于培养皿中。
3. 新鲜蔬菜清净，然后切成3mm厚薄片或小块放入愈创木酚或联苯胺溶液中取出，立即在切面上滴0.3%双氧水，经过1~2min后，观察其颜色变化。
4. 取新鲜蔬菜，分别在80℃、90℃、100℃水中烫漂1~3min并迅速冷水冷却，然后重复上述愈创木酚或联苯胺溶液的显色试验，观察色泽变化，确定烫漂处理的最适时间和温度。

五、实训记录

观察蔬菜色泽变化记录表

原料＼条件	80℃			90℃			100℃			备注
	1min	2min	3min	1min	2min	3min	1min	2min	3min	

注：颜色以很明显、明显、较明显、略有显色、无色等分别填写。

六、实训思考

如何确定典型蔬菜烫漂的最佳工艺条件？

第二章 果蔬罐藏技术

> **教学目标**
> 1. 了解罐藏容器的选择和处理方法,掌握果蔬罐藏常见的质量问题及对策。
> 2. 理解罐藏食品杀菌和排气的影响因素;罐头食品保藏的影响因素。
> 3. 掌握罐头食品加工基本技术,及几种主要果蔬罐头对原料的要求和加工工艺要点。

第一节 罐头食品的保藏与杀菌

罐藏食品又称罐头,是将食品原料经过预处理,装入容器,经密封、杀菌、冷却等工序制成的食品。罐头食品具有常温下可安全卫生并长时间存放,较好保存食品原有的色香、味和营养价值,罐头食品处于密封杀菌的商业无菌条件下存放,加工中不需要加入任何防腐剂等许多优点。

中国2000多家罐头生产企业中,出口外销型企业已超过400家,就业40多万人,生产罐头320多万吨。与之配套瓣罐头机械设计、制造、标准化、检测、人才培训等方面体系完善,为罐头产业的发展创造了良好的条件。

根据中国罐头食品行业的现状和市场情况报道,中国罐头食品产业主要应集中技术力量解决罐头产品老化问题,积极开发适销对路的罐头新品种:既注重生产半成品罐头如蘑菇、竹笋、马蹄、番茄酱罐头等作为调味配菜使用,又要开发生产即开可食的品种,如奶油蘑菇、油烟笋、调味番茄酱等罐头。既要生产大众口味罐头,又要注重生产满足特殊人群需要的罐头,如婴幼儿、老人、孕妇和特殊病人。开发汤品罐头、药膳罐头、功能性罐头、自制罐头、果菜汁罐头、甜酸蔬菜类罐头等品种,满足各层次各类型消费人群的需要。

一、罐头食品保藏的影响因素

1. 微生物与罐头食品的保藏

微生物的生长繁殖是导致食品败坏的主要原因之一,罐制品如杀菌不够,残存在罐头内的微生物当条件转变到适宜于其生长活动时,或密封不严而造成微生物重新侵入时,就能造成罐制品的败坏。

食品中常见的微生物主要有霉菌、酵母和细菌。霉菌和酵母广泛分布于大自然中,耐低温的能力强,但不需高温,一般在加热杀菌后的罐制品中不能生存,加之霉菌又不耐密封条件,因此,这两种菌在罐制生产中是比较容易控制和杀死的。导致罐制品败坏的微生物主要是细菌,因而,热杀菌的标准都是以杀死某类细菌为依据。而细菌对环境条件的适应性是各不相同的,下面重点介绍细菌对罐藏制品环境条件的要求。

(1) 细菌对营养物质的要求 细菌的生长繁殖必须要有营养物质提供,而果蔬原料含有细菌生长活动所需要的全部营养物质,是细菌生长发育的良好培养基。细菌的大量存在是果蔬罐头食品败坏的重要原因。因此,保证原料的新鲜清洁和工厂车间的清洁卫生,就可减少有害细菌引起的危害。

(2) 细菌对水分的要求　细菌细胞含水量很高，一般在75%~85%。各种细菌需要从环境中吸收较多的水分才能维持其生命活动。同时，水分也是细菌营养物质吸收与分泌代谢产物的介质，参与细胞内一系列生化反应，维持蛋白质、核酸等生物大分子的稳定性等。而罐藏果蔬原料及其制品中含有大量的水分，可以被细菌利用，但随着罐藏填充液盐水或糖液浓度的增高，水分活度降低，细菌能够利用的自由水减少，有利于抑制细菌的活动，因此，水分活度低的制品（如含糖量高的糖浆罐头、果酱罐头）中细菌数量相对少些，其杀菌温度也相对低些，杀菌时间也可相对缩短。

(3) 细菌对氧的要求　细菌对氧的需要有很大的差异，依据细菌对氧的要求可将它们分为嗜氧菌、厌氧菌和兼性厌氧菌。在罐藏食品方面，嗜氧菌因罐头的排气密封而受到限制，而厌氧菌仍能活动，如果在加热杀菌时没有被杀死，则会造成罐头食品的败坏。

(4) 细菌对pH值的要求　不同的微生物具有不同的适宜生长的pH值范围，罐头食品的pH值对细菌的重要作用是影响其对热的抵抗能力，pH值愈低（亦即酸的强度愈高），在一定温度下，降低细菌及芽孢的抗热力愈显著，也就提高了杀菌的效应。根据酸性强弱，可将食品分为酸性食品（pH4.5或以下）和低酸性食品（pH4.5以上）；也有将食品分为低酸性食品（pH5.0~6.8）、酸性食品（pH4.5~3.7）和高酸性食品（pH3.7~2.3）。在实际应用中，一般以pH4.5作为划分的界限，在pH4.5以下的酸性食品（水果罐头、番茄制品、酸泡菜和酸渍食品等），通常杀菌温度不超过100℃；在pH4.5以上的为低酸性食品（如大多数蔬菜罐头和肉禽水产等），通常杀菌温度要在100℃以上。这个界限的确定是根据肉毒梭状芽孢杆菌（*Clostridium botulium*）在不同pH值下的适应情况而定的，低于此值，其生长受到抑制并不产生毒素，高于此值适宜生长并产生致命的外毒素。

2. 果蔬中的酶与罐制品的保藏

果蔬原料中含有各种酶，它参加并能加速果蔬中有机物质的分解变化，如对酶不加控制，就会使原料或制品发生质变。因此，必须加强对酶的控制，使其不对原料及制品发生不良作用而造成品质变坏和营养成分损失。

酶的活性与温度有着密切的关系。大多数酶适宜的活动温度为30~40℃，如果超过此温度，酶的活性就开始遭到破坏，当温度达到80~90℃时，受热几分钟后，几乎所有的酶的活性都遭到了破坏，它们所催化的各种反应速度也会随之下降。

然而生产实践中还发现，有些酶还会导致罐藏的酸性或高酸性食品变质，甚至某些酶经热力杀菌后还能促使其再度活化，如过氧化物酶在超高温热力杀菌（121~150℃瞬时处理）时能再度活化，微生物虽全被杀死但某些酶的活力却依然存在。因此加工处理中，要完全破坏酶活性，防止或减少由酶引起的败坏，还应综合考虑采用不同的措施。

3. 排气处理与罐制品的保藏

罐制品在保藏期间发生的腐败变质、品质下降以及罐内壁的腐蚀等不良变化，很大程度上是由于罐内残留了过多的氧气所致。所以在罐制生产工艺中排气处理对罐制品的质量好坏也有着至关重要的影响。

排气处理如达不到要求，容易使需氧菌特别使其芽孢生长发育，从而使罐内食品腐败变质而不能较长时间贮藏。过多的氧也对食品的色、香、味及营养物质的保存产生影响，如苹果、蘑菇及马铃薯等果蔬的果肉组织与氧气接触特别容易产生酶促变色；就维生素而言，温度在100℃以上加热时，如有氧存在它就会缓慢地分解，而无氧存在时就比较稳定。同时，罐内和食品内如有空气存在，罐内壁常会在其他食品成分的影响下出现严重的腐蚀现象，从而大大地影响了保藏性。

4. 密封措施与罐制品的保藏

罐制品之所以能长期保存不坏,一方面是充分杀灭了能在罐内环境中生长的腐败菌和致病菌,另一方面依靠罐藏容器的密封。密封使罐内食品与罐外环境完全隔绝,使其不再受到外界空气及微生物污染而引起腐败。不论何种包装容器,如果未能获得严格的密封,就不能达到长期保存的目的,因此,罐制品生产过程中严格控制密封的操作,保证罐制品的密封效果是十分重要的。

二、罐头食品杀菌 F 值的计算

1. 罐头食品杀菌的意义

罐头加工、运输和贮藏中,凡能导致罐头食品腐败变质的各种微生物都称为腐败菌。

用于罐头食品加工的肉、鱼、蔬菜和水果等原材料不可避免地被许多微生物污染,这些微生物可能使食品成分分解变质,可能导致人体中毒,引发各类疾病甚至死亡,因此在制罐时必须对罐头进行杀菌处理。制罐原料在经过预处理装罐排气后,进行密封以隔绝罐内食品成分与罐外环境的接触,然后进行杀菌处理。此操作在破坏罐内食品成分的酶活性的同时,也实现了罐头食品商业无菌的要求。

2. 杀菌对象菌的选择

引起肉、鱼、果蔬罐头败坏的因素很多,微生物是引起罐头败坏的主要因素。原料装罐前引起败坏的微生物主要是细菌、霉菌和酵母菌,制罐后在罐藏条件下导致罐头败坏的微生物则主要是细菌。罐头加工中若杀菌不够,罐头内残留有有害微生物,或因密封缺陷使罐头重新感染新的微生物等都会引起腐败变质,罐头的种类不同,引起败坏的微生物种类也有较大差异。

生产中常以难以杀灭的菌种作为杀菌对象菌。致病菌中的肉毒梭状芽孢杆菌,耐热性很强,其芽孢在 100℃经 6h 或 120℃经 4min 的加热条件下才能被杀死,并且这种菌在食品中出现的概率较高,所以常以肉毒梭状芽孢杆菌的芽孢作为 pH 大于 4.6 的低酸性食品杀菌的对象菌。嗜热脂肪芽孢杆菌常出现在蘑菇、青豆和红烧肉等 pH 值高于 4.6 的罐头食品中;凝结芽孢杆菌常出现在番茄及番茄制品等 pH 低于 4.6 的食品中,导致罐头食品的平盖酸败。

3. 杀菌 F 值的计算

合理的杀菌工艺条件是确保罐制品质量的关键,而杀菌工艺条件主要是确定杀菌的温度和时间,其制定的原则是在保证罐藏食品安全性的基础上,尽可能的缩短杀菌时间,以减少热力对食品品质的影响。

杀菌温度的确定以对象菌为依据,一般以对象菌的热力致死温度作为杀菌温度。杀菌时间的确定则受多种因素的影响,在综合考虑的基础上,通过计算确定。

(1) 微生物耐热性的常见参数值　微生物的耐热性与罐头食品的杀菌有着密切关系,其直接影响杀菌温度和杀菌时间等。影响微生物耐热性的因素有菌种与菌株、热处理前细菌芽孢的培育、热处理时的介质(或食品成分)及热处理时的湿度等。

试验证明,细菌被加热致死的速率与被加热体系中现存的细菌数成正比。这表明在恒定热力条件下,在相等的时间间隔内,细菌被杀死的百分比是相等的,与现存细菌多少无关。也就是说,在一定致死温度下,若第一分钟杀死原始菌数的 90% 的细菌,第二分钟杀死剩余细菌数的 90%,依次类推,其原理如图 2-1 所示。图 2-1 中的 "D 值" 即在一定的环境和一定热致死温度条件下,杀死 90% 原有微生物芽孢或营养体细菌数所需要的时间(min)。D 值的大小与微生物的耐热性有关,D 值愈大,它的耐热性愈强。

若以热力致死时间的对数值为纵坐标,以温度变化为横坐标,则可得到一条直线,即热力致死温度时间曲线,如图 2-2 所示,我们把热力致死温度时间曲线横过一个对数循环周期,即加热致死时间变化 10 倍时所需的温度称之为"Z 值"。Z=10,表示杀菌温度提高 10,则杀死时间就减为原来的 1/10。Z 值愈大,说明微生物的抗热性愈强。

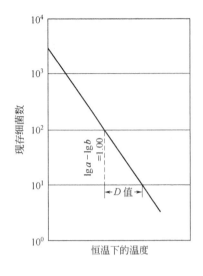
图 2-1　杀灭细菌速率曲线图

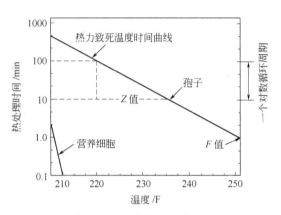
图 2-2　细菌孢子及营养体的热致死时间曲线图

在恒定的加热标准温度条件下(121℃或100℃),杀灭一定数量的细菌营养体或芽孢所需的时间(min),称为 F 值,也称为杀死效率值、杀死致死值或杀菌强度。

F 值包括安全杀菌 F 值和实际杀菌条件下的 F 值两个内容。安全杀菌 F 值是在瞬时升温和降温的理想条件下估算出来的,安全杀菌 F 值也称为标准 F 值,它被作为判别某一杀菌条件合理性的标准值,它的计算是通过对罐头杀菌前罐内微生物检测,选出该种罐头食品常被污染的对象菌的种类和数量并以对象菌的耐热性参数为依据,用计算方法估算出来的,其计算方法如下:

$$F_{安} = D_T(\lg a - \lg b)$$

式中　D_T——在恒定的加热致死温度下,每杀死 90% 的对象菌所需的时间,min;
　　　a——杀菌前对象菌的总数;
　　　b——罐头允许的腐败率。

而实际生产中,罐头杀菌都有一个升温和降温的过程,在该过程中,只要在致死温度下都有杀菌作用,所以可根据估算的安全杀菌 F 值和罐头内食品的导热情况制定杀菌公式来进行实际实验,并测其杀菌过程罐头中心温度的变化情况,来算出实际杀菌 F 值。实际杀菌 F 值应略大于安全杀菌 F 值,如果小于安全杀菌 F 值,则说明杀菌不足,应适当提高杀菌温度或延长杀菌时间;如果大于安全杀菌 F 值很多,则说明杀菌过度,应适当降低杀菌温度或缩短杀菌时间,以提高和保证食品品质。

(2) 杀菌公式　杀菌条件确定后,罐头厂通常用"杀菌公式"的形式来表示,即把杀菌温度、杀菌时间排列成公式的形式。一般杀菌公式为:

$$\frac{T_1 - T_2 - T_3}{t}$$

说明:t 为规定的杀菌温度(℃),即杀菌过程中杀菌机达到的最高温度。

T_1 为升温时间,表示杀菌机内的介质由初温升高到规定的杀菌温度时所需要的时间

(min)，用蒸汽杀菌时，指从通入蒸汽开始至达到规定的杀菌温度时的时间（min）；用热水浴进行杀菌，指通入蒸汽开始加热热水至水温达到规定的杀菌温度时的时间（min）。

T_2 为恒温杀菌时间，即杀菌机内的热介质达到规定的杀菌温度后，在该温度下所持续的杀菌时间（min）。

T_3 为降温时间，表示恒温杀菌结束后，杀菌机内的热介质由杀菌温度下降到开机出罐时的温度所需要的时间（min）。

总之，罐头食品热杀菌工艺条件以杀灭罐内的致病菌、腐败菌，使酶失活，保证罐藏食品的贮藏安全性，同时尽可能地缩短加热杀菌时间，减少热力对食品品质的影响，最大限度地保持食品原有的风味品质为原则进行确定。

三、影响杀菌的主要因素

影响罐头加热杀菌的因素很多，有食品的特性、杀菌方式、罐头容器、罐头初温、杀菌器操作的初始温度、装罐方式、杀菌锅内的排气情况、海拔高度和原料的微生物污染程度等。这里重点介绍微生物的种类和数量、食品的性质和化学成分对杀菌的影响。

1. 微生物的种类和数量

（1）污染微生物的种类　罐头食品污染的微生物种类很多，微生物种类不同，耐热性明显不同。同一种细菌，菌株不同，耐热性也不同。

（2）污染微生物的数量　罐头食品在杀菌前所污染的菌数越多，耐热性越强，在相同温度下所需的致死时间越长。

2. 食品的性质和化学成分

（1）罐头食品的酸度（pH）　通常根据腐败菌对不同 pH 值的适应情况及其耐热性，罐头食品按照 pH 的不同（表 2-1）分为四大类：低酸性罐头、中酸性罐头、酸性罐头和高酸性罐头（表 2-2）。

表 2-1　部分罐头食品的 pH 值

罐头食品	pH 值			罐头食品	pH 值		
	平均	最低	最高		平均	最低	最高
苹果	3.4	3.2	3.7	番茄汁	4.3	4.1	4.4
杏	3.6	3.2	4.2	绿色芦笋	5.5	5.4	5.6
红酸樱桃	3.5	3.3	3.8	青刀豆	5.4	5.2	5.7
橙汁	3.7	3.5	4.0	蘑菇	5.8	5.8	5.9
酸渍黄瓜	3.9	3.5	4.3	青豆	6.2	5.9	6.5
葡萄汁	3.2	2.9	3.7	黄豆	5.6	5.0	6.0
菠萝汁	3.5	3.4	3.5	马铃薯	5.5	5.4	5.6
番茄	4.3	4.6	4.6	菠菜	5.4	5.1	5.9

表 2-2　罐头食品按酸度分类

酸度级别	pH 值	食品种类	常见腐败菌	热力杀菌要求
低酸性	5.0 以上	虾、羊肉、蟹、贝类、禽、牛肉、猪肉、火腿、蘑菇、青豆、青刀豆、笋	嗜热菌、嗜温厌氧菌、嗜温兼性	高温杀菌 105～121℃ 沸水或 100℃ 以下介质中杀菌
中酸性	4.6～5.0	无花果、蔬菜肉类混合制品、汤类、沙司制品、面条	厌氧菌	
酸性	3.7～4.6	荔枝、龙眼、桃、樱桃、李、苹果、梨、草莓、番茄、什锦水果、番茄酱、枇杷、各类果汁	非耐热芽孢菌、耐酸芽孢菌	
高酸性	3.7 以下	果酱、菠萝、杏、葡萄、柠檬、果冻、酸泡菜、柠檬汁、酸渍食品等	酵母、霉菌、酶	

绝大多数微生物在 pH 中性范围内耐热性最强，pH 升高或降低将减弱微生物的耐热性。从表 2-1 和表 2-2 可看出，罐头食品的酸度不同，对微生物耐热性的影响程度也不同。

(2) 食品的化学成分

① 糖。一般规律是罐头食品中糖的浓度越高，微生物的耐热性越强，杀灭微生物芽孢所需的时间越长。糖浓度很低时，对微生物的耐热性影响也很少。

② 脂肪。脂肪中微生物的耐热性强于水中微生物的耐热性。

③ 盐类。公认为低浓度（低于 4%）的食盐对微生物的耐热性有保护作用，高浓度（高于 10%）的食盐对微生物的耐热性有削弱的使用。

④ 蛋白质。食品中的蛋白质在一定的低含量范围内对微生物的耐热性有保护作用。

⑤ 植物杀菌类。某些植物的汁液或分泌出的挥发性物质对微生物具有抑制或杀灭的作用。

第二节 罐头食品加工技术

罐头加工通常是原料经前处理后，装入能密封的容器内，再进行排气、密封、杀菌，最后制成别具风味、能长期保存的食品，具有耐贮藏、易携带、品种多、食用卫生的特点。罐头按包装容器分为玻璃瓶罐头、铁盒罐头、软包装罐头、铝合金罐头以及其他罐头。本节对罐头食品加工的各个环节分别予以介绍。

一、原料选择

不同的罐头品种需要选择不同原材料，表 2-3 是常用果蔬原料的种类及要求。

表 2-3 果蔬制罐对原料的要求

水果原料	要　　求	品　　种	备　　注
蜜橘	饱满,不过分坚实果肉糖度高,甜度适宜;没有果核;85～100g	普通温州蜜橘（多个品种）	早熟温州蜜橘,肉质不饱满,色泽浅淡,不适用
黄桃	肉质呈胶质或半胶质,纤维素少,深橙黄色,香气浓厚,两半均匀对称,果小,果肉厚实,果核周围及肉质中无红色素,大小 145～180g	罐桃 2 号、5 号、12 号、14 号、明星等	因品种的差异和栽培的不同,难以达到完全标准要求
白桃	除果实色泽为白色外,其他条件与黄桃相同	罐桃 7 号、8 号和山下、大久保白桃等	大久保白桃完熟前 2～3d 采收,工厂中催熟
枇杷	果大肉厚,果皮深黄色,无破损	田中、茂本等	受伤而木质化和剥皮困难的品种,不适制罐
樱桃	果大肉优,白色或淡桃色	拿破仑等	采后及时处理
梨	肉质纯白,组织致密,纤维少,糖分高,香气浓	巴莱特、法兰西等	湿地产的梨水分多品质差
栗子	果大,端正,完好,籽粒少,色黄,风味浓	银寄、岸根、赤中	贮藏中防止虫害;中国原品种煮制后肉质发硬,不适制罐
苹果	肉质饱满,酸甜适中,肉色白而致密,香味浓厚	国光、红玉	加热变为黄色或粉红色的不适制罐
葡萄	果大而圆,肉质加热不溶解,易于脱皮	新玫瑰香	红色或紫黑色品种加工易于脱色,使罐头汤汁着色,不适用
竹笋	形小,节间短,色香味良好,新鲜,肉质柔软	猛宗	地面龟裂,将出土时采收
青豌豆	粒体均匀,含糖量高,绿色,风味良好	白花一号、阿拉斯加	八成熟采收
芦笋	原有色香味,新鲜,纤维柔软	玛丽·华盛顿等	使用白尖的芦笋
蘑菇	色泽风味良好,菌膜未开裂,菌伞 15～45mm	白色种	采收及时加工
甜玉米	米粒柔嫩,香气浓,糖度高,金黄色	第一代杂交黄色种	粒装比玉米棒早采 2～3d

二、装罐和预封

1. 罐藏容器的选择

（1）对罐藏容器的要求 罐头容器是盛装食品的重要器具，对罐头食品能否长期保存具有非常重要的作用，通常作为罐头食品的容器要求满足以下 5 个条件。

① 对人体无害，不能与食品发生化学反应。

② 抗腐蚀性。

③ 密封性能好。

④ 耐冲压、携带和食用方便。

⑤ 便于工业化大生产。

（2）罐藏容器的设计 罐头容器除上述 5 项要求外，需要综合罐头加热杀菌时热量从罐外向罐内食品传递的速率，考虑盛装的内容物种类、容器材质、厚度、单位容积所占有的罐外表面积（S/v 值）和罐壁至罐中心的距离设计不同的罐头容积规格。

（3）常用罐头容器特性 常用罐头容器的特性见表 2-4。罐头食品生产时，根据原料特点、罐头容器特性以及加工工艺选择不同的罐头容器。

表 2-4 罐头容器的特性

容器种类 项目	马口铁罐	铝罐	玻璃罐	软包装
材料	镀锡（铬）薄钢板	铝或铝合金	玻璃	复合铝箔
罐型或结构	两片罐、三片罐，罐内壁有涂料	两片罐，罐内壁有涂料	螺旋式、卷封式、旋转式、爪式	外层：聚酯膜 中层：铝箔 内层：聚烯烃膜
特性	质轻、传热快、避光、抗机械损伤	质轻、传热快、避光、易成形、易变形、不适于焊接、阻气、成本高、寿命短	透光、可见内容物，易破损、耐腐蚀、成本高、可重复利用、传热慢	质软而轻、传热快、避光、阻气、密封性能好、包装、携带、食用方便

2. 装罐前容器的处理

装罐前首先根据食品的种类、特性、产品的规格要求以及有关规定选定合适的容器，然后按规范要求进行清洗、消毒、罐盖打印等处理。

（1）容器的卫生条件 罐藏容器直接接触罐内食品，应充分保证卫生。而罐藏容器在加工、运输和贮存过程中不可避免地被微生物污染，附着尘埃、污渍，还可能残留一定的焊药水等，罐藏容器在装罐前必须进行清洗和消毒，充分保证罐装容器的清洁卫生。

（2）容器的清洗 罐藏容器清洗的方法有人工清洗和机械清洗两种。金属罐的清洗在大中型现代企业多采用洗罐机进行清洗，小型企业多采用人工清洗消毒。罐头生产企业应尽可能创造条件应用洗罐机进行清洗消毒。

玻璃瓶机械清洗的机械设备常用的有喷洗式洗瓶机、浸喷组合式洗瓶机等。喷洗式洗瓶机工作时先用高压热水进行喷射冲洗，然后再用蒸汽进行消毒。

（3）罐盖 金属罐和玻璃罐所使用的罐盖在使用前均需按规范要求打印代号，软罐头则以喷码方式喷上相应代码，以便罐头保质期的确认和追踪管理。

不论何种罐藏容器在清洗消毒前和罐装前均要求作好空罐的检查，剔除破损、歪罐和代码不明确的空罐。

3. 装罐的基本要求

食品原料在经加工处理后一般要求按规格标准及时装罐，以保证罐头成品的质量。

(1) 含量　罐头食品的含量分为净含量和固形物含量。净含量是指罐头的重量减去空罐的重量，即罐内的所有内容物，包括液态部分和固形物部分。固形物重量是指罐内固态食品的重量。

(2) 质量　罐藏食品要求在同一罐内的内容物，其大小、色泽和成熟度等基本一致，但即便是同一批次的食品原料，其质量差异亦很大，可在尽量满足大小、色泽、成熟度等基本一致的情况下，进行合理搭配，在保证产品质量的同时，提高原料的利用率，降低生产成本。

(3) 顶隙　顶隙是指罐内食品的表面与罐盖内表面之间的空隙。通常罐头食品的顶隙为 6~8mm。顶隙是罐头罐装时的重要指标，罐头内的真空度大小、罐头卷边密封的良好程度、罐头是否发生假胀罐（假胖听）或瘪罐、金属罐内壁是否被腐蚀以及罐头内食品是否变色、变质等，均与顶隙的大小有关。

(4) 装罐时间控制　罐头原材料经加工处理合格的半成品要及时装罐，不能积压，以防加工处理合格的半成品被微生物感染繁殖变质，影响后期罐头的杀菌效果，影响罐头产品的质量。

(5) 严格防止各类杂物混入罐内　装罐时尤要注重清洁卫生，严防头发、手指套、抹布、绳子、小工具等杂物混入罐内。

4. 装罐方法

装罐方法分为人工装罐和机械装罐两种。根据产品的性质、形状和要求等的不同选用不同的装罐方法。对于块状体的罐头食品，人工装罐较机械装罐更能做到大小、色泽、形态、成熟度等均匀一致和按要求排列装罐，提高原料的利用率，降低成本。机械装罐更使用于浆状体的罐头食品，罐装均匀，而且速度快。机械罐装设备主要有柱塞式浓浆罐浆机、单管半自动充填机、全自动罐装生产线等。

5. 填充液的制备

除了流体食品、糊状、糜状及干制食品外，大多数罐头食品在装罐后都要向罐内加注填充液即汤汁。向罐内加注汤汁不仅能增进食品的风味，提高罐内食品的初温，促进对流传热，提高杀菌效果，而且能排除罐内部分空气，降低加热杀菌时罐内压力，减轻罐内食品对罐体内壁的腐蚀，减少罐头食品内容物的氧化变色和变质。根据添加汤汁的主要成分的不同可分为糖液、清渍液和调味液等类，而且对主要成分有相应要求。

(1) 汤汁用盐　配制汤汁的用盐中所含微量的铜、铁等可使蔬菜中的单宁、花色素、叶绿素等发生变化；铁的存在还将使部分蔬菜罐头中形成硫化铁。因此，配制汤汁用盐要求纯度高，不允许含有微量的重金属和杂质。要求盐的氯化钠含量不低于99%，钙、镁含量以钙计不得超过0.1g/kg，铁不得超过0.0015g/kg，铜不得超过0.001g/kg。

(2) 汤汁用水　配制汤汁用的水在符合国家饮用水标准的同时必须符合果蔬制罐用水的特殊要求，采用不含铁和硫化物的软质水。硬水中的钙、镁离子存在于汤汁中将果蔬罐头的内容物变硬，不能使用硬水。

(3) 汤汁用糖　配制汤汁用的糖要清洁，不含杂物和有色物质（如含有 SO_2，会在罐中形成 H_2S，引起罐壁腐蚀）。

① 糖液制备。首先在夹层锅中加入一定比例的水，加热至40℃左右，再按比例加入白砂糖，配制糖浆浓度60~65Brix，撇去糖浆液面漂浮的杂质，过滤稀释至要求的糖度，通常用0.15%~0.2%的柠檬酸将糖液调整为需要的酸度。

② 清渍液的制备。清渍液是指向清渍类蔬菜罐头内添加的汤汁，可能是稀盐水；可能

是盐和糖的混合液;可能是沸水或蔬菜汁。清渍类蔬菜罐使用最多的是1％～2％浓度的盐水。

③ 调味液的制备。根据不同的罐头品种配制不同的调味液,配制方法主要有两种,一种是将用香辛料熬煮制成的香料水与其他调味料按一定比例配制成调味液;另一种是将各种调味料、香辛料用布袋包裹熬煮制成的调味液。

(4) 汤汁制备设备　汤汁的制备设备主要有立式夹层锅、全自动搅拌锅和全自动真空搅拌锅等。立式夹层锅是高黏度食品物料预煮、糖液配制的主要设备。全自动搅拌锅和全自动真空搅拌锅也是高黏度食品物料预煮、配制、浓缩的设备等。这两类设备都具有球形锅体、夹套加热、刮边搅拌、无死角的特点。

6. 预封

罐盖和罐身分离的罐头在排气前要先进行预封,即用封口机将罐盖与罐身钩连,松紧程度以能使罐盖沿罐身旋转而又不会脱落为度。预封可初步将罐内食品与外界环境隔离。

三、排气

罐头食品在装罐后密封前均应将罐内顶隙、食品原料组织细胞内的气体尽可能的排除,排除这类气体的操作过程就叫排气。罐头食品排气封罐后,使罐外大气压与罐头内残留气体之间形成一定的压力差,即罐头食品的真空度。常用真空计检测罐头食品的真空度。罐头食品罐内的真空度可有效抑制好气性微生物的生长与繁殖,延长罐头产品的保质期。

1. 排气的作用

① 阻止需氧细菌及霉菌的生长与繁殖。

② 防止或减轻因加热杀菌时空气膨胀而使容器变形或破损,特别是卷边受到压力后,影响其密封性。

③ 控制或减轻罐藏食品贮藏中内容物对罐内壁的腐蚀。

④ 避免或减轻罐藏食品内容物色香味的变化,有利于食品色、香、味的保存。

⑤ 减少罐藏食品维生素和其他营养素的破坏。

⑥ 有助于避免将假胀罐误认为腐败变质性胀罐。

2. 排气的方法

常用的排气方法分为加热排气法、真空密封排气法和蒸汽密封排气法三种。

(1) 加热排气　采用热膨胀原理。有热装罐排气和加热排气,热装罐排气适用于流体、半流体或组织形态不会因加热时搅拌而受到破坏的食品,一般将罐内食品或汤汁加热到70～75℃(有的要求达到85℃),然后立即装罐密封。加热排气是将装罐后的食品送入排气箱,在具有一定温度的排气箱内经一定时间的排气,使罐头的中心温度达到要求温度(一般在80℃左右)。加热排气的设备有链带式排气箱和齿盘式排气箱。

(2) 真空密封排气　是借助于真空封罐机将罐头置于真空封罐机的真空仓内,在抽气的同时进行密封的排气方法。在此排气,真空度可到33.3～40kPa。

(3) 蒸汽密封排气　是一种蒸汽喷射排气方法,它是在罐头密封前的瞬间,向罐内顶隙部位喷射蒸汽,由蒸汽将顶隙内的空气排除,并立即密封,目前尚未普及。

目前使用最广泛的排气方法是真空密封排气法。加热排气法使用最早,现在使用较少,排气条件简单。蒸汽密封排气法是一种较新的排气方法。软罐头的排气常采用抽气管法、加压式排气法和蒸汽喷射法。

四、密封

罐头食品的密封是借助于封罐机将罐身和罐盖紧密封合,使罐内长期保持高度的密封状态，使罐内食品与外界完全隔绝而不再受外界环境和微生物的污染，以使罐头食品能长期保存而不变质，是罐头食品生产加工的一道重要工序。根据罐头食品密封容器的不同，有不同的密封要求和方法。

1. 金属罐的密封

金属罐的密封是指罐身的翻边和罐盖的圆边在封口机中进行卷封，使罐身和罐盖相互卷合，压紧而形成紧密重叠的卷边的过程。金属罐密封形成的卷边多为二重卷边，部分金属罐头密封形成三重卷边。金属罐的密封设备有半自动封罐机、全自动封罐机和手扳式封罐机。手扳式封罐机不配备抽空装置，加热排气后便进行密封。

2. 玻璃罐的密封

玻璃罐罐身是玻璃，罐盖是镀锡薄钢板，玻璃罐的密封靠镀锡薄钢板和密封圈紧压在玻璃瓶口而形成密封。玻璃罐瓶口边缘的造型多种多样，镀锡薄钢板罐盖与玻璃罐瓶口的紧压方式与密封的方法随之而不同，通常根据不同的紧压方式和密封方法对玻璃罐进行分类，有采用卷边密封法进行密封的卷封式玻璃罐、有采用旋转式密封法进行密封的旋转式玻璃罐和采用揿压式密封法进行密封的揿压式玻璃罐。玻璃罐瓶口边缘的造型多样，与之相应玻璃罐的密封设备也有卷封式玻璃罐封罐机、旋转式玻璃罐封罐机和揿压式玻璃罐封罐机之分。

3. 软罐头的密封

软罐头密封常采用脉冲热合法。即在低压条件下，极细的电阻丝瞬间通过高密度的电流，加热板温度瞬间上升到需要的高温，使封边内的两膜层因受热而相互粘合。

五、杀菌

杀菌是罐头生产中至关重要的一环，是决定罐藏食品保存期限的关键因素。

1. 杀菌的目的

在加热的条件下，杀灭绝大多数对罐内食品起腐败作用和产毒致病作用的微生物，使罐头食品在保质期内具有良好的品质和食用的安全性。

2. 杀菌的方法

（1）常压杀菌法　常压杀菌一般用沸水或蒸汽为加热介质，杀菌温度一般为100℃或100℃以下，通常称为巴氏杀菌。在加热介质达到所需要的温度后，才开始计算杀菌时间。pH值在4.5以下的酸性罐头都可采用常压杀菌，此法对铁皮罐、玻璃罐和软罐头均适用，适用于水果蔬类、果蔬汁类罐头。

（2）加压杀菌法　加压杀菌法又称高温杀菌，杀菌温度一般控制在105～121℃，主要杀死罐内食品中的嗜热性微生物，杀菌压力愈大，杀菌锅温度就愈高。适用于pH值在4.5以上的低酸性蔬菜罐头食品的杀菌。

加压杀菌是在完全密封的杀菌锅中进行的，高压杀菌锅有静止立式和静止卧式两种，立式置在工作地面下，用吊车装卸杀菌罐头；卧式安置在地面上，用推车装卸杀菌罐头。杀菌锅上配备有各种仪表和控制器，便于工作人员操作。加压杀菌的杀菌过程包括排气升温、稳定杀菌和消压降温三个阶段。排气升温阶段是杀菌的初始阶段，即排尽锅内冷空气，将温度升至杀菌温度。稳定杀菌阶段主要是维持杀菌温度达到要求的杀菌时间。达到杀菌温度和杀菌时间后即进入消压降温阶段，标志杀菌的结束，通入冷水迅速降低温度，通入压缩空气以补充压力，使罐内外压力达到基本平衡，防止罐盖跳脱或玻璃罐破碎。

（3）高温短时杀菌法　高温短时杀菌常与无菌装罐操作相结合。无菌装罐系统都是在密闭的条件下进行的。加工好的罐头物料经过热交换器杀菌和冷却后传送到装罐器，消过毒的空罐也传送到装罐器，向空罐中装入定量的加工好的罐头物料，再传送到封罐机，消过毒的罐盖落在封罐口上密封后，送出密闭系统，至此在无菌装罐操作系统中完成高温短时杀菌和密封两项操作。高温短时杀菌与无菌装罐操作系统相结合既保证产品质量，又提高生产效率，是一种很好的杀菌方法，适用于大多数果蔬汁罐头的杀菌。

(4) 先进的罐头杀菌技术　罐头食品产业的不断发展，已有许多成熟的先进的罐头杀菌技术应用于生产，下面介绍几种先进的罐头杀菌技术。

① 静水压杀菌。利用水在不同压力下沸点不同的原理进行杀菌。静水压杀菌机由升温柱、蒸汽柱和冷却柱组成。工作原理是利用水柱的高低来调节蒸汽的压力，从而调节控制杀菌温度，杀菌时间则由调整进罐链条速度来控制，是连续式的杀菌系统。

② 回转式杀菌。罐头在杀菌过程中作回转运动，罐内食品易形成搅拌和机械对流，传热效果较静止式杀菌效果好，提高杀菌效果，缩短杀菌时间。适用于传热方式为传导与对流结合型的食品，适用于流动性较差的食品，如糖水水果、番茄酱罐头等。

③ 螺旋泵杀菌。罐头物料从螺旋泵开口处进入，在螺旋式盘管中回转运动。在螺旋式盘管中经过升温、杀菌和冷却三个阶段，从螺旋泵的出口处输出，完成杀菌。螺旋泵杀菌机结构紧凑，操作方便，适用于小型罐的杀菌。

④ 火焰杀菌。常压下罐头急速旋转，直接经过煤气或丙烷火焰进行杀菌。适用于传热方式以对流传热为主的罐头食品的杀菌，如青豆、蘑菇等罐头，杀菌时罐头食品的真空度要高，以免罐头的卷边或接缝因罐内的压力增加而爆裂。

⑤ 流化床杀菌。罐头经过以砂粒为介质的气体流化床进行杀菌，再经过两个气体流化床进行冷却。流化床杀菌法可避免冷却水污染，罐头外壁没有擦伤。

⑥ 水封式杀菌。杀菌时，罐头自动化地由鼓形阀送入杀菌机的上部，在水封式杀菌机蒸汽室中来回折返数次，随即下降进入水封式杀菌机冷却水中冷却。适用于各种罐型罐头的杀菌。

⑦ 无菌装罐杀菌。加工处理好的食品物料用泵泵至杀菌器中，3~5s 内加热至 130~160℃，保持 3~15s，冷却至 30~40℃，在无菌系统中装入已杀菌的空罐，用已杀菌的罐盖密封。无菌装罐杀菌是在密闭系统中完成杀菌、无菌罐装和密封。杀菌温度高、时间短，能保持食品原有的色香味及各种维生素，能够连续化生产是无菌装罐杀菌的特点。

(5) 杀菌设备　食品加工杀菌设备种类繁多，生产厂家也不少，适用于不同层次、不同条件的食品加工厂家选择，下面介绍几种使用较多的食品加工杀菌设备。

① 全自动卧式杀菌锅适用于对食品行业的饮料罐头进行杀菌、纺织行业生产中的定型处理和竹地板的碳化处理。设备对杀菌、冷却、保压、排水等过程全部采用 PLC 电脑自动控制。

② 卧式及立式杀菌锅适用于对罐头进行杀菌，也适用于蜜饯粮食加工中的加压蒸煮和纺织行业生产中的定型处理。设备配备压缩空气系统，采用反压式杀菌，杀菌中罐头不会变形，有利于保持食品原有风味质量，要求结构合理，密封性好，性能稳定，操作方便，注意安全性。

③ 回转式杀菌锅适用于为罐装食品的蒸煮、杀菌和冷却一次性完成，尤其适用于易拉罐、八宝粥、花生牛奶等罐头固体物比例大，各种浓度不同的黏性罐头食品，有益于在保质期内罐头食品的不分层和不沉淀。

④ 喷淋式双锅杀菌机区别于蒸汽型杀菌机或热水型杀菌机，杀菌时将罐头放入篮内，罐头和篮一起放入压力式杀菌机中密封，通过杀菌机中热水循环喷淋杀菌，杀菌机的杀菌介质是蒸汽、水、压缩空气三者的结合，杀菌过程温度可以自动调节，具有杀菌锅内热量分布

均匀，传热效果好，杀菌的升温和降温时间短，节约能源的特点。适用于肉类、鱼类、蔬菜、乳制品、饮料等罐头的高温杀菌与冷却，适用于铝罐、软包装等各种包装材料包装的罐头食品杀菌。

⑤ 超高温瞬时灭菌机机械结构为盘管式，物料在盘管中流动便得到加热杀菌，杀菌温度高（115～135℃），杀菌时间短（3～6s），能实现瞬时灭菌。杀菌时对罐内食品的风味和营养价值影响甚小，适用于鲜奶、果汁、饮料、豆奶等流体性物料的杀菌，适用于炼乳、冰淇淋、酱料等较高黏度物料的杀菌。

六、冷却

1. 冷却的目的

罐内食品长时间受的热作用，会造成罐内食品色泽、风味、质地及形态等的变化，使食品品质下降；并加速罐内壁的腐蚀作用。必须对热杀菌结束后的罐内食品进行迅速降温。

2. 冷却的方法

（1）加压冷却　加压冷却也就是反压冷却。对于高温高压杀菌，尤其高压蒸汽杀菌，在杀菌结束后的罐头须在杀菌机内维持一定压力的情况下进行冷却，以避免因降压冷却而造成罐头容器的变形或破损，影响罐头的成品率和质量。

（2）常压冷却　常压冷却主要应用于对常压杀菌的罐头和部分高压杀菌的罐头的冷却。

3. 冷却时应注意的问题

罐头冷却所需要的时间随罐头食品的种类、罐头大小形状、热杀菌温度、冷却水温等因素而不同。一般罐头食品要求冷却到38～40℃，擦除罐体表面的水分和污垢，进行保温贮藏检查，利用罐头余热蒸发罐头表面的水膜，防止罐头生锈。冷却用水要求清洁卫生，防止对罐头污染和侵蚀。玻璃瓶罐头应采用分段冷却，并严格控制每段的温差，防止玻璃罐炸裂。

七、保温检查与贴标签

将杀菌冷却后的罐头擦除罐体表面的水分和污垢送入保温室内进行保温贮藏检查，检查项目有感官指标和理化指标，擦除过程也是对罐体进行初步感官检查的方法之一，对中性或低酸性罐头食品可在37℃下保温贮藏一周，对酸性罐头食品可在25℃下保温贮藏7～10d。如若未发现胀罐、漏罐或其他腐败现象，即罐头检验合格，可贴标装箱，外运市场销售。罐头标签要求贴得紧实、端正、无皱折；同时注意对每一罐进行感官检验。

第三节　常见果蔬罐头制品加工技术

适合于加工罐头的果蔬品种繁多，加工的果蔬罐头成品亦丰富多彩，能充分满足各级各类消费人群的需要，希望借助介绍几类常见的果蔬罐头加工技术，理解掌握果蔬加工的基本技能。

一、梨罐头加工技术

1. 工艺流程

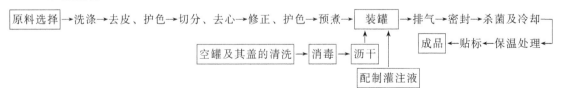

2. 工艺要点

选择果实中等大小,果形圆整或"梨形",果面光滑,果心小,风味浓,香味浓郁,石细胞和纤维少,肉质细致。制罐梨品种以美国梨品种较好,如巴梨、大红巴梨、法兰西梨和大香槟等品种。中国的梨品种适合制罐的较少,主要是缺乏香气或者石细胞较多,可用于制罐的品种有莱阳慈梨、河北的鸭梨以及黄花梨等。日本用于制罐的品种主要为长十郎、八云、晚三吉、今村秋和黄蜜等。

加工中所选的梨品种最好无明显的褐变,没有无色花色苷的红变现象,在加工中注意用淡食盐水进行护色处理,去皮、去心要求速度快,去除干净而彻底,修整切块分瓣后梨块的边角和尖角,整理装罐要均匀一致,美观大方。

3. 糖水梨罐头的质量标准

(1) 感官指标　见表2-5。

表2-5　糖水梨罐头感官指标

项　目	优级品	一级品	合格品
色泽	果肉呈白色、黄色、浅黄色、色泽较一致;糖水澄清透明,允许有极小量果肉碎屑	果肉色泽正常,允许30%的果块数轻微变色;糖水中允许有少量果肉碎屑	果肉色泽基本正常,允许有变色果块存在,允许糖水中有果肉碎屑,但不浑浊
滋味、气味	具有该品种糖水梨罐头良好的风味,甜酸适口,无异味	具有该品种糖水梨罐头较好的风味,甜酸适口,无异味	具有该品种糖水梨罐头尚好的风味,甜酸适口,无异味
组织形态	组织软硬适度,食之无明显的细胞感觉,块形完整,允许有轻微毛边;同一罐内果块大小均匀	组织软硬适度;块形基本完整,过度修正、轻微裂开的果块不超过总块数20%,允许有轻微石细胞和毛边,同一罐内果块较均匀	块形尚完整,修整、裂口破损的果块不超过总块数的30%,允许有少量石细胞和毛边,同一罐头内果块尚均匀

(2) 理化指标　糖水浓度指标要求在开罐时,按折光计,优级品和一级品为14%~18%,合格品为12%~18%。

(3) 卫生指标　糖水梨罐头的重金属含量要求见表2-6。微生物指标应符合罐头食品商业无菌要求。

表2-6　罐头重金属指标

项　目	指标/(mg/kg)	项　目	指标/(mg/kg)
锡≤	200	铅≤	1.0
铜≤	5.0	砷≤	0.5

二、桃罐头加工技术

1. 工艺流程

原料选择→清洗→去皮→切分→去核→护色→漂烫→修整→装罐→调配→预封→杀菌→擦罐→保温贮藏→检验→成品

2. 工艺要点

(1) 原料选择　桃品种在颜色上有黄桃和白桃,在成熟时间上有早熟、中熟和晚熟品种之分。桃的颜色和成熟时间不同,其品质和加工特性不同,均是影响桃罐头加工原料选择的重要因素。对用于制罐的桃有以下具体要求。

① 色泽和品种。黄桃要求色泽金黄至橙黄色,白桃应白色至青色,果尖、合缝线及核注处无花色苷。黄桃含类胡萝卜素,具有波斯系及其杂种特有的香气和风味,加工中虽稍有

变色现象,但品质仍然远优于白桃。

中国的制罐黄桃以连黄、橙艳、罐5、奉罐1号、奉罐2号、明星为主;制罐白桃有中州白桃、晚白桃和北京24号等。美国制罐的桃,早熟品种有泰斯康(Tuscan)、莎斯塔(Shasta)、福脱纳(Fortuna)等;中熟品种以Paloeo为主;晚熟品种有斯坦福(Standford)和菲利浦(Phillips)等;均为黄肉不溶质黏核品种。日本制罐的黄桃有晚黄桃、罐桃12号、5号、14号及2号、明星、锦等;白桃品种有冈山白、山下、大久保、白凤等。

② 肉质。肉质以不溶质优于可溶质,不溶质的桃耐贮运及加工,劈桃损失少,原料吨耗低,降低生产成本,提高成品率和生产率。溶质性桃品种,不耐贮运,加工破碎多,损耗大,成品易软烂、易烂顶和毛边,质量低下,风味淡泊。以水蜜桃类型品种的溶质性强。

③ 种核。制罐桃品种种核以黏核品种为佳,黏核品种肉质致密,树胶质少,去核后核洼光洁,感官效果好;离核品种则相反,加工后感官效果不好。

④ 外观和风味。制罐桃品种的外观和风味选择果形大、果型圆整对称、核小肉厚、风味浓、无显著涩味和异味、香气浓郁、接近成熟、成熟度一致、后熟缓慢的品种。

(2) 桃罐头的制罐工艺要点

选择果实横径50～75mm,无病虫害和严重机械伤的分成2～3级洗净,沿合缝线纵切为两片,去核,修整。碱液去皮,流水漂洗,95℃以上热水预煮8～10min,修整装罐。灌装汤汁后经常压杀菌、冷却、擦罐检查、保温贮藏检查、贴标检查、装箱而外运市场销售。

桃罐头的碱液去皮可采用浸碱和淋碱两种方法,浸碱法采用2～3%的碱液浓度,温度90℃以上,浸泡1min;淋碱法采用90℃以上2%～3%的热碱喷淋,然后滚动喷洗去皮,充分漂洗以去除残余碱液。

三、橘子罐头加工技术

1. 工艺流程

原料选择→分级→漂烫→去皮→分瓣→去囊衣→装罐→调配→密封→杀菌→保温贮藏→冷却→检验→成品

2. 工艺要点

(1) 原料选择 糖水橘子罐头的制罐有剥皮和分瓣工序,宜选择宽皮柑橘类品种,易于剥皮和分瓣,要求选择肉质紧密、色泽橙红鲜艳、含糖量高、糖酸比适度、果形扁圆、横径与纵径比为1.30以上、橘瓣形状半圆、橙皮苷含量低、无种子或种子少、果实横径50～70mm、充分成熟的品种。

中国、日本、西班牙、摩洛哥、南非和以色列是世界橘子罐头主要生产国,中国、日本、西班牙主要采用普通温州蜜柑品种制作橘子罐头,摩洛哥主要采用Clementine红橘制作橘子罐头,中国还少量使用本地早品种制作橘子罐头。制罐温州蜜柑品系中以中、晚熟品种优于早熟品种,早熟品种囊衣薄、果肉软、色浅味淡、不耐贮藏、成品沉淀多、品质欠佳。用于制罐温州蜜柑品系有山田、尾张、南柑20号等。中国采用的罐藏品种还有海红、石柑、宁红、成风72-1等品种。

(2) 前处理工序 经分级后的柑橘在95℃以上的热水或水蒸气中热烫去皮、分瓣,橘瓣再经酸或碱处理去除囊衣,并整理装罐。去囊衣的碱液采用2%～4%的氢氧化钠,温度95～98℃,处理3～5min。去囊衣后充分漂洗去除残余碱液。

(3) 后处理工序 橘子罐头配制汤汁后,pH值应控制在3.8以下,在82～85℃的水浴中滚动杀菌15min左右。

(4) 橘子罐头的白色浑浊或沉淀

橘子罐头的白色浑浊或沉淀主要是由于橘子中橙皮苷在酸性条件下析出所致。控制方法有：

① 选择橙皮苷含量少的品种或充分成熟的品种。

② 去囊衣后要求充分漂洗，去除残余碱液。

③ 去囊衣的用水必须是软水，避免碱性条件下与硬水中离子反应，从而增加去囊衣碱液的用量。

④ 用酸碱处理时，应相对加长酸处理的时间，相对缩短碱处理的时间。

⑤ 可采用 CMC $10\mu l/L$ 或橙皮苷酶，分解橙皮苷或使橙皮苷不易析出，避免汤汁的浑浊或产生沉淀。

四、菠萝罐头加工技术

1. 工艺流程

原料选择→分级→去皮→去心柱→切分→装罐→调配→密封→杀菌→保温贮藏→冷却→检验→成品

2. 工艺要点

(1) 原料选择　制罐菠萝品种要求其果形大且呈长筒形，果实纵横径比1~1.5，锥度比（离果顶1/4长度处的横径与离果顶3/4处的直径之比）0.95~1.05，果心小并居中，果眼浅，无黑心、水渍、霉烂、褐斑和严重机械伤，果肉金黄，组织致密，孔隙率小，充分成熟，风味浓，香气足，糖酸比适宜。适宜加工的品种主要有沙涝越（Sarawak）、无刺卡因（Smooth cayenne）、巴厘、红色西班牙和皇后等。

(2) 工艺要点　分级以5~10mm为级差进行，采用机械去皮、去心柱，剔除果眼。横切成圆片，厚度11~15mm，不完整的圆片切成半圆形、扇形或方块，另行装罐。装罐和配制完汤汁，常压杀菌，冷却，保温检查贮藏。

五、盐水蘑菇罐头加工技术

1. 工艺流程

原料选择→护色→清洗→预煮→分级→修整→切片→装罐→调配→排气→密封→杀菌→擦罐→保温贮藏→检验→成品

2. 工艺要点

(1) 原料选择　制罐蘑菇选择新鲜饱满，伞质质地厚实，未开伞，白色，无异味，有蘑菇特有的香气，菇柄切口平整，无泥土和斑点，无病虫。菌盖直径15~33mm，不超过45mm。加工用蘑菇品种主要有嘉定29号、南翔3号、浙农1号、浙农2号和浙农3号等。

(2) 工艺要点　蘑菇采收后到加工前不能超过15h，要求采收后及时护色、运输和加工。护色采用0.1%的焦亚硫酸钠浸洗，用0.1%的柠檬酸液预煮，灌装汤汁采用2.5%的盐、0.05%~0.06%的柠檬酸和0.01%~0.015%的EDTA、0.05%的异抗坏血酸钠，杀菌采用加压杀菌快速冷却的方法进行。

第四节　常见的质量问题及解决途径

罐头质量是罐头食品加工的关键，它不仅影响食品加工企业的经济效益，也深刻影响着消费者的身心健康，但罐头食品的加工总会因各种主观和客观原因，在加工成品中出现各种各样的质量问题,下面从罐头的外部和内部两方面分析常见的罐头加工质量问题和解决这些问题的途径。

一、罐头外形的变化

罐头外形变化的质量问题较多,下面从胀罐、漏罐、变形罐、瘪罐和玻璃罐头的跳盖几方面加以说明。

1. 胀罐

罐头底或盖不像正常情况下呈平坦状或向内凹陷,而在贮藏、运输、销售过程中出现外凸的现象称之为胀罐,也称为胖听。根据罐头底或盖外凸的程度分为隐胀、轻胀和硬胀三种。根据胀罐产生的原因分为物理性胀罐、化学性胀罐和细菌性胀罐三类。具体的胀罐原因有以下三种。

一是装罐密封时排气不足或装填过多、密封温度过低等物理因素所引起,或者是外界气温气压的变化所引起的物理性胀罐。在制定装罐、排气、密封和真空度等工艺参数时充分考虑成品的销售季节、销售地区的气温与气压,并严格按制定的工艺规程操作,装罐适量而不超量,预留顶隙适量,排气要充分,可防止此类物理性胀罐的发生。

二是罐头内部发生变化,产生气体而造成的氢胀,可从消除罐头内容物的腐蚀因素和提高罐头容器的耐腐蚀性能两方面防止和减轻氢胀的发生。属化学性胀罐。

三是杀菌不彻底、密封不严的二次污染,造成腐败菌在罐内滋生繁殖而形成的胀罐,属细菌性胀罐。在酸度不同的罐头品种中,引起胀罐的微生物种类不同。低酸性食品罐头胀罐时常见的腐败菌大多数属于专性厌氧嗜热芽孢杆菌或厌氧嗜温芽孢菌;巴氏固氮芽孢杆菌、酪酸梭状芽孢杆菌等专性厌氧嗜温芽孢杆菌是引起梨、菠萝、番茄等酸性食品罐头胀罐的主要微生物;小球菌、乳杆菌和明串珠菌等非芽孢菌是引起高酸性食品罐头胀罐的主要微生物。采用新鲜的原料,加快加工进程,严格控制卫生条件,严格按操作规程进行密封、杀菌等的操作,是控制微生物胀罐的主要措施。

总之,预防胀罐现象,要求装罐时严格控制装罐量,并留顶隙;罐头排气要充分,密封后罐内真空度较高;采用加压杀菌时,降压与降温速度不能太快。

2. 漏罐

由于罐头卷边腐蚀生锈穿孔,或者腐败微生物在罐内产生气体,使罐内压过大,损坏罐头卷线,或者罐头加工过程中造成的机械损伤等原因,致使罐头内容物从缝线或孔眼部分漏出的现象。

3. 变形罐

罐头加热杀菌后,冷却速度过快,造成罐头内压力,罐头外部压力低,形成内外压力差,致使罐底罐盖不整齐地向外凸起,罐头冷却后,仍然保持这种凸起,但此时罐内压力已经消除,对凸起稍加压力便可恢复其正常。

4. 瘪罐

罐头内部真空度过高,外压过大或反压冷却操作不当等致使罐壁呈不规则地向内凹入的变形状态,常出现在大型罐上。

5. 玻璃罐头的跳盖

原因如下:罐头排气不足;罐头内真空度不够;杀菌时降温、降压速度快;罐头内容物装得太多,顶隙太小;玻璃罐本身的质量差,尤其耐温性差是产生跳盖原因。

预防措施:罐头灌装内容物适量,不能太多,顶隙适当;罐头密封时充分排气,保证罐内的真空度;杀菌冷却时,降温降压速度适当,常压冷却禁止冷水直接喷淋到罐体;定做玻璃罐必须保证玻璃罐具有一定的耐温性;利用回收的玻璃罐,装罐前必须认真检查罐头容器,并剔除所有不合格的玻璃罐。

二、罐头内部的变化

引起罐头内部变化的原因很多,这里主要从变色、变味、生霉、产毒和固形物软烂与汁液浑浊等几方面予以讨论。

1. 变色

(1) 黑变或硫臭腐败 在致黑梭状芽孢杆菌的活动下,蛋白质分解并产生 H_2S 气体,与罐头内壁上的铁、锡反应生成黑色的硫化物,沉积在罐壁上,进入汤汁后引起罐内食品发黑并呈腐臭味。此种情况只有在罐头杀菌严重不足时才会出现。

(2) 叶绿素黄变 叶绿素具有光不稳定性和酸不稳定性,即便采取各种护色措施,也很难达到护绿的效果,玻璃罐罐装的绿色蔬菜罐头经长期光照,也会导致变黄。因此,在制作绿色蔬菜罐头时,尽量在热烫工序的热烫液中添加少量锌盐进行护绿处理的同时,调整绿色蔬菜罐头灌注液的pH至中性偏碱,并最好选用不透光的灌装容器灌装。

(3) 褐变现象 指果蔬原料在加工制罐时,由于原材料的处理不当,所发生酶促褐变。可采用保证热烫处理的温度与时间进行护色;可采用灌装密封时彻底排净原材料中和罐内氧气进行护色;也可采用在灌注液中添加护色剂防止褐变;严禁果蔬原材料与铁器接触发生褐变。

2. 变味

变味多数情况是由微生物的浸染引起罐内食品变质而发生变味,也可由罐装容器气味污染罐内食品发生变味;原材料与金属类器皿接触出现金属味;罐头杀菌过度引起的烧焦味等也属罐头变味。

3. 生霉

主要指罐装容器裂漏或罐内真空度过低时,微生物在低水分或高浓度糖分的罐内食品表面生长繁殖,而出现菌丝体的现象。此种现象一般不常见。

4. 产毒

主要由肉毒杆菌、金黄色葡萄球菌等微生物所引起。肉毒杆菌相对于其他微生物耐热性较强,杀菌不彻底,肉毒杆菌在罐头食品内繁殖生长,产生毒素,食用此类罐头,引发食物中毒。也正因肉毒杆菌的耐热性较强,罐头食品的杀菌均以肉毒杆菌作为杀菌对象加以考虑。

5. 固形物软烂与汁液浑浊

制罐用果蔬原材料成熟度过高;原材料进行热处理或杀菌的温度过高,时间过长;原材料和成品在运销中的急剧震荡、内容物的冻融、微生物对罐内食品的分解等均是产生罐头食品固形物软烂与汁液浑浊的原因。可通过选择成熟度适宜的原材料,尤其不能选择成熟度过高而质地较软的原料;适度的热处理,特别是烫漂和杀菌处理,既达到烫漂和杀菌的目的,又不使罐内果蔬软烂;原材料在热烫处理时配合硬化处理;避免原材料和成品罐头在贮运与销售中的急剧震荡、避免罐头食品的冻融交替、避免被微生物的污染等措施加以预防控制。

【本章小结】

本章重点介绍了罐藏食品保藏和杀菌的影响因素、基本加工工艺流程,以及常见果蔬罐头的加工技术、果蔬罐头生产中常见的质量问题和解决途径。

排气、密封、杀菌是影响罐头食品质量的三个关键工艺环节。常用的排气方法分为加热排气法、真空密封排气法和蒸汽密封排气法三种,其中加热排气法是应用最为广泛的排气方法。罐头食品根据其酸度的不同,可采用常压杀菌和高压杀菌,常压杀菌适用于酸性罐头食品(pH<4.5),高压杀菌适用于低酸性罐头食品(pH>4.5),影响罐头食品杀菌的主要因素有微生物的种类与数量、食品的特性、杀菌方式、罐头容器、罐头初温、杀菌器操作的初始温度、装罐方式、杀菌锅内的排气情况、海拔高度和原料的微生物污染程度等。

罐头食品常见的质量问题主要有胀罐(胖听)、变色、生霉、产毒、固形物软烂与汁液浑浊等,在生产中要针对不同的质量问题,采取不同措施加以控制。

【复习思考题】

1. 罐藏食品的变质原因及防止方法?
2. 影响罐藏食品杀菌的因子?
3. 罐藏产品与真空度的关系及影响因子?
4. 罐头排气的定义?其目的是什么?
5. 罐头胀罐的常见类型及其原因?
6. 简述柑橘、桃、菠萝、蘑菇罐头对原料的要求?
7. 怎样选择罐头杀菌的对象菌,主要的对象菌有哪些?
8. 低酸性食品和酸性食品的分界线是什么?为什么?
9. 罐头食品主要有哪些腐败变质现象?罐头食品腐败变质的原因有哪些?

【实验实训三】 糖水梨罐头加工

一、技能目标

通过实训制作,理解果蔬罐头的制作原理;掌握糖水梨罐头的制作工艺过程和操作步骤;认识进行罐头加工所需的设备设施,比较试验室加工罐头与工厂化生产罐头的区别。

二、主要材料及设备

1. 主要材料:梨,护色剂,柠檬酸,食盐,纯净白砂糖等。
2. 仪器与设备:不锈钢削皮刀,不锈钢去核器,不锈钢或瓷盆,烧杯,量筒,天平,高压杀菌锅或沸水杀菌锅,玻璃罐,旋盖,不锈钢锅或夹层锅、糖量计等。

三、工艺流程

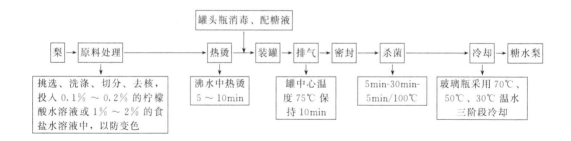

四、操作步骤

1. 原料选择及处理:选择成熟度一致,无病虫害及机械损伤的果实,用削皮刀去皮并对半切开,用挖果心刀挖去果心,立即投入 0.1%~0.2% 的柠檬酸水溶液或 1%~2% 的食盐水溶液中,以防变色。

2. 热烫:经整理过的果实,投入沸水中热烫 5~10min,软化组织至果肉透明为度,投入冷水中冷却,并进行整修。

3. 装罐、注液:经热烫、冷却、整修后的果实,装玻璃罐或锡铁罐,装罐时果块尽可能排列整齐并称重,然后注入温度 80℃ 的热糖液(糖液含 0.1%~0.2% 柠檬酸)。

糖液配制:所配糖液的浓度,依水果种类、品种、成熟度、果肉装量及产品质量标准而定。我国目前生产的糖水水果罐头,一般要求开罐糖度为 14%~18%。每种水果罐头加注糖液的浓度,可根据下式计算:

$$Y=\frac{W_3 Z - W_1 X}{W_2}$$

式中 W_1——每罐装入果肉质量,g;

W_2——每罐注入糖液质量,g;

W_3——每罐净重,g;

X——装罐时果肉可溶性固形物质量分数,%;

Z——要求开罐时的糖液浓度(质量分数),%;

Y——需配制的糖液浓度(质量分数),%。

生产中常用折光仪或糖度表来测定糖液浓度。由于液体密度受温度的影响,通常其标准温度多采用 20℃,若所测糖液温度高于或低于 20℃,则所测得的糖液浓度还需加以校正。

4. 排气及封罐:装满的罐,放在热水锅或蒸汽箱中,罐盖轻放在上面,在 95℃ 左右的温度下加热至罐中心温度达到 75~85℃,经 5~10min 排气,立即封盖。

5. 杀菌及冷却:封罐后将罐放到热水锅中继续煮沸 20~30min,然后逐步用不 70℃、50℃、30℃ 温水冷却,擦干(锡铁罐可以直接投入冷水中冷却至罐温 40℃,擦干),贴标签,注明内容物种类及实验日期。

五、产品质量标准

乳白色或白色,同一罐中果色一致,糖汁透明;有糖水梨应有的风味,酸甜适口;果片切削良好,大小一致;固形物(果肉)含量≥55%,可溶性固形物 15%~18%,酸度 0.14%~0.18%。

【实验实训四】 糖水橘子罐头加工

一、技能目标

通过实训制作,掌握糖水橘子罐头的制作工艺过程和操作要点;认识橘子罐头加工所需的主要仪器设备;比较试验室加工罐头与工厂化生产罐头的区别。

二、主要材料及设备

1. 主要材料:柑橘,柠檬酸,纯净白砂糖,食用级氢氧化钠等。

2. 仪器与设备:不锈钢刀,不锈钢剪刀,不锈钢盆或瓷盆,烧杯,量筒,天平,高压杀菌锅或沸水杀菌锅,玻璃罐,旋盖,不锈钢锅或夹层锅、糖量计等。

三、工艺流程

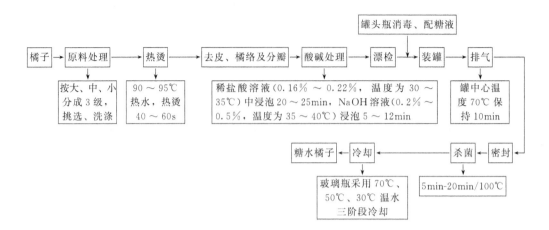

四、操作步骤

1. 原料选择：宜选择容易剥皮，肉质好，硬度高，果瓣大小较一致，无核或少核的品种，如温州蜜柑、本地早、红橘等。果实完全黄熟时采收。

2. 选别、清洗：剔除腐烂、过青、过小的果实。果实横径在45mm以上。按果实的大小、色泽、成熟度分级。大小分级按果实按大、中、小分成3级。最大横径每差10mm分为一级。分级后的果实用清水洗净表面尘污。

3. 热烫：热烫是为了使果皮和果肉松离，便于去皮。热烫的温度和时间因品种、果实大小、果皮厚薄、成熟度高低而异。一般在90～95℃热水中烫40～60s。要求皮烫肉不烫，以附着于橘瓣上的橘络能除净为度。热烫时应注意果实要随烫随剥皮，不得积压，不得重烫，不可伤及果肉。另外，热烫水应保持清洁。

4. 去皮、去橘络、分瓣：去皮、分瓣要趁热进行，从果蒂处一分为二，翻转去皮并顺便除去部分橘络，然后分瓣。分瓣时手指不能用力过大，防止剥伤果肉而流汁。同时剔除僵硬、畸形、破碎的橘片，另行加工利用。

5. 酸、碱处理及漂洗：酸碱处理的目的是去橘瓣囊衣，水解部分果胶物质及橙皮苷，减少苦味物质。酸、碱处理要根据品种、成熟度和产品规格要求而定。酸处理时，一般将橘片投入浓度为0.16%～0.22%，温度为30～35℃的稀盐酸溶液中浸泡20～25min。浸泡后用清水漂洗1～2次。接着将橘片进行碱处理，烧碱溶液的使用浓度一般为0.2%～0.5%，温度为35～40℃，浸泡时间5～12min。浸碱后应立即用清水冲洗干净，并用1%柠檬酸液中和，以去除碱液，改进风味。

6. 漂检：漂洗后的橘肉，放在清水盆中用不锈钢镊子除去残余的囊衣、橘络、橘核等，并将橘瓣按大中小3级分放。

7. 装罐：空罐先经洗涤消毒，然后按规格要求装罐。橘肉装入量不得低于净重的55%，装好后，加入一定浓度的糖液（可按开罐浓度为16%计算糖液配制浓度），温度要求在80℃以上，保留顶隙6mm左右。

8. 排气、封罐：一般用排气箱热力排气约10min，使罐内中心温度达到65～70℃为宜，然后立即趁热封口；若用真空封罐机抽气密封，封口时真空度为30～40kPa。

9. 杀菌、冷却：按杀菌公式5min-20min/100℃进行杀菌，然后冷却（或分段冷却）至38～40℃。

10. 擦罐、入库：擦干罐身，在20℃的库房中存放1周，经敲罐检验合格后，贴上商标即可出厂。

五、产品质量标准

具有橘子特有的色、香、味，果肉大小、形态均匀一致，无杂质，无异味，破碎率不超过5%～10%，果肉不少于净重的55%。糖水开罐浓度要达到14%～18%。

第三章 果蔬干制品加工技术

教学目标

1. 理解果蔬干制保藏的原理。
2. 掌握影响果蔬干制速度的因素。
3. 了解果蔬干燥过程的特性,恒速干燥阶段和降速干燥阶段。
4. 了解果蔬在干制过程中的各种物理和化学变化。
5. 了解各种干燥方法及设备的优缺点和选用原则。

干制是干燥(drying)和脱水(dehydration)的统称,就是在自然或人工控制的条件下促使果蔬原料水分蒸发脱除的工艺过程。干制包括自然干制(如晒干、风干等)和人工干制(如烘房烘干、热空气干燥、真空干燥等)。

中国干制历史悠久,许多果蔬干制品如红枣、柿饼、葡萄干、荔枝干、笋干、金针菜、香菇、木耳等,都是畅销国内外的传统特产。

果蔬干制在中国果蔬加工业中占有重要地位。干制设备可简可繁,生产技术容易掌握,可以就地取材,当地加工,生产成本比较低廉。果蔬干制品种类多、体积小、质量轻、携带方便,并且易于运输和保存。此外,果蔬干制品可以调节果蔬生产的淡旺季,有利于解决果蔬周年供应问题,对勘测、航海、旅行、军用等方面都具有重要意义。

第一节 干制品加工的基本原理

果品蔬菜的腐败主要是由于微生物繁殖的结果。微生物在生长和繁殖过程中离不开水和营养物质。果品蔬菜既含有大量水分,又富有营养,是微生物良好的培养基,只要遇到适当的机会(如创伤、衰老),微生物就乘机而入,造成果蔬腐烂。

果蔬干制就是借助热能减少果蔬中的水分,将其可溶性固形物的浓度提高到微生物不能利用的程度,同时果蔬本身所含酶的活性也受到抑制,使产品得以长期保存。

一、果蔬中的水分与干制品保藏

1. 果蔬中水分的存在状态

新鲜果品蔬菜的含水量很高,水果含水量为70%~90%,蔬菜为75%~95%,见表3-1。果蔬中的水分按其存在状态可分为三类。

表3-1 几种果品蔬菜的水分含量

名 称	水分/%	名 称	水分/%
苹果	83.4~90.8	马铃薯	79.8
梨	83.6~91.0	胡萝卜	87.4~89.2
桃	85.2~92.2	白萝卜	88.0~93.9
杏	89.4~89.9	大蒜头	66.6
柑橘	88.1~89.5	香椿(尖)	85.2
香蕉	75.8	芹菜	89.4~94.2
荔枝	81.9	莲藕	80.5
猕猴桃	83.4	洋葱	89.2

注:引自中国预防医学院营养与食品卫生研究所编著,食物成分表,1997。

(1) 游离水　又称自由水或机械结合水。果蔬中游离水含量很高,可占总含水量的 70%～80%,见表 3-2。游离水具有水的全部性质,能作为溶剂溶解很多物质如糖、酸等。游离水流动性大,能借助毛细管和渗透作用向外或向内移动,所以干制时容易蒸发排除。

表 3-2　几种果蔬中不同形态水分的含量

名　称	总水量/%	游离水/%	结合水/%
苹果	88.70	64.60	24.10
甘蓝	92.20	82.90	9.30
马铃薯	81.50	64.00	17.50
胡萝卜	88.60	66.20	22.40

(2) 胶体结合水　也称束缚水或物理化学结合水。它被吸附于果蔬组织内亲水胶体的表面。胶体结合水可与组织中的糖类、蛋白质等的亲水官能团形成氢键,或者与某些离子官能团产生静电引力而发生水合作用。因此,胶体结合水不具备溶剂的性质,在低温下不易结冰,不易被微生物和酶活动利用,在加工中不易损失,只有在游离水完全被蒸发后,在高温条件下才可蒸发一部分。

(3) 化合水　也称化学结合水。它是与果蔬组织中某些化学物质呈化学状态结合的水,性质极其稳定,不会因干制作用而变化。

2. 水分活度与干制品的保藏性

(1) 水分活度(A_W)　为了进一步了解水分与微生物活动、与物质变化的关系,引入了水分活度这一概念。水分活度并不是食品的绝对水分,常用于衡量微生物忍受干燥程度的能力,可用以估量被微生物、酶和化学反应触及的有效水分。

水分活度是指溶液中水的逸度与同温度下纯水逸度之比,也就是指溶液中能够自由运动的水分子与纯水中的自由水分子之比。可近似地表示为溶液中水分的蒸汽压与同温度下纯水的蒸汽压之比,其计算公式如下:

$$A_W = \frac{p}{p_0} = ERH$$

式中　A_W——水分活度;

p——溶液或食品中的水蒸气分压;

p_0——纯水的蒸汽压;

ERH——平衡相对湿度,即物料既不吸湿也不散湿时的大气相对湿度。

水分活度是从 0～1 之间的数值。纯水的 $A_W=1$。因溶液的蒸汽压降低,所以溶液的水分活度小于 1。果品蔬菜的水分活度总是小于 1。

(2) 水分活度与保藏性

① 水分活度与微生物。微生物的活动离不开水分,它们的生长发育需要适宜的水分活度阈值(表 3-3)。减小水分活度时,首先是抑制腐败性细菌,其次是酵母菌,然后才是霉菌。

大多数果蔬的水分活度都在 0.99 以上,所以各种微生物都能导致果蔬的腐败。细菌生长所需的最低水分活度最高,当果蔬的水分活度值降到 0.90 以下时,就不会发生细菌性的腐败,而酵母菌和霉菌仍能旺盛生长,导致腐败变质。一般认为,在室温下贮藏干制品,其水分活度应降到 0.7 以下方为安全,但还要根据其他条件,如果蔬种类、贮藏温度和湿度等因素而定。

在果蔬水分蒸发的同时,也蒸发掉微生物体内的水分,但果蔬干燥过程并不是一个杀菌

表 3-3　一般微生物生长繁殖的最低 A_W 值

微生物种类	生长繁殖的最低 A_w
革兰氏阴性杆菌、一部分细菌的孢子、某些酵母菌	1.00～0.95
大多数球菌、乳杆菌、杆菌科的营养体细胞、某些霉菌	0.95～0.91
大多数酵母菌	0.91～0.87
大多数霉菌、金黄色葡萄球菌	0.87～0.80
大多数耐盐细菌	0.80～0.75
耐干燥霉菌	0.75～0.65
耐高渗透压酵母	0.65～0.60
任何微生物不能生长	＞0.60

过程，而是随着水分活度的下降，微生物慢慢进入休眠状态的过程。也就是说，干制品并非无菌，在一定环境中吸湿后，微生物仍能恢复，引起制品变质，因此，干制品要想长期保存，还要进行必要的包装。

② 水分活度与酶的活性。引起干制品变质的原因除微生物外，还有酶。酶的活性亦与水分活度有关，水分活度降低，酶的活性也降低。果蔬干制时，酶和底物两者的浓度同时增加，使得酶的生化反应速率变得较为复杂。只有当干制品的水分降到1%以下时，酶的活性才算消失。但实际干制品的水分不可能降到1%以下。因此，在干制前，需进行热烫处理以钝化果蔬中酶的活性。

二、干制机理

物料在干制过程中，常使用的干燥介质有：加热空气、过热蒸汽、惰性气体等。干燥介质的作用是传递能量、带走物料蒸发出来的水分。

1. 水分的扩散作用

果蔬干制过程中的水分蒸发主要是依赖两种作用，即水分的外扩散和内扩散作用。在干制初期，首先是原料表面的水分吸热变为蒸汽而大量蒸发，称为水分的外扩散。它取决于果蔬原料的表面积、空气流速、空气的温度和相对湿度。表面积愈大，空气流速愈快，空气温度愈高以及相对湿度愈小，则水分的外扩散速度愈快。当表面水分低于内部水分时，造成原料表面水分与内部水分之间出现水蒸气分压差，水分由内部向表面转移，称为水分的内扩散。水分的内扩散作用是借助于内外层的湿度梯度，使水分由含水分高的部位向含水分低的部位转移。湿度梯度愈大，水分内扩散的速度就愈快。

影响水分内扩散速度的因素还有温度梯度。果蔬在干制过程中，有时采取升温、降温、再升温的方式，使原料内部的温度高于表面的温度，形成温度梯度，水分借助温度梯度沿热流方向由内向外移动而蒸发。

为了使原料中的水分顺利地扩散蒸发，就必须使水分的内扩散与外扩散相互协调。如果外扩散的速度远远大于内扩散时，就会使果蔬表层水分蒸发太快，原料表面就会因过度干燥而形成硬壳，这种现象称为"结壳"现象。它的形成，隔断了水分内扩散的通道，阻碍了水分的继续蒸发。若此时原料内部水分含量高，蒸汽压力大，原料较软的组织往往会被挤破，并使结壳的原料发生开裂，汁液流失。结壳的形成，既影响干燥速度，又影响干制品的质量。

不同种类、不同形状的原料在不同的干燥介质作用下，其水分扩散的方式和速度不同。一般可溶性固形物含量低、干燥时切片薄的果蔬如萝卜片、黄花菜、苹果片等干燥时，内部水分的扩散速度往往大于表面水分的汽化速度，这时干燥速度取决于水分的外扩散。对于一些可溶性固形物含量高、个体较大的果实或蔬菜如枣、柿等，在干燥时，内部水分的扩散速度要小于表面的汽化速度,这时干燥速度就要取决于水分的内扩散。

2. 干燥过程

按照水分蒸发的速度可将干燥过程分为两个阶段,即恒速干燥阶段和降速干燥阶段。果蔬在干制时,当干燥介质的温度、湿度等条件不变时,原料自身的温度、湿度(含水量)和干燥速度与干燥时间的关系可用图 3-1 表示。

在干燥初始阶段,果蔬原料温度升高,达到干燥介质的湿球温度,原料的水分含量也开始沿曲线逐渐下降,干燥速度由零增大到最高值。这一阶段($0\sim B$)被称为初期加热阶段。接着进入恒速干燥阶段($B\sim C$),物料表面的温度依然恒定。干燥介质传递给物料的全部热量都消耗于水分的蒸发,物料的含水量呈直线下降,干燥速度达到最大值,且稳定不变。当原料中的游离水分基本被排除后,则由于剩余的水分所受束缚力大,水分含量越来越少,干燥速度就会随着干燥时间的延长而减慢,曲线呈下降趋势,进入降速干燥阶段,直到干燥结束(D 点)。

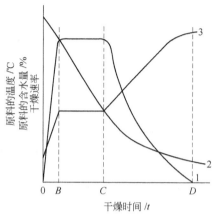

图 3-1　果蔬干燥过程曲线图
1—干燥曲线；2—原料的含水量曲线；
3—原料的温度曲线

原料的湿度(含水量)在干燥过程中呈下降趋势。在恒速干燥阶段,由于原料中游离水含量高,水分易蒸发,湿度呈直线下降曲线。当大部分游离水被蒸发,原料失水约 50%～60%(到 C 点)时,此后干燥脱除的主要是胶体结合水,则湿度呈缓慢的曲线下降,进入降速干燥阶段。干燥结束到达 D 点时,所含水分达到平衡。

在干燥过程中原料的温度变化可用干、湿球温度表示。在恒速干燥阶段,原料的温度较低,保持在恒定的湿球温度,这是由于水分蒸发的速度快并且恒定,干燥介质传递的热量多数被用于水分的蒸发。而进入降速干燥阶段,随着水分蒸发速度的减慢,热量除了用于水分蒸发外,则逐渐被较多地用于物料自身温度的升高,当水分不再蒸发时,物料的温度则接近或达到干球温度(干燥介质的温度)。

三、影响干燥速度的因素

干制过程中,干燥速度的快慢对于干制品品质的好坏起着重要作用。当其他条件相同时,干燥速度越快,产品品质越好。干燥速度受许多因素的相互制约和影响,归纳起来可分为两方面,一是干燥环境条件如干燥介质的温度、相对湿度、空气流速等;二是原料本身的性质和状态,如原料种类、原料干燥时的状态等。

1. 干燥介质的温度和相对湿度

果蔬干制时,多使用预热空气作为干燥介质。干燥介质的温度和相对湿度决定着干燥速度的快慢。干燥的温度越高,果蔬中的水分蒸发越快;干燥介质的相对湿度越小,水分蒸发越快,干燥速度就越快。但温度过高反而会使果蔬汁液流出,糖和其他有机物质发生焦化,或者褐变,影响制品品质;反之如果温度过低,干燥时间延长,产品容易氧化褐变,严重者发霉变味。一般来说,对于含水量高的原料,干燥温度可维持高一些,后期则应适当地降低温度,使外扩散与内扩散相适应。对含水量低和可溶性固性物含量高的果蔬原料,干燥初期不宜采用过高的温度和过低的湿度介质,以免引起表面结壳、开裂和焦化。具体所用温度的高低,应根据干制品的种类来决定,一般为 40～90℃。

2. 空气流速

空气流速越大，果蔬干燥速度也就越快。因为，加大空气流速，可以将表面蒸发出的、聚集在果蔬周围的水蒸气迅速带走，及时补充未饱和的空气，使果蔬表面与其周围干燥介质始终保持较大的湿度差，从而促使水分不断的蒸发。同时还促使干燥介质所携带的热量迅速传递给果蔬原料，以维持水分蒸发所需的温度。为此，人工干制设备中，常用鼓风的办法增大空气流速，以缩短干燥时间。

3. 原料的种类和状态

果蔬原料种类不同，其理化性质、组织结构亦不同，即使在相同的干燥条件下其干燥速度也不同。一般来说，果蔬的可溶性物质较浓，水分蒸发的速度也较慢。物料切成片状或小颗粒后，可以加速干燥。因为这种状态缩短了热量向物料中心传递和水分从物料中心向外扩散的距离，从而加速了水分的扩散和蒸发，缩短了干制的时间。显然，物料的表面积越大，干燥的速度就越快。例如，把胡萝卜切成片状、丁状和条状进行干燥，结果片状干燥速度最佳，丁状次之，条状最差，这是由于前两种形态的胡萝卜蒸发面大的缘故。

4. 原料的装载量

原料的装载量和装载厚度对于果蔬的干燥速度影响很大。载料盘上原料装载过多、厚度大时，不利于空气流通，影响水分的蒸发。干燥过程中可以随原料体积的变化，改变其厚度，干燥初期宜薄些，干燥后期可以厚一些。

四、原料在干制过程中的变化

1. 质量和体积的变化

体积减小、质量减轻是果蔬干制后最明显的变化。果品一般干制后体积约为原来的20%~35%，蔬菜约为10%；果品质量约为原重的20%~30%，蔬菜约为5%~10%。

原料种类、品种以及干制成品含水量的不同，干燥前后重量差异很大，用干燥率（原料鲜重与干燥成品之比）来表示。几种果品蔬菜的干燥率见表3-4。

表3-4 几种果品蔬菜的干燥率

名 称	干 燥 率	名 称	干 燥 率
苹果	6:1~8:1	马铃薯	5:1~7:1
梨	4:1~8:1	洋葱	12:1~16:1
桃	3.5:1~7:1	南瓜	14:1~16:1
李	2.5:1~3.5:1	甘蓝	14:1~20:1
杏	4:1~7.5:1	菠菜	16:1~20:1
荔枝	3.5:1~4:1	胡萝卜	10:1~16:1
香蕉	7:1~12:1	番茄	18:1~20:1
柿	3.5:1~4.5:1	菜豆	8:1~12:1
枣	3:1~4:1	黄花菜	5:1~8:1
甜菜	12:1~14:1	辣椒	3:1~6:1

2. 颜色的变化

果蔬在干制过程中或干制品的贮藏中，常会变成黄色、褐色或黑色等，一般统称为褐变。根据褐变发生的原因不同，可将其分为酶促褐变和非酶褐变。

（1）酶促褐变 酶促褐变是由氧化酶类在有氧的情况下，引起果蔬所含的单宁、酪氨酸等成分氧化而产生褐色物质的变化。如：苹果、梨、桃、香蕉、马铃薯、茄子等在去皮、剖切、破碎时所发生的褐变。单宁、酪氨酸等物质在氧化酶的催化下与空气中的氧气反应生成醌、羟醌，再聚合生成黑色物质。

影响果蔬酶促褐变的因素为底物（单宁、酪氨酸）、酶活性（氧化酶和过氧化物酶）活和氧气，三者中只要控制其中之一，即可抑制酶促褐变。其中，单宁是果蔬褐变的主要基质，其含量因原料的种类、品种及成熟度不同而异。同一品种的果实，一般未成熟的单宁含量远高于充分成熟的。因此，干制时应尽量选择单宁含量少而且充分成熟的原料。

氧化酶系统包括氧化酶和过氧化物酶，它们是酶促褐变中不可缺少的酶系，如果破坏酶系的一部分，即可中止酶促褐变的进行。酶是一种蛋白质，在一定温度下，可被钝化而失去活性。氧化酶在 71~73.5℃、过氧化物酶在 90~100℃ 的温度下，5min 可遭到破坏。因此，干制前，采用沸水或蒸汽进行热处理、硫处理，都可破坏酶的活性，有效地抑制酶促褐变。

氧也是酶促褐变的必备条件。通过亚硫酸溶液浸泡、盐水浸泡或清水浸泡能隔绝氧，防止酶促褐变。

（2）非酶褐变　凡没有酶参与所发生的褐变均可称为非酶褐变。在果蔬干制和干制品贮藏过程中都有可能发生这种褐变。非酶褐变的主要原因之一是果蔬中氨基酸的游离氨基与还原糖的游离羰基发生羰氨反应，生成复杂的络合物——类黑色素而引起的，又称美拉德反应。

羰氨反应引起变色的程度和快慢取决于糖的种类、氨基酸的含量和种类、温度三方面。糖类主要是还原糖，即具有醛基的糖。据报道，不同的还原糖对褐变影响不同，其大小顺序为：五碳糖为核糖、木糖、阿拉伯糖；六碳糖为半乳糖、鼠李糖。类黑色素的形成与氨基酸含量的多少呈正相关，即氨基酸含量越高，则类黑色素形成越多，颜色也越深。尤以赖氨酸、胱氨酸及苏氨酸等与糖的反应较强。温度升高，羰氨反应明显加速，褐变加重。据报道，温度每上升 10℃，褐变率增加 5~7 倍。

此外，金属也会促进非酶褐变，金属对褐变作用的促进顺序为锡、铁、铅、铜。如单宁与铁作用可生成褐色化合物；单宁与锡长时间加热可生成玫瑰色化合物；单宁遇碱作用容易变黑。果蔬中含有的叶绿素和花青素因受热与其他物质反应变色也属于非酶褐变。果蔬中的糖类加热到其熔点以上时会产生黑褐色的色素物质，被称为焦糖化作用，也属非酶褐变。

原料的硫处理对于果蔬非酶褐变具有抑制作用，因为二氧化硫与不饱和糖反应可形成磺酸，从而减少类黑色素的生成。在干制加工与干制品保存时控制温度也可减轻非酶褐变。

3. 透明度的变化

干制过程中，原料受热，细胞间隙的空气被排除，使干制品呈半透明状态。制品越透明，其质量就越好。干制前进行热烫处理，既可排除果蔬细胞内的空气，减少氧化作用，又可增加制品的透明度。

4. 营养物质的变化

果蔬中的主要营养成分是糖类、维生素、矿物质、蛋白质等，在干制过程中，会发生不同程度的变化。一般情况，糖分和维生素损失较多，矿物质和蛋白质则较稳定。

（1）糖分的变化　糖普遍存在于果品和蔬菜中，是果蔬甜味的主要来源。它的变化直接影响到果蔬干制品的质量。

果蔬中所含的果糖和葡萄糖均不稳定，易氧化分解。因此，果蔬在自然干制过程中，由于干燥速度缓慢，酶的活性不能很好地被抑制，其自身呼吸作用仍缓慢进行，从而会消耗一部分糖及其他有机物质。干制时间越长，糖分损失越多，干制品的质量越差，质量也相应降低。人工干制果蔬，能很快抑制酶的活性和呼吸作用，干制时间又短，可减少糖分的损失，但过高的干燥温度对糖分也有很大影响。一般来说，糖分损失随温度的升高和时间的延长而增加，温度过高时糖分焦化，颜色加深，味道变差。

(2) 维生素的变化　果蔬中含有多种维生素。在干制时，各种维生素的破坏损失是一个值得注意的问题，其中以维生素 C 的氧化损失最为严重。维生素 C 的破坏程度除与干制环境中的氧含量和温度有关外，还与抗坏血酸酶的活性和含量密切相关。氧化与高温的共同影响，往往会使维生素 C 全部被破坏，在阳光照射和碱性环境中亦不稳定。

另外，其他维生素在干制时也有不同程度的破坏。如维生素 B_1（硫胺素）对热敏感，维生素 B_2（核黄素）对光敏感；胡萝卜素也会因氧化而遭受损失。

5. 表面硬化现象

有两种原因造成表面硬化。其一是由于产品表面水分的汽化速度过快，而内部水分扩散速度慢，不能及时移动到产品表面，从而使表面迅速形成一层硬膜。其二是果蔬干制时，内部的溶质分子随水分不断向表面迁移，积累在表面上形成结晶而硬化。产品表面硬化后，水分移动的毛细管断裂，水分移动受阻，大部分水分封闭在产品内部，形成外干内湿的现象，致使干制速度急剧下降。

前一种表面硬化现象与干燥条件有关，是人为可控制的，如干制初期温度低一些、湿度大一些。后一种现象常见于含糖或含盐多的果蔬的干制。

6. 物料内多孔性的形成

快速干燥时物料表面硬化及其内部蒸气压的迅速建立会促使物料成为多孔性制品。例如，快速干制的马铃薯丁有轻度内凹的干硬表面，而内部有较多的裂缝和孔隙。缓慢干制的马铃薯丁则没有这种现象。

第二节　干制方式和设备

一、自然干制

在自然条件下，利用太阳辐射能、热风等使果蔬干制的方法。自然干制方法可分为两种，一是原料直接受阳光曝晒的，称为晒干或日光干制；另一种是原料在通风良好的室内、棚下以热风吹干的，称为阴干或晾干。

晒干的方法是选择空旷通风、地面平坦之处，将果蔬直接铺于地上或苇席或晒盘上直接曝晒。夜间或下雨时，堆积一处，并盖上苇席，次日再晒，直到晒干为止。

阴干或晾干主要采用干燥空气使果蔬产品脱水的方法。中国西北，特别是新疆吐鲁番一带干制葡萄常采用此法。在葡萄收获季节，这一带气候炎热干燥，将葡萄整串挂在用土坯筑成的多孔干燥室内，借助于热风作用将葡萄吹干。

自然干制方法简便，设备简单，成本低。但自然干制受气候条件影响大，如在干制季节遇阴雨连绵，会延长干制时间，降低制品质量，甚至会霉烂变质。

二、人工干制

人工干制是人为控制干制条件和干制过程的干燥方法。可以大大缩短干制时间，获得较高质量的产品。与自然干制相比，人工干制的设备和安装费用高，操作技术比较复杂，成本较高。

人工干制设备必须具备以下条件：其一具有良好的加热装置及保温设施，保证干制过程所需的较高而均匀的温度；其二要有完善的通风设施，能及时排除蒸发出的水分；其三要有良好的卫生条件和劳动条件，避免产品污染，便于操作管理。

使用最多的人工干制设备是靠热空气加热的对流式干燥设备，除此之外还有以热辐射加热的热辐射式加热设备和借助电磁感应加热的感应式干燥设备。近些年来，冷冻干燥、远红外干燥、微波干燥和膨化干燥等高新技术也在果蔬干制中得以应用。现介绍几种生产中常用的有代表性的干燥设备。

1. 烘房

烘房是一种较为传统的干制设备，适用于大量生产，干制效果好，设备费用也比较低。在广大农村果蔬集中产区可大量普及推广。

烘房的主要组成部分包括烘房主体结构、加热设备、通风排湿设备和装载设备。

(1) 烘房主体结构　烘房的主体结构如地基、房架等可按一般民用建筑要求修建，对其他建筑结构的要求如下。

烘房墙壁必须不透风、不漏气，保温性能好。墙壁的保温性能可用建筑材料的导热系数来衡量，重砂浆砌筑的多孔砖砌体的导热系数较砖墙砌体的导热系数小，而砖墙的导热系数较石块砌体的导热系数小，分别为 $1.88kJ/(m·h·℃)$、$2.72kJ/(m·h·℃)$ 和 $3.81kJ/(m·h·℃)$，也就是说多孔性砖墙的保温性能好，而石块砌体的保温性能最差。但多孔砖墙的强度较差，不宜于建筑得过高。墙壁厚度最好能保证在 $0.4\sim0.5m$。烘房屋顶要求保温、防雨、耐用，如果降雨量较多，风大，烘防屋顶可用水泥预制板或现浇。

(2) 加热设备　烘房的加热设备包括火炉、火道和烟囱三部分。火炉一般设置在前墙的正中，火炉大小由炉膛高度和炉算面积（炉算面积是指炉条排列后的总宽度与炉条长度的乘积）所决定。中型烘房，炉膛高度为 $45\sim50cm$，大型烘房炉膛高度为 $60cm$。火道的长短关系到火道总散热面积的大小，火道长，总散热面积大，能充分利用火道里的高温烟道气，烘房升温快，耗煤量少。但火道过长，增加了烟道气的流动阻力，故火道长度一般为烘房长度的 $3\sim4$ 倍较合适。烟囱的实际高度一般为 $6\sim6.5m$。

(3) 通风排湿设备　烘房通风排湿设备包括进气口和排气窗。进气口的作用是通入冷空气，通常设在烘房两侧墙基部，每边均匀设置 $4\sim5$ 个，内小外大呈喇叭状，外口略向上翘起，以利于冷空气进入。排气窗的主要作用是排除烘房内的湿热空气，通常设在烘房顶部中线或紧靠中线的左右两侧，一般均匀设置 $2\sim3$ 个。

(4) 装载设备　装载设备要求坚固耐用，灵巧轻便，主要有烘架和烘盘。根据实际工作情况，烘盘可用木制或竹制，长和宽以 $0.4\sim0.7m$ 范围内为宜。烘架可木结构或钢结构，上下相邻两支撑杆之间的距离为 $15cm$，最下层支撑杆的上缘与底端的距离为 $7cm$。一般烘架高不应高于 $1.9m$，过高操作不便。

2. 隧道式干燥机

这种干燥机的干燥室为狭长的隧道形，地面铺铁轨，装好原料的载车沿轨道以一定速度向前移动而实现干燥。干燥间一般长 $12\sim18m$，宽约 $1.8m$，高为 $1.8\sim2.0m$。在干燥间的侧面有一加热间，其内装有加热器和吹风机，推动热空气进入干燥间，使原料水分受热蒸发，湿空气一部分自排气孔排出，一部分回流到加热间继续使用。

隧道式干燥机可根据原料与干燥介质的运动方向不同，分为顺流式、逆流式和混合式三种形式。

(1) 顺流式干燥机　载车前进方向与空气流动方向相同，原料从高温低湿的热风端进入。开始水分蒸发很快，随着载车的前进，湿度增大，温度降低，干燥速度逐渐减缓，因而不能将干制品的含水量降至最低标准。这种干燥机的开始温度为 $80\sim85℃$，终点温度为 $50\sim60℃$，适宜于干制含水量高的蔬菜。

(2) 逆流式干燥机　载车前进方向与空气流动方向相反。原料首先接触到的是低温（$40\sim50℃$）高湿的空气，虽然原料这时含有很多的水分，尚能迅速蒸发，但蒸发速度相对较缓慢。随着载车的推进,温度则逐渐升高,终了时温度较高(65~85℃)、湿度低。这种干燥机较适宜于含糖量较高、汁液黏厚的果实的干制,如桃、李、杏、葡萄等的干制加工。但应注意的是,干燥后期温度不能太高,否则易引起硬化和焦化。

(3)混合式干燥机 又称对流式或中央排气式干燥机(图3-2),混合式干燥机综合了上述两种干燥机的优点,克服了它们的缺点。混合式干燥机有两个鼓风机和加热器,分别设在隧道的两端,热风由两端吹向中央,通过原料后的湿热空气,一部分从中部集中排出,一部分回流加热再利用。原料载车首先进入顺流式隧道,使温度高、风速大的热风吹向原料,加快原料水分的蒸发。随着载车向前推进,温度逐渐下降,湿度逐渐增大,水分蒸发趋于缓慢,有利于水分的内扩散,不致发生表面硬化现象;待原料大部分水分蒸发以后,载车又进入逆流隧道,从而使原料干燥比较彻底。混合式干燥机具有能连续生产、温湿度易控制、生产效率高、产品质量好等优点。

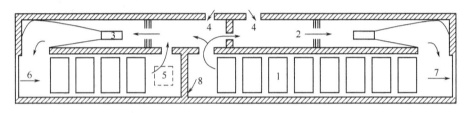

图 3-2 混合式干燥机

1—运输车;2—加热器;3—电扇;4—空气入口;5—空气出口;6—新鲜品入口;
7—干燥品出口;8—活动隔门

(引自:叶兴乾,果品蔬菜加工工艺学,中国农业大学出版社,2002)

3. 带式干燥机

带式干燥机是使用环带作为输送原料装置的干燥机。常用的输送带有帆布带、橡胶带、涂胶布带、钢带和钢丝网带等。原料铺在带上,借助机械力而向前转动,与干燥室的干燥介质接触,而使原料干燥。图3-3为四层传送带式干燥机,能够连续转动。当上层温度达70℃时,将原料由顶部入口定时装入,随着传送带的转动,原料由最上层逐渐向下移动,至干燥完毕后,从最下层的一端出来。这种干制机可用蒸汽加热,散热片装在每层传送带中间,新鲜空气由下层进入,湿空气由上部出气口排出。

4. 滚筒干燥机

滚筒式干燥机由一只或两只金属圆筒组成,滚筒的直径为20~200cm,中空,通有加热介质。干燥时,滚筒回转,筒外壁与浆状或泥状原料接触,在筒表面铺成薄层,转动一周,原料即可达到干燥,由附带的刮料器刮下,收集至盛料器中,干燥可以连续进行。转速以每转一周足以使原料干燥为准。国外滚筒干燥机主要用于苹果沙司、甘薯泥、南瓜酱、香蕉和糊化淀粉等的干燥。

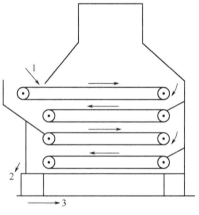

图 3-3 带式干燥机

1—原料进口;2—原料出口;
3—原料运动方向;

(引自:叶兴乾,果品蔬菜加工工艺学,
中国农业大学出版社,2002)

三、干制新技术介绍

现代化的干燥设备是干制技术发展的基础,近年来不断有新型、高效的干制技术出现,下面介绍几种国内外比较先进的干燥技术。

1. 真空冷冻干燥

真空冷冻干燥又称为冷冻升华干燥、升华干燥，简称"冻干"（FD）。它是将物料中的水分冻结成固体的冰，然后在真空条件下，使冰直接升华变成水蒸气逸出，从而达到物料的干燥。

水有三种存在状态，即固态、液态和气态，三种状态之间既可以相互转换又可以共存。当空气压力为101.33kPa（1atm）时，水的沸点温度为100℃。若压力下降，水的沸点也随之下降，当空气压力下降到0.61kPa时，水的沸点温度为0℃，而这个温度同时也是水的冰点。即在这种条件下，水可以以固态、液态、气态同时存在，故称之为水的三相点。如果再将压力继续下降到0.61kPa以下，或将温度降到0℃以下时，纯水形成的冰晶则会直接升华成为水蒸气。真空冷冻干燥就是利用物料中的水冻结成冰后，在一定的真空条件下使之直接升华为水蒸气而干燥的方法。

真空冷冻干燥的物料，首先要在低温条件下冻结，一般预冻到$-30℃$左右，而后在高度真空下使冻结的冰晶由外至内逐步升华，还要施加热量于冻结物料以加速升华，但温度不能高到使冰融化。

冷冻干燥能较好的保持产品的色、香、味和营养价值，且复水性好，复水后产品接近新鲜状态。但真空冷冻干燥设备投资费用和操作费用高，因而生产成本很高。

2. 远红外线干燥

远红外线干燥是利用远红外辐射元件发出的远红外线，被物料吸收变为热能进行的干燥。红外线是介于可见光与微波之间，波长为$0.72\sim1000\mu m$范围内的电磁波，一般将$5.6\sim1000\mu m$区域的红外线称为远红外线。获得远红外线的方法靠发射远红外线的物质，主要有金属氧化物如氧化钴、氧化锆、氧化铁、氧化钛以及氮化物、硼化物、硫化物等。

远红外干燥具有穿透率高、干燥速度快、生产效率高、节约能源、设备规模小、建设费用低等优点，目前已在谷物干燥、果蔬干燥方面研究应用。

3. 微波干燥

微波干燥就是利用微波为热辐射源，加热果蔬原料使之脱水干燥的一种方法。微波是指$300\sim300\,000MHz$的电磁波，波长为$0.001\sim1.0m$，常用的加热频率为$915\sim2450MHz$。

微波的穿透能力比红外线更强，能很快深入到物质内部；微波加热的热量不是由外部传入，而是在被加热物体内部产生的，所以加热很均匀，不会出现外焦内湿的现象。因此，微波干燥是一种干燥速度快、干制品质好、热效率高的果蔬干燥方法。已在食品的焙烤、烹调、杀菌工艺中被广泛应用。

4. 膨化干燥

膨化干燥又称加压减压膨化干燥或压力膨化干燥，其干燥系统主要由一个体积比压力罐大$5\sim10$倍的真空罐组成。果蔬原料经预干燥后，干燥至水分含量15%～25%左右（不同果蔬要求的水分含量不同），然后将果蔬置于压力罐内，通过加热使果蔬内部水分不断蒸发，罐内压力上升至$40\sim480kPa$，物料温度大于100℃，因而和大气压下水蒸气温度相比，它处于过热状态，随着迅速打开连接压力罐和真空罐的减压阀，由于压力罐内瞬间降压，使物料内部水分迅速蒸发，导致果蔬表面形成均匀的蜂窝状结构。在负压状态下维持加热脱水一段时间，直至达到所需的水分含量（3%～5%），停止加热，使加热罐冷却至外部温度时破除真空，打开盖，取出产品进行包装，即得到膨化果蔬脆片。

膨化技术已成功地应用于土豆、苹果、胡萝卜、蓝莓等果蔬上。采用这种技术生产出的果蔬制品除了具有蜂窝状结构，高复水率外，产品的质地松脆，极大限度地保持了新鲜果蔬的风味、色泽、营养。膨化干燥与传统干燥方法相比较，可节约蒸汽 44%，同时，比传统干燥法快 2.1 倍。

5. 真空油炸脱水

真空低温油炸脱水是利用减压条件下，产品中水分汽化温度降低，能在短时间内迅速脱水，实现在低温条件下，对产品的油炸脱水。热油脂作为产品的脱水供热介质，还能起到膨化及改进产品风味的作用。真空油炸技术的关键在于原料的前处理及油炸时真空度和温度的控制，原料前处理除常规的清洗、切分、护色外，对有些产品还需进行渗糖和冷冻处理。渗糖浓度为 30%～40%，冷冻要求在 -18℃ 左右的低温冷冻 16～20h。油炸时真空度一般控制在 92.0～98.7kPa 之间，油温控制在 100℃ 以下。

目前国内外市场出售的真空油炸果品有：苹果、猕猴桃、柿子、草莓、香蕉等；蔬菜有：胡萝卜、南瓜、西红柿、四季豆、甘薯、土豆、大蒜、青椒、洋葱等。近年来随着这项技术研究的深入，使制品能更好地保留其原有风味和营养，松脆可口，具有广阔的开发前景。

第三节　干制品加工技术

一、工艺流程

原料选择 → 清洗 → 切分 → 烫漂（硫处理）→ 干燥 → 后处理 → 包装 → 成品

二、原料处理

果蔬原料在进行干制前，不论是晒干还是人工干制，都要进行一些处理以利于原料的干制和产品质量的提高。

1. 原料选择

选择适合于干制的原料，能保证干制品质量、提高出品率，降低生产成本。对原料的一般要求是：干物质含量高，肉质厚，组织致密，粗纤维少，风味色泽好，不易褐变。对蔬菜来说，大部分蔬菜均可干制，但黄瓜、莴笋干制后即失去柔嫩松脆的质地，亦失去食用价值。石刁柏干制后质地粗糙，组织坚硬，不可食用。

2. 原料处理

对原料的预处理包括清洗、去皮、切分、烫漂和硫处理等。已在第一章第四节中讲述，这里不再赘述。

三、干制过程中的管理

1. 温度管理

不同种类的果品蔬菜分别采用不同的升温方式。根据升温方式的不同，可分为三种情形。

第一，干制期间，初期温度较低，中期较高，后期温度降低直至干燥结束。这种升温方式适宜于可溶性物质含量高的果蔬，或不切分整果干制的红枣、柿饼。原料进入干燥室后，要求在 6～8h 内温度平稳上升至 55～60℃，在此温度下维持 5～8h，再将温度升至 65～70℃，维持 4～6h，最后使温度逐步下降至 50℃，直到干燥结束。这种方式操作技术易掌握，干制品质量好，生产成本低，目前普遍采用。

第二，初期急剧升高干燥室温度，最高可达 95～100℃，然后放进原料，由于原料大量吸热,而使干燥室温度很快下降,一般降温 25～30℃,此时继续加大火力,使干燥室温度升至 70℃左右,并维持一段时间,根据产品干燥状态,逐步降温至烘干。这种升温方式适宜于可溶性物质含量低或切成薄片、细丝的原料如黄花菜、辣椒等的干制。这种方法干燥时间短,产品质量好,但技术较难掌握。

第三,在整个干制期间,温度始终维持在 55～60℃,直至干燥临近结束时再逐步降温。这种方式适宜于大多数果蔬的干制,操作技术易于掌握,成品质量较好。但干燥时间过长,耗能高。

2. 通风排湿

果蔬干制过程中由于水分大量蒸发,使得干燥室内相对湿度急剧上升,要使原料尽快干燥,必须注意通风排湿。一般当干燥室内相对湿度达 70%时,就应通风排湿。通风排湿的方式和时间,要根据室内相对湿度的高低和外界风力的大小来决定。每次通风时间以 10～15min 为宜。时间过短,排湿不足,影响干燥速度和产品质量;时间过长,则造成室内温度下降过多,加大能耗。

3. 倒换烘盘

利用烤架烘盘的干燥设备,由于烘盘位于干燥室上下位置的不同,往往会使其受热程度不同,使之干燥不均匀。因此,为了使成品的干燥程度一致,尽可能避免干湿不匀,需进行倒换烘盘。在倒盘的同时应抖动烤盘,使物料在盘内翻动,这样可促使物料受热均匀,干燥程度一致。

四、干制品的包装

1. 包装前的处理

果蔬干制品在包装前通常要进行一系列的处理,以提高干制品的质量,延长贮存期,降低包装和运输费用。

(1) 分级 分级的目的是使成品的质量合乎规格标准。分级工作可在固定的木质分级台上,也可在附有传动带的分级台上进行。分级时,根据品质和大小分为不同等级,剔除过湿、结块、破损、霉烂等不合标准的产品。

(2) 回软 回软又称均湿或水分平衡。果蔬干制后,产品的干燥程度不一定均匀一致,有的部分可能过干,有的部分可能干燥不够,往往形成外干内湿的情况。因此,在包装之前常需进行回软处理,其目的是使干制品内外水分分布均匀一致,使其适当变软,便于后处理。

回软的方法是将干燥后的产品,剔除过湿、结块、细屑等不合格制品,待冷却后立即堆积起来或放在密闭容器中,使水分在干制品内部及干制品之间相互扩散和重新分布,最终达到均匀一致的要求。回软所需的时间,视干制品的种类而定。一般菜干 1～3d,果干 2～5d。

(3) 防虫处理 果蔬干制品容易遭受虫害,所以干制品也必须进行防虫处理,以保证贮藏安全。防虫的方法有物理防治和化学药剂防治。物理防治就是利用自然的或者人为的物理因子变化,扰乱害虫正常的生理代谢机能,从而达到抑制害虫发生、发展,直至引起死亡的杀虫方法。常用的物理防治有:高温杀虫、低温杀虫、气调杀虫、辐射杀虫几种。化学药剂防治是利用有毒的化学物质直接杀灭害虫的方法。它具有能迅速、有效地杀灭害虫,并具有预防害虫再次侵害食品的作用,是目前应用最广泛的一种防治方法。但所用的化学物质对人体毒性也大,应用时要谨慎小心。化学药剂主要是一些熏蒸剂,常用的有:二硫化碳(CS_2)、二氧化硫(SO_2)、氯化苦(CCl_3NO_2)等。

(4) 压块 压块是将干燥后的产品压成砖块状。脱水蔬菜大多要进行压块处理。因为蔬菜干燥后呈蓬松状，体积大，包装和运输均不方便。进行压块后，可使体积大为缩小。一般干制的蔬菜，压块后体积可缩小3～7倍。因此，所需的包装容器和仓库容积也就大大减少。同时压块后的蔬菜减少了与空气的接触，降低氧化作用，还能减少虫害。

蔬菜压块一般在干燥结束时趁热进行。如果蔬菜已经冷却，则组织坚脆，极易压碎，须喷洒蒸汽，然后再压块。但喷过蒸汽的干制品含水量可能超标，所以压块后，还需干燥处理。生产上常将干制品和干燥剂一起放在常温下，使干燥剂吸收脱水蔬菜里的水分。一般用生石灰作为干燥剂，约经过2～7d，水分即可降低。

2. 包装

包装对于干制品的贮存效果影响很大，因此，要求包装材料应达到以下几点要求：①防潮防湿；②避光隔氧；③密封性好；④符合食品卫生要求。生产中常用的包装材料有：木箱、纸箱、金属罐以及软包装复合材料。用纸箱或纸盒包装时内衬有防潮纸或涂蜡纸以防潮。金属罐是包装干制品较为理想的容器，具有防潮、密封、防虫和牢固耐用等特点，适合果汁粉、蔬菜粉等的包装。软包装复合材料由于能热合密封，用于抽真空和充气包装。有时在包装内附装干燥剂、拮抗剂（硬脂酸钙）以增加干制品的贮藏稳定性。干燥剂的种类有硅胶和生石灰，可用能透湿的纸袋包装后放于干制品包装内，以免污染食品。

五、干制品贮藏

合理包装的干制品受环境因素影响小，未经密封包装的干制品在不良环境条件下，就容易发生变质现象。因此，良好的贮藏环境是保证干制品耐藏性的重要保证。

1. 温度

干制品的贮藏温度以0～2℃为最好，一般不宜超过10～14℃。高温会加速干制品的变质，据报道，贮藏温度高可加速脱水蔬菜的褐变，温度每增加10℃，干制品褐变速度可增加3～7倍。

2. 湿度

贮藏环境相对湿度最好在65%以下，空气越干燥越好。

3. 光线与空气

光线和空气的存在也会降低制品的耐藏性。光线能促进色素分解；空气中的氧气能引起制品变色和维生素的破坏。因此，干制品最好贮藏在避光、缺氧的环境中。

4. 货物摆放

科学地进行货物的堆码，注意通风，定时检查产品，做好防鼠工作可使干制品在适宜的条件下较长期地保持品质。

六、干制品复水

复水就是干制品吸收水分恢复原状的一个过程，如干制品重新吸收水分后在质量、大小、形状、质地、颜色、风味、成分、结构等各方面恢复原来新鲜状态的程度越高，说明干制品的质量越好。因此，干制品的复水性是干制品质量好坏的一个重要指标。实际上，干制品复水后其质量很难百分之百地达到新鲜原料的品质。这不但与干制品的种类、品种、成熟度、干燥方法有关，还与复水方法有关。各种蔬菜的复水率如表3-5所示。

复水时，水的用量和质量与干制品关系很大。如用水过多，可使水溶性色素（如花青素和花黄素）和水溶性维生素溶解损失，一般用水量为菜重的12～16倍。水的酸碱度不同，也能使色素的颜色发生变化。水中若含有金属离子，会促进色素和维生素的氧化破坏；若含有亚硫酸钠或亚硫酸氢钠，会使干制品复水后组织软烂；用硬水复水，会使豆类质地变粗硬、影响品质。因此，复水用水一定要经过严格处理，才能提高复水干制品的质量。

表 3-5　几种脱水蔬菜的复水率

蔬菜种类	复水率	蔬菜种类	复水率
甜菜	1∶6.5～1∶7.0	青豌豆	1∶3.5～1∶4.0
胡萝卜	1∶5.0～1∶6.0	菜豆	1∶5.5～1∶6.0
萝卜	1∶7.0	刀豆	1∶12.5
马铃薯	1∶4.0～1∶5.0	扁豆	1∶12.5
甘薯	1∶3.0～1∶4.0	菠菜	1∶6.5～1∶7.5
洋葱	1∶6.0～1∶7.0	甘蓝	1∶8.5～1∶10.5
番茄	1∶7.0	茭白	1∶8.0～1∶8.5

第四节　常见果蔬干制品加工技术

一、葡萄干制

1. 工艺流程

原料选择→浸碱处理→熏硫→清洗→干制→包装→成品

2. 操作要点

（1）原料选择　选择皮薄、果肉丰满、粒大、含糖量高（20％以上）的品种，以无核种，无核白、无核黑等为好。有核品种如马奶葡萄、新疆红葡萄等也可。要求果实充分成熟。

（2）浸碱处理　为缩短干燥时间，加速水分蒸发，可采用碱液处理。将选好的果穗或果粒浸入1％～3％NaOH溶液5～10s，使果皮外层蜡质破坏并呈皱纹状。浸碱处理后的原料立即用清水冲洗3～4次，置木盘上沥干。

（3）熏硫　将放置果粒的木盘放入密闭室内，按每吨葡萄用硫黄1.5～2kg，熏硫3～4h。

（4）干制

① 自然干制。将处理后的葡萄装入晒盘内，在阳光下曝晒10d左右，然后全部反扣在另一晒盘上，继续晒到果粒干缩，手捏挤不出汁时，再阴干一周，直到葡萄干含水量达15％～17％时为止。全部晒干时间20～25d，浸碱处理可缩短一半干燥时间。中国新疆吐鲁番等地夏秋气候炎热干燥，空气相对湿度为35％～47％，风速3m/s左右，故葡萄不需在阳光下曝晒，而在搭制的凉房内风干就行了。风干时间一般为30～35d，且制品的品质比晒干的优良。

② 人工干制。将处理好的葡萄装入烘盘，使用逆流干制机干燥，初温为45～50℃，终温为70～75℃，终点相对湿度为25％，干燥时间为16～24h。

二、柿果干制

1. 工艺流程

原料选择→去皮→熏硫→干制→上霜→包装→成品

2. 操作要点

（1）原料选择　一般用于干制的柿果在表皮由黄橙色转为红色时采收为宜。选择个大形状端正，果顶平坦或稍有突起，肉制柔软，含糖量高，无核或少核的柿子品种。

（2）去皮　去皮前先将柿果进行挑选、分级和清洗。可人工刮皮或用旋床去皮。去皮要求蒂盘周围的皮留得越少越好。

(3) 熏硫　去皮后的柿果按 250kg 鲜果用硫黄 10～20g，置于密闭室内熏蒸 10～15min。

(4) 干制

① 自然干制。用高粱秆编成帘子，选通风透光，日照长的地方，用木桩搭成 1.5m 高的晒架，去皮柿果果顶向上摆在帘子上进行日晒，如遇雨天，可用聚乙烯塑料薄膜覆盖，切不可堆放，以防腐烂。

晒 8～10d 后，果柿变软结皮，表面发皱，此时将柿果收回堆放起来，用席或麻袋覆盖，进行发汗处理，3d 后进行第一次捏饼，方法是两手握饼，纵横重捏，随捏随转，直至将内部捏烂，软核捏散或柿核歪斜为止。捏后第二次铺开晾晒 4～6d，再收回堆放发汗，2～3d 后第二次捏饼。方法是用中指顶住柿蒂，两拇指从中向外捏，边捏边转，捏成中间薄、四周高起的蝶形。接着再晒 3～4d，堆积发汗 1d，整形 1 次，最后再晒 3～4d。

② 人工干制。初期温度保持 40～50℃，每隔 2h 通风一次，每次通风 15～20min。第一阶段需 12～18h，果面稍呈白色，进行第一次捏饼。然后使室温稳定在 50℃左右，烘烤 20h，当果面出现纵向皱纹时，进行第二次捏饼。两次烘烤时间共需 27～33h。再进一步干燥至总干燥时间约 37～43h 时，进行第三次捏饼，并定形。再需干燥 10～15h，含水量达 36%～38%时便可结束。

(5) 上霜　柿霜是柿饼中的糖随水分渗出果面，水分蒸发后，糖凝结成为白色的固体，主要成分是甘露糖醇、葡萄糖和果糖。出霜的过程是：在缸底铺一层干柿皮，上面排放一层柿饼，再在柿果上放上一层干柿皮，层层相间，封好缸口，置阴凉处约 10d 即可出现柿霜。

三、黄花菜干制

1. 工艺流程

原料选择 → 蒸制 → 干燥 → 均湿回软 → 检验 → 包装 → 成品

2. 操作要点

(1) 原料选择　选择饱满、花瓣结实、花蕾充分发育、富有弹性、颜色由青绿转黄的未开花蕾为原料。裂嘴前 1～2h 采摘的花蕾产量高、质量好。

(2) 蒸制　蒸制是决定黄花菜质量的一道关键工序。采摘后的花蕾要及时进行蒸制，否则会自动开花，影响产品质量。方法是把花蕾放入蒸笼中，水烧开后用大火蒸 5min，后用小火焖 3～4min。当花蕾向内凹陷，颜色变得淡黄时即可出笼。

(3) 干燥　蒸制后的花蕾应待其自然凉透后装盘烘烤。干燥时先将烘房温度升至 85～90℃，放入黄花菜后，温度下降至 75℃，直至烘干。在此期间注意通风排湿，保持烘房内相对湿度在 65%以下，并要倒换烘盘和翻动黄花菜 2～3 次。

(4) 均湿回软　干燥后的黄花菜，由于含水量低，极易折断，应放到蒲包或竹木容器中均湿，当黄花菜以手握不易折断，含水量在 15%以下时，即可进行包装。

(5) 检验　凡金黄色、粗壮者为上等品；黄色带褐，粗细不甚均匀者为中等品；色泽暗、黄花条收缩不均匀的为下等品。用力捏紧黄花菜时，感到软中有硬，放开后很快松散的，即表示干燥适度；迟迟不散开的则表示含水量过多。具有清香味的品质为佳。

四、香菇干制

1. 工艺流程

原料选择 → 装盘 → 干制 → 分级 → 包装 → 成品

2. 操作要点

(1) 原料选择　选择菌膜已破，菌盖边缘向内卷成"铜锣边"的鲜香菇。采收太早影响产量，香味不足；采收太迟则菌盖展开过大，肉薄，菌褶色变，质量减轻。

（2）装盘　按大小、菇肉厚薄分别铺放在烘盘上，不重叠。将装大朵菇或淋雨菇的烘盘放在烘架的中下部，小朵菇、薄肉菇放在烘架的上部。菌盖向上菌柄向下。

（3）干制　干制初温以不超过40℃为宜，以后每隔3～4h升高约5℃，10h以后升高到55～60℃，14h降到常温。最好不要一次烤干，八成干时便出烤，然后复烤3～4h，这样干燥程度一致，不易碎裂。含水量在12%～13%。

（4）分级　按干香菇的形态可分为四种，即花菇、厚菇、薄菇和菇丁。其标准如下。

花菇：菇形完整，菇盖肥厚内卷，菇面有菊花状或龟甲状裂纹，底纹洁白，足干。

厚菇：菇盖肥厚内卷，菇形完整，底纹洁白，足干。

薄菇：菇形完整，菇盖薄，边缘平展，足干。

菇丁：菇盖直径在1.4cm以下的小菇。

（5）包装　待菇体冷却至稍有余温时装入塑料薄膜袋中，扎进袋口，然后排放于纸箱或装于衬有防潮纸的木箱内，箱内放一小包石灰作为干燥剂。

五、脱水蒜片

1. 工艺流程

原料选择 → 去皮 → 切片 → 护色 → 漂洗 → 脱水 → 挑选 → 包装

2. 操作要点

（1）原料选择　加工脱水蒜片的原料要求色泽洁白，蒜瓣大，形态正常，老熟健康，品种一致。

（2）去皮　用手工或机械的方法剥去蒜皮，分开蒜瓣，再除去蒜瓣表皮。

（3）切片　用切片机切成厚度为2～3mm的薄片。太厚不易烘干，太薄难以保持形状。

（4）护色　将蒜瓣于0.1%～0.2% $NaHSO_3$ 或 Na_2SO_3 溶液中浸泡20min左右进行护色，阻止其蒜氨酸的氧化损失。

（5）漂洗　护色后的蒜片用清水充分洗涤，冲去蒜片表面的黏液和糖分，直至水清澈透明为止。然后沥去水滴或用离心机甩干。

（6）脱水　清洗后的蒜片均匀地摊于烘筛上，立即入烘脱水。烘房温度控制在60～65℃之间，不超过65℃，时间约6～7h。当蒜片含水量在4.5%时，即迅速出烘。

（7）挑选　脱水后及时挑选片形正常、色泽净白的蒜片为正品，其余的作为次品，潮片要拣尽，拣出的潮片需及时复烘。

（8）包装　包装时的成品含水量应不超过6%，一般用纸箱包装，箱内垫复合塑料袋，扎口密封，每箱20kg。

第五节　干制品加工中常见的质量问题及解决途径

一、色泽的变化

果蔬在干制过程中或干制品贮存中，处理不当往往会发生颜色的变化。最常发生的是褐变，分为酶促褐变和非酶褐变。

1. 酶促褐变

酶促褐变是由氧化酶类在有氧的情况下，引起果蔬中的单宁等成分氧化而引起的变色。解决途径：①选择单宁含量低的果蔬原料。②加热处理，干制前对原料进行热烫处理，可以钝化果蔬中酶的活性。③硫处理，可使用亚硫酸盐和二氧化硫，二氧化硫比亚硫酸盐更有效，因二氧化硫穿透果蔬组织的速度更快。④调节 pH，添加某些酸（如柠檬酸、苹果酸和磷酸）降低 pH，在某种程度上有助于抑制褐变。⑤排除空气，由于酶促反应是需氧过程，可通过排除空气或限制与空气中的氧接触而得以防治。可将干制前去皮切开的原料浸没在水中、盐液中或糖液中处理。

2. 非酶褐变

非酶褐变主要是由于果蔬中氨基酸的游离氨基与还原糖的游离羰基发生羰氨反应，生成类黑色素物质而引起的。解决途径：①硫处理，硫处理对非酶褐变有抑制作用，因为二氧化硫与不饱和的糖反应形成磺酸，可减少类黑色素的形成。②降低加热温度，缩短受热时间，温度是影响非酶褐变的一个主要因素，温度越高变色越深。③用半胱氨酸处理，用半胱氨酸处理果蔬原料，能显著抑制褐变程度，原因是由于半胱氨酸同还原糖反应生成无色化合物。而且，半胱氨酸还可以作为一种营养补充剂。④避免接触金属离子，一般铜和铁由于催化还原酮类的氧化而促进褐变，因而避免这些物质混入可以减少褐变。

二、营养的损失

果蔬干制过程中，由于长时间受热处理，因而会造成果蔬营养物质的大量损失。各种营养成分中损失最为严重的是维生素和糖分。

1. 维生素的损失

水果蔬菜是人体摄取维生素的最好来源，但其干制品却不然。果蔬干制时维生素受到严重破坏。其中维生素 C 很容易被氧化破坏，其破坏程度与干制环境中的氧气含量、温度和抗坏血酸酶的含量及活性有关。解决途径：①排除氧气。②降低温度。如采用真空冷冻干燥就可以实现隔氧降温的条件，从而较大程度地保存果蔬中的维生素 C。③干制前用酸液浸泡原料。因为维生素 C 在酸性溶液中稳定。另外，其他维生素在干制时也有不同程度的破坏。如维生素 B_1（硫胺素）对热敏感，维生素 B_2（核黄素）对光敏感，胡萝卜素也会因氧化而遭受损失。

2. 糖分的损失

果蔬中所含的果糖和葡萄糖均不稳定，易氧化分解。干制温度越高，时间越长，糖分损失越多，干制品的质量越差。解决途径：尽量降低干制温度和缩短干制时间，如采用一些干制高新技术。

【本章小结】

本章从干制品加工的基本原理、干制方式和设备以及干制品加工技术等几个方面阐述了果蔬干制品的加工技术。介绍了果蔬的干制机理和果蔬在干制过程中发生的各种变化，为提高果蔬干制品的质量提供了理论依据。介绍目前常用的几种果蔬干制设备的结构及特点，并且引入了几种近几年国内外比较先进的干燥技术。最后引用实例，介绍了几种常见的果品蔬菜的干制技术。通过本章的学习，可以了解果蔬干制品加工的基础知识及其发展趋势，为今后的生产实践做了强有力的理论铺垫。

【复习思考题】

1. 果蔬中水分的存在状态及其特性。
2. 果蔬干制过程中水分的内扩散作用有什么特点？

3. 影响果蔬干制速度的因素有哪些？如何影响？
4. 果蔬干制过程中有哪些物理和化学方面的变化？
5. 什么是冷冻干燥？其原理及优缺点是什么？
6. 什么是回软处理？果蔬干制后为什么要进行回软？

【实验实训五】 苹果干的加工

一、技能目标

通过实训，了解果蔬干制品加工的基本原理，明确苹果干的生产工艺条件，熟悉工艺操作要点及成品质量要求，掌握苹果干的生产方法。

二、主要材料及仪器

1. 材料：苹果、盐酸、硫黄、亚硫酸氢钠、PE 包装袋等。
2. 仪器与设备：烘盘、晒盘、熏硫室（箱）、台秤、不锈钢果刀、鼓风干燥箱（机）、果盆、真空包装机等。

三、工艺流程

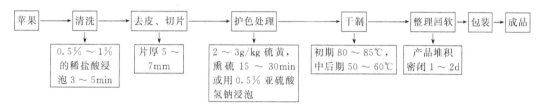

四、操作步骤

1. 选料、清洗：选择肉质致密、含糖量高、单宁含量少的成熟苹果，如小国光、倭锦、红玉等中晚熟品种。用 0.5%～1% 的稀盐酸溶液浸泡 3～5min，以除去果实表面的农药，再用清水冲洗干净。

2. 去皮、切片：用不锈钢果刀去皮，去心，将果实横切成 5～7mm 的环状果片。投入 1% 的食盐水中，以防变色。

3. 护色：按 10kg 原料用 20～30g 硫黄，熏硫 15～30min，防止果块氧化变色。或配制 0.5% 的亚硫酸氢钠溶液，将切好的苹果片投入浸泡约 10min。另取一部分苹果不经硫处理作对照。

4. 干制：采用人工干制，装载量为 4～5kg/m²，干制初期温度为 80～85℃，以后逐渐降至 50～60℃，干燥 5～6h，以用手紧握再松手互不黏着而富有弹性为宜。干燥率为 (6～8)∶10。

5. 包装：干燥后将成品堆积密闭，回软 1～2d 使水分平衡，最后挑选分级，用 PE 袋包装。

五、产品质量标准

片型完整，片厚及大小基本均匀，无杂质；呈淡黄色，色泽一致；具有苹果特有的风味，无异味；含水量 18%～22%；致病菌不得检出，产品保质期半年以上。

第四章　果蔬汁加工技术

> **教学目标**
> 1. 掌握原果蔬汁（包括澄清汁、浑浊汁、浓缩汁）加工工艺流程。
> 2. 分清澄清汁、浑浊汁和浓缩汁加工工艺的相同点与不同，并掌握制作澄清汁、浑浊汁和浓缩汁的关键工序。
> 3. 掌握原果蔬汁加工工艺各工序的操作要点。
> 4. 掌握果蔬汁饮料制造所需的原辅料和制造工艺。
> 5. 了解最新的果蔬汁饮料包装技术。
> 6. 了解果蔬汁生产中易出现的问题，并能够分析解决。

果蔬汁是指挑选和清洗后的新鲜果蔬，经破碎、压榨、过滤等工序制得的一种汁液。果蔬汁不仅含有人体所需的各种营养元素，特别是维生素 C 的含量更为丰富，还具有医疗保健作用，能防止动脉硬化、抗衰老、增加机体的免疫力，是深受人们喜爱的一种饮品。果蔬汁除作一般饮用外，也是一种良好的婴儿食品和保健食品。果蔬汁除了直接饮用外，还是其他多种饮料和食品的原料。

第一节　果蔬汁的分类

中国果蔬汁的分类有许多方法，通常按制品状态和加工工艺可以分为人工配制果蔬汁和天然果蔬汁两大类。天然果蔬汁是以果品蔬菜为原料经各种加工而成的饮料；人工配制果蔬汁是用糖、柠檬酸、食用色素、食用香精和水模拟天然果汁的状态配制而成的制品。天然果蔬汁又可分为：原果蔬汁、浓缩果蔬汁、果汁粉等几类。

一、原果蔬汁

原果蔬汁又称不浓缩果蔬汁，是从果蔬原料榨出的原果汁略行稀释或加糖调整及其他处理后的果蔬汁。因未经浓缩，其成分与鲜果汁液十分接近，含原果蔬汁100%。这类果汁又可分为澄清汁和浑浊汁两种类型。

1. 澄清果蔬汁

又称透明果蔬汁。在制作时经过澄清、过滤等关键工艺，其特点是汁液澄清透明，无悬浮物，稳定性高。澄清果蔬汁由于果肉微粒、树胶质和果胶质等均被除去，虽然制品稳定性较高，但风味、色泽和营养价值亦因此受损失。目前市场上的苹果汁、梨汁、葡萄汁、杨梅汁、樱桃汁等大都属于澄清汁。

2. 浑浊果蔬汁

制作时经过均质、脱气这一特殊工序，使果肉变为细小的胶粒状态悬浮于汁液中，不分层不沉淀，有良好的稳定性。浑浊果蔬汁因有果肉微粒存在，风味、色泽和营养都较好，又由于保留了胶质物，所以汁液呈均匀浑浊状态。柑橘果肉的汁细胞中存在着质体，它含有不溶于水的类胡萝卜素、精油和风味物质，因此，浑浊果汁的制品质量远较透明果汁为好。目前市场上的甜橙汁、橘子汁、番茄汁、桃汁、胡萝卜汁、山楂汁、大枣汁等大都属于浑浊汁。

二、浓缩果蔬汁

由果蔬原汁浓缩而成，不加糖或用少量糖调整，使产品符合一定的规格，浓缩倍数一般有4、5、6等几种。通常为澄清型果蔬汁浓缩而成，其特点和澄清汁相似，不含任何悬浮物，关键工艺为脱水、浓缩。其中含有较多的糖分和酸分，可溶性固形物含量可达40%～60%。浓缩橙汁常为42%～43%（浓缩4倍），沙棘汁浓缩5倍，其他种类较少，饮用时应稀释相应的倍数。浓缩果汁除饮用外，还可用来配制其他饮料，应在低温下保藏。

三、果汁粉

又称果汁型固体饮料。用原果汁或浓缩果汁脱水而成，在加工过程中经过脱水干燥工序，含水量在1%～3%，一般需加水冲溶后饮用。如山楂晶、橘子粉等。

第二节　果蔬汁加工技术

制作各种不同类型的果蔬汁，其主要区别在后续工艺上。首要的是进行原果汁的生产，一般原料要经过选择、预处理、压榨取汁或浸提取汁、粗滤，这些为共同工艺，是果蔬汁饮料的必经途径。而原果汁或粗滤液的澄清、过滤、均质、脱气、浓缩、干燥等工序为后续工艺，是制作某一产品的特定工艺。如制作澄清果汁还需经过澄清、过滤、调配、杀菌、装瓶等工序，但制取浑浊果汁，不必澄清过滤，只在榨汁后粗滤，而后再进行均质和去氧。此外，浓缩果汁须行浓缩，果汁粉须脱水干燥。

果汁在加工过程中要尽量减少和空气接触的机会，减少受热的影响，防止微生物和金属污染，以免引起色香味的变坏和维生素的损失。

一、原料的选择

选择优质原料是制造优质果蔬汁的前提基础，相对而论，果汁加工原料的要求要比他种水果制品高。供制汁的果蔬应具有浓郁的风味和芳香，无不良风味，色泽稳定，酸度适当；汁液丰富，取汁容易，出汁率较高；力求新鲜完好，无发酵或生霉的个体，无贮藏病害及异味发生，采收后应及时加工；果汁加工对果实大小和形状虽无严格要求，但原料要有适宜的成熟度，除少数后熟作用明显的种类外，大多数宜在九成左右成熟时采收和加工，其汁液含量、可溶性固形物含量及芳香物质含量都较高，色泽鲜艳，香味浓郁，榨汁容易。

以上这些性质在果品种类和品种之间差异较大，表现出不同的加工适性，因此并非所有的果品种类和品种都可以用来制汁，果汁原料也就有加选择的必要。就果品种类来说，苹果、梨、菠萝、葡萄、柑橘、浆果类和醋栗等，具有优良的色泽、香味和风味特性，且汁液丰富，都符合果汁加工的要求。

二、挑选与清洗

榨汁前原料首先要充分清洗干净，并除去腐烂发霉部分。原料洗涤的目的主要是为了避免榨汁时果蔬表面杂质进入果蔬中，特别是带皮榨汁的原料更应注意洗涤，同时蔬菜原料大多带有较多的泥土，污染较重应充分洗涤除去。洗涤的方式一般采用浸泡洗涤、鼓泡清洗、喷水冲洗或化学溶液清洗（图4-1，图4-2）。对于草莓等柔软的果实宜在金属筛板上用清水喷洗；对于一些农药残留量较大，微生物污染较重的原料，在洗涤前用0.05%～0.1%的高锰酸钾，或0.06%的漂白粉，或0.1%的稀盐酸浸漂5～10min，再用清水反复冲洗。洗涤之后剔除病虫果、未成熟果和受机械伤的果实。

三、原料取汁前预处理

为了便于榨汁操作，提高出汁率和果蔬汁的质量，取汁前通常要进行破碎、加热和加酶等预处理。

1. 破碎

除了柑橘类果汁和带肉果汁外,一般在榨汁前都先进行破碎,组成破碎—压榨工序,以提高原料的出汁率。由于破碎程度直接影响出汁率,因此破碎时要注意大小均匀,破碎度要适当。如果破碎果块太大,榨汁时汁液流速慢,降低了出汁率;破碎粒度太小,在压榨时外层的果汁很快被榨出,形成了一层厚皮,堵塞滤层,使内层果汁流出困难,也会影响汁液流出的速度,降低出汁率。同时汁液中的悬浮物较多,不易澄清。通过压榨取汁的果蔬,例如苹果、梨、菠萝、芒果、番石榴以及某些蔬菜,其破碎粒度以3~5mm为宜,草莓和葡萄以2~3mm为宜,樱桃为5mm。所用的破碎机有磨破机、锤式破碎机、挤压式破碎机、打浆机等机械,并通过调节器控制粒度大小。果实在破碎时常喷入适量的氯化钠及维生素C配成的抗氧化剂,防止或减少氧化作用的发生。

2. 加热处理

由于在破碎过程中和破碎以后果蔬中的酶被释放,活性大大增加,特别是多酚氧化酶会引起果蔬汁色泽的变化,对果蔬汁加工极为不利。加热可以抑制酶的活性,使果肉组织软化,使细胞原生质中的蛋白质凝固,改变细胞膜的半透性,有利于细胞中可溶性物质向外扩散,使胶体物质发生凝聚,使果胶水解,因而提高了出汁率。红色的葡萄品种、红色的西洋樱桃和草莓等莓果类果实,破碎后的预热有利于色素和风味物质的溶出和提取,并能抑制酶的活性和降低汁液中果胶黏度以提高出汁率。橙皮若带皮压榨取汁,应先预煮1~2min,这样可以减少榨出汁中果皮精油的含量。宽皮橘类为便于剥皮,也常行预煮,与罐藏相同。一般热处理条件为温度70~75℃,时间10~15min。也可采用瞬时加热,加热温度85~90℃,保温时间1~2min。通常采用管式热交换器进行间接加热。

3. 果胶酶处理

榨汁时果实中果胶物质的含量对出汁率影响很大。果胶含量高的果实由于汁液黏性较大,榨汁比较困难。果胶酶可以有效地分解果肉组织中的果胶物质,使汁液黏性降低,容易榨汁过滤,提高出汁率。因此在制取透明果蔬汁时,为了去除过量的果胶物质,榨汁前有时需要在果浆中添加果胶酶,对果蔬浆进行酶解。可以在果蔬破碎时,将酶液连续加入破碎机中,使酶均匀分布在果浆中。也可以用水或果汁将酶配成1%~10%的酶液,用计量泵按需要量加入。果胶酶制剂的添加量一般为果蔬浆重量的0.01%~0.03%,酶反应的最佳温度为45~50℃,反应时间2~3h。酶作用时的温度不仅影响分解速度,而且影响产品质量。苹果浆在40~50℃条件下用果胶酶处理50~60min,可使出汁率从75%增加到85%左右。

为了防止酶处理阶段的过分氧化,通常将热处理和酶处理相结合。简便的方法是将果浆在90~95℃下进行巴氏杀菌,然后冷却到50℃时再用酶处理,并用管式热交换器作为果浆的加热器和冷却器。

四、榨汁和浸提

取汁是制汁生产的重要环节,不同的果蔬原料采用不同的取汁方式,同一种原料也可采用不同的取汁方式。含果汁丰富的果实,如苹果等大都采用压榨法提取果汁;含汁液较少的果实,如山楂等可采用浸提的方法提取汁液;对于一些浆果类可直接打浆处理,粗滤时控制筛孔为2~3mm,制取橘汁也可使用打浆机来破碎和取汁。

1. 压榨取汁

利用外部的机械挤压力,将果蔬汁从果蔬或果蔬浆中挤出的过程称为压榨。榨汁方法依果实的结构、果汁存在的部位及其组织性质、成品的品质要求而异。大多数果实通过破碎就可榨取果汁，但某些水果如柑橘类果实和石榴果实等，都有一层很厚的外皮，榨汁时外皮中的不良风味物质和色素物质会一起进入到果汁中；同时柑橘类果实外皮中的精油含有极容易变化的萜类化合物苎烯，容易生成萜品物质而产生萜品臭，果皮、果肉皮及种子中存在柚皮苷和柠檬碱等导致苦味的化合物，为了避免上述物质进入果汁中，这类果实不宜采用破碎压榨法取汁，应该采用逐个榨汁方法取汁。某些品种如石榴皮中含有大量单宁物质，故应先去皮后进行榨汁。供制带肉果汁的桃和杏等果品，也不宜采取破碎压榨取汁法，而是代之以磨碎机将果实磨制成浆状的制汁法。榨汁机的种类很多，主要有杠杆式压榨机、螺旋式压榨机、液压式压榨机、带式压榨机（图4-1，图4-2）、切半锥汁机、柑橘榨汁机、离心分离式榨汁机、控制式压榨机、布朗400型榨汁机等。

 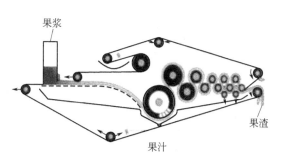

图4-1　带式榨汁机设备全图　　　　　图4-2　带式榨汁机结构

果蔬榨汁要求榨汁时间短，防止和减轻榨汁过程中果蔬色、香、味的损失，防止营养物质的分解，减少空气的混入。果实的出汁率依果品种类和品种、加工季节、压榨方法和压榨机效能而异。一般以浆果类出汁率最高，柑橘类和仁果类略低（表4-1）。

表4-1　果品的出汁率　　　　　　　　　　　　　　　　单位：%

种　类	出　汁　率	种　类	出　汁　率
甜橙	40～45	苹果	55～70
宽皮橘	35～40	西洋梨	55～70
葡萄柚	33～50	草莓	60～75
柠檬	29～33	杨梅	60～65
菠萝	50～55	葡萄	65～82

注：引自北京农业大学，《果品贮藏加工学》（第二版），中国农业出版社。

2. 浸提取汁

山楂、酸枣、梅子等含水量少，难以用压榨法取汁的果蔬原料需要用浸提法取汁，苹果、梨通常用压榨法取汁的水果，为了减少果渣中有效物质的含量，有时也用浸提取法。浸提法通常是将破碎的果蔬原料浸入水中，由于果蔬原料中的可溶性固形物含量与浸汁（溶剂）之间存在浓度差，果蔬细胞中的可溶性固形物就要透过细胞进入浸汁中。果蔬浸提汁不是果蔬原汁，是果蔬原汁和水的混合物，即加水的果蔬原汁，这是浸提与压榨取汁的根本区别。浸提时的加水量直接表现出汁量多少，浸提时要依据浸汁的用途，确定浸汁的可溶性固性物的含量。对于制作浓缩果汁，浸汁的可溶性固形物要高，出汁率就不会太高；对于制造果肉型果蔬汁的浸汁，可溶性固形物的含量也不能太低，因而加水量要合理控制。以山楂为例，浸提时的果水重量比一般为1∶（2.0～2.5）为宜。一次浸提后，浸汁的可溶性固形物的浓度为 4.5~6.0°Bx，出汁率为 180%~230%。

浸提温度、浸提时间和破碎程度除了影响出汁率外，还影响到果汁的质量。浸提温度一般为 60~80℃，最佳温度 70~75℃。一次浸提时间 1.5~2.0h，多次浸提累计时间为 6~8h。并进行适当破碎，以增加与水接触机会，有利于可溶性固形物的浸提。

果蔬浸提取汁主要有一次浸提法和多次浸提法等方法。

(1) 一次浸提法　浸提过程一般是在浸提容器内进行的。料水装量为容器容量的 80%~85%。按料水比 1∶(2.0~2.5) 的比例，放入所需要的 90~95℃ 的温水，再加入相应量的被破碎的果蔬原料，略加搅拌，浸提 1.5~2.0h 或 6~8h，放出果汁。果汁经过过滤和澄清作为原料汁使用，滤渣不再浸提取汁。

一次浸汁的可溶性固形物含量一般为 4.5~6.0°Bx，果汁中的果胶含量低，透明度高，色泽和风味均佳，但一次浸提的浸提率较低。果蔬内还有一半以上的可溶性物质未提取出来，因此，一次浸提的果渣可用作加工原料，生产其他副产品以进行综合利用。

(2) 多次浸提法　一次浸提后的果蔬渣中含有较多的糖、酸、果胶和维生素 C 等营养成分。对专一的果蔬汁加工厂，果渣是废弃物，因此，应充分提取果蔬中的有效成分，将果渣利用至尽，以提高果蔬原料的利用率。

多次浸提法是对分离果汁后的果渣，依次用相同方法再行浸提，然后将各次浸提后的汁液混合，经过过滤、澄清，作为原料汁使用。例如将压碎的果蔬放入其重量的 2 倍的沸水中，浸体 1.5~2h 后分离，得到第一次浸汁，在分离出的果渣中再放入渣重 2 倍的沸水，按以上方法再次浸提。一般新鲜果蔬可以浸提 3~4 次，干果原料可以浸提 7~8 次。多次浸提法的浸提率高，果蔬中各种成分的提取比较彻底，果渣中残留的营养成分含量很低，利用价值不大，可以废弃。多次浸提得到混合汁，可溶性固形物含量低，浓缩时耗能大，果汁中维生素 C 损失较多，芳香物质的损失也较严重。因而多次浸提的各次浸汁可根据用途分别使用，以提高经济性。

五、粗滤

1. 粗滤原理与操作

榨汁后要及时进行粗滤（或称筛滤）。对于浑浊果汁要在保存色粒以获得色泽、风味和香味特性的前提下，除去分散在果汁中的粗大颗粒或悬浮颗粒。对于透明果汁，粗滤以后还需精滤，或先行澄清而后过滤，务必除去全部悬浮颗粒。

新鲜粗榨汁中含有的悬浮物，其类型和数量依榨汁方法和植物组织结构而异。其中粗大的悬浮粒来自果汁细胞的周围组织，或来自果汁细胞本身的细胞壁。悬浮粒中，尤其是来自种子、果皮和其他非食用器官或组织的颗粒，不仅影响到果汁的外观状态和风味，也会使果汁很快变质。柑橘类果实的新鲜榨出液中的悬浮粒，也有柚皮苷和柠檬碱等不需要的物质，这些物质可先借低温使之沉淀而去除一部分。

生产上粗滤常安排在榨汁的同时进行，也可在榨汁后独立操作。如果榨汁机设有固定分离筛和离心分离装置时，榨汁与粗滤可在同一台机械上完成。单独进行粗滤的设备为筛滤机，如水平筛、回转筛、圆筒筛、振动筛等，此类粗滤设备的滤孔大小为 0.5mm 左右。此外，框板式压滤机也可以用于粗滤。

2. 粗滤后果蔬汁的保存

粗滤后的果蔬汁若不能及时处理，必须采用防腐处理后方可保存，常用的方法如下。

(1) 加热杀菌法　用 85~90℃ 的高温维持 3~5min 或采用 90~95℃ 的温度维持 40~60s，冷却后装入消过毒的贮罐内密闭保存。

(2) 防腐剂保存法　采用亚硫酸、苯甲酸、山梨酸及其盐类保存。在使用这些防腐剂时，注意添加量要符合国家卫生标准。

(3) 二氧化碳保存法　将果蔬汁装入能密闭、耐压、耐腐蚀的容器内，压入二氧化碳，按每罐容积100L用二氧化碳1.5kg，贮存温度为15～18℃，能较好地保存原汁。

(4) 冷藏法　将灭酶、杀菌后的果蔬汁装入贮藏罐后置于0～2℃的环境中，利用低温对微生物的抑制作用，可以达到较长时间保存果蔬汁的目的。

(5) 醇化法　一定浓度的酒精具有杀菌作用。一般酒精度为18°时，对酵母菌、醋酸杆菌等具有良好的抑制作用，所以对于生产果汁汽酒的厂家可采用此法保存。

六、澄清果蔬汁的澄清与精滤

制取澄清果汁时，通过澄清和精滤可除去汁液中的全部悬浮物及容易产生沉淀的胶粒。悬浮物包括发育不完全的种子、果心、果皮和维管束等的颗粒以及质体，这些物质除了质体外，主要成分是纤维素、半纤维素、糖苷、苦味物质和酶等，都将影响果汁的品质和稳定性，故须清除。果汁中的亲水胶体主要由胶态颗粒组成，含有果胶质、树胶质和蛋白质等。这些颗粒能吸附水膜，为带电体。吸附水膜及其所带电荷可防止颗粒结合和形成较大聚集体而沉降。胶体的吸附作用、离子化作用和能与其他胶体相互反应的性质，都可影响其稳定性。电荷中和、脱水和加热都足以引起胶粒的聚集并沉淀；一种胶体能激化另一种胶体，并使之易被电解质所沉淀；混合带有不同电荷的胶溶液，能使之共同沉淀。以上这些都是澄清上使用澄清剂的原理所在。常用的澄清剂有明胶和皂土等，常用的果蔬汁澄清设备如图4-3所示。

图4-3　果蔬汁澄清设备

1. 澄清

果汁生产上常用的澄清方法有以下几种。

(1) 自然沉降澄清法　将破碎压榨出的果汁置于密闭容器中，经过一定时间的静置，使悬浮物沉淀，使果胶质逐渐水解而沉淀，从而降低果汁的黏度。在静置过程中，蛋白质和单宁也可逐渐形成不溶性的单宁酸盐而沉淀，所以经过长时间静置可以使果汁澄清。但果汁经长时间的静置易发酵变质，因此必须加入适当的防腐剂或在-1～2℃的低温条件下保存。此法常用在亚硫酸保藏果汁半成品的生产上，也用于果汁的预澄清处理，以减少精制过程中的淀渣。

(2) 加热凝聚澄清法　果汁中的胶体物质受到热的作用会发生凝集，形成沉淀。将果蔬汁在80～90s内加热到80～82℃，并保存1～2min，然后以同样的时间冷却至室温，静置使之沉淀。由于温度的剧变，果汁中的蛋白质和其他胶体物质变性，凝聚析出，使果汁澄清。一般可采用密闭的管式热交换器和瞬时巴氏杀菌器进行加热和冷却，可以在果汁进行巴氏杀菌的同时进行。该法加热时间短，对果汁的风味影响很少。

(3) 加酶澄清法　加酶澄清法是利用果胶酶水解果汁中的果胶物质，使果汁中其他物质失去果胶的保护作用而共同沉淀，达到澄清的目的。澄清果汁时，酶制剂的用量根据果汁的性质、果胶物质的含量及酶制剂的活力来决定，一般加量为果蔬汁质量的0.2%～0.4%。酶制剂可以在榨出的新鲜果汁中直接加入，也可以在果汁加热杀菌后加入。榨出的新鲜果汁未经加热处理，直接加入酶制剂，果汁中的天然果胶酶可起到协同作用，使澄清作用较经过加热处理得快。因此，果汁在加酶制剂之前不经热处理为宜。若榨汁前已用酶制剂以提高出汁率，则不需再加酶处理或加少量的酶处理即能得到透明、稳定的产品。酶反应温度通常控制在45~55℃。酶作用的时间由温度、果汁种类、酶制剂种类和数量决定，通常为2~8h，酶浓度增加时，反应时间缩短。

(4) 明胶单宁澄清法　明胶单宁澄清法是利用单宁与明胶或鱼胶、干酪素等蛋白质物质络合形成明胶单宁酸盐络合物的作用来澄清果蔬汁的（图4-4）。当果蔬汁液中加入单宁和明胶时，便立即形成明胶单宁酸盐络合物，随着络合物的沉淀，果汁中的悬浮颗粒被缠绕而随之沉淀。此外，果汁中的果胶、纤维素、单宁及多缩戊糖等带有负电荷，在酸性介质中明胶带正电荷，正负电荷微粒相互作用、凝结沉淀，也使果汁澄清。加入明胶和单宁的量因果汁的种类而不同，每一种果汁、每一种明胶和单宁在使用前必须进行澄清试验确定用量。一般每100L果汁大约需要明胶20g、单宁10g，按照实际需要量将明胶配成0.5%的溶液，单宁配成1%的溶液，先在果汁中加入单宁溶液，然后在不断搅拌下将明胶溶液徐徐加入果汁中，充分混合均匀，在8~12℃条件下静置6~10h，使胶体凝集沉淀。添加明胶的量要适当，如果使用过量，不仅妨碍络合物絮凝过程，而且影响果汁成品的透明度。

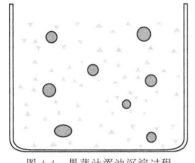

图4-4　果蔬汁浑浊沉淀过程
● 蛋白质；　● 单宁

(5) 冷冻澄清法　利用冷冻可以改变胶体的性质、解冻时可破坏胶体的原理，将果蔬汁置于-4~-1℃的条件下冷冻3~4d，解冻时可使悬浮物形成沉淀。故雾状浑浊的果汁经过冷冻后容易澄清。这种冷冻澄清作用对于苹果汁尤为明显，葡萄汁、草莓汁、柑橘汁、胡萝卜汁和番茄汁也有这种现象。因此，可以利用冷冻法澄清果汁。

(6) 蜂蜜澄清法　用蜂蜜作澄清剂不仅可以强化营养，改善产品的风味，抑制果汁的褐变，而且可将已褐变的果汁中的褐色素沉积下来，澄清后的果汁中天然果胶含量并未降低，但果汁却长期保持透明状态。用蜂蜜澄清果汁时蜂蜜的添加量一般为1%~4%。

2. 精滤

果蔬澄清后，必须进行过滤操作，以分离其中的沉淀物和悬浮物，使果蔬汁澄清透明。常用的过滤器有袋滤器、纤维过滤器、板框压滤机、真空过滤器、硅藻过滤机、离心分离机、超滤膜过滤等。滤材有帆布、不锈钢丝网、纤维、石棉、棉浆、硅藻土和超滤膜等。过滤器之滤孔大小、液汁进入时的压力、果汁黏度、果汁中悬浮粒的密度和大小以及果汁的温度高低都会影响到过滤的速度。无论采用哪一类型的过滤器，都必须减少果肉堵塞滤孔，以提高过滤效果。在选择和使用过滤器、滤材以及辅助设备时，必须特别注意防止果蔬汁被金属离子所污染，并尽量减少与空气接触的机会。

(1) 板框式过滤机　板框式过滤机是目前最常用的分离设备之一。特别是近年来经常作为苹果汁进行超滤澄清的前处理设备对减轻超滤设备的压力十分重要。

(2) 硅藻土过滤机　硅藻土过滤机是在过滤机的过滤介质上覆上一层硅藻土助滤剂的过滤机。该设备在小型苹果汁生产企业中应用较多。它具有成本低廉，分离效率高等优点。但由于硅藻土等助滤剂容易混入果蔬汁给以后的作业造成困难。

(3) 超滤膜过滤　在果蔬汁澄清工艺中所采用的主要是超滤技术，用超滤膜澄清的果蔬汁无论从外观上还是从加工特性上都优于其他澄清方法制得的果蔬澄清汁。超滤膜过滤是一种没有相变的物理方法，果蔬汁在过滤过程中不经热处理，并在闭合回路中运行，可减少与空气的接触机会，过滤后的汁液保留了原果的色、香、味及维生素、氨基酸、矿物质，汁液

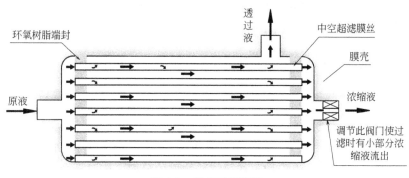

图 4-5 超滤过程演示

清澈透明，同时还可除去微生物，提高了果蔬汁的质量。超滤法（图 4-5）是果蔬汁澄清过滤的发展方向。

（4）纸板过滤-深过滤　尽管有许多过滤工艺，但深过滤过滤片是至今为止在各个应用领域使用最广泛、效率最高和最经济的产品过滤工艺。它的应用范围包括食品工业、生物技术、制药工业等，可用于粗过滤、澄清过滤、细过滤及除菌过滤等。利用深过滤过滤片所分离物质的范围可以从直径为几微米的微生物到分子大小的颗粒。

七、浑浊果蔬汁的均质与脱气

1. 均质

均质是浑浊果蔬汁制造上的特殊操作。但一般多用于玻璃罐包装的制品，马口铁罐包装较少采用，冷冻保藏的果汁和浓缩果汁也无均质的必要。其目的在于使果蔬汁中所含的悬浮颗粒进一步破碎，使微粒大小均一，促进果胶的渗出，使果胶和果蔬汁亲和，均匀而稳定的分散于果蔬汁中，保持果蔬汁的均匀浑浊度，获得不易分离和沉淀的果蔬汁。不经均质的浑浊果蔬汁，由于悬浮颗粒较大，在重力作用下会逐渐沉淀而失去浑浊度，使浑浊果蔬汁质量变差。

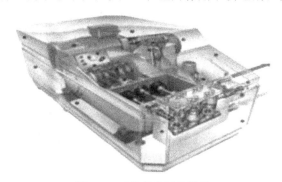

图 4-6　三柱塞高压均质机

目前使用的均质设备有高压均质机（图 4-6）、超声波均质机及胶体磨等几种。高压均质机的均质压力为 10～50MPa，其工作原理是通过均质机内高压阀的作用，使加高压的果蔬汁及颗粒从高压阀极端狭小的间隙通过，然后由于剪切力的作用和急速降压所产生的膨胀、冲击和空穴作用，使果蔬汁中的细小颗粒受压而破碎，细微化达到胶粒范围而均匀分散在果蔬汁中。根据经验，浑浊果蔬汁饮料的均质压力一般为 18～20MPa，果肉型果蔬汁饮料宜采用 30～40MPa 的均质压力。果蔬汁在均质前，必须先进行过滤除去其中的大颗粒果肉、纤维和沙粒，以防止均质阀间隙堵塞。

超声波均质机是利用 20～25kHz 的超声波的强大冲击波和空穴作用力，使物料进行复杂搅拌和乳化作用而均质化的设备。在超声波均质机中，除了诱发产生强大空穴作用外，固体离子还受到湍流、摩擦和冲击等作用，使粒子被破坏，粒径变小，达到均质的目的。超声波均质机由泵和超声波发生器构成，果蔬汁由特殊高压泵以 1.2～1.4MPa 的压力供给超声波发生器，并以 72m/s 的高速喷射通过喷嘴，而使粒子细微化。

胶体磨也可用于均质，当果蔬汁流经胶体磨时，因上磨与下磨之间仅有 0.05～

0.075mm的狭腔，由于磨的高速旋转，果蔬汁受到强大的离心力作用，所含的颗粒相互冲击、摩擦、分散和混合，微粒的细度可达0.002mm以下，从而达到均质的目的。

2. 脱气

存在于果实细胞间隙中的氧、氮和呼吸作用的产物二氧化碳等气体，在果汁加工过程中能以溶解态进入果汁，或被吸附在果肉微粒和胶体的表面，同时由于果蔬汁与大气接触的结果，更增加了气体含量，因此制得的果汁中必然存在多量的氧、氮和二氧化碳气体。例如生产上每升甜橙压榨汁的气体总量约为33~35ml，其中氧约为2.5~4.7ml；实验室制备的甜橙汁，每升中约含气体2.7~5.0ml，其中二氧化碳占1/4，氧占1/5，其余为氮。这些气体的存在，不仅会破坏果蔬汁的稳定性，加速营养物质的分解，同时还会给以后的加热带来不便，如出现大量泡沫，因此这些气体必须除去，脱气操作就是采用一定措施除去果蔬汁中的气体，特别是氧气。

脱气又称去氧或脱氧。脱氧可防止或减轻果蔬汁色素、维生素C、香气成分或其他物质的氧化，防止品质变劣，去除附着于悬浮颗粒上的气体，减少或避免微粒上浮，以保持良好外观，防止和减少装罐和杀菌时产生泡沫，减少马口铁罐内壁的腐蚀。然而脱氧亦会导致果汁中挥发性芳香物质的损失，必要时可行回收，加回果汁中。与之相反，对于柑橘类果汁，若有过量的外皮精油混入果汁中，为了避免产生不良味，常进行减压去油，因去油时空气也被除去，其后就不必再行脱氧。

果蔬汁脱气有真空脱气法、氮交换脱气法、酶法脱气法和抗氧化剂脱气法等。真空法和酶法是目前生产上常用的除氧方法。真空法是在一定的真空条件下，使氧气逸出并通过真空泵抽除；酶法是在果蔬汁中加入葡萄糖氧化酶，通过反应消耗氧气，减少果蔬汁中氧气的含量，达到脱除氧气的目的。

真空脱气的原理是气体在液体内溶解度与该气体在液体表面上的分压成正比。当果蔬汁进入真空脱气罐时，由于罐内逐步被抽空，果蔬汁液面上的压力逐渐降低，溶解在果蔬汁中的气体不断逸出，直至总压力降至果蔬汁的饱和蒸汽压为止。这样果蔬汁中的气体便可被排除。真空脱气时被处理果蔬汁的表面积要大，一般将果蔬汁分散成薄膜或雾状，脱气容器有三种类型：离心式、喷雾式和薄膜流下式。控制适当的真空度和果蔬汁温度，果蔬汁温度热脱气为50~70℃，常温脱气为20~25℃，一般脱气罐内的真空度为90.7~93.3kPa，温度低于43℃。

八、浓缩果蔬汁的浓缩与脱水

浓缩果蔬汁体积小，可溶性物质含量达到65%~68%，可节约包装及运输费用；能克服果实采收期和品种所造成的成分上的差异，使产品质量达到一定的规格要求；浓缩后的汁液，提高了糖度和酸度，所以在不加任何防腐剂的情况下也能使产品长期保藏；而且还适应于冷冻保藏。因此，目前浓缩果蔬汁饮料生产增长较快。目前常用的浓缩方法有真空浓缩法、冷冻浓缩法、反渗透浓缩法、超滤浓缩法等。

1. 常压浓缩法

即在常压下加热浓缩，水分蒸发慢，加热时间长，芳香物质和维生素损失比较严重，产品色泽差。

2. 真空浓缩法

果蔬汁在常压高温下长时间浓缩，容易发生各种不良变化，影响成品品质，因此多采用真空浓缩，即在减压条件下迅速蒸发果蔬汁中的水分，这样即可缩短时间，又能较好地保持果蔬汁的色香味。真空浓缩温度一般为25~35℃，不超过40℃，真空度约为94.7kPa。这种温度较适合于微生物的繁殖和酶的作用，故果蔬汁在浓缩前应进行适当的高温瞬间杀菌。

果汁中以苹果汁比较耐煮,浓缩时可以采取较高的温度,但不宜超过55℃。

果汁在真空浓缩过程中,由于芳香组分的损失,制品风味趋于平淡,浓缩后添加原果汁或果皮(柑橘类)的冷榨油,或将浓缩时回收的香精油回加于浓缩果汁中,都可克服以上缺点。例如,甜橙汁可浓缩到58°糖度,而后加用原果汁稀释到42°糖度的产品浓度。

葡萄汁约含0.6%~0.7%的酒石,在浓缩过程中常发生析出酒石的现象,使制品呈浑浊状态。为此,葡萄汁浓缩前应先进行低温贮藏(-5℃),使葡萄汁中大部分水分结成冰,未结冰部分的酒石浓度达到过饱和而析出结晶,而后分离之。此外,也可以加用0.05%~0.1%偏酒石酸使之稳定。

真空浓缩方法可分为真空锅浓缩法和真空薄膜浓缩法等多种方法。目前真空薄膜浓缩设备主要有强制循环蒸发式、降膜蒸发式(薄膜流下式)、升膜蒸发式、平板(片状)蒸发式、离心薄膜蒸发式(图4-7)和搅拌蒸发式等多种类型。这类设备的特点是果蔬汁在蒸发中都呈薄膜流动,果蔬汁由循环泵送入薄膜蒸发器的列管中,分散呈薄膜状,由于减压在低温条件下脱去水分,热交换效果好,是目前广泛使用的浓缩设备。

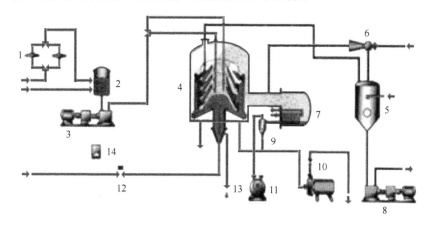

图4-7 离心蒸发器浓缩过程

1—过滤器;2—平衡槽;3—物料泵;4—离心蒸发器;5—冷却器;6—蒸汽喷射器;7—冷排;
8—浓缩物料泵;9—旋风分离器;10—冷凝水泵;11—真空泵;12—蒸汽调节阀;
13—疏水阀;14—压力控制器

3. 冷冻浓缩法

冷冻浓缩法是将果蔬汁进行冷冻,果蔬汁中的水即形成冰结晶,分离去这种冰结晶,果蔬汁中的可溶性固形物就得到浓缩,即可得到浓缩果汁。这种浓缩果汁的浓缩程度取决于果蔬汁中的冰点温度,果蔬汁冰点温度越低,浓缩程度就越高。如糖度为10.8%的苹果汁冰点为-1.30℃,而糖度为63.7%的苹果汁冰点为-18.6℃。冷冻浓缩避免了热及真空的作用,没有热变性,挥发性风味物质损失极微,产品质量远比蒸发浓缩的产品为优。同时,热量消耗少,在理论上冷冻浓缩所需的热量约为蒸发浓缩热量的1/7。但是,冰结晶的生成与分离时,冰晶中吸入少量的果蔬汁成分及冰晶表面附着的果蔬汁成分要损失掉,浓缩效率比蒸发效率差,浓缩浓度很难达到55%以上。美国的一套冷冻浓缩专利设备,可以把冻结分离出来的冰,用另外蒸发器进行浓缩,然后与冷冻浓缩的果蔬汁混合,使果汁损失减少,浓缩果汁浓度可达42°Bx以上。

4. 反渗透浓缩法

反渗透浓缩是一种现代的膜分离技术,与真空浓缩等加热蒸发方法相比,物料不受热的影响，不改变其化学性质，能保持物料原有的新鲜风味和芳香气味。

渗透是高浓度溶液利用其自身高渗透压通过半透膜吸收低浓度溶液中的水分，较高浓度的溶液所产生的压力称为渗透压。半透膜两侧溶液的浓度差愈大，渗透压也就愈大，即渗透压与膜两侧溶质量之差成正比。反渗透是在浓度较大的溶液一侧加上足以克服渗透压的压力，水分则通过半透膜由较浓的一侧流向较稀或溶质浓度为"0"的一侧，这种反方向透过半透膜的扩散现象称为反渗透或逆渗透。

反渗透膜孔径较小，只能透过水分子而不能通过其他可溶性固形物，截留范围为 $0.0001\sim0.001\mu m$，如海水淡化、果蔬汁和其他液态食品的浓缩。操作压力为 $2.94\sim14.7MPa$ 左右，使用的半透膜是醋酸纤维或其衍生物。反渗透浓缩度可达 $35\sim42°Bx$。操作所需能量约为蒸发式浓缩的 $1/17$，为冷冻浓缩法的 $1/2$，是节能的有效方法。

5. 超滤浓缩法

超滤浓缩法是以溶质分子量与溶剂分子量相差 $10000\sim50000$ 的溶质分离，其操作压力为 $0.49\sim5.81MPa$。使用的半透膜为聚丙烯腈和其他聚烯烃膜。

反渗透法和超滤法是通过膜移动物质的，因此不需要加热，可节约能源，营养物质损失也比较少，加工过程中的成本较低，膜使用一段时间后通过反向加压而使其恢复透性，可以重复使用，是目前果蔬汁浓缩技术中值得推广的一项高新技术。

九、果蔬汁的调整与混合

为使果蔬汁符合一定规格要求和改进风味，常需要适当调整。使果蔬汁的风味接近新鲜果蔬，但调整范围不宜过大，以免丧失果汁原来的风味。调整范围主要为糖酸比例的调整及香味物质、色素物质的添加。调整糖酸比及其他成分，可在特殊工序如均质、浓缩、干燥、充气以前进行，澄清果汁常在澄清过滤后调整，有时也可在特殊工序中间进行调整。

1. 糖、酸及其他成分调整

果蔬汁饮料的糖酸比例是决定其口感和风味的主要因素。不浓缩果蔬汁适宜的糖分和酸分的比例在 $13:1\sim15:1$ 范围内，适宜于大多数人的口味。例如中国产品中，菠萝汁糖度 $13°\sim15°$，酸分 $0.7\%\sim0.8\%$；柚汁糖度 $12°\sim14°$，酸分 $0.8\%\sim1.0\%$；柑橘汁糖度 $12°\sim14°$，酸分 $0.9\%\sim1.2\%$，皆属适当。因此，果蔬汁饮料调配时，首先需要调整含糖量和含酸量。一般果蔬汁中含糖在 $8\%\sim14\%$，有机酸的含量在 $0.1\%\sim0.5\%$。调配时用折光仪或百利糖表测定并计算果蔬汁的含糖量，然后通过公式计算补加浓糖液和柠檬酸的量。糖酸调整时，先按要求用少量水或果蔬汁使糖或酸溶解，配成浓溶液并过滤，然后再加入果蔬汁中放入夹层锅内，充分搅拌，调和均匀后，测定其含糖量，如不符合产品规格，可再行适当调整。调整的方法如下。

① 确定原汁用量 $M(kg)$ 和调整后糖度 $B(\%)$、酸度 $C(\%)$，由生产的具体要求而定。

② 测定原汁可溶性固形物含量 $D(\%)$、含酸量 $E(\%)$。

③ 汁液应补加糖量 $X(kg)$ 和酸量 $Y(kg)$。

a. 加糖量计算：$X=(B-D)M/1-B$

如采用一定浓度 $Z\%$ 的浓糖液调整时添加量计算式为：$X=(B-D)M/Z-B$

b. 加酸量计算：$Y=(C-E)M/1-C$

果蔬汁除进行糖酸调整外，还需要根据产品的种类和特点进行色泽、风味、黏稠度、稳定性和营养价值的调整。所使用的食用色素的总量按规定不得超过 $0.005/100$；各种香精的总和应小于 $0.005/100$；其他如防腐剂、稳定剂等按规定量加入。

2. 混合

许多果品蔬菜如苹果、葡萄、柑橘、番茄、胡萝卜等,虽然能单独制得品质良好的果蔬汁,但与其他种类的果实配合风味会更好。不同种类的果蔬汁按适当比例混合,可以取长补短,制成品质良好的混合果汁,也可以得到具有与单一果蔬汁不同风味的果蔬汁饮料。如玫瑰香葡萄虽有较好风味,但色淡、酸分低,宜与深色品种相混合;宽皮橘类缺乏酸味和香味,宜加用橙类果汁;甜橙汁可与苹果、杏、葡萄、柠檬和菠萝等果汁混合;菠萝汁可与苹果、杏和柑橘等果汁混合。中国农业大学研制成功的"维乐"蔬菜汁,是由番茄、胡萝卜、菠菜、芹菜、冬瓜、莴笋六种蔬菜复合而成,其风味良好。混合汁饮料是果蔬汁饮料加工的发展方向。

十、果蔬汁的杀菌与包装

1. 杀菌

杀菌是果蔬汁生产必需的操作步骤,其目的一是杀死有害微生物,防止果蔬汁败坏;二是破坏酶类,以免引起种种不良变化。杀菌的方法有沸水杀菌、巴氏杀菌、高温短时杀菌和超高温瞬时灭菌。

(1) 沸水杀菌　将果蔬汁灌装密封后置于沸水中 10~30min,然后迅速冷却至 37℃保存。

(2) 巴氏杀菌　即 80~85℃杀菌 20~30min 左右,然后迅速放入冷水中冷却(图4-8),此法适用于 pH 值在 4.5 以下的果汁。

图 4-8　巴氏杀菌系统

无论是沸水杀菌还是巴氏杀菌,由于加热时间太长,果蔬汁的色泽和香味都有较多的损失,尤其是浑浊果汁,容易产生煮熟味。因此,常采用高温短时杀菌或超高温瞬时灭菌。

(3) 高温短时杀菌　一般高温短时杀菌条件 (93±2)℃保持 15~30s,但对于低酸性的蔬菜汁,均采用 106~121℃的高温处理 5~20min,然后迅速冷却至 37℃。此法营养物质损失小,适宜于热敏性果汁。

(4) 超高温瞬时灭菌(UHT)　对于生产技术较为先进的生产厂家,大都采用超高温 120~135℃,时间控制在 2~10s 内的瞬时灭菌(图4-9),冷却后在无菌条件下灌装密封。由于加热时间短,对于果蔬汁的色、香、味及营养成分保存非常有利。

果蔬汁的杀菌原则上是在装填之前进行,装填方法有高温装填法和低温装填法两种。高温装填法是在果蔬汁杀菌后,处于热状态下进行装填的,利用果蔬汁的热对容器的内表面进行杀菌。低温装填法是将果蔬汁加热到杀菌温度之后,保持一定时间,然后通过热交换器立即冷却至常温或常温以下,将冷却后的果蔬汁进行装填。高温装填法或低温装填法都要求在

图 4-9 超高温板式灭菌系统

果蔬汁杀菌的同时对包装容器、机械设备、管道等进行杀菌。

2. 包装

果蔬汁的包装方法因果蔬汁品种和容器种类而有所不同。常见的有铁罐、玻璃瓶、纸容器、铝箔复合袋等。灌装前应将所采用的容器彻底消毒处理，使其符合使用标准。装罐时要注意在顶部留有一定的空隙，罐的顶隙度为 2~3mm，瓶的顶隙度为 10~15mm。果实饮料的灌装除纸质容器外均采用热灌装，使容器内形成一定的真空度，较好地保持成品品质。一般采用装汁机热装罐，装罐后立即密封，罐头中心温度控制在 70℃ 以上，如果采用真空封罐，果蔬汁温度可稍低些。

结合高温短时杀菌，果蔬汁常用无菌罐装系统进行灌装（图 4-10）。目前，无菌灌装系统主要有纸盒包装系统（各种利乐包和屋脊纸盒包装，如图 4-11 所示）、塑料杯无菌包装系统、蒸煮袋无菌包装系统和无菌罐包装系统等。所谓无菌包装是指食品在无菌环境下进行的一种新型包装方式。这种包装方式的程序是先对食物杀菌，杀菌通常采用蒸汽超高温瞬时杀菌方式，随后在无菌的环境下把食物放入已经杀菌的包装容器内，并进行封闭，容器一般用过氧化氢溶液或环氧乙烷气体进行灭菌。

图 4-10 无菌灌装设备

图 4-11 各种利乐包样品

换言之，无菌包装要求包装前食物本身无菌，包装容器无菌和包装环境无菌。这种包装由于灭菌过程相当短，食物的色、香、味改变不大，较其他包装方式优越。果蔬汁无菌包装容器有纸盒、塑料杯、蒸煮袋、金属罐和玻璃瓶等。

第三节 常见果蔬汁加工技术

果汁营养丰富，风味鲜美，易于消化吸收，它保存了新鲜原料所含的糖分、氨基酸、维生素、矿物质等元素，具有较高的营养价值，对于维持人体生理功能有重要作用。

用于加工果汁的原料主要有柑橘、苹果、葡萄、梨、桃、山楂、菠萝、番茄等。现以柑橘、苹果、番茄为例，介绍果蔬汁的加工工艺及操作技术。

一、柑橘原汁加工技术

柑橘类果汁酸甜适口，气味芳香，色泽柔和，含有多种人体必需的维生素和矿物质。且柑橘的加工季节每年可有 6～9 个月，使得柑橘汁形成了大规模的工业化生产。下面介绍柑橘原汁的加工工艺。

1. 工艺流程

柑橘原汁的生产工艺流程如下。

原料→验收、暂存→洗涤、选果→全果榨汁→果汁→过滤→调和→脱油、脱气→杀菌→装填→冷却→成品

2. 操作要点

（1）原料的选择　原料按制汁质量要求进行检验，经验收合格后暂时库存或直接加工，贮存时间不能过长以防止果实新鲜度下降影响果汁品质。加工时通过流水槽进行输送，利用提升机送至选果传送带。传送过程中，操作人员将病害果、青果、苦果、过熟果、软果、机械损伤果等剔除。

（2）清洗　利用装有回转刷的滚筒清洗机或鼓风式清洗机进行原料的清洗，可采用食用脂肪酸系洗涤剂，经短时间的浸泡，用含氯 10～30mg/kg 的清洗水喷淋后再用清洁水洗净。同时进一步进行选果，剔除不合格果实。

（3）榨汁　柑橘结构比较复杂，最早采用手工锥汁器和半机械化锥汁器，榨汁效率较低。目前常用 In-line 榨汁机、破碎榨汁机、布朗榨汁机、安德逊榨汁机等。下面以 In-line 榨汁机为例介绍柑橘的榨汁过程，其结构如图 4-12 所示。洗净的柑橘经传送带成单列送至进料斗，然后逐个正确地投入榨汁机下托盘内，柑橘一落入托盘，上盖筒立即降下进行榨汁。同时从果实的底部打开抽出果汁的圆孔，果肉和圆果皮片被挤压到托盘下部的滤网管内，然后带小孔的出汁管上升到滤网管中间。管内果肉受到挤压，果汁便从滤网管的小孔流出，然后汇至下部集液管内。果皮片、柑橘囊膜、种子等通过出汁管的中间空隙，从管的下部排出。In-line 榨汁机能够适应直径大小不同的果实。因果实大小和收获期不同，榨汁率

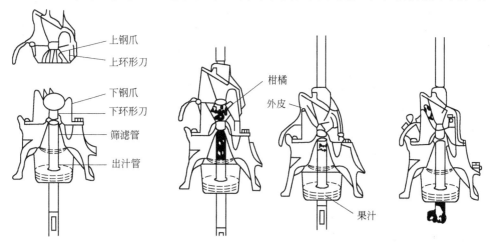

图 4-12　In-line 榨汁机的结构

各不相同，一般出汁率在40%～50%。

（4）过滤　榨汁机一般附有果汁粗滤设备，果汁经粗滤后迅速排除果渣及种子，然后送至精滤机进行精滤，筛孔孔经为0.3mm，可以通过调节精滤机的压力与筛筒的筛孔大小来控制果汁的质地。适量的微细果肉可以赋予果汁良好的色泽和浊度，过量会使果汁黏稠。对于柑橘原汁，3%～5%的果肉浆为最适含量。

（5）调和　先调节果汁中果肉浆的含量，然后将其置于带搅拌器的不锈钢调配罐中，调和果汁的糖度、酸度及其他理化指标。不同批次的果汁可进行调配，以保证果汁品质和成分的一致性。如有必要，可按产品标准添加适量的蔗糖和柠檬酸。经调和的果汁，可溶性固形物含量为15%～17%，总酸度达到0.8%～1.6%（以柠檬酸计算），糖酸比为12.5～19.5。

（6）脱油、脱气　甜橙汁中含有少量的甜橙油，可使果汁产生愉快的香气并增加风味。但某种条件下也会产生不愉快的气味，如果贮藏条件不当会使果汁风味恶化，因此，调和后的果汁需利用脱油机脱去过量的甜橙油。一般常采用类似于小型真空浓缩蒸发器的装置进行脱油，让果汁喷入真空度680～700mmHg（1mmHg=133.322Pa）的脱油器中，并加热到51℃，使多余的甜橙油蒸发。果汁中甜橙油的含量以容量计算，保持在0.025%～0.15%较为适宜。

调和后的果汁中含有多种气体，其中空气会氧化果汁，使其品质降低。因此，常采用离心喷雾式、加压喷雾式、降膜式等脱气装置将果汁中的气体脱去，脱气时的果汁温度比真空室内饱和蒸汽压相应的温度稍高些，果汁进入后会发生突沸，气体便能迅速脱去，通常情况下，可使2%～3%的水分蒸发，但也损失部分挥发性芳香成分。进行真空脱油的同时也可起到脱气的作用。因此，脱油和脱气常在同一个容器内进行。

（7）加热杀菌　通过加热可以杀灭果汁中的微生物、钝化果胶分解酶和抗坏血酸氧化酶。通常采用板式热交换器进行瞬时杀菌，加热、保温和冷却在同一台设备内进行。脱气后的果汁通过杀菌器，在15～20s的时间内达到93～95℃，保持15～20s，等热交换器中果汁温度降到90℃左右，迅速送往装瓶机进行热装瓶。

（8）装填、冷却　装填时，除纸质容器外几乎都采用热装填的方式，先将果汁装满，冷却后果汁容积缩小，顶隙便会形成真空度，从而减少果汁的品质败坏。杀菌后，因生产线的长短，果汁温度一般下降1～3℃，到装瓶时温度约在90℃左右。

① 对于罐装容器，将洗净后的空罐进行自动定量装罐后立即进行密封，然后倒置30～60s，从而可利用果汁的余热对罐盖进行杀菌，再进行冷水喷射，快速冷却至38℃左右。

② 对于瓶装容器，杀菌后的果汁通过热交换器，使温度降低3～6℃，送至装填机时温度约为88℃，然后进行装填、压盖，并将瓶倒置数分钟后快速冷却至40℃左右。

③ 对于纸质容器，常采用三种方式进行：一是冷冻果汁的纸盒装填，将果汁杀菌后通过热交换器和冷却器冷却到5℃左右，然后进行灌装和密封；二是保藏期较长的纸质容器灌装，容器要用过氧化氢水进行灭菌，整个灌装过程在无菌条件下进行；三是纸质容器的热灌装，根据内层聚乙烯的熔点和密封性等特性，灌装温度比罐装、瓶装稍低，常在80～85℃下进行操作。

二、苹果原汁加工技术

苹果原汁是指以苹果为原料制取，未经发酵、具有苹果风味的纯果汁产品，可分为澄清苹果汁、浑浊苹果汁、浓缩苹果汁等。

1. 工艺流程

苹果汁的工艺流程如图4-13所示。

2. 操作要点

(1) 澄清苹果汁　当前市场上出售的苹果汁大部分为澄清苹果汁，即苹果汁产品中无任何沉淀物，清晰透明。苹果较适于制成清汁，清汁比较爽口，也易于配制成其他果汁饮料。但清汁的营养价值较低。苹果经破碎和压榨后，汁液内含有多种微粒，其加工的关键是过滤、澄清。

① 原料的选择。生产时应选用果汁丰富、取汁容易、酸度适当、含有较高的糖分且酶褐变不太明显的苹果原料。未熟果的果汁偏酸偏涩，少甜味；过熟果则缺少风味，出汁率低，且压榨、澄清和过滤都较为困难。制汁苹果应选用专用品质，且有稳定的原料来源，如红玉、国光等均为优良的榨汁品种。

② 清洗。清洗是为了除去果皮上的灰尘、泥土、农药、霉菌、枝叶和其他杂物。原料若有污染或腐烂，就会影响产品的色、香、味。果实清洗前，其表面携带的微生物量一般有 $10^4 \sim 10^8$ 个/g；清洗后，微生物的数量可降至原来的 2.5%～5.0%。通常采用的清洗方法有流水槽清洗、刷洗、喷淋等几种，常将以上几种方法结合起来进行。

a. 流水槽式清洗是利用金属或水泥制成的一个长形槽，槽深一般为150～200mm，槽宽为400～500mm，水的流量一般为200～500L/min，槽底坡度为0.8%～1.5%。因苹果的相对密度小于1.0，故在水中处于悬浮状态。在水的

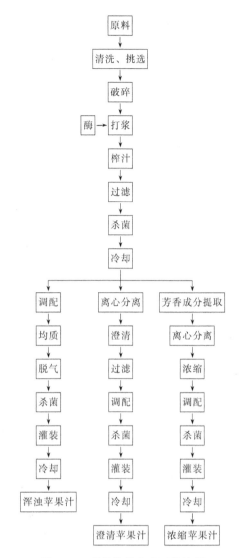

图4-13　苹果汁的生产工艺流程

流动作用下，果实边向前运动边冲洗，流动过程中，果实之间、果实与水之间发生摩擦和碰撞，从而将果实表面洗净，而泥土等相对密度大的杂物则沉在水底。这类洗果设备的耗水量较大，一般每吨苹果要耗水4～10t。最好将用后的水进行过滤、除菌后循环使用。另外，在水槽的末端必须装有提升机，以便将果实送入下一道工序。

b. 刷洗设备有批量式和连续式两种。批量式洗刷机在一个水箱内装有许多刷子，箱内注入水，刷子旋转刷洗箱内的苹果，刷洗干净后，将苹果送出。如一台箱体尺寸为2000mm×1000mm×1200mm 的刷式洗果机，刷子的转速为560r/min，动力为1.5kW，每小时可洗果实2500kg。连续式刷洗机是由许多旋转的刷子和一个大水箱组成，苹果由水箱的一端进入，刷子旋转时，一边将苹果向前输送，一边刷洗果实，最后由水箱另一端出来。

c. 喷淋式洗果机一般都是连续式的。喷淋式洗果机的清洗效果与喷水压力、喷水量、水温、果实与喷头的距离和喷头的数量有关。

苹果的清洗常是几种方法组合而成，如首先由流水槽将苹果进行初步清洗，同时将苹果由原料间输送出来，然后由斗式提升喷淋机将果实从流槽内掏出并进一步清洗，若仍未清洗

干净，可再经滚轴式喷洗机清洗一次。组合的方法很多，可根据实际要求进行设计。

洗净后的果实置于1%的氢氧化钠和0.1%~0.2%的洗涤剂混合液中，浸泡10min。洗涤液温度愈高，洗涤效果愈好，但温度过高苹果会软化，造成榨汁时的困难。一般情况下洗涤液温度控制在40℃以下。浸泡洗涤液后再用水洗，冲掉果实表面的洗涤液，同时切除果实病虫害及腐败部位。

③ 破碎。苹果属于仁果类果，它比浆果类水果的硬度高，皮和肉质致密、坚韧。为了提高果汁出汁率，在榨汁前首先要进行破碎。破碎的果块要适当，大小要均匀，若果块过大则会因为压力不易作用到果块的中心部分，而造成出汁率低；若果块过于细小，在榨汁时水果外层的果汁很快地被榨出，果渣被压实，内部的果汁流出的通道被堵塞，不能畅通流出，也会造成出汁率降低。破碎时，果块的直径或当量直径最好控制在3~4mm，并尽量避免物料与空气的接触，以防果肉氧化发生色变。破碎的粒度大小可由底部带孔板的孔径大小调节，过熟的果实往往会破碎过度，造成榨汁困难。可以根据苹果的硬度调节破碎机的锤片回转速度。若使用离心分离机榨汁，破碎后须用碎浆机进行处理，使粒子微细从而增加榨汁率。

破碎是依靠外界对果实施加的机械力进行的，机械力包括压力、剪切力和拉力等。为了提高果实的出汁率，破碎时要把果实的细胞壁破坏，以使细胞内的汁液能够流出。因此，破碎时应利用以上各力的综合作用，如单纯使用一种作用力，设备达不到理想的破碎效果。

常用的破碎设备有：锤片式破碎机和离心式破碎机。

④ 榨汁。榨汁是获取苹果原汁的一种主要方法，也是一道关键工序。榨出的果汁质量直接影响其后的加工工序及最终的产品质量。

榨出的汁液应满足以下条件：内含的空气和果肉颗粒少、褐变和营养成分的损失少、生产率高和劳动强度低等。这与苹果的品种、榨汁机的类型、物料的前处理以及工人的操作水平等因素有关。适于苹果榨汁的机型很多，果浆在榨汁机中不是静止而是运动的，制得的苹果汁中含有大量的高聚物，成熟的新鲜原料出汁率在68%~86%，平均在78%~81%，贮存的原料或过熟的原料的出汁率会显著下降。通常可采取加酶脱果胶或增加助榨剂等措施来提高榨汁质量。

a. 脱果胶：因为苹果果肉和果皮内含有丰富的果胶，汁液黏度较大，易造成榨汁的困难，果胶同时还会造成果汁浑浊，为了得到高的出汁率及高质量的澄清苹果汁，榨汁前必须进行脱果胶处理，促使果胶裂解、沉淀。

通常采取的预处理方法有两种：一种是将破碎的果肉进行加热，加热温度在85℃以上，加热时间约1min；一种是用果胶酶进行处理，生产中常用后一种处理方法。

果胶酶有固态和液态两种，固态果胶酶的活性高，可在常温下保存，便于运输。液态果胶酶的活性较低，须冷藏，且不便于运输，但其价格较低，使用方便。

酶处理的效果与酶的浓度、pH、处理温度和处理时间等因素有关。在一定条件下，酶的浓度与反应初速度成正比，增加酶的浓度，可加快反应速度。澄清苹果汁的最适pH一般在3.2~4.0之间，通常市售的果胶酶的最适pH就处于此范围内或低于这个值。温度升高时，酶促反应加快，但由于酶本质为蛋白质，温度过高，会使酶发生变性，被处理的底物中的营养成分也会损失，所以生产中处理温度一般不超过50℃，时间一般在2~3h，时间过长也会降低产品质量。若向果胶酶中加入0.005%~0.01%的明胶，则可促进苹果汁的澄清。果胶酶的合理用量，在生产使用前要进行小样试验：取一定量已破碎的苹果，按要求称取相应的果胶酶量，用水稀释后，均匀地混合在苹果肉内，在 40～50℃的温度下恒温保持 2～3h，然后进行榨汁，再检测出汁率和果胶去除情况。

b. 加助榨剂：榨汁过程中，随着果肉细胞内的汁液的排出，果渣逐渐被压实，细胞内的汁液难以流出。为了使果汁易于流出，通常在榨汁前向果肉内加入一些助榨剂，如稻壳、木浆纤维等，以在果渣内形成通道。助榨剂的使用量一般为果肉的 1.5%～4.0%。助榨剂加入前要清洗干净，然后均匀地混合在果肉浆内。

近年来，澳大利亚研制浸出法提取苹果汁并已投入工业化生产。具体操作是先将苹果清洗干净，切成约 6mm 厚的薄片，放入装有水的槽内。水槽以 8°倾斜安装，从进口至出口逐渐升高。槽壁为夹层，夹层内通入蒸汽将水加热至 60～70℃。槽内装有一对螺旋，螺旋转动时，将果片向出口推动，同时果肉内的可溶性固形物溶于水中，槽内水与苹果片的质量比为 0.75:1.0。果片自入口至出口的运行时间约为 1h，排出的果渣中的可溶性固形物约为 1.0%。排出的果渣经压榨，回收其中汁液。据统计，浸出法每吨可增产 25L 的果汁，节能 50%，劳动费用降低 50%。

常用的榨汁设备有裹包式榨汁机、卧式圆筒榨汁机、螺旋式榨汁机、带式榨汁机等。

⑤ 过滤。榨出的果汁立即通过筛滤器，其目的是将榨汁后果汁内的固体粒子除去，筛滤器使用的是不锈钢的回转筛或振动筛，滤网以 60～100 目筛为宜。

⑥ 杀菌。为防止微生物及其酶的活动，促使热凝固物质凝固，榨出的果汁应立即进行加热杀菌。生产上常采用多管式或片式瞬时杀菌机加热到 95℃以上，维持 15～30s，随即冷却到 45℃以防止氧化。

⑦ 离心分离。澄清苹果汁杀菌后到加酶澄清前，应先分离出一部分沉淀物以提高酶作用的效果，便于澄清后果汁的过滤。离心分离可造成 2%～4%的果汁损失。

⑧ 澄清过滤。澄清苹果汁的生产中，澄清是很重要的一道工序，也是难度较大的一道工序，常用的澄清方法有以下几种。

a. 果胶酶澄清法：果胶、蛋白质、淀粉和多酚物质是造成苹果汁浑浊的主要因素，其中，果胶是最主要的影响因素之一。因此，需要把苹果汁内的果胶彻底清除，但仅在压榨前用果胶酶处理一次是远达不到质量要求的，果汁榨出以后要再次用果胶酶进行澄清处理。

根据牛伯克的实验，pH 值为 3.5 的苹果汁用 0.025%的果胶酶和 0.005%的明胶，在 10～50℃温度下处理时，澄清所需要的时间分别为：温度 10℃时，200min；20℃时，93min；30℃时，50min；40℃时，34min；50℃时，24min。一般在 5～50℃的温度下，澄清所需要的时间与酶的浓度成正比，时间在 2～16h 之间。添加明胶可将澄清时间缩短一半。

生产中，也可在室温下进行酶澄清处理，澄清需要的时间为 10～16h。如此长的静置澄清时间，不仅可将果胶彻底除去，而且可将其他非稳定性浑浊物沉淀下来，从而得到透明的清汁，果汁的营养成分破坏得也少。如美国生产的 Utrazmy 100 果胶酶，在 16℃的温度下处理苹果汁时的使用量为 84～168mg/kg，处理时间为 18～20h，可将果胶全部除去。若在 45℃的温度下处理，可在 2～6h 内达到同样效果。果汁中的果胶是否除净，简便的检查方法是用酒精试验：将澄清的苹果汁抽取 5ml 放入试管内，用 95%浓度的酒精进行滴定，若产生絮状物，表示果胶还未除净，可增加果胶酶的用量或调整温度和时间等参数，直到无絮状物形成为止。

果胶选用时尤其要注意其质量，质量差的果胶酶不仅处理时间长，达不到相应的效果，有时还会带来沉淀。果胶酶的质量及使用参数可先行进行小样试验。质量不同的果胶酶价格上相差也较大。

b. 明胶-单宁澄清法：明胶是较为常用的一种澄清剂，它是从动物皮的骨胶原中提取的。根据提取方法的不同，可有两种基本类型：一种为 A 型，是用酸消化骨胶原得到的，其等电点在 pH 7~9 之间，这一种是最常用的；一种是 B 型，是用碱法生产的明胶，等电点在 pH 4.7~5.0。两种明胶的相对分子质量在 15~250ku❶ 之间，分布范围较宽。

一般先将明胶和单宁制成 1% 的水溶液。明胶溶于冷水中浸泡数小时至一夜，然后边加热边搅拌，直至沸腾。明胶是细菌的良好繁殖体，溶液应即配即用，在 5℃ 温度下可保存数天，但使用前一定要检测其是否被细菌污染。明胶的加入量随果汁和明胶的种类而不同，对每一种果汁、明胶和单宁均需在使用前进行澄清试验：取数份果汁（一般为 5 份），每份 100ml，分别注入量筒内，在各量筒内分别加入不同量的 1% 明胶溶液（2~10ml）和 1% 单宁溶液（1~5ml），然后混合均匀，在 8~12℃ 的温度下静置 6~10h 后，观察哪一个量筒中的上清液最清，即可采用该明胶-单宁配量。

c. 膨润土澄清法：膨润土是高岭石型矿土（$Al_2O_3 \cdot 4SiO_4 \cdot nH_2O$），含有带负电荷的微细血小板，和蛋白质有很强的亲和力，蛋白质在膨润土的血小板之间起桥梁作用，造成絮状凝聚，这种絮凝物沉淀速度比膨润土本身要快，而且絮凝物还可牵带果汁内微粒子及浑浊物沉淀下来。

一般将膨润土配制成 4%~5% 浓度的悬浮液备用。把膨润土边慢慢倒入水中边搅拌，直至均匀混合为止。放置一夜后再进行搅拌，其目的是使膨润土的血小板成水合物。膨润土在果汁中的使用量应根据果汁中的蛋白质含量确定，最高使用量可达 450g/100L 左右，但也不可过量使用，否则会给以后的过滤操作带来困难。

d. 硅溶胶澄清法：硅胶由胶体二氧化硅（SiO_2）构成，它可吸附蛋白质。当硅胶和蛋白质出现在可溶性溶液中时，它们会形成浅色的凝乳状絮凝物。一般生产厂家供应的硅胶是液态悬浮液，含有 30% 的固形物，粒子尺寸为 20nm。二氧化硅去除果汁蛋白质的效果最好，但二氧化硅的粒子太小时，难以将其过滤掉，一般常和少量的明胶和硅胶共同使用。

e. 明胶-膨润土澄清法：由于非絮状的膨润土的沉淀速度很慢，有时采用膨润土和明胶联合使用来去除蛋白质。明胶的用量约为膨润土重量的 1/10。明胶加入膨润土-果汁的悬浮液中时要进行充分搅拌。

f. 明胶-硅溶胶澄清法：将明胶和硅溶胶结合起来去除蛋白质，明胶的用量远低于硅溶胶。一般 1L 的果汁中加入 1.2g 的硅溶胶（SiO_2）和 0.06g~0.2g 的明胶，首先将硅溶胶和果汁混合均匀，然后边搅拌边加入明胶，约 0.5~3h 后，果汁内会出现絮状物，静置一段时间后即可得到清汁。

g. 加热澄清法：通过加热也可使果汁内的蛋白质产生絮凝，其关键是要控制好加热温度和加热时间，一般加热温度在 80~85℃，加热时间在 20~30s。加热法的缺点是不能去除果胶，且会造成营养成分的损失。

澄清后的果汁用硅藻土过滤器进行过滤，即可得到清澈透亮的苹果汁，100kg 的苹果汁大约用 0.1~0.2kg 的硅藻土。

❶ $1u = 1.660540 \times 10^{-27}$ 千克。

⑨ 调配。

此步主要是糖度和酸度的调整，这是感官质量的重要因素之一，只有通过成分调节才能达到满意的风味。用一般果实制成的果汁，糖酸比为（10~15）：1。但在实际生产中，因为采用的原料不同，糖酸比有所差异。苹果原汁根据原料的糖度，添加砂糖调整糖度为12%、酸度为0.4%左右，并添加适量的香料，即可得到酸甜适口的成品，香料的添加要符合国家有关的食品法规。

⑩ 杀菌、灌装和冷却。

榨出的果汁应立即进行杀菌，这样既可以杀灭引起腐败的微生物，还可以钝化引起褐变的酶以及果胶酶，促使热凝固物质凝固。常用的杀菌方法是巴氏杀菌或高温瞬时杀菌（HTST）。因苹果汁的pH值低于4.5，杀菌温度低于100℃也能杀灭果汁中的微生物。在实际生产中，常采用多管式或片式瞬时杀菌器，加热至95℃以上，维持15~30s，杀菌后趁热灌装。

果汁的灌装方法有热灌装、冷灌装和无菌灌装等种。热灌装是将果汁加热杀菌后立即灌装到清洗过的容器内，封口后将瓶子倒置10~30min，对瓶盖进行杀菌，然后迅速冷却至室温。若使用玻璃瓶时，要对玻璃瓶进行预热。若使用塑料瓶，应先将果汁冷却至40℃以下，再进行灌装封口。若灌装后杀菌，则先将果汁灌入瓶内并封口，再放入杀菌釜内用90℃的温度杀菌10~15min；也可装入回转式杀菌设备中，以85℃的温度杀菌5min。上述两种方法是目前生产上常用的方法。热灌装比较简单，但由于灌装过程中易受到污染，货架期较短。灌装后杀菌较彻底，货架期较长，但盛装容器需能承受高温。澄清苹果汁常采用热灌装工艺。

无菌灌装是指苹果汁和包装容器分别彻底杀菌，然后灌装在无菌的环境下进行。灌装后的容器应立即密封好，防止再次污染。无菌灌装的优点是分别连续加工出无菌果汁和对容器进行杀菌，从而使得产品的经济性和质量都得到提高。试验表明，随着温度的升高，杀死微生物量的提高速度要比物料劣变增加的速度快得多，如温度每提高10℃，耐热菌被杀死的量增加11倍，而褐变仅增加3倍。因此，产品经高温瞬时的处理，然后迅速冷却，物料的质量劣变少。且果汁冷却到常温下进行灌装，则可选用较经济卫生的包装材料，包装材料在灌装前需单独进行杀菌。包装材料可用热成型的无菌容器，也可用化学、物理的方法如过氧化氢、紫外线或化学与热相结合的方法等对包装容器进行杀菌，它不需用耐热的包装容器，从而可节约包装材料和能耗。无菌灌装可使产品最终达到商业无菌的目的。杀菌后的果汁迅速冷却到常温，即可得到澄清苹果汁。苹果汁的贮藏温度不能太高，应尽可能在低温下贮藏，否则色泽和风味都会恶化。

(2) 浑浊苹果汁　浑浊苹果汁的加工与澄清苹果汁基本相同，其特点即它不必澄清而需进行脱气和均质处理。苹果混汁中含有非常细小的果肉颗粒，果肉微粒均匀地分布在液体内，但不造成沉淀和分层。浑浊苹果汁的营养价值较清汁高，它含有果胶、蛋白质和纤维素等。另外，混汁的加工工艺较清汁简单些。但它不易配制成其他各种饮料。近年来，美国出售一种鲜苹果混汁，果汁中无肉眼看到的悬浮颗粒，是将榨出的苹果汁不经杀菌，立即灌装入无菌的聚乙烯塑料瓶内，并在1.1℃温度下流通销售，其货架寿命可达16~22d。这种苹果汁的风味较好。

① 脱气。

脱气操作一般在0.08~0.09MPa的真空度和40℃左右的温度下进行，可以将果汁中的空气含量降低为1.5%~2.0%（体积分数），但也会蒸发1%~2%的水分和造成芳香物质的损失。

② 均质。

均质操作常采用高压、回转和超声波等方式，一般采用的高压均质机的压力为 9.8～18.6MPa，粒子细度可达到 0.02mm 左右。

（3）浓缩苹果汁　浓缩苹果汁是由澄清苹果汁或浑浊苹果汁浓缩而来。由于国内外常年需要苹果汁的供应，浓缩苹果汁是保藏苹果汁的一种重要方式，浓缩苹果汁体积小，可溶性固形物含量达到 65%～68%，可节约包装及运输费用，通过冷藏或冷冻贮藏使产品较长时间的保藏。浓缩苹果汁一般常作为原料出售给饮料厂，也有少量直接上市出售。使用前，要经过稀释，稀释到可溶性固形物含量约为 12°Bx。下面仅介绍几项重要步骤。

① 制取果汁。

选取成熟、健全、优质的苹果原料才能生产出优质的浓缩苹果汁。

② 芳香物质的回收。

果汁除去浑浊物后经过热交换器加热后泵入芳香物质回收装置中，芳香物质随着水分蒸发一同逸出。通常情况下，芳香物质回收时以果汁水分蒸发量 15%，苹果芳香物质浓缩液的浓度 1∶150 时最佳。苹果芳香物质浓缩液的成分主要是羰基化合物，如己烯醛和己醛等，在 1∶150 的浓缩液中，其含量一般为 520～1500mg/L，含酯量仅为 190～890mg/L，游离酸含量仅为 70～620mg/L。优质的芳香物质浓缩液的乙醇含量低于 2.5%。

③ 澄清。

澄清是浓缩前的一项重要预处理措施，通常采用以下几种工艺：在温度为 50℃下加入果胶酶，处理 1～2h；在室温下，果汁在大罐中进行冷法酶处理 6～8h；在无菌的果汁中加入无菌的酶制剂和澄清剂进行酶处理，2～3d 后，苹果汁中的果胶便会完全溶解。分解果胶后不必进行进一步澄清就可以浓缩。

④ 浓缩。

苹果汁浓缩常采用真空浓缩设备，蒸发时间通常为几秒钟到几分钟，蒸发温度为 55～60℃，有些浓缩设备的蒸发温度可低至 30℃。若蒸发温度过高或时间过长，浓缩苹果汁会因蔗糖的焦化及其他的反应产物的出现而造成变色和变味。低的蒸发温度和短的蒸发时间不会造成产品成分和感官质量出现不利的变化。澄清苹果汁在真空浓缩设备中一般浓缩到 1/7～1/5，糖度为 65%～68%；浑浊苹果汁果汁糖度为 48～50°Bx，因果胶、糖和酸共存会形成一部分凝胶，一般只浓缩到 1/4 左右。羟甲基糠醛的含量可以用来判断果品浓缩汁和果汁的热处理效果。

除此之外，还有冷冻、反渗透等浓缩方式。

⑤ 灌装、贮存。

从浓缩设备取出的浓缩苹果汁应立即冷却到 10℃下进行灌装。若使用的是低温蒸发浓缩设备，则需用板式换热器将浓缩汁加热到 80℃，保温几十秒后进行热灌装，然后封口后迅速冷却。灌装后的浓缩汁置于 0～4℃的冷库中冷藏或低温直售。

三、番茄汁加工技术

番茄，别名西红柿，是一种一年生草本植物番茄的果实，属茄科番茄属，原产于南美洲，传入中国已有一百多年的历史。目前中国各地均有大面积栽种。

番茄汁含有较多的营养物质，具有很高的保健营养价值，是人们十分喜爱的饮料之一。番茄汁中含有的维生素 C 根据原料的采收时间的不同和原料品种的不同最高可达 24.78mg/100g，最低也有 11.7mg/100g，按照每人每天的摄取标准 75mg（recommended dietary allowance，RDA）衡量，250g 的番茄汁就可以提供标准摄取量的 39%。当一种食品的成分能够提供某种营养物质达到摄取标准量的10%时,就可以将这种食品定为该种营养的物质源,番茄汁就是维生素C、维生素A和维生素P的物质源。此外番茄汁中还含有胡萝卜素、有机酸、蛋白质、氨基酸、各种糖和大量的矿物质,口感好,风味优良,营养十分丰富。除此之外,番茄汁更容易贮藏,便于运输,食用快捷简便,能够满足人们一年四季的需求。因此,番茄汁的加工生产具有重要的意义。

原料番茄的化学成分对于产品的加工质量有着重要的影响。成熟的加工用番茄主要含葡萄糖和果糖,不含蔗糖或痕量。一般葡萄糖含量为1.5%~2%,果糖为0.5%~1.5%。制汁番茄还原糖含量最好在3.5%以上;番茄中可溶性固形物中还原糖约65%,蔗糖、棉籽糖痕量,其中含有的有机酸、游离氨基酸和可溶性果胶等与番茄汁味道的形成有很大关系。番茄果肉的细胞膜主要成分为果胶、半纤维素、纤维素和蛋白质等,随着成熟度的提高,原果胶变成低分子的果胶。细胞膜成分在原料番茄中约占0.5%~1.5%,大多是不溶于70%~80%乙醇,其中果胶、半纤维素、纤维素的比例约为11:6:3,这些物质与番茄汁的黏稠性和果肉浆的沉淀性有着很大的关系,直接决定着产品的物理性质和外观。番茄中氨基酸的含量和组成比例因品种的不同而有所差异,其中主要的氨基酸为谷氨酸,另外还含有天冬氨酸、丙氨酸、丝氨酸、酪氨酸和苯丙氨酸等。谷氨酸关系着番茄汁的味道,番茄汁中添加0.5%左右的食盐,对加强氨基酸的呈味效果和调整酸度有着明显的作用。

番茄中呈红色的番茄色素主要是类胡萝卜素,主体为番茄红素,还有β-胡萝卜素、γ-胡萝卜素及叶黄素类等。红色系的番茄中番茄红素占全部类胡萝卜素的70%~80%;深红色的番茄番茄红素占85%~90%。因此,番茄汁的色泽应根据番茄红素进行调色,类胡萝卜素含量因品种、生长及栽培条件、成熟度而有所差别。成熟期的气温高于30℃时,番茄红素生成不充分,难以达到加工所需色泽。但从色泽角度看,栽培生长时期的日照时间长,平均气温在20~25℃左右,降雨量在500~1000mm左右,番茄色泽形成最好。

番茄果实中含有较多种类的无机物,其中最多的是钾。无机物中容易引起产品质量问题的是硫酸盐和亚硝酸盐,尤其是硝酸盐含量多时,容易造成金属容器内壁镀锡层中锡的溶出。原料果实中硝酸态氮含量高于10mg/kg时,产品若装入素铁罐中,锡溶出量可达150mg/kg,对人体造成危害,一般应控制原料中硝酸态氮含量在1mg/kg以下。

番茄果实中含有果胶酶、多聚半乳糖醛酸酶,其活性较强。成熟果实的果胶分子量降低,易受到此类酶的影响,必须对这些酶进行处理。

1. 工艺流程

番茄汁的一般工艺流程如下。

原料选择→挑选、冲洗、修整→预热、破碎→榨汁→配料→脱气、均质→高温灌装密封→杀菌→冷却→检验→成品

2. 工艺要点

(1) 原料的选择 番茄原料的成熟度直接影响着产品的质量,成熟的番茄色香味均较适宜,过熟的番茄香气会有所降低。在选择原料时,必须掌握其适当的成熟度,且购进的原料应及时加工,贮藏时间不宜超过24h。同时应选择适宜加工汁类制品的番茄品种,合理选择采收时间,对于早熟品种可选在6月下旬采收。为保证生产的均衡,不同季节可以选择不同的品种,保证番茄成熟适当,颜色鲜红,个大汁多,果香浓郁。优先选用成熟、无损伤、新鲜、无病虫害及腐烂变质,可溶性固形物在5%以上,糖酸比例适宜(6:1)的优良番茄。

(2) 挑选、冲洗、修整　番茄原料在加工前应进行严格的挑选和洗净,将病果、裂果、绿肩果等不能加工的果实挑出、剔除,最好选用球形或卵形果实,果蒂尽可能地小、易剔除、无隐埋,果皮、果肉富有弹性、强韧。选中的果实要洗净其上附着的泥土、农药的残存物和微生物。

常用的清洗方法有:

① 浸渍法。将果实浸泡在水槽中,采用螺旋式输送机使水流动,添加次氯酸钠或进行氯处理,使水中氯浓度保持在 2~10mg/kg,必要时可添加单甘油酸酯、磷酸盐、柠檬酸钠、糖脂肪酸酯等洗涤剂以进一步提高清洗效果。提高水温也可提高洗净效果,但会促使微生物繁殖。

② 化学法。在洗涤水中添加有界面活性的物质,通常采用柠檬酸和其他酸除去杀菌剂中的铜和其他重金属,从而提高洗净效果。

③ 气泡法。利用鼓风机从洗槽底部喷出空气,使气泡和洗涤液均匀地接触果实表面可提高清洗效果。但气泡的粒径、流量与洗涤效果的关系未进行深入研究。

④ 喷射法。果实在洗槽浸渍一段时间后,送入选装洗涤机,使果实一边回转,一边受一定压力和流量的水的喷洗。洗涤效果根据水的流量与时间决定,喷射压力过高容易使番茄受到损伤。

为了进一步加强洗净效果,可以将清洗方法中的两种或多种方法混合使用。如浸渍法和化学法相结合,或者浸渍法和气泡法相结合,或浸渍法和喷射法相结合等。用两种或多种洗涤方法结合起来洗涤,虽然生产成本会有所增加,但可以大大提高洗净程度,提高产品的质量。

修整是进一步除去不良果实或切除果实不宜加工的部分,如剔除烂果、坏果和剔除果蒂、果梗等。

(3) 预热、破碎　目前番茄的预热和破碎工艺改变了传统的热烫、预煮后进行破碎的方式,已改为热破碎或瞬间加热到 90~95℃ 高温进行破碎的新工艺,解决了酶的均匀失活、营养成分在预煮过程中溶出较多的问题,同时使加热和破碎结合在一起,工艺更加紧凑、高效。

(4) 榨汁　榨汁是番茄汁生产中的一道重要工序,直接影响着番茄的出汁率和汁液的品质。一般优良品种的番茄,出汁率在 75%~80%。选择机械榨汁时,应选择效率高,与空气接触少的机械,如采用螺旋榨汁机等进行榨汁,这样可以减少空气中的氧气对色素、维生素及其他营养成分的氧化作用。

(5) 配料　配料工艺主要是强化番茄汁的口感和独特的香味、鲜味。向番茄汁中加入 0.5% 左右的 NaCl 可以提高鲜味。有时还要加入 1% 左右的食糖,以调整番茄汁的酸甜口感。

(6) 脱气、均质　配料后的番茄汁要进行脱气处理,脱去汁液中溶入的氧气,防止维生素 C 和其他营养成分的氧化。真空脱气条件为:真空度 80kPa,时间 3~5min。为了延迟或避免沉淀和分层,番茄汁需要进行均质。均质可以提高汁液的均匀度,提高产品的品质。

(7) 高温杀菌热灌装和密封　番茄汁的杀菌装罐工艺可以采用两种方式:一是均质后,加温到 85~90℃ 趁热装罐,以满为准,然后密封,再进行杀菌,条件为温度 100℃,时间 20min。二是均质后的番茄汁进行高温瞬间杀菌,条件为温度 120℃,时间 40~60s,然后冷却到 90℃ 进行热灌装密封。至于采用哪一种工艺,可根据企业的设备状况和控制的手段而定。相比之下,瞬间杀菌效果好,汁液的风味和口感保持好,易于保存,是目前汁液加工的发展趋势。

(8) 冷却、检验　包装密封完的番茄汁要立即用冷水冷却到 35℃ 以下。因为番茄汁的稠度高,自然冷却缓慢,长时间高温其品质易变坏。人工降温就可以保证产品的质量。根据企业的产品标准,随机抽取样品进行检验,合格后方可放行入库。

(9) 贴标、入库、成品　合格的番茄汁贴上标签,就可入库,作为成品进入市场销售。

原汁或浓缩的番茄汁通常是作为配制饮料的原料。因为它黏稠度较高,口感厚重、浓郁,清爽感差。一般将番茄原汁稀释到65%～70%的浓度,再添加一些香料,就可以制成清爽可口、香味独特的番茄汁饮料。还可以将番茄汁稀释后加入一定量的果汁,如柠檬汁等配制成番茄果汁饮料。番茄汁还可以与其他蔬菜汁调配制成混合蔬菜汁饮料。

3. 注意事项

成品番茄汁在贮藏过程中会产生以下几种沉淀现象:

① 由果肉细碎的颗粒引起的,通常在显微镜下可以观察到少量的沉淀,但一般不会影响番茄汁的风味。

② 成品库存5～7d,会发现许多灰白色沉淀,其形成过程中在番茄汁中出现白色夹杂物,然后逐渐沉到容器底部,再过大约3周后,番茄汁变清,色泽鲜明,沉淀逐渐呈白色粉状聚集在容器底部,味道变酸。

③ 成品下线后约1～2个月,或更长一段时间番茄汁中才出现少量灰白色沉淀,酸度变化不大,在显微镜下也会发现沉淀中有许多微生物。

④ 番茄汁产生淡黄色沉淀,并逐渐产生似用不新鲜原料加工的味道,在显微镜下发现沉淀中有以球菌为主的各种微生物。

原因及防止措施:菌性沉淀主要是由于原料污染率较高、停工以及生产间歇期间卫生条件不符合卫生要求等因素引起的,主要由成品中存在耐热性微生物所致。平酸菌引起的沉淀不会引起胀罐,但番茄汁的化学组成、外观色泽和风味等都会产生变化,后随灰白色沉淀的出现而恶化,使番茄汁呈鲜红色,味道急剧变酸而不能食用。因此,在番茄汁生产过程中要加强卫生管理,控制番茄汁的pH值在4.3以下,装罐前进行高温瞬时杀菌,防止细菌性沉淀的形成。

第四节　果蔬汁加工中常见的质量问题及防止措施

一、变色

不同的果蔬汁饮料会呈现果蔬特有的天然色素的颜色,如卟啉色素、类胡萝卜色素和多酚类色素。在加工、贮藏过程中,因酶促影响和其他化学、物理变化的影响造成一些的颜色变化,包括色素引起的变化和褐变引起的变化。

1. 色素引起的变色

果蔬汁在进行加热处理时,叶绿素蛋白变性释放出叶绿素,同时细胞中的有机酸也释放出来,促使叶绿素与有机酸生成脱镁叶绿素而失去绿色。叶绿素受到光照时会发生光敏氧化反应,生物无色的化合物。若有铜离子存在,就可生成叶绿素铜盐,形成稳定的绿色;类胡萝卜色素属于脂溶性色素,性质较稳定,但对光敏氧化作用非常敏感;多酚类色素包括花青素、花黄素、单宁物质等,都属于水溶性色素,其颜色容易随着环境中pH值的改变而变化。

2. 褐变引起的变色

果蔬汁发生的褐变包括酶褐变和非酶褐变,褐变易使其颜色加深,常在果蔬汁加工初期较明显,非酶褐变则对浅色果蔬汁较为明显。果蔬汁在加工过程中发生的变色多为酶褐变,在贮藏期间发生的变色多为非酶褐变。

(1) 酶褐变　主要发生在破碎、取汁、粗滤、泵输送等工序中。由于果蔬组织破碎，酶与底物的区域化被打破，在有氧条件下，果蔬中的氧化酶（如多酚氧化酶）催化酚类物质氧化变色。对于酶褐变主要的控制方法是：

① 果蔬原料在加工初期进行适当的酶钝化处理，尽快用高温杀死酶活性，一般在 75～90℃热处理 5～7s 即可使大部分多酚氧化酶失活。

② 用柠檬酸、苹果酸、磷酸或抗坏血酸等调节 pH，使其偏离酶活性最高的最适 pH 值范围。多酚氧化酶的最适 pH 值在 6～7 之间，若将果蔬汁饮料 pH 值调整到 4.0 以下，则可明显地抑制酚酶的产生。柠檬酸对酚酶有降低 pH 值和螯合酚酶中含铜辅基的作用，作为褐变抑制剂与抗坏血酸联合使用，切开后的水果浸在这类酸的稀溶液中即可。苹果酸是苹果汁中的主要有机酸，在苹果汁中对酚酶的抑制作用显著。抗坏血酸使用更方便，浓度大也无异味，对金属无腐蚀作用，可更有效的抑制酚酶活性，只是费用较高。

③ 加工中注意脱氧。氧气是酚酶发生氧化反应的必需底物之一，脱去果蔬汁原料或产品中的氧气，则可明显地抑制偶联褐变产生。

④ 对于含胡萝卜素的果蔬汁饮料必须采用避光包装和避光贮存。

⑤ 加工中要避免接触铜铁等非不锈钢容器和用具等。

(2) 非酶褐变　包括三种主要机制，即羰氨反应褐变、焦糖化褐变和抗坏血酸氧化褐变。对于非酶褐变控制的办法是：

① 防止过度的热力杀菌和尽可能地避免过长的受热时间。

② 控制 pH 在 3.3 以下，羰氨反应一般在碱性条件下较易进行，降低 pH 值是控制这类褐变的方法之一。

③ 降低温度可减缓所有的化学反应速度，使制品贮藏在较低温度下。如 10℃或更低的温度可以延缓非酶褐变的进程。

④ 用亚硫酸及其盐类进行处理，羰基可与亚硫酸根生成加成产物，此加成产物与 $R-NH_3$ 反应的生成物不能进一步生成 Shiff 碱，可抑制羰氨反应褐变。

⑤ 使用不易发生褐变的糖类。游离羰基的存在是发生羰氨反应的必要条件，因此在蔗糖不发生水解的条件下，可用蔗糖代替还原糖，果糖比带有醛基的葡萄糖更难与氨基结合，必要时可用来代替葡萄糖。

⑥ 用葡萄糖氧化酶及过氧化氢酶的混合酶制剂除去食品中的微量葡萄糖和氧气。氧化酶可把葡萄糖氧化为不与氨基化合物结合的葡萄糖酸。

⑦ 钙离子可与氨基酸结合为不溶化合物，因此钙盐具有协同二氧化硫控制褐变的作用。

⑧ 贮藏中注意避光。

二、浑浊果蔬汁的稳定性

浑浊果蔬汁是一个果胶、蛋白质等亲水胶体物质组成的胶体系统，其 pH、离子强度，尤其是保护胶体稳定性物质的种类与用量不同等，都会对浑浊果蔬汁的稳定性产生影响。浑浊果蔬汁为多相不稳定体系，可以从减少固体颗粒体积，减少固体颗粒与果蔬汁体系的密度差及增大果蔬汁黏度等方面增加浑浊果蔬汁的稳定性来考虑。所以一方面要掌握好均质处理的压力和时间条件，另一方面要配合使用好稳定剂（如黄原胶、海藻酸钠、明胶、CMC 等）的种类和用量。金属离子螯合剂往往也是浑浊果蔬汁稳定剂不可缺少的成分。

浑浊果蔬汁产生分层主要由于以下几个方面原因：

① 果蔬汁中残留有果胶酶，使得浑浊果蔬汁在果胶酶的作用下逐步水解而失去胶体性质，从而造成果蔬汁的黏度下降，引起悬浮颗粒沉淀。

② 加工用水中的盐类与果蔬汁中的有机酸等发生反应，破坏了果蔬汁体系的 pH 值和电性平衡，也会引起胶体物质和悬浮颗粒产生沉淀。

③ 微生物的大量繁殖可分解果蔬汁中的果胶，并产生沉淀物质。

④ 调配时，糖中含有蛋白质，它与单宁发生沉淀反应。

⑤ 香精用量不适造成果蔬汁的分层沉淀。

⑥ 果蔬汁中的果肉颗粒太大。

⑦ 果蔬汁中含有气体，当气体吸附到果肉上时会使果肉的浮力增大，从而造成分层。

⑧ 果蔬汁中果胶含量较少，且未加其他增稠剂，造成体系的黏度低，导致果肉颗粒因缺乏浮力而沉淀。

因为引起浑浊果蔬汁沉淀的原因是多方面的，其防止措施也因情况而定。浑浊果蔬汁在榨汁前后对果蔬原料和果蔬汁进行加热处理，破坏果胶酶的活性，然后进行严格的均质、脱气和杀菌。这是防止果蔬汁沉淀的主要措施。

三、绿色果蔬汁的色泽保持

绿色果蔬汁的色泽源于叶绿体，叶绿体的基本结构为四个吡咯环的共轭体系，其中四个氮与镁配合成金属配合物，在酸性条件下容易被 H^+ 取代变成脱镁叶绿素，色泽变暗。其护绿步骤为：

① 清洗后的绿色蔬菜在稀碱液中浸泡 30min，使游离出的叶绿素皂化水解为叶绿酸盐等产物，绿色则更加鲜亮。

② 用稀的 NaOH 溶液烫漂，废水中浸 2min，使叶绿素酶钝化，同时中和细胞中释放出来的有机酸。

③ 用极稀的硫酸铜（如 0.02％，pH＝8.0）浸泡 8h，然后用流动水漂洗 30min，最后使得叶绿酸钠变成了叶绿酸铜钠。

四、柑橘类果汁的苦味与脱苦

柑橘类果汁在加工过程中或加工后易产生苦味，成分主要是黄烷酮糖苷类和三萜类化合物。属于黄烷酮糖苷类的主要有柚皮苷、橙皮苷、枸橘苷等，通常被称为前苦味物质，主要存在于白皮层、种子、囊衣，是葡萄柚、早熟温州蜜柑的主要苦味物质；属于三萜类化合物的主要有柠碱、诺米林、艾金卡等，被称为后苦味物质，是橙类的主要苦味物质，在果汁中表现为"迟发苦味"。可采用以下几种措施来控制：

① 选择优质原料。选用含苦味物质含量少的种类、品种为原料，果实要充分成熟。

② 改进取汁方式。压榨取汁时要尽量减少苦味物质的溶入，防止种子被压碎。如有条件，可选用柑橘专用挤压锥汁设备，同时还要注意缩短悬浮果浆与果汁接触的时间。

③ 酶法脱苦。可采用柚皮苷酶和柠檬碱前体脱氢酶处理，以水解枯萎物质，这样可有效地减轻苦味。

④ 吸附或隐蔽以脱苦。可采用聚乙烯吡咯烷酮、尼龙 66 等吸附剂则可有效吸附苦味物质；添加蔗糖、β-环状糊精、新地奥明和二氢查耳酮等物质，可有效提高苦味物质的苦味阈值，从而达到掩蔽苦味作用。

五、微生物引起的败坏

果蔬汁在加工过程中杀菌不彻底或者杀菌后有微生物的再污染，包括灌装时容器、设备、环境的微生物以及密封不严时微生物的重新侵入等，则残留和再污染的微生物在果蔬汁贮藏过程中生长繁殖，引起果蔬汁饮料的败坏。

微生物的侵染和繁殖引起的败坏可表现在变味（馊味、酸味、臭味、酒精味和霉味），也可引起长霉、浑浊和发酵。具体的防止措施如下：

① 采用新鲜、完整、无霉烂、无病虫害的果实原料，加工用水及各种食品添加剂必须符合有关卫生标准。

② 保证果蔬汁质量的前提下，进行充分杀菌处理，彻底杀灭果蔬汁中的有害微生物。

③ 在加工生产过程中，严格控制卫生条件，车间、设备、用具及包装容器都要严格进行消毒，严控加工工艺流程，缩短工艺流程的时间。

④ 严控密封质量，防止泄露，进行冷却时用水必须符合饮用水标准。

⑤ 及时进行抽样保温处理，一旦发现带菌现象，要及时找出原因以指导生产。

【本章小结】

本章主要介绍了常见的果蔬加工技术。首先介绍了果蔬汁的分类：原果蔬汁、浓缩果蔬汁和果汁粉。接着介绍了果蔬加工过程中的具体操作步骤：原料的选择、挑选与清洗、取汁前的预处理、榨汁和浸提、粗滤，澄清果蔬汁的澄清与精滤、浑浊果蔬汁的均质和脱气、浓缩果蔬汁的浓缩与脱水，果蔬汁的调和与混合、杀菌与包装等；以柑橘原汁、苹果原汁、番茄汁为例，介绍了果蔬汁的工艺流程与要点；最后介绍了果蔬汁加工过程中常见的质量问题：变色、浑浊果蔬汁的稳定性、绿色果蔬汁的色泽保持、柑橘类果汁的苦味与脱苦、微生物引起的败坏等，并给出了具体的解决措施。

【复习思考题】

1. 果蔬汁是如何分类的？
2. 果蔬汁的加工主要有哪些步骤？
3. 原料取汁前的预处理包括哪些方面？各有什么要求？
4. 榨汁有哪些方式？如何操作？
5. 原果蔬汁的保存有哪些方法？
6. 果汁生产上常用的澄清方法主要有哪些？各有什么要求？
7. 果汁的精滤方式有哪几种？
8. 浑浊果蔬汁是如何进行均质和脱气的？
9. 浓缩果蔬汁是如何浓缩与脱水的？浓缩方式有哪几种？
10. 果蔬汁的调整包括哪些方面？各是如何进行的？
11. 果汁的杀菌方式有哪些？各有什么要求？
12. 柑橘原汁的生产工艺流程是怎样的？其操作要点包括哪些方面？
13. 苹果汁的工艺流程是如何进行的？操作要点各有什么要求？
14. 澄清苹果汁、浑浊苹果汁和浓缩苹果汁在加工步骤上有何异同？
15. 番茄汁的工艺流程和操作要点是怎样的？加工过程中应注意什么？
16. 引起果蔬汁变色的因素有哪些？
17. 酶褐变主要的控制方法有哪几种？
18. 非酶褐变的控制措施有哪些？
19. 引起浑浊果蔬汁产生分层的原因有哪些？
20. 绿色果蔬汁如何护色？
21. 如何进行柑橘类果汁的脱苦？
22. 微生物容易引起哪些败坏？应采取什么措施去控制？

【实验实训六】 柑橘汁的加工

一、技能目标

掌握柑橘汁的工艺流程和操作要点；了解柑橘汁的除油原理；掌握柑橘汁制作过程中常见质量问题及解决措施；掌握柑橘汁的成品质量要求和验收标准。

二、主要材料及仪器

1. 原辅料：柑橘 50kg，白砂糖 30kg、柠檬酸、氢氧化钠（1%～2%）各适量，洗涤剂、氯化水。

2. 仪器设备：不锈钢刀、不锈钢锅、电热炉、辊式分级机、喷淋式清洗机、针刺式除油机、离心分离机、榨汁机、打浆机、离心喷雾式脱气机、均质机、杀菌锅、冷冻浓缩设备。

三、工艺流程

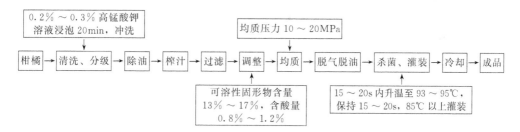

四、操作步骤

1. 原料选择：宜选择汁液丰富、出汁率高、香气浓郁的品种，如锦橙、哈姆林、先锋橙、夏橙、脐橙、雪橙、柠檬、葡萄柚、温州蜜柑等品种。果实要充分成熟、新鲜、未腐烂。

2. 清洗、分级：先用清水或 0.2%～0.3% 高锰酸钾溶液浸泡 20min，然后冲洗去果皮上的污物，捞起沥干并分级备用。

3. 除油：清洗后的果实接着进入针刺式除油机，果皮在机内被刺破，果皮中的油从油胞中逸出，随喷淋水流走，再用碟式离心分离机就可以从甜橙油和水的乳浊液中把甜橙油分离出来，分离残液经循环管道再进入除油机中作喷淋水用。

4. 榨汁：甜橙、柠檬、葡萄柚等严格分级后用 FMC 压榨机和布朗榨汁机取汁；宽皮橘可用螺旋压榨机、刮板式打浆机及安迪生特殊压榨机取汁。如无压榨机可用简易榨汁机或手工去皮取汁。

5. 过滤：用 0.3mm 筛孔的过滤机过滤，使果汁含果浆 3%～5% 左右，或将果汁用 3～4 层纱布过滤。

6. 调整：测定原汁的可溶性固形物含量和含酸量，将可溶性固形物含量调整至 13%～17%，含酸量调至 0.8%～1.2%。

7. 均质：使用高压均质机在 10～20MPa 的压力下将调整后的柑橘汁均质。也可用胶体磨均质。

8. 脱气脱油：采用热力脱气或真空脱气机进行脱气去油。柑橘汁经脱气后应保持精油含量在 0.15%～0.25% 之间。

9. 杀菌、灌装：采用巴氏杀菌，在 15～20s 内升温至 93～95℃，保持 15～20s，降温至

90℃，趁热保温在85℃以上灌装于预消毒的容器中。

10. 冷却：装罐（瓶）后的产品应迅速冷却至38℃。

五、产品质量标准

色泽呈橙黄色，具有鲜橘汁的香味，酸甜适口，无异味，汁液均匀浑浊，静置后允许有少量沉淀，摇动后仍呈均匀浑浊状。可溶性固形物15%～17%，糖度12.5%～16%，总酸0.8%～1.6%。

【实验实训七】 葡萄汁的加工

一、技能目标

掌握葡萄汁的工艺流程和操作要点；能够解决葡萄汁生产过程中常见质量问题；能够根据现有工艺进行改进和创新。

二、主要材料及仪器

1. 原辅料：葡萄50kg，0.03%高锰酸钾溶液、柠檬酸、偏酒石酸溶液、单宁、明胶各适量。白砂糖30kg。

2. 仪器设备：不锈钢锅、不锈钢刀、电热炉、破碎机、榨汁机、杀菌锅、抗酸涂料罐。

三、工艺流程

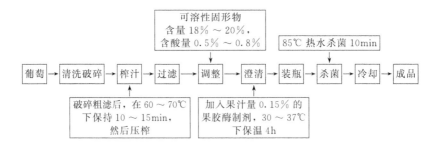

四、操作步骤

1. 原料选择：美洲种葡萄以康克为最好，果实含丰富的酸，风味显著而独特，色泽鲜丽。其果汁在透光下呈深红色，在反射光下呈紫红色。康克加工适性良好，果汁十分稳定，加热杀菌和贮藏过程都不会变色、沉淀或产生煮过味。其他常用品种还有玫瑰露、渥太华、奈格拉、玫瑰香等。制汁的原料要求果实新鲜良好、完全成熟、呈紫色或乌紫色、无腐烂及病虫害。未熟果的色、香、味差，酸味浓；过熟果、机械损伤果易引起酵母繁殖，风味不正。

2. 选择清洗：剔除不合格原料，摘除未熟果、裂果、霉烂果等。用0.03%的高锰酸钾溶液浸果3min，再用流动水漂洗干净。

3. 去梗破碎：葡萄果梗含单宁物质1%～2.5%，含酸0.5%～1.5%，此外还含有苦味物质，葡萄连梗浸泡加热。这些成分会溶出而使果汁带有涩味和不良的果梗味。所以，一定要去除果梗，同时进一步挑选，剔除不合格果粒。去梗后用破碎机破碎，或使用葡萄联合破碎机同时完成去梗及破碎处理。

4. 榨汁：除去果梗，破碎后用筛子先行粗滤，再取全部果皮，加入部分果汁，于60～70℃温度中保持10～15min，以提取色素，然后压榨；压榨时加入0.2%果胶酶和0.5%的精制木质纤维素可提高出汁率，压榨后再用同样办法提取色素一次，再行压榨。

5. 果汁调整：测定果汁含糖量和含酸量，将糖调整到 18%～20%，有机酸调整 0.5%～0.8%。

6. 澄清：将果汁加热至 80℃，除去泡沫，倒入预先经过杀菌的容器中，密封，贮存于 -2～5℃ 的冷库（或冰箱）中，贮存一个月，使果汁澄清，以除去酒石和蛋白质等悬浮物。除去酒石的汁液，经 80℃ 杀菌，冷却至 30～37℃，加入果胶酶制剂，用量为果汁的 0.15%，并在 37℃ 条件下保温 4h，即澄清。若温度低于 37℃，澄清时间会相对延长。

7. 装瓶、杀菌：用虹吸法吸出清汁，装瓶，于 80℃ 热水中杀菌 10min。分段冷却至 35℃。

五、注意事项

1. 葡萄汁有冷榨和热榨两种方法。淡色原料可用冷榨取汁，风味好；在破碎时加入抗坏血酸，具有改善果汁色泽和风味的效果。热榨用于深色果粒进行加热提色，温度一般控制不超过 65℃。温度过高易使果皮和种子中的单宁大量溶出，引起果汁的苦涩味。

2. 添加偏酒石酸防止葡萄汁酒石沉淀。2% 偏酒石酸液的制备方法是：偏酒石酸 1kg，加水 49kg，浸泡 2h（经常搅拌），加热煮沸 5min，充分搅拌使其溶解，用绒布过滤，调整至总量为 50kg，放在冰水中迅速冷却。

冷冻法亦可防止酒石沉淀。新榨出的果汁，经瞬间加热至 80～85℃，迅速冷却到 0℃ 左右，在 -5～-2℃ 条件下，静置贮藏 1 个月，使酒石沉淀析出。或急速冷却至 -18℃，保存 4～5 个月，再移至室温中解冻，使酒石沉淀。

3. 加工中，严防与钢、铁金属接触，防止变色。加工葡萄汁必须用抗酸涂料罐。

4. 葡萄汁还可采用瞬间加热法，当温度达到 93℃ 后立即装罐密封，倒罐 1～2min 后冷却。

六、产品质量标准

产品呈紫红色或浅紫红色，具有葡萄鲜果酯香味，酸甜适口，无异味。清澈透明，长期静置后允许有少量沉淀和酒石结晶析出。可溶性固形物含量（以折光计）为 15%～18%，总酸度（以酒石酸计）为 0.4%～1%。无致病菌检出，无微生物引起的腐败。

第五章 果蔬糖制品加工技术

> **教学目标**
> 1. 了解果蔬糖制品的分类。
> 2. 明确果蔬糖制品加工的基本原理。
> 3. 掌握果脯、蜜饯、果酱、果冻等果蔬糖制品的加工技术。
> 4. 明确糖制品在加工过程中常见的质量问题,掌握解决的方法和途径。

糖制品是以果蔬为主要原料,利用高浓度糖的保藏作用制作成的一类产品,糖制品加工是中国古老的食品加工方法之一。早在西周人们就利用蜂蜜熬煮果品蔬菜制成各种加工品,并冠以"蜜"字,称为蜜饯。甘蔗糖的发明和应用,大大促进和推动了糖制品加工的迅速发展。到了宋代,糖制品的加工方法日臻完善。《武林旧事》中记载的"雕花蜜饯"就是例证。如今苏式蜜饯中的"雕梅"、"糖佛手"和湖南蜜饯中的"花卉"、"鱼鸟"等,便是雕花蜜饯工艺的继承和发展。以北京、苏州、广州、潮州、福州等地的产品为代表的中国传统蜜饯,品种繁多,风味独特,在市场上享有很高的声誉。

糖制品对原料的要求一般不高,可充分利用果蔬的皮、肉、汁、渣,或残果、次果、落果,甚至一些不宜生食的果实如橄榄、梅子等,以及一些野生果实如刺梨、毛桃、野山楂等,是果蔬产品综合利用的重要途径之一,可产生良好的经济和社会效益,对广大果蔬产区和山区经济的发展具有重要的促进作用。

第一节 果蔬糖制品的分类

蜜饯、果脯等糖制品种类繁多,据不完全统计约在 200 种以上。虽然产品品种名目繁多,但大部分产品之间有许多共同之处,对它们进行系统分类,有助于我们对果蔬糖制品加深了解和进行深入研究。

中国自古就把蜜饯分成"南蜜、北蜜",但事实上,如果从形式上和习惯上来讲,南方主要称蜜饯,北方则叫果脯。之所以有如此称呼,主要是以蜜饯偏湿,而果脯趋于干态来区分,也就是说南方以湿态制品为生,北方则以干态制品居上。从这种称呼来看,无形之中蜜饯的含义已经相对缩小了许多。但如果再按各地区的习惯称呼来划分,则又有:果脯(北京,北方一带)、蜜饯(福建、江苏等地)、凉果(广西)、果子(广东)之说。

糖制品按原料来源不同分:①果品类:桃、李、杏、山楂、苹果等;②蔬菜类:冬瓜、萝卜、姜;③花卉类:玫瑰花、桂花等;④食用菌:蘑菇、草菇等;⑤药材类:首乌、山药等。

从制品的最终含糖量分:①高糖:含糖量为 65%～85%,果脯、蜜饯,如冬瓜条、苹果脯、糖姜片等;②中糖:含糖量 50% 左右,凉果类(草制品),如嘉应子、津香榄等;③低糖:含糖量 20%,话梅类,如话李、话榄等。

本文将依据加工方法和成品的形态,即按果脯蜜饯和果酱蜜饯两大类讲述。

一、果脯蜜饯类
1. 按产品形态及风味分类

（1）果脯　又称干态蜜饯，基本保持果蔬形状的干态糖制品。如苹果脯、杏脯、桃脯、梨脯、蜜枣以及精制姜片、藕片等。

（2）蜜饯　又称糖浆果实，是果实经过煮制以后，保存于浓糖液中的一种制品。如樱桃蜜饯、海棠蜜饯等。

（3）糖衣果脯　果蔬糖制并经干燥后，制品表面再包被一层糖衣，呈不透明状。如冬瓜条、糖橘饼、柚皮糖等。

（4）凉果　指用盐坯为主要原料的甘草制品。原料经盐腌、脱盐晒干，加配料蜜制，再晒干而成。制品含糖量不超过35%，属低糖制品，外观保持原果形，表面干燥，皱缩，有的品种表面有层盐霜，味甘美，酸甜，略咸，有原果风味。如陈皮梅、话梅、橄榄制品等。

2. 按产品传统加工方法分类

（1）京式蜜饯　主要代表产品是北京果脯，又称北蜜、北脯。据传从明代永乐十八年明咸祖朱棣迁都北京时，就被列为宫廷贡品。如备种果脯、山楂糕、果丹皮等。

（2）苏式蜜饯　主产地苏州。历来选料讲究，制作精细，形态别致，色泽鲜艳，风味清雅，是中国江南一大名特产。代表产品有两类：

① 糖渍蜜饯类。表面微有糖液，色鲜肉脆，清甜爽口，原果风味浓郁。如糖青梅、雕梅、糖佛手、糖渍无花果、蜜渍金柑等。

② 返砂蜜饯类。制品表面干燥，微有糖霜，色泽清新，形态别致，酥松味甘。如白糖杨梅、苏式话梅、苏州橘饼等。

（3）广式蜜饯　以凉果和糖衣蜜饯为代表产品。主产地广州、潮州、汕头。已有1000多年的历史，大量出口东南亚和欧美。

① 凉果。甘草制品，味甜、酸、咸适口，回味悠长。如奶油话梅、陈皮梅、甘草杨梅、香草芒果等。

② 糖衣蜜饯。产品表面干燥，有糖霜，原果风味浓。如糖莲子、糖明姜、冬瓜条、蜜菠萝等。

（4）闽式蜜饯　主产地福建漳州、泉州、福州，以橄榄制品为主产品，是中国别树一帜的凉果产品。制品最大特点是肉质细腻致密，添加香味突出，爽口而有回味。如大幅果、丁香橄榄、加应子、蜜桃片、盐金橘等。

（5）川式蜜饯　以四川内江地区为主产区，始于明朝，有名传中外的橘红蜜饯、川爪糖、宜辣椒、蜜苦瓜等。

二、果酱类

果酱类制品主要有果酱、果冻、马茉兰和果泥等。

1. 果酱

果酱分泥状和块状两种。将去皮、去核（心）的果实，软化磨碎或切块，加入砂糖熬制（含酸或果应量低的果实可适量加酸和果胶），经加热浓缩至可溶性固形物达65%～70%，灌装后杀菌而成。

2. 果冻

将果实加水或不加水煮沸，再压榨、取汁、过滤、澄清，然后加入砂糖、柠檬酸或苹果酸等配料，加热浓缩至可溶性固形物达65%～70%，灌装后杀菌而成。果冻应具有光滑透明及果实原有的芳香味，凝胶软硬适度，从罐内倒出时保持完整光滑的形状，切割时有弹性，切面光滑。

根据配料及产品要求不同，果冻又可分为以下几种：

① 纯果冻或果实果冻。采用单种或数种果汁混合，加入砂糖、柠檬酸等配料加热浓缩制成。

② 果胶果冻。采用水、果酸、砂糖、果胶等按比例配合制成。

③ 果胶果实果冻。上述①、②混合制成。

④ 人工果冻。采用饴糖（淀粉糖浆）、葡萄糖、果胶、琼脂、香料、色素等配合制成。

3. 马茉兰

使用柑橘类原料生产，制造方法与果冻一样。但配料中加入有适量用柑橘类外果皮切成的条状薄片，这些薄片经糖渍呈透明状，均匀分布于果冻中，质地软滑，并具有柑橘皮特有的风味。

4. 果泥

制造方法基本与果酱相似，主要是配方不同。果泥一般使用单种或数种水果混合后经软化打浆，再加入适量砂糖（或不加糖），加热浓缩至稠厚泥状。加入砂糖者，其终点可溶性固形物达65%～68%出锅，出锅前加入香料、油脂或奶油等配料。

5. 糖浆水果

果实切成块或保持整形，以糖液加热分段浓缩至可溶性固形物达65%～70%，灌装后杀菌而成。开罐时要求果实应保持应有的体形或块状，固形物符合标准要求。

6. 水果沙司

水果经去皮、去核、破碎、软化后打浆，加入适量浓缩糖液；加热浓缩至可溶性固形物达18%～20%即可（有加入牛奶和奶油等配料者），包装及杀菌方法与果酱相同。

7. 果丹皮

果丹皮是果泥干燥成皮状的糖制品。在果泥中加糖搅拌，刮片、烘干、成卷或切片，用玻璃纸包装的制品。如苹果果丹皮、山楂果丹皮等。

第二节 糖制品加工的基本原理

糖制品是以食糖的保藏作用为基础的加工保藏法，食糖的种类、性质、浓度及原料中果胶含量和特性对产品的质量和保藏都有很大的影响。因此，了解食糖的保藏作用和理化性质以及果胶等植物胶的性质，对于科学调控生产、获得优质耐藏的产品有重要的意义。

一、食糖的种类

加工糖制品所用的食糖，主要有以下几种。

1. 白砂糖

白砂糖（甘蔗糖、甜菜糖）是加工糖制品的主要用糖。因其纯度高、风味好、色泽淡、取用方便和保藏作用强，在糖制品上用量最大，应用量广。

2. 饴糖

饴糖是用淀粉水解酶水解淀粉生成的麦芽糖和糊精的混合体。其中含麦芽糖53%～60%，糊精13%～23%，其余多为杂质。麦芽糖决定饴糖糟的甜味，糊精决定饴糖的黏稠度。淀粉水解愈彻底，麦芽糖生成量愈多，则甜味愈浓；反之淀粉水解不完全，糊精偏多，则黏稠度大而甜味小。饴糖在糖制时下单独使用。为防止糖制品晶析，常加用部分饴糖。

3. 淀粉糖浆

淀粉糖浆主要含有葡萄糖和糊精。其中葡萄糖占30%～50%，糊精占30%～45%，非糖有机物占9%～15%。淀粉糖浆一般也不单独使用。为防止精制品返砂，常加用部分淀粉糖浆。

4. 蜂蜜

主要成分为转化糖（果糖和葡萄糖），占66%～70%，其次还含有0.03%～4.4%的蔗糖和0.4%～12.9%的糊精。中国蜂蜜品种繁多，习惯上按蜜源花种划分，如刺槐蜜、枣花蜜、油菜蜜等，但以浅白色质量最好。蜂蜜在糖制加工中适量加入，可增进风味，增加营养，防止制品晶析。

二、食糖的保藏作用

1. 高渗透压作用

食糖不是杀菌剂，而是一种保藏剂。糖溶液可产生一定的渗透压，浓度越高，渗透压越大。1%葡萄糖可以产生121.5kPa的渗透压，1%蔗糖溶液可产生72.9kPa的渗透压，当蔗糖发生转化时，溶液中的糖分子数增多，溶液的渗透压也随之增大。大多数微生物细胞的渗透压为354.6～1692.1kPa。因此，糖制品中糖液的渗透压远远超过微生物细胞的渗透压，这些微生物在高渗透压的糖液中一般不能活动。因其细胞水分在高渗透压下会通过细胞膜向外流出；原生质因此而脱水出现生理干燥，甚至导致质壁分离。但对于个别耐高渗透压的酵母及霉菌，必须把糖浓度提高到70%，但蔗糖在20℃时的溶解度仅为67.1%，制品在贮存过程中还可能发生霉变。如果糖液中的转化糖与蔗糖量相等，当达到饱和时，产品的可溶性固形物可达到75%，可以安全地贮存。一般糖制品的含糖量达到60%～65%，或者可溶性固形物达到68%～75%时，便获得了良好的保藏性。拟长期保藏的果酱类、蜜饯类制品以及低糖制品，还可以通过提高酸度、添加防腐剂或用罐藏手段乃至真空包装等措施使其得以安全地存放。

2. 降低水分活度作用

糖可以降低糖制品的水分活性。随着制品中糖浓度的增加，制品的水分活性也下降。新鲜果蔬的水分活性为0.98～0.99，正适合微生物的生长繁殖。经糖制后，制品的水分活性降低，微生物可以利用的水分大大减少，抑制了微生物的活动。干态蜜饯的水分活度为0.65以下，几乎阻止了一切微生物的活动，果酱类制品的水分活性为0.75～0.80，需要配合有良好的包装才能防止耐渗透压的酵母菌和霉菌的侵染与活动。不同糖浓度与水分活性的关系如表5-1。

表5-1 不同糖浓度与水分活性的关系

糖液浓度/%	A_w值	糖液浓度/%	A_w值
8.5	0.995	48.1	0.940
15.4	0.990	58.4	0.900
26.1	0.980	67.2	0.850

3. 抗氧化作用

氧的溶解度随着溶液中糖浓度的增加而下降。20℃时60%的蔗糖溶液的氧溶解度仅为纯水的1/6。因此，糖具有一定的抗氧化作用，这对于糖制品的色泽、风味和维生素等品质和营养成分的保持、阻止需氧菌的生长都有着重要的作用。

三、食糖的基本性质

食糖（以甘蔗糖为主）的理化性质，包括甜度、溶解度、吸湿性、沸点及蔗糖的转化等。对糖制工艺及制品的质量有着重要的影响。

1. 甜度和风味

食糖是食品的主要甜味剂，食糖的甜度影响着制品的甜度和风味。食糖的甜度以口感判断，即以能感觉到甜味的最低含糖量——“味感阈值”来表示，味感阈值越小，甜度越高。果糖的味觉阈值为0.25%，蔗糖为0.35%，葡萄糖为0.55%。若以蔗糖的甜度为基础，其他糖的相对甜度顺序从表5-2可示，果糖最甜，而蔗糖甜于葡萄糖、麦芽糖和淀粉糖浆。若以蔗糖与转化糖作比较，当糖浓度低于10%时，蔗糖甜于转化糖；高于10%时转化糖甜于蔗糖。

表5-2 相等甜度的糖液浓度（21℃） 单位：%

蔗糖	果糖	葡萄糖	麦芽糖	乳糖	淀粉糖浆(42D.E)	淀粉糖浆(64D.E)
2.0		3.2		6.0	7.0	5.0
5.0	4.5	7.2	14.0	13.1	15.7	10.4
10.0	8.7	12.7	21.0	20.7	25.1	17.9
15.0	12.8	17.2	27.5	27.8	33.3	23.2
20.0	16.7	21.8	34.2	33.8	42.8	28.2
25.0		27.5			51.0	35.0
30.0		31.5			55.0	41.0
40.0		40.5				50.0
50.0		50.5				

注：空白项表示无数据。

温度对甜味有一定的影响。以10%的糖液为例，低于50℃时，果糖甜于蔗糖；高于50℃时，蔗糖甜于果糖。这是因为不同温度下果糖异构物间的相对比例不同，温度较低时较甜的β-异构体比例较大。

葡萄糖有二味，先甜后苦、涩带酸；蔗糖风味纯正能迅速达到最大甜度。单纯的甜味会使制品风味过于单调，且不能显示制品品种的特性。因而制品的综合风味仍需由糖的甜味与辅助成分如酸味、咸味、香料及果蔬本身的特殊风味相互调协，配合适当，才能形成。如蔗糖与食盐共存时，能降低甜咸味，而产生新的特有的风味，这也是南方凉果制品的独特风格。在番茄酱的加工中，也往往加入少量的食盐，能使制品的总体风味得到改香。

2. 溶解度和晶析

糖的溶解度与晶析对糖制品的保藏性影响很大。糖溶解是指在一定的温度下，一定量的饱和糖液内溶有的糖量。当糖制品中液态部分的糖含量在某一温度下达到过饱和时糖会结晶析出，也称返砂，液态部分糖的浓度由此降低，也就削弱了产品的保藏性，制品的品质也因此受到破坏。但在蜜饯加工中有些产品也正是利用了晶析这一特点，来提高制品的保藏性，适当控制过饱和率，给干态蜜饯上糖衣，如冬瓜条、琥珀桃仁等。

糖的溶解度随温度的升高而加大。在不同的温度下，不同种类的糖溶解度是不同的。如表5-3所示，10℃时蔗糖的溶解度为65.5%，约等于糖制品要求的含糖量。因此，糖煮时糖浓度过大，糖煮后贮藏温度低于10℃，则会出现结晶而影响质量。由表5-3还可看出，60℃时蔗糖与葡萄糖的溶解度大致相等；高于60℃时葡萄糖的溶解度高于蔗糖，而低于60℃时则

表5-3 不同温度下食糖的溶解度

种类 \ 温度/℃	0	10	20	30	40	50	60	70	80	90
蔗糖	64.2	65.5	67.1	68.7	70.4	72.2	74.2	76.2	78.4	80.6
葡萄糖	35.0	41.6	47.7	54.6	61.8	70.9	74.7	78.0	81.3	84.7
果糖		56.6	78.9	81.5	84.3	86.0				
转化糖			62.6	69.7	74.8	81.9				

蔗糖的溶解度高于葡萄糖。10℃以上时，果糖的溶解度远大于蔗糖和葡萄糖，高浓度的果糖一般以浆体存在。转化糖的溶解度受本身葡萄糖和果糖含量的影响，故低于果糖而高于葡萄糖，30℃以下低于蔗糖，30℃以上高于蔗糖。

糖制加工中，为防止蔗糖的返砂，常加部分饴糖、蜂蜜或淀粉糖浆。因为这些食糖和蜂蜜中含有多量的转化糖、麦芽糖和糊精，这些物质在蔗糖结晶过程中，有抑制晶核生长、降低结晶速度和增加糖液饱和度的作用。此外，糖制时加入少量果胶、蛋清等非糖物质，也同样有效。另外也可在糖制过程中促使蔗糖转化，防止制品中糖的结晶。

纯粹的葡萄糖溶液其渗透压大于同浓度的蔗糖溶液，具有很好的保藏性。但在室温下其溶解度很小，容易结晶，故不适宜单独使用。糖制品在糖煮时，如果蔗糖过度转化，形成较多的葡萄糖，则同样会发生葡萄糖结晶。因此，一些含酸量过高的原料与先脱酸，后糖煮，或者控制适当的糖煮时间，以防止蔗糖的过度转化，引起葡萄糖结晶。

3. 吸湿性和潮解

糖具有吸收周围环境中水分的特性，即糖的吸湿性，糖的吸湿性对果蔬糖制品的影响主要是吸湿后降低了糖液浓度和渗透压，因而削弱了糖的保藏作用，容易引起制品败坏和变质。

糖的吸湿性与糖的种类及相对湿度密切相关（表5-4）。食糖的吸湿性以果糖最大，葡萄糖和麦芽糖次之，蔗糖为最小。各种结晶糖的吸湿量（%）与环境中的相对湿度呈正相关，相对湿度越大，吸湿量就越多。当吸水达15%以上时，各种结晶糖便失去晶体状态而成为液态。纯蔗糖结晶的吸湿性很弱，在相对湿度（RH）为81.8%以下时，吸湿量仅为0.05%，吸湿后只表现潮解和结块。果糖在同样条件下，吸湿量达18.58%，完全失去晶态而呈液态。

表5-4 糖在25℃中7d内的吸湿率　　　　　　　　　　　　单位：%

糖的种类 \ RH	62.7%	81.8%	98.8%	糖的种类 \ RH	62.7%	81.8%	98.8%
果糖	2.61	18.58	30.74	蔗糖	0.05	0.05	13.53
葡萄糖	0.04	5.19	15.02	麦芽糖	9.77	8.80	11.11

在生产中也常利用转化糖吸湿性强的特点，让糖制品含适量的转化糖，这样便于防止产品发生结晶（或返砂）。但也要防止因转化糖含量过高，引起制品流汤霉烂变质。含有一定数量转化糖的糖制品必须用防潮纸或玻璃纸包裹。

4. 沸点

糖液的沸点温度随糖液浓度的增加而升高，如表5-5。在1.01325MPa的条件下不同浓度果汁-糖混合液的沸点如表5-6。糖液的沸点还随着海拔高度的增加而降低，如表5-7。此外，浓度相同而种类不同的糖液其沸点也不同，如表5-8。

通常，在糖制过程中，需利用糖液沸点温度的高低，掌握糖制品所含的可溶性固形物的含量，判定煮制浓缩的终点，以控制煮制浓缩的时间。如果脯煮制时糖液沸点达107~108℃时，其可溶性固形物可达75%~76%，含糖量可达70%。由于果蔬在糖制过程中，蔗糖部分被转化，加之果蔬所含的可溶性固形物也较复杂，其溶液的沸点，并不能完全代表制品中的含糖量，只是大致表示可溶性固形物的多少。因此，在生产之前要做必要的试验，或者还须结合其他的方法来确定煮制的终点。

5. 蔗糖的转化

表 5-5　蔗糖溶液的沸点（1.01325MPa）

含糖量/%	10	20	30	40	50	60	70	80	90
沸点/℃	100.4	100.6	101.0	101.5	102.0	103.6	105.6	112.0	113.8

表 5-6　果汁-糖混合液的沸点

可溶性固形物/%	沸点/℃	可溶性固形物/%	沸点/℃
50	102.22	64	104.6
52	102.5	66	105.1
54	102.78	68	105.6
56	103.0	70	106.5
58	103.3	72	107.2
60	103.7	74	108.2
62	104.1	76	109.4

表 5-7　不同海拔高度下蔗糖溶液的沸点温度

含糖量/%	海平面	305m	610m	915m	含糖量/%	海平面	305m	610m	915m
50	102.2	101.2	100.1	99.1	65	104.8	103.8	102.6	101.7
60	103.7	102.7	101.6	100.6	66	105.1	104.1	102.7	101.8
64	104.6	103.6	102.5	101.4	70	106.4	105.4	104.3	101.3

表 5-8　不同浓度的蔗糖和葡萄糖的沸点温度

糖液浓度/%	蔗糖	葡萄糖	糖液浓度/%	蔗糖	葡萄糖
20	100.6	101.4	60	103.0	105.7
40	101.5	102.9			

蔗糖是非还原性双糖，经酸或转化酶的作用，在一定温度下可水解生成等量的葡萄糖和果糖，这个转化过程称为蔗糖的转化。转化反应在糖制品中用于提高糖溶液的饱和度，抑制蔗糖结晶，增大制品的渗透压，提高其保藏性。还能赋予制品较紧密的质地，并提高甜度。但制品中蔗糖转化过度，会增强其吸湿性，使制品吸湿回潮而变质。

蔗糖在酸作用下的水解速度与酸的浓度及处理温度呈正相关，在较低和高温下蔗糖转化较快，蔗糖转化的最适 pH 为 2.5，糖制品中的转化糖量达到 30%～40% 时，蔗糖就不会结晶。一般水果都含有适量的酸分，糖煮时能转化 30%～35% 的蔗糖，并在保藏期继续转化而达到 50% 左右。对于含酸量少的原料，可加用少量柠檬酸或酒石酸，以使蔗糖发生转化。对于含酸偏高的原料则避免糖煮时间过长，而形成过多的转化糖，发生葡萄糖结晶或出现流汤。

蔗糖长时间处于酸性介质和高温条件下，其水解产物会生成少量羟甲基呋喃甲醛，这种物质有抑制细菌生长的作用，但它会使制品轻度褐变。在糖制中和贮藏期间也存在着转化糖与氨基酸的黑蛋白反应，这是引起制品非酶褐变的主要原因。由于蔗糖不参与黑蛋白反应，所以食品加工上对于淡色制品，须控制蔗糖过度转化。

生产中制取转化糖时，可按 100 份蔗糖，加 33.6 份水、90 份酒石酸或 118 份柠檬酸，一同加热煮沸维持 30min，然后迅速冷却即得到转化糖浆。

6. 糖的稳定性

各种糖的化学稳定性各不相同。例如：蔗糖是非还原糖，在中性与弱碱性条件下化学稳定性强，不易发生变化，也不易与含氮物质起美拉德反应产生有色物质；但在酸、热的作用下仍会形成转化糖，降低了稳定性。而葡萄糖、果糖、淀粉糖浆、转化糖、麦芽糖、乳糖、蜂蜜等都是还原糖，具有还原性，性质不如蔗糖稳定，相比之下易产生美拉德反应而导致制品不同程度的着色。

果蔬糖制加工时，在高温下糖类易产生焦糖化反应，也会导致制品颜色加深，并使糖液黏稠性增大。制品无法出现"返砂"。这在制取纯白的糖霜制品时，更要注意。

7. 糖的发酵性

细菌、酵母菌及霉菌都可在糖液中发育并使之发酵。其中，细菌能发酵的糖类较少，几乎所有酵母及霉菌都能发酵葡萄糖及淀粉糖浆，大多数酵母及霉菌可发酵麦芽糖，较多数能发酵蔗糖。故蔗糖的发酵性比葡萄糖为低。在果蔬糖制加工中，糖的发酵性有以下各种情况：

① 稀糖液在常温下，不到24h即可发酵变质，浓度越低，发酵变质越快。

② 常首先发现潮湿的糖霉菌类发育繁殖，果蔬糖制品在保存期间，亦常首先出现霉菌发育。

③ 糖类有微生物繁殖时，产生各种极为复杂的变化。稀糖液可见液面产生各种状态的被膜、气泡、黏液，产生各种特有气味及复杂产物（包括酒精、各种酯，各种酸如醋酸、乳酸、草酸、延胡索酸、柠檬酸、葡萄糖酸等）。霉菌类则多见在糖的表面产生各种形态及各种颜色的菌丝体及孢子，菌丝表面多呈粉状。

④ 糖类中微生物的变质程度有时虽较轻，但可令糖液不能再结晶返砂。

四、果胶及其他植物胶

1. 果胶及其胶凝作用

果胶物质以原果胶、果胶和果胶酸三种形态存在于果蔬中。原果胶在酸和酶的作用下能分解为果胶。果胶具有胶凝特性，而果胶酸的部分羧基与钙、镁等金属离子结合时亦形成不溶性果胶酸钙或果胶酸镁而成胶凝。

果胶形成胶凝有两种形态：一是高甲氧基果胶（甲氧基含量在7%以上）的果胶-糖-酸型胶凝，又称为氢键结合型胶凝；另一种是低甲氧基果胶的羧基与钙镁等离子的胶凝，又称为离子结合型胶凝。

（1）高甲氧基果胶的胶凝　果冻的冻胶态，果酱、果泥的黏稠度，果丹皮的凝固态，均是依赖果胶的胶凝作用来实现的。高甲氧基果胶的胶凝原理在于：分散高度水合的果胶束因脱水及电性中和而形成胶凝体。果胶胶束在一般溶液中带负电荷，当溶液pH低于3.5和脱水剂含量达50%以上时果胶即脱水并因电性中和而胶凝。在果胶胶凝过程中酸起到消除果胶分子中负电荷的作用，使果胶分子因氢键吸附而相连成网状结构，构成凝胶体的骨架。糖除了起脱水作用外，还作为填充物使凝胶体达到一定强度。果胶胶凝过程是复杂的，受下述多种因素所制约。

① pH。pH能影响果胶所带的负电荷数，当降低pH，即增加氢离子浓度而减少果胶的负电荷时，易使果胶分子氢键结合而胶凝。当电性中和时，胶凝的硬度最大。产生凝胶时pH的最适范围是2.5~3.5，在此范围之外均不能胶凝。当pH为3.1左右时，胶凝强度最大；pH在3.4时，胶凝比较柔软；pH为3.6时，果胶电性不能中和而相互排斥，就不能形成凝胶，此值即为果胶的临界pH。

② 糖浓度。果胶是亲水胶体，胶束带有水膜，食糖的作用是使果胶脱水后发生氢键结合而胶凝。但只有当含糖量达50%以上时才具有脱水效果，糖浓度愈大，脱水作用就愈强，胶凝速度就愈快。当果胶含量一定时，糖的用量随酸量的增加而减少。当酸的用量一定时，糖的用量随果胶含量提高而降低。如表5-9、表5-10。

表 5-9　果胶凝冻所需糖、酸配合关系（果胶量 1.5%）

总酸量/%	0.05	0.17	0.30	0.55	0.75	1.30	1.50	2.05	3.05
总糖量/%	75	64	61.5	56.5	56.5	53.5	52.0	50.5	50.0

表 5-10　果胶凝冻所需糖、果胶配合关系（酸量 1.5%）

总果胶量/%	0.90	1.00	1.25	1.50	2.00	2.75	4.20	5.50
总糖量/%	65	62	55	52	49	48	45	43

③ 果胶含量。果胶的胶凝性强弱取决于果胶含量、果胶分子量以及果胶分子中甲氧基的含量。果胶含量高则易胶凝，果胶分子量越大，多半乳糖醛酸的链越长，所含甲氧基比例越高，胶凝力则越强，制成的果冻弹性越好。甜橙、柠檬、苹果等的果胶含量均有较好的胶凝力。原料中果胶不足时，可加适量果胶粉或琼脂，或其他含果胶含量丰富的原料。

④ 温度。当果胶、糖、酸的配比适当时，混合液能在较高的温度下胶凝，温度越低胶凝速度越快。50℃以下，对胶凝强度影响不大。高于50℃，胶凝强度下降，这是因高温破坏了氢键吸附。

据上述分析，果胶胶凝的基本条件为（图 5-1）：在 50℃ 条件下，果胶含量达 1% 左右，糖的浓度 50% 或以上，pH 控制在 2～3.5，诸因素相互配合得当。

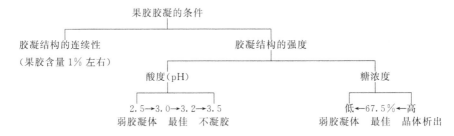

图 5-1　果胶胶凝的基本条件

(2) 低甲氧基果胶的胶凝　低甲氧基果胶是依赖果胶分子链上的羧基与多价金属离子相结合而串联起来的，这种胶凝具有网状结构，其模式如图 5-2 所示。

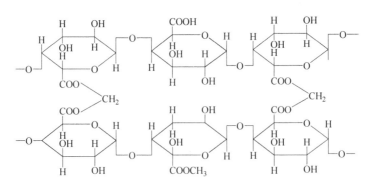

图 5-2　低甲氧基果胶与钙离子结合模式图

低甲氧基果胶中有 50% 以上的羧基未被甲醇酯化，对金属离子比较敏感，少量的钙离子与之结合也能胶凝。

① 钙离子（或镁离子）。钙等金属离子是影响低甲氧基果胶胶凝的主要因素，用量随果

胶的羧基数而定，每克果胶的钙离子最低用量为 4～10mg，碱法制取的果胶为 30～60mg。

② pH。pH 对果胶的胶凝有一定影响，pH 在 2.5～6.5 都能胶凝，以 pH 为 3.0 或 5.0 时胶凝的强度最大。pH 为 4.0 时，强度最小。

③ 温度。温度对胶凝强度影响很大，在 0～58℃范围内，温度越低，强度越大，在 58℃时强度为零，0℃时强度最大，30℃为胶凝的临界点。因此。果冻的保藏温度宜低于 30℃。

低甲氧基果胶的胶凝与糖用量无关，即使在 1% 以下或不加糖的情况下仍可胶凝。生产中加用 30% 左右的糖仅是为了改善风味。

2. 琼脂

琼脂主要成分是琼脂糖，占琼脂的 70%～80%。相对分子质量为 120000，是 D-吡喃半乳糖和 3,6-脱水-L-半乳糖以 1,4-糖苷键相互连接的直链状结构。琼脂的另一种成分是琼脂胶，除上述成分以外还有硫酸酯、丙酸酯和一些 D-半乳糖醛酸残基等。

琼脂是从以石菜花为主的石花菜属、江蓠属等红藻类中提取出来的。加热到 80℃以上就溶解，冷却到 30℃以下即成凝胶。将凝胶冻结后溶解，除去不纯物（溶解时随水分溶出而去除），剩下就是有凝胶能力的琼脂，干燥即成琼脂制品。

在果酱类的加工中添加适量的琼脂能抑制制品脱水收缩，能使制品具有较好的稳定性和期望的质构。

3. 褐藻酸

褐藻胶是海藻酸的衍生物，海藻酸与果胶相似，是一种多聚糖醛酸，它是由 L-古洛糖醛酸（G）和 D-甘露糖醛酸（M）以及 β-1,4-糖苷键连接成的链状分子。分子量变化较大（12000～200000）。海藻酸不溶于水，与碱生成可溶性的海藻酸盐。

海藻酸盐是用苏打或其他碱液从褐藻类中提取出来的，主要来自海带（褐藻）。海藻酸盐只有用盐酸沉淀或加入钙盐才能生成凝胶。

碱金属、氨以及低分子量的海藻酸盐易溶于热水或冷水，但是二价或三价阳离子的盐是不溶的。海藻酸盐溶液的黏度随温度上升而降低，它在 pH 5～10 范围内和室温下能长时间地稳定。

在少钙离子或其他二价或三价金属离子存在时，褐藻胶在室温下就能形成胶凝，或者在无金属离子、但 pH 在 3 或更低时也能形成胶凝。胶凝强度与海藻酸盐浓度有关，并且能用此来控制产生软的、弹性或硬的、刚性的凝胶。

海藻酸及其衍生物可以用作果冻、果酱、果糕、布丁等的胶凝剂，在果糕类产品制作中添加适量的海藻酸钠可增加产品的韧性，烘烤后易脱盘。

五、糖制品低糖化原理

传统工艺生产的果脯蜜饯类属高糖食品，果酱类属高糖高酸食品，一般含糖量为 65%～70%，过多食用会使人体发胖、诱发糖尿病、高血压等症，儿童还会发生肥胖现象，所以为满足人们对食品的新要求，故采用新配方、新工艺生产出新型的低糖制品势在必行。

生产低糖果酱类产品时，由于用低糖果浆代替了部分白糖使得糖浓度降低，为使制品产生一定的凝胶强度，这就需要添加一定量的增稠剂。目前市场上的果冻产品大部分以不是用果汁制造，而是用琼脂、卡拉胶或海藻酸钠、酸、糖、色素、香精等配合制成的。目前低糖蜜饯产品含糖量在 45% 左右，个别品种可能还低一些。若将糖度降得太低，就会使蜜饯等制品失去存在的依托，很容易造成制品在质量上存在着透明度不好、饱满度不足、易霉变、不利于贮藏等问题。

近年来一讲到低糖蜜饯，就必然与采用真空渗糖工艺措施、选择蔗糖替代物、添加亲水胶体和电解质等相联系，把低糖蜜饯搞得很复杂。其实低糖蜜饯是处于传统蜜饯与水果干制之间的加工技术，可以在传统蜜饯生产的基础上减少渗糖次数或减少煮制时间。主要的措施如下：

① 采用淀粉糖浆取代 40%～50% 的蔗糖，这样既可以降低产品的甜度，又可以保持一定的形状。选择合适的糖原料对低糖蜜饯的饱满度起着重要作用。

② 添加 0.3% 左右的柠檬酸，使产品 pH 降至 3.5 左右，这样可降低甜度改进风味，并加强贮藏性。

③ 采用热煮冷浸工艺。即取出糖液，经加热浓缩或加糖煮沸回加于原料中，可减少原料高温受热时间，较好地保持原料原有的风味。

④ 通过烘干脱水，控制水分活性在 0.65～0.7 之间可有效控制微生物的活动，使低糖蜜饯具有高糖蜜饯的保藏性。

⑤ 采用抽真空包装或充氮包装延长保藏期。

⑥ 必要时按规定添加防腐剂，或进行杀菌处理，或冷藏等辅助措施均可解决低糖蜜饯的保藏问题。

⑦ 另外也有真空渗糖和添加亲水胶体的理论措施。

实际生产中较少采用真空渗糖，因为真空渗糖设备投资大，操作麻烦。实际效果也不像理论上那么好。因此出现了购买真空渗糖设备的厂家大多是闲置不用的现象。

至于添加亲水胶体，实际生产中也很少应用，因为胶体的分子量大，很难渗入原料组织，即使采用真空渗糖也很难。此外，胶体的加入增加了糖液的黏度，影响渗糖速度。就算有胶体渗入到原料组织，但经过烘干后，对保持蜜饯的饱满和透明所起的作用也不大。

第三节　果脯蜜饯加工技术

果脯蜜饯的一般工艺流程为：

原料选择 → 原料处理 → 原料预加工 → 糖制 → 干制 → 整理与包装 → 成品

一、原料的选择与处理

糖制前原料的前处理内容包括：原料选择、分组、清洗、去皮、去核、挖心、切分、盐腌、硬化、硫处理、烫漂、染色等。

1. 原料选择

糖制品的质量主要取决于外观、风味、质地及营养成分，这些品质除受加工过程中各种措施影响外，原料的优劣有很大的关系。选择适合加工果脯蜜饯的原料时，应考虑以下两方面：一是原料的品种特性，以水分含量较低、固形物含量较高、果核小、肉厚的品种为佳，要求果实肉质紧密，可食部分大，煮制时不易腐烂，不易变色，糖酸比适宜，色香味较好。二是原料的成熟度。以新鲜饱满、成熟度适宜的果实为佳。果实太生，制成的果脯达不到应有的色泽和风味，产品容易产生干缩现象；果实太熟，则容易煮烂，不便于加工。对原料成熟度的要求，除个别产品，如糖枣之外，一般应掌握在八九成熟较好。但对制作蔬菜脯饯的原料，如西红柿、冬瓜、胡萝卜、红薯等，则以完全成熟为佳。

2. 原料处理

（1）原料分级　对加工原料进行品质选别和大小分级，使原料成熟度和品质相同，才能按同一工艺条件进行加工，制得品质划一的产品。

选别时应剔除病虫和霉烂等不合加工要求的原料，对残次和损伤不严重的原料，要加以修整后分别进行处理。

对果实进行大小分级，其方法有手工和机械分级两种。在小型工厂和机械设备较差时一般采用手工分级，同时也可配以简单的辅助设备，以提高生产效率。如圆孔分级板，分级筛及分级尺等。机械分级常用滚筒分级机、振动筛和分离输送机等。

(2) 原料的洗涤、去皮、切分、切缝、刺孔、划线　这些工序，主要作用是为了使糖分易于渗入，避免原料失水干缩，缩短煮制的时间。对于块形较大而外皮粗厚的种类，应除去外皮，适当切分。对于不去皮切分的小型果蔬，如枣、李子和梅果等的加工，常在果面刺孔或切缝。金柑类和小红橘类的蜜饯，以食用果皮为主，也不去皮和切分，同样需要切缝或刺孔。这些程序，目前各厂家仍多沿用手工操作。用于这方面的机械设备还正在发展中。手工操作的主要工具多是自己制作。如金丝蜜枣的划线工具就可用缝衣针、刮脸刀片扎成月牙形排针制成。又如刺孔工具，可用大头针钉在木板上即可使用。

二、原料预加工

根据不同的品种，要进行不同的预加工。

1. 腌制

糖制品的加工由于时间和设备的关系，不能过于集中，为了延长加工时间，避免新鲜原料的腐烂变质，常将新鲜原料腌制为果坯保存。果坯是果脯蜜饯的一种半成品，以食盐为主盐渍而成，有时加用少量的明矾、石灰，使之适度硬化。原料经盐腌后，所含成分发生很大变化，所以只适用于南方的某些制品（凉果类和干草类），作用是：腌制后，可脱除部分水分，使果实收缩，肉质紧密；在腌制过程中，会发生轻度的乳酸发酵和酒精发酵，使果胶等物质水解，改善细胞膜的透性，有利于糖煮、糖渍过程中糖分的渗透；由于食盐具有较高的渗透压，可以迅速抑制原料细胞的生命活动，起到保持、固定新鲜原料的成熟度和质地的作用；有利于脱除原料的苦、涩物质，改善制品的品质；腌制的果坯食盐含量高，具有较强的渗透压，可抑制微生物的生命活动，延长原料的保质期。

腌制有干腌法和湿腌法两种。干腌法适用于果汁较多或成熟度较高的原料，用盐量依种类和贮存期长短而异，一般为原料重的 14%～18%（表 5-11）。湿腌法适于果汁稀少或未熟果或酸涩苦味浓的原料。盐腌结束，可作水坯保存，或经晒制成干坯长期保藏。腌制后要用 1:1 的清水脱盐。

表 5-11　果坯腌制示例

果坯种类	100kg 果实用料量/kg			腌制时间/d	备　注
	食　盐	明　矾	石　灰		
梅	16～24	少量		7～15	
桃	18	0.125		15～20	
毛桃	15～16	0.125～0.25	0.25	15～20	
杨梅	8～14	0.1～0.3		5～10	
杏	16～18			20	
橘、柑、橙	8～12		1～1.25	30	水坯
金柑	24			30	分二次腌制
柠檬	22			60	
橄榄	20			1	盐水腌制
仁面	10			15	另加其他果品的腌制剩余液
李	16			20	

注：空白项表示无数据。

2. 保脆硬化

对于结构疏松的原料，为防止在煮糖过程中软烂要进行硬化。硬化处理是将原料放在石灰、氯化钙、明矾、亚硫酸钙等硬化剂稀溶液中或在腌制过程中同时加入少量硬化剂，其主要作用是使钙、铝盐类中的钙、铝离子与果实中果胶成分生成不溶性盐类，使组织变得坚硬，防止糖煮时软烂。如陈皮、青梅、橄榄、杨梅等用硬化处理主要达到保脆的目的，而枇杷、草莓、樱桃等的硬化处理主要是防糖煮时过于软烂和破碎。但是硬化剂用量要适宜，过多时会生成过多的果胶物质的钙盐，甚至引起部分纤维素的钙化从而降低果实对糖分的吸收量，使成品质地粗糙。因此硬化后的原料，糖制期应加以漂洗，除去剩余的硬化剂。常用的硬化剂是0.1%的氯化钙溶液。

硬化剂的选择、用量和浸渍时间应根据加工原料的情况而定。如加工冬瓜条时，可选用石灰做硬化剂。将切好的冬瓜条，在8%的石灰液中浸泡8～12h就可保持其脆性，这是因为石灰和冬瓜中的果胶酸产生化学反应，生成果胶酸钙的缘故。果胶酸盐具有凝胶能力，使细胞之间互相黏结在一起，冬瓜就不会绵软了。但石灰的用量不可过多，过多则会使原料苦涩，使组织过度硬化，反而失去清脆。同时，经石灰浸泡后的冬瓜条，细胞已失去生命力，细胞膜具有渗透性能，使糖液容易进入细胞中，取代其细胞液，并保持了冬瓜条的营养和风味，给人们以甜脆不腻的感觉。

用石灰处理原料时，所需浓度，根据不同的要求，一般在2%～10%之间。使用时取上清液，将原料放入后浸泡8～12h后捞出进行脱灰，用清水洗净多余的石灰。

3. 硫处理

硫处理的主要作用是护色，特别是对单宁含量高、暴露在空气中易发生变色的原料，可抑制其氧化褐变。这是因为：亚硫酸及其盐类中的有效成分二氧化硫具有很强的还原性，容易与果蔬原料中有机过氧化物中的氧结合，使过氧化物酶失去氧化作用，从而抑制原料的氧化变色。同时，还具有保护维生素C的作用（不被氧化）、增强膜的透性、抑制微生物活动（二氧化硫能与醛基和酮基结合，微生物水解作用受到抑制，加上缺氧，抑制微生物的生长繁殖）的作用，也具有抑制羰氨反应的作用。

方法有熏硫法和浸硫法，常用后者。用一定浓度的亚硫酸或亚硫酸盐溶液浸泡去皮、切分好的原料，然后用流动水冲洗。亚硫酸盐溶液的浓度应以二氧化硫含量进行计算，一般要求浓度为原料与水总重量的0.1%～0.2%。亚硫酸及其盐类只有在酸性条件下才能释放出二氧化硫，因此，硫处理适用于含酸量较高的原料，如果含酸量低，要添加一定量的柠檬酸或盐酸，使溶液呈酸性。

亚硫酸和二氧化硫对人体有害，胃中50mg二氧化硫就能中毒。中国GB 2760—1996《食品添加剂使用卫生标准》中规定了二氧化硫和各种亚硫酸盐的最大使用量和成品中二氧化硫的残留量。果脯蜜饯中亚硫酸及其盐类的残留量以二氧化硫计，应小于等于0.05g/kg。所以，要清水漂洗或加热的方法进行脱硫。

果脯的其他护色方法：

① 加碱保护。果实叶绿素中的钾盐和钠盐都较稳定，具有和叶绿素相似的绿色，若在漂烫的热水中加入0.5%的碳酸氢钠或在加工前用稀浓度的石灰水浸泡一会儿，制品即可保持鲜嫩绿色。

② 氯化物处理。果实在脱皮、打瓣中，应避免与空气长时间接触，立刻浸入1%的食盐水溶液中，可以抑制酶的活性3～4h，若用2.5%的食盐水浸泡，以致时间可达20h左右，对于易变色的品种，可添加0.1%的柠檬酸，以增强抑制效果。如用氯化钙溶液浸泡，既可

护色，又可提高硬度，提高耐酸性。

③ 热烫。水果中氧化酶在 71～73℃、过氧酸在 90～100℃ 的条件下处理 3min，即可失去活性，因此，可对去皮、打瓣后的原料用热水或蒸汽进行热烫处理，护色效果很好。

④ 染色。天然色素容易被破坏，要按添加标准染色。可将原料浸泡于色素溶液中染色，也可将色素拌入糖液中。为了增进染色效果，常用明矾作媒染剂。

4. 预煮（热烫或漂烫）

目的是：① 通过预煮可以脱除原料中的部分水分和空气，使原料体积显著缩小，糖渍和糖煮时有利于糖的渗透；② 可以破坏原料中氧化酶的活性，而且阻止氧化变色，减少维生素 C 的损失；③ 可以使原料组织中蛋白质凝固，改善细胞膜的渗透性，有利于渗透；减少表面附着的微生物；④ 可以除去原料中部分辛辣、苦涩等不良滋味；⑤ 对于干果或干果坯，可以迅速复水回软，有利于糖制；⑥ 可去掉漂白剂、硬化剂等。

三、糖制

糖制是果脯蜜饯加工的主要工序。其作用是使糖分更好地渗透到果实里，使原料"吃饱"糖。糖制过程的长短、加糖的浓度和次数应以原料的种类、品种的不同而异。糖制技术的好坏直接影响到产品的品质和产量。就其加工方法而论，大致可分为加糖煮制和加糖腌制（蜜制）两种。

1. 蜜制

蜜制是中国果脯蜜饯加工中一种传统的糖制方法，也叫冷制法。这类制品在糖制过程中不需要加热，对肉质柔嫩，高温处理易使肉质破裂，不能保持一定形状和加热后变涩的柿子等原料，采用蜜制的办法较为适宜。南北各地均有许多知名蜜饯产品，如糖制青梅、杨梅、枇杷、樱桃以及大多数凉果，都是用糖腌制的，并不经过加热处理。

此操作因不受热处理，故对产品的营养成分、原有色泽和风味能更好地保存，并保持了原料的完整性和原有的松脆质地（如青梅类）；避免原料失水干缩，可渗入较多糖分；维生素 C 损失较少。但此法的缺点是渗糖速度慢，生产周期延长。

在蜜制期间应分次加糖，逐步提高糖的浓度，使糖分充分均匀地渗透到果肉组织中去。为了逐步提高糖的浓度加强糖的渗透效应，除了分次加糖之外，还应伴之以日晒，或者在糖腌制过程中，分期将糖液倒出浓缩，再将热糖液回加到原料中去，一方面提高糖液的浓度，另一方面原料与热糖液接触，加强了糖的渗透作用。

在冷制果脯蜜饯的工艺中，有一种用糖和多种调味料制成的产品，称为凉果。这是一类别具风味的糖制产品，这种产品的出现，和气候条件有一定的关系。南方生产的品种很多，甚受欢迎。供凉果加工的果品原料多经过一段时间的盐腌处理，制成果坯。加工时取出果坯，经过多次冷水漂洗，充分脱去盐分，以免影响成品风味。其糖制方法与冷制果脯蜜饯方法相同，分期加糖，逐步提高浓度。不同的是，在糖制过程中增加了其他的调味料。如凉果具有甜、咸、酸、香等复杂风味，因为在蜜制中采用了多种调味料：如甜味料蔗糖、红糖、饴糖；咸味料食盐；酸味料有各种食用有机酸和酸味较强的果汁；香料则种类甚多，大都是植物天然香料和中草药，如甘草、丁香、肉桂、豆蔻、大小茴香、陈皮等。完成腌制和调配香料后，进行晒制，脱除部分水分，达到一定的干燥程度后，即可以半干态进行包装或贮存。此外，少数凉果也配用各种果酱或特制果酱。

在蜜制过程中，还可应用真空减压方法，以降低原料内部压力，然后借放入空气时原料内外压力之差，促使糖液渗入原料组织中。此法可加快渗糖速度，更好地保持新鲜原料的色香味和保护维生素 C 不被破坏，提高产品的质量。具体工艺如下：

原料 → 30%糖液抽空(0.98MPa/40～60min) → 糖渍/(8h) → 45%糖液抽空(0.98MPa/40～60min) → 糖渍(8h) → 60%糖液抽空(0.98MPa/40～60min) → 糖渍至终点

上述工艺中抽空和浸泡都是在真空器内进行，每次抽真空后，缓慢地解除真空，使器内外压力达到平衡。抽空后的浸泡时间应不少于8h，经前后3次抽空和浸泡后，于60～70℃下烘干，即为成品。

2. 煮制

一般肉质紧密的原料较适于煮制，此法糖制加工迅速，但色香味及维生素损失较多。煮制分为敞煮（常压煮制）和真空煮制两法。敞煮又有一次煮成法、多次煮成法和速煮法之别。可根据原料的性质，采用不同的煮制方。

(1) 一次煮成法　适用于肉质瓷实、坚韧耐煮的果品，如苹果、不溶质桃。先将果品在稀糖液中预煮脱水，逐步提高糖液浓度，提高糖液渗透压，经过30～40min糖煮，使糖液深度达到55%以上，然后分次加入白砂糖，煮到果脯半透明，糖液浓度65%以上。

(2) 多次煮成法　适用于肉质较软的杏、蜜桃等。糖煮分次进行，开始用30%糖液煮沸果品2～5h，随即连同糖液浸泡12～24h，然后取出糖液加糖提高糖浓度，再沸煮果品2～5h，再进行浸泡，如此重复3～4次，使果品达到半透明。

(3) 速煮法　果品分次加热糖煮，每次糖水浓度逐步递增，分别为25%、40%、55%、65%，每次沸煮10～15min，同时配制浓度30%、45%、60%、70%的冷糖浆，当每次果品糖煮后，迅速捞出，立即投入冷浓糖浆，将果品进行热冷交替处理，使果品内部水蒸气冷凝形成真空，外部糖液迅速渗入，排除果中水分，如此反复3～4次，完成糖煮过程。一般40～60min即可完成。

(4) 真空渗糖法　果品经预处理后放入真空渗糖器在0.09MPa真空下渗糖20～30min（糖液浓度25%），放真空后浸8h，再放出糖水加糖提高到浓度40%，再抽真空20～30min浸泡8h，然后再以60%或70%浓度的糖液抽空，浸泡，直到果肉半透明。

四、烘晒与上糖衣

果脯制品要在糖煮以后进行烘烤。即将果实从浸渍的糖液中捞出，沥干糖液，在竹篱或烘盘中，送入50～60℃的烘房内烘干。烘房内的温度不宜过高，以防糖分结块或焦化。烘干后的果脯应保持完整和饱满状态，不皱缩，不结晶，质地致密柔软，水分含量约为18%～20%。

如制作糖衣蜜饯，可在干燥整形后进行上糖衣处理。方法是将新配制好的过饱和糖液浇灌在脯饯的表面上，或者是将脯饯在过饱和糖液中浸渍一下而后取出冷却，糖液就在产品表面上凝结形成一层晶亮的糖衣薄膜。这样的产品有较好的保藏性，可减少保藏期的返砂和吸湿。过饱和糖浆的制法是：取3份蔗糖、1份淀粉糖浆和2份水混合后，煮到113～114.5℃，离火冷却到93℃时把干燥后的脯饯放入糖液中浸渍1min，立即取出散放在筛盘上，在50℃下烘干，即形成一层透明的糖衣薄膜。

所谓上糖粉，是在干燥蜜饯表面裹一层糖粉，以增强贮藏性，也可改善外观品质。糖粉的制法是将砂糖在50～60℃下烘干磨碎成粉即可。操作时，将收锅的蜜饯稍稍冷却，在糖未收干时加入糖粉拌匀，筛去多余糖粉，成品的表面即裹有一层白色糖粉。上糖粉可以在产品回软后，再行烘干之前进行。

五、包装和贮藏

干燥后蜜饯应及时整理或整形，然后按商品包装要求进行包装。

包装既要达到防潮、防霉，便于转运和保藏，还要在市场竞争中具备美观、大方、新颖和反映制品面貌的特点。干态蜜饯或半干态蜜饯的包装形式，一般先用塑料食品袋包装，再进行装箱（纸箱或木箱），箱内衬牛皮纸或玻璃纸，每箱装置25kg。颗粒包装、小包装和大包装，已成为新的发展趋势。每块蜜饯先用透明玻璃纸包好，再装入塑料食品袋或硬纸包装盒中，然后装箱。纸箱外用胶带纸粘好；木箱扎铁箍两道。带汁的糖渍蜜饯则采用罐头包装形式。在装罐密封后，用90℃进行巴氏杀菌20～30min，取出冷却。

不论何种包装，所用材料必须无毒、清洁，符合食品卫生要求。包装人员身体应该健康并注意个人卫生。包装的环境须清洁、无尘，包装的称重要准确，大包装上要有标志、图案，注明产品名称、净重、厂名、出厂日期、保存期限和注意事项等。

贮存糖制品的库房要清洁、干燥、通风。库房地面要有隔湿材料铺垫，库房温度最好保持在12～15℃，避免温度低于10℃而引起蔗糖晶析。对不进行杀菌和不密封的蜜饯，应将相对湿度控制在70%以下。

贮存期间如发现制品轻度吸湿变质现象，则应将制品放入烘房复烤，冷却后重新包装；受潮严重的制品要重新煮烘后复制为成品。

六、注意事项

① 果脯制作与贮藏要严格卫生管理，切忌果品和铁接触。

② 对于不求形状、色泽的南方蜜饯和凉果，可以采用风落果和残次果作为原料，不论采用何种原料，均应剔除病、虫、伤、烂部分。

③ 低糖果脯是果脯发展方向，一般成品含糖量在50%以下，由于含糖量低，会影响果脯的饱满度、色泽和保藏性，所以加工低糖果脯应在糖煮（抽空）液中添加果胶、明胶、羧甲基纤维素钠等，同时加入适量的防腐剂。

④ 真空渗糖时为防止糖液发酵变质，必须添加防腐剂，一般加苯甲酸钠或山梨酸钾0.1%。

⑤ 果脯成品应用塑料袋包装，贮藏在阴凉、干燥、避光的地方，防止高温、氧化和光线照射引起的品质变化。

⑥ 果脯加工中需用大量的糖，剩余许多废糖浆，除部分用于新糖浆配制外，应尽量加以利用，如生产果酱、果汁饮料，以降低生产成本，提高经济效益，但要注意利用时要除去糖浆中的二氧化硫。

第四节　果酱类产品加工技术

果酱是将水果去皮、去核后（或榨汁后的副产品），煮制软化或打浆，然后加入糖、酸，进行浓缩后再灌装的糖制品。果酱属于糖制品，它的保藏原理与果脯一样，有高渗透压的作用；同时，加热浓缩起到杀菌作用，有的罐装后杀菌，也就是热力杀菌来保藏。其特点是高糖、高酸、固形物（干物质）含量在68%以上，制品浓而不腻，具有原料的香气。

果酱加工工艺一般为：

原料处理→加热软化→配制→浓缩→装罐密封→杀菌→冷却→成品

一、原料的选择与处理

1. 原料选择

生产果酱类产品的原料要求含果胶及酸量多、芳香味浓、成熟度适宜。一般成熟度过高的原料，其果胶及酸含量就会降低；成熟度过低的原料，则色泽风味差。根据各种水果含果胶及酸量多少可分为以下几类。

① 含果胶及酸丰富的原料。苹果（指含酸高的品种）、柑橘类（温州蜜橘、甜橙类、柠檬类、杂柑类）、杏等。

② 含果胶高含酸量低的原料。无花果、甜樱桃、桃、香蕉、番石榴等。

③ 含果胶和酸中等的原料。葡萄、成熟的芒果、枇杷等。

④ 含果胶少含酸量多的原料。酸樱桃、菠萝、杨梅、芒果等。

⑤ 含果胶和酸均少的原料。成熟的桃子、洋梨。

果实中果胶及酸含量的多少对于果酱的胶凝力和品质有很大关系。特别是果冻制品，必须有适宜比例的果胶、糖、酸配合，才能形成软硬适合的胶冻。

果酱类、果泥类制品还要选择柔软多汁、易于破碎的品种，一般在充分成熟时采收；果冻产品的原料要求果胶质丰富并于较生时采收，但不同产品对原料的要求不同。

① 果酱类。宜选用香气浓郁、色泽美观、易于破碎的柑橘、凤梨、苹果、杏、无花果、草莓等果实为原料。凤梨、柑橘类果酱以可用罐藏下脚料加工制成。杏子以大红杏、鸡蛋杏、巴斗杏、串枝红等品种为佳。无花果山以浙江、安徽的红皮无花果为佳。草莓宜选用红色的鸡心、鸡冠、鸭嘴等品种。

② 果泥类。苹果泥用含糖量和含酸量高的原料最好。枣泥用红枣制成。南瓜泥宜选肉质肥厚、纤维素少、色泽金黄的四川癞子南瓜。

③ 果冻类和果糕类。应选果胶和果酸丰富的果实，如以南酸枣、山楂、花红、柑橘、酸樱桃、番石榴以及酸味浓的苹果为原料。

2. 原料处理

原料需先剔除霉烂、成熟度低等不合格果实，必要时按成熟度分级，再接不同种类的产品要求，分别经过清洗、去皮（或不去皮）、去核芯（或不去核）、切块（梅果类及全果糖渍品原料要保持全果浓缩）、修整（彻底修除斑点、虫害等部分）等处理。果皮粗硬的原料，如菠萝、梨、苹果、桃、柑橘（金橘可带皮）等必须除去外皮。去皮、切块时易变色的果实，必须及时浸入食盐水或酸溶液中护色，并尽快加热软化，破坏酶的活力。

(1) 加热软化　加热软化的主要目的是：破坏酶的活性，防止变色和果胶水解，软化果肉组织，便于打浆或糖液渗透，促使果肉组织中果胶的溶出，有利于凝胶的形成；蒸发一部分水分，缩短浓缩时间；排除原料组织中的气味，以得到无气泡的酱体。

软化前先将夹层锅洗净，放入清水（或稀糖液）和一定量的果肉。一般软化用水为果肉重的20%～50%。若用糖水软化，糖水浓度为10%～30%。开始软化时，升温要快，蒸汽压力为$2\sim3\text{kgf/cm}^2$（$1\text{kgf/cm}^2=98.0665\text{kPa}$），沸腾后可降至$1\sim2\text{kgf/cm}^2$，不断搅拌，使上下层果块软化均匀，果胶充分溶出。软化时间依品种不同而异，一般为10～20min。

软化操作正确与否直接影响果酱的胶凝程度。如块状酱软化不足，果肉内溶出的果胶较少，制品胶凝不良，仍有不透明的硬块、影响风味及外观。如软化过度，果肉中的果胶因水解而损失，同时，果肉经长时间加热，使色泽变深，风味变差。制作泥状酱，果块软化后要及时打浆。

(2) 配料

① 配方。按原料的种类及产品要求而异，一般要求果肉（果浆）占总配料量的40%～55%，砂糖占45%～60%（其中允许使用淀粉糖浆量占总糖量的20%以下）。这样，果肉与加糖量的比例大约为1：(1～2)。为使果胶、糖酸形成恰当的比例，有利于凝胶的形成，可

根据原料所含果胶及酸的多少，必要时添加适量柠檬酸、果胶和琼脂，柠檬酸的加量一般以控制成品含酸量在0.5%左右，果胶补加量应控制成品含果胶量为0.4%～0.9%较宜。

② 配料准备。果酱配料中所用的砂糖、柠檬酸、果胶或琼脂，均应事先配成溶液过滤备用。

砂糖：一般配成70%～75%的浓糖液。

柠檬酸：配成50%的溶液。

果胶粉：按果胶粉重加入2～4倍砂糖，充分混合均匀，再按粉重加水10～15倍，加热溶解。

琼脂：用50℃的温水浸泡软化，洗净杂质，在夹层锅内加热溶解，加水量为琼脂重量的19～24倍（包括浸泡时吸收的水分）溶解后过滤。

③ 投料次序。果肉先加热软化，时间一般为10～20min，然后分次加入浓糖液，临近终点时，依次加入果胶液或琼脂液、柠檬酸或淀粉糖浆，充分搅拌均匀。

二、加热浓缩

加热浓缩是果蔬原料及糖液中水分的蒸发过程。通过浓缩可以达到以下目的。

① 通过加热蒸发排除果肉原料中的大部分水分，使果实中有营养价值的成分含量提高。

② 浓缩后体积减小，节约包装运输费用。

③ 杀灭有害微生物及破坏酶活性，有利于制品的保藏。

④ 使砂糖、酸、果胶等配料与果肉经浓缩煮制渗透均匀，提高浓度，改善酱体组织形态及风味。

由于大部分果蔬属热敏感性较强的物料，故进行蒸发浓缩其过程复较杂，既要提高其浓度，又要尽量保存果蔬原有的色、香、味等成分。因此，对工艺流程的设计、设备的选型、制造加工和具体操作等条件均有较高的要求。浓缩方法和设备有常压浓缩和减压浓缩，一般以在减压下（即真空浓缩）进行蒸发浓缩较好。

(1) 常压浓缩　主设备是带搅拌器的夹层锅。物料入锅在常压下用蒸汽加热浓缩，开始时蒸汽压较大，0.29～0.39MPa，后期因物料可溶性固形物含量提高，极易因高温褐变焦化，蒸汽压应降至0.19MPa左右。为缩短浓缩时间，保持制品良好的色、香、味和胶凝力，每锅下料量以控制出成品50～60kg为宜，浓缩时间以30～60min为好，时间太短会因转化糖不足而在贮藏期发生蔗糖结晶现象。

浓缩过程要注意不断搅拌，防锅底焦化，出现大量气泡时，可洒入少量冷水，防止汁液外溢损失。常压浓缩的主要缺点是温度高，水分蒸发慢，芳香物质和维生素C损失严重，制品色泽差。欲制优质果酱，宜选用减压浓缩法。

(2) 减压浓缩　又称真空浓缩。分单效、双效浓缩装置。以单效浓缩锅为例，该机是一个带搅拌器的夹层锅，配有真空装置。工作时，先通入蒸汽于锅内赶走空气，再开动离心泵，使锅内真空，当真空度达0.5MPa以上时，才能开启进料阀，待浓缩的物料靠锅内的真空吸力将物料吸入锅中，达到容量要求后，开启蒸汽阀门和搅拌器进行浓缩。加热蒸汽压力保持0.098～0.147MPa时，锅内真空度为0.086～0.096MPa，温度50～60℃。浓缩过程若泡沫上升激烈，可开启锅内的空气阀，使空气进入锅内抑制泡沫上升，待正常后再关闭。浓缩过程应保持物料超过加热面，防止焦锅。当浓缩至接近终点时，关闭真空泵开关，破坏锅内真空，在搅拌下将果酱加热升温至90～95℃，然后迅速关闭进气阀出锅。

浓缩终点的判断主要靠取样用折光计测定可溶性固形物浓度，或凭经验控制。

三、包装

果酱类制品大多用玻璃瓶或防酸涂料马口铁罐包装。容器使用前必须彻底洗刷干净。铁罐以95~100℃的热水或蒸汽消毒3~5min，玻璃罐用95~100℃的蒸汽消毒5~10min，而后倒罐沥水。装罐时需保持罐温在40℃以上。胶圈经水浸泡脱酸后使用，罐盖以沸水消毒3~5min。果丹皮等干态制品采用玻璃纸包装。果糕类制品包装时内层用糯米纸，外层用塑料糖果纸。

果酱、果膏、果冻出锅后应及时快速装罐密封，一般要求每锅酱分装完毕不超过30min，密封时的酱体温度不低于80~90℃，封罐后应立即杀菌冷却。

四、杀菌冷却

果酱在加热浓缩过程中，微生物绝大多数被杀死，加上高糖高酸对微生物也有很强的抑制作用，一般装罐密封后，残留于果酱中的微生物是难以繁殖的。在工艺卫生条件好的生产厂家，可在封罐后倒置数分钟，利用酱体余热进行罐盖消毒。但为了安全，在封罐后还要进行杀菌处理（5~10min/100℃）。

铁皮罐包装在杀菌结束后迅速用冷水冷却后至常温，但玻璃罐（或瓶）包装的宜分段降温冷却（85℃热水中冷却10min→60℃/10min冷水中冷却至常温）。然后用干布擦去罐（瓶）外的水分和污物，送入库房保存。

五、成品量计算

根据浓缩前处理好的果肉（汁）和砂糖等配料的含量比例，可计算出浓缩后成品量。有如下两种方法。

1. 按果肉浓缩度计算法

成品量(kg)＝[果肉浓缩度(%)－果肉可溶性固形物含量(%)]×浓缩前果肉重(kg)÷[1－成品可溶性固形物(%)]

① 果肉及成品可溶性固形物含量均以折光计测（20℃）。

② 果肉浓缩度指果肉浓缩时蒸发去水分后残留的质量占果肉质量的百分数。如100kg果肉，在浓缩时蒸发去水分30kg，剩余果肉70kg，它的浓缩度即为70%。浓缩度可通过试验或生产经验确定。

2. 按每锅配料含可溶性固形物总量计算法

成品量(kg)＝[果肉可溶性固形物总量(kg)＋砂糖总量(kg)＋果胶或琼脂量(kg)＋柠檬酸量(kg)]÷成品可溶性固形物含量(%)

① 果肉可溶性固形物总量＝果肉可溶性固形物含量（%）×每锅配料中果肉量（kg）。

② 砂糖纯度以100%计，如不足需另折算（包括淀粉糖浆）。

③ 果胶或琼脂、柠檬酸等如配方中无添加，则不计算；有添加，则按含可溶性固形物100%计。不足者需另折算。

第五节 常见糖制品加工技术

一、果脯蜜饯类

1. 蜜枣

大枣含有多种对人体有益的营养元素和维生素，有益脾、润肺、强肾、补气、活血的功能。各地以大枣为原料加工的枣脯很多，加工方法不一，主要分为南式和北式，其制品外观亦略有差异而各具特点（表5-12）。北式制品以大锅糖煮，煮前原料必经硫处理，煮制时间较长，蔗糖转化较多，因而色淡，不结霜，半透明；南式以小锅煮制，多为直接糖煮，不熏硫，煮制时间较短，制品色较深，不透明，轻干燥，质松脆，外有部分糖晶，为返砂蜜饯，但内部柔软，保藏性较强。丝蜜枣因其表面有许多丝状条纹而得名。

表5-12 蜜枣主要产地及加工方式

种类	加工方式	品质特点	主产省、直辖市	生产市、县
北京蜜枣（脯类）	京式	扁长圆形，琥珀色、透明、有光泽、丝纹细密，质地柔韧，有枣香味	北京市、河北省、天津市	平谷、昌平、顺义、房山、蓟县、通县、三河县
山西蜜枣	京式	—	山西省	清徐县
陕西蜜枣	京式	—	陕西省	华县
福州蜜枣	京式	长圆形、浅黄色或黄褐色、有光泽、质地柔韧、有原果风味	福建省	福州市、泉州市、莆田、仙游等县
苏州蜜枣	苏式	扁圆略长，琥珀色或红褐色，有光泽，质地柔韧，有原果风味	江苏省	苏州市、徐州市、吴县、溧阳县
徽州蜜枣	苏式	—	安徽省	歙县、宁国、广德、泾县、亳县、休宁
浙江蜜枣	苏式	与苏州蜜枣基本相同，但丝纹较疏	浙江省	兰溪、义乌、东阳、铜庐等
广州蜜枣	苏式（桂式）	枣呈元宝形，长扁圆而中间凹，琥珀色或深黄褐色，有丝纹，枣身干爽硬朗，表面糖霜重，味甜，入口易溶化，核极细呈针形	广西壮族自治区	南宁、玉林、梧州市、苍梧、平南、贺县、田阳、田东
都城蜜枣	苏式（广式）	长扁圆形，琥珀色或金黄色，身干爽，品质近于广式蜜枣	广东省	广州市、渔南、连县
木洞蜜枣	苏式（川式）	枣子原来形状，金黄色或红褐色，身干爽，味清甜，吃口松，又称木洞晒枣	重庆市	重庆市
赣州蜜枣	苏式（赣式）	与广西蜜枣基本相同，有的自然形，不规则，果小核也小，有的小果形称为珍珠蜜枣	江西省	赣州、赣县、南康

(1) 工艺流程

原料选择 → 切缝（熏硫）→ 糖煮 → 初烘 → 控枣 → 复烘 → 分级 → 包装 → 成品

(2) 操作要点

① 原料选择。应选果形大、上下对称、果核小、肉质稍疏松、皮薄而有韧性的品种，如浙江大枣、马枣、河南的灰枣、陕西的团枣、北京的糖枣和山西的泡红枣等都属优质原料。枣果于青色转白色时采摘，过熟或未熟的则制品色泽较深。

鲜枣要剔除烂枣、病虫害和破头枣，并按大小分级，分别加工，每1千克100～120个为最好。

② 切缝。用小弯刀或切缝机将枣果切缝60～80刀，刀深以果肉厚度的一半为宜，切缝太深，糖煮时易烂，太浅，糖分不易渗入。同时要求纹路均匀，两端不切断。

③ 熏硫。北方蜜枣在切缝后一般要进行熏硫处理，将枣果装筐、入熏硫室处理30～40min，硫黄用量为果重的0.3%，有时也可用0.5%的亚硫酸氢钠溶液浸泡原料1～2h。南方蜜枣不进行硫处理，在切缝后直接进行糖制。

④ 糖煮。全部煮制时间约需1.5～2h，按以下操作进行糖煮：将35～45kg浓度约为40%的糖液与50～60kg枣一起迅速煮沸，添加上一次浸枣剩余的糖液（俗称枣汤）2.5～3kg后再煮沸，如此反复加枣汤3次，然后分6次加糖煮制；第1～3次每次加糖5kg和枣

汤 1.5kg，第 4~5 次每次各加糖 7~8kg，第 6 次加糖约 10kg。每次加糖（枣汤）应在糖液沸腾时进行，最后 1 次加糖后，继续煮制约 20min，浸渍 48h，使枣充分吸收糖液。后取出沥干，然后晒干或烘干。

制作南方蜜枣时，一般不需硫熏。采用分次加糖的一次煮成法：约需枣 9kg、糖 3kg、水 1kg，先把水与白砂糖按 1:1 比例混合溶解煮沸加枣煮制约 15min，加进余下的砂糖搅拌后迅速煮沸，再加上次余留的枣汤 4.5kg（浓度约 50%），煮沸后文火煮 40~50min，至 105℃时停止加热，静置渗透约 45min，最后滤去枣汤进行烘干。烘干分 2 次进行：第一次温度为 50~60℃，烘 24h，压扁；第二次温度约 70~80℃，烘至果表面糖分部分结晶析出为止，约 36h，前后翻动数次，干燥后制品含水量约为 18%。每 100kg 蜜枣制品约需鲜枣 120~125kg，耗糖 60~70kg。

⑤ 产品质量。要求色呈棕黄色或玫瑰色，色泽均匀一致，呈半透明状态；形态为椭圆形，丝纹细密整齐，含糖饱满。质地柔韧；不返砂、不流汤、不粘手，不得有皱纹、露核及虫蛀；总糖含量约为 68%~72%，水分含量 17%~19%。

2. 话梅

话梅是凉果糖制品之一，其成品含有盐、糖、酸、甘草及各种香料，因此食用话梅可使人感到甜酸适中，甜中带甘、爽口、来涎，还有清凉感，是一种能帮助消化和解暑的旅行食品，各地加工方法大致相同，配料有的不同，味道略有差异。

（1）工艺流程

原料选择 → 腌渍 → 烘干 → 果坯脱盐 → 烘制 → 浸液制备 → 浸坯处理 → 烘制 → 成品包装

（2）操作要点

① 原料选择。选择成熟度在八九成的新鲜梅果，挑去枝叶和霉烂果。

② 腌渍。每 100 千克鲜果加食盐 18~22kg，明矾 200g，放一层果撒一层盐。在缸内腌渍 7~10d（具体时间因品种、温度等而异），每隔 2 天翻一次使盐分渗透均匀。

③ 烘干。待梅果腌透后将梅坯捞出沥干，然后放入烘箱，在 55~60℃下烘至水分含量为 10% 左右。

④ 果坯脱盐。烘干后的梅坯用清水漂洗，脱去盐分。有时采取脱去一半盐分，有时采取三浸三换水的方法，使盐坯脱盐残留量在 1%~2%。果坯近核部略感咸味为宜。

⑤ 烘制。将漂洗过的梅坯沥干水分后，用烘箱在 60℃下烘到半干，以用指压尚觉稍软为宜，不可烘到干硬状态。

⑥ 浸液制备。每 100 千克果坯的浸液用量及配方如下：

水 60kg，糖 15kg，甜蜜素 0.5kg，甘草 3kg，柠檬酸 0.5kg，食盐适量。

先将甘草洗净后以 60kg 水煮沸浓缩到 55kg，滤取甘草汁；然后拌入上述各料成甘草香料浸渍液。

⑦ 浸坯处理。把甘草香料浸渍液加热到 80~90℃，然后趁热加入半干果坯缓缓翻动，使之吸收浸渍液。渍液分次加入果坯到果面全湿后停止翻拌，移出，烘到半干，再进行浸渍翻拌，如此反复到吸完甘草香料液为止。

⑧ 烘制。把吸完浸渍液后的果坯移入烘盘摊开，以 60℃烘到含水量为 18% 左右。

⑨ 成品包装。在话梅上均匀喷以香草香精，然后装入聚乙烯塑料薄膜食品袋，再装入纸箱，存放在干燥处。

（3）产品质量指标 黄褐色或棕色；果形完整，大小基本一致，果皮有皱纹，表面略干；甜、酸、咸适宜，有甘草或添加的香料味，回味久留。水分18%~20%。

3. 杏脯

(1) 配料　杏果100kg，白砂糖60kg，亚硫酸氢钠40~60g。

(2) 工艺流程

原料选择→清洗→切半去核→硫处理(加亚硫酸氢钠)→糖煮、糖渍(加糖)→再糖煮、糖渍(加糖)→整形、干燥→成品

(3) 操作要点

① 原料选择。选用果实表皮颜色有青色开始转黄，果肉黄色，肉厚、离核，质地硬而韧，成熟后不绵软，把成熟的新鲜杏果为原料，剔除生青、腐烂、虫蛀、干疤的伤残果。

② 整理。用清水将选择出的杏果漂洗干净，用不锈钢导沿缝合线切开，用手掰开，再挖出杏核，制成碗形。

③ 浸硫护色。切半去核后的杏碗放在浓度为0.3%~0.6%的亚硫酸氢钠水溶液中浸泡1h左右，杏碗与溶液的比例1:(1~1.2)，捞出，清水漂洗，沥干。

④ 第一次糖煮、糖渍。以果重20%的白砂糖与适量清水配制成浓度为40%的糖液放入锅中，加热煮沸后，倒入硫处理后的杏碗，继续煮沸20min左右。待果面稍膨胀并出现大气泡时，将杏碗连同糖液一起放入缸内，糖渍24h。糖渍使糖液应淹没果面。

⑤ 第二次糖煮、糖渍。将糖渍的杏碗捞出，把糖液放入锅中，用果重30%的砂糖调整糖液浓度为60%~65%，加热煮沸后，倒入经一次糖渍的杏碗，继续加热煮沸，并维持微沸15~20min，移至缸中浸渍24h。

⑥ 整形、烘干。捞出，沥干糖液，将杏碗用手压扁，碗心向上摆放在竹屉上，在阳光下晒制；或送入烘房，在60~70℃温度下烘烤12~24h，其间翻动倒盘1~2次。待杏碗表面见干，稍带韧性时，将竹屉取出，经回潮后，用手将杏碗展开，对不规则的飞边进行修整，捏成扁圆形，并用食指定起果面，使杏碗向上骨气。将整形后的杏碗重新送入烘房，在55~60℃下继续烘烤，直到杏碗表面不粘手，经冷却后用手捏柔软而有弹性时，即制成杏脯。

⑦ 包装。经烘烤好的杏脯回潮，经整形并剔除杂质、黑疤和煮烂的杏片。冷却后装入聚乙烯薄膜袋内，再装入纸箱进行包装，入库保存。

(4) 产品质量指标

色泽：呈橘黄色或淡黄色，有光泽，半透明状。

滋味气味：酸甜可口，有杏的特殊风味，无异味。

组织状态：果片完整，形状扁圆，大小均匀、饱满。表面不粘手，不返砂、不流糖，质地柔软而有韧性，无干瘪片，无黑斑杂质。

理化指标：含水分18%~22%，含糖量60%~65%。

4. 糖姜片

姜片，食之甘甜微辛，有兴奋发汗、止呕暖胃、驱寒解毒的作用。

(1) 配料　鲜姜100kg，亚硫酸氢钠0.5%，砂糖65~75kg。

(2) 工艺流程

原料选择→去皮→清洗→切片→护色处理→预煮→糖腌→糖煮→上糖衣→包装→成品

(3) 操作要点

① 原料选择。选用块型较大，完整，肉质肥厚，粗纤维少的新鲜嫩姜为原料。剔除过老、太嫩，破伤严重和软烂的姜块。

② 去皮。掰去姜芽和老根，用薄竹片刮除表皮，刮皮时要薄且净，不要刮伤姜块的肉质部分。

③ 清洗、切片。用净水洗净泥土和皮屑，用刨刀切成厚度约为 0.3～0.5cm 的薄片。

④ 硫处理。用 0.5% 的亚硫酸氢钠溶液浸泡 30～40min，清水漂洗，沥干。（浓度过高 0.7%，姜片硬度过大，口感差；浓度过低 0.3%，调配阶段易发生褐变，产气及有酸味。）

⑤ 预煮。沸水中漂烫 10min（或 0.2% 明矾水中），姜片稍透明时，捞出，冷水冷却，清水浸泡 8～12h，沥干。（漂烫的目的在于杀菌、钝化酶及糊化淀粉，不漂烫或时间小于 8～10min，成品颜色深，边缘褐变，不透明，产气及有酸味。）

⑥ 糖腌。用姜片重 40% 的砂糖，在缸中与姜片分层铺放，腌渍 24h，使姜片渗入糖分，并脱除水分。

⑦ 煮糖、糖渍。第一次：将姜片连同糖液一起入锅，煮沸后，分 2～3 次加热姜片重 15% 的砂糖，约煮制 30～40min。然后，连同糖液入缸腌制 24h。

第二次：姜片和糖液一起入锅煮沸后，分 3 次加入姜重 20% 的砂糖，文火煮至糖液黏稠，滴入冷水中能成珠为止。

⑧ 上糖衣。捞出，沥干，拌糖粉。然后晾晒或 50℃ 烘烤至干，包装。

（4）产品质量指标　色黄，外为白色糖霜，不发黑；薄片形，厚薄一致，无粘连；有甜辣味，无异味。含糖量 65%～70%，含水分 17%～20%。

5. 低糖红薯脯

（1）工艺流程

选料 → 清洗 → 去皮 → 切分 → 硬化 → 护色 → 漂洗 → 预煮 → 糖渍 → 烘制 → 包装 → 成品

（2）操作要点

① 选料、清洗。选择成熟度高，薯身饱满、条形顺直、无腐烂、无虫斑的黄芯或红芯的新鲜红薯，然后将红薯在清水中刷子洗净，去除泥污。

② 去皮、切分。用不锈钢刀或竹刀刮去红薯的外表皮，并挖净斑眼，然后用切片机切成厚 3～5mm，宽 15mm，长 30～50mm 的条状薯条。切分时要求厚度、宽度尽量均匀一致。

③ 硬化、护色。为防止红薯条在生产过程中发生酶促褐变或在糖煮时发生软烂现象，要进行硬化和护色处理。具体操作时可将红薯条浸泡在 0.3% 的焦亚硫酸钠、0.15% 的柠檬酸、0.08% 的氯化钙和 1.0% 磷酸氢二钠的复合硬化护色液中 2～3h。

④ 漂洗。将红薯条从硬化护色液中捞出后，用清水漂洗去药液及胶体，然后放入沸水中烫漂 5～10min，捞出后再放入清水中漂洗干净，去除黏液。

⑤ 预煮。按果葡糖浆 3 份、淀粉糖浆 6 份和低聚异麦芽糖 1 份的比例加水配制成浓度为 40% 的与红薯条等质量的糖液，再加入糖液质量的 0.2% 的柠檬酸、0.15% 的羧甲基纤维素钠（CMC-Na）和 0.06% 的山梨酸钾，并充分搅拌混合均匀，然后将糖液煮沸并放入红薯条预煮 10min，进一步使酶失活，使果肉适度软化，促进果实吸收糖分。

⑥ 糖渍。将预煮后的红薯条放入浸渍罐中，在 85.33kPa 的真空度下进行 40～60min 的抽空处理，然后注入糖液，浸渍 10～12h。

⑦ 烘制、包装。将糖渍后的红薯条捞出沥去糖液，并用 0.1% 的 CMC-Na 溶液清洗红薯条表面的糖液，然后沥去水分，铺在烘盘上送入鼓风式干燥箱，在 50℃ 的温度下烘制 12h 左右，取出冷却后进行包装即得成品红薯条。

（3）产品质量指标　淡黄色或金黄色，表面亮泽，宽厚均匀，脯身饱满，有弹性，甜度温和，酸甜适口，口感柔软，咀嚼性好，具有红薯特有的天然风味，无任何异味。总糖含量35%～45%，水分含量15%～18%。

6. 芹菜脯

芹菜属伞形科，全国各地均有广泛种植。据分析，每100克鲜食叶柄中含蛋白质22g、脂肪0.3g、碳水化合物1.9g、热量795kJ、灰分1g、钙160mg、磷61mg、铁8.5mg、抗坏血酸6mg。另外，芹菜还具有很高的药用价值，芹菜味甘苦、性凉，有清热、止血、平肝、祛风、利湿等功效，自古就有"药芹"之美名。

（1）原料

芹菜、白砂糖（一级）、柠檬酸（化学纯）、石灰（市售）等。

（2）工艺流程

原料处理 → 清洗 → 切分 → 烫漂 → 硬化处理 → 低浓度浸糖 → 高浓度浸糖 → 烘烤 → 产品

（3）操作要点

① 原料处理。选择质脆、嫩、无渣、大小基本一致的新鲜芹菜，剔除病残植株，摘去叶，切去根及叶柄末端很细的部位。

② 清洗。自来水冲洗，注意芹菜基部易存泥沙，应充分洗涤。

③ 切分。用不锈钢刀切成3～4cm的小段。

④ 烫漂。为抑制芹菜内过氧化酶的作用，防止变色及风味变坏，浸糖前须将切好的材料烫漂。试验证明，以沸水浸泡1min左右为宜，烫漂后立即冷却，以防止微生物活动。经过烫漂，材料失去部分水分且体积变小，有利于浸糖。

⑤ 硬化处理。配制0.5%～1.0%的石灰水（随配随用），用木棍搅匀，倒入烫漂好的原材料，浸泡8～10h（芹菜上浮用木板等压住），然后换水漂洗2次，捞出沥干，放入真空浸渍机准备浸渍。

⑥ 浸糖。在夹层锅内配制45%的糖液煮沸5min，稍加冷却后加入浸渍机，使真空度达到86.6～93.3kPa，保持1h。若糖液温度较高（＞80℃），须放循环水，边真空浸糖边冷却。真空浸糖结束，原糖液浸泡8～10h，捞出沥干。高浓度浸糖时，调整原糖液浓度至65%，真空浸糖方法同上，原糖液浸泡时，加入占糖液重0.2%的柠檬酸。

⑦ 烘烤。将捞出沥干后的原材料均匀摆在烘盆或竹算上，在60℃条件下烘烤20～25h，使含水量达到20%左右为宜。分级，真空包装即为成品。

（4）产品质量标准

① 感官指标。

色泽：绿色或淡绿色，半透明；

质地：柔软带韧，饱满，不返砂，不流糖；

形状：3～4cm圆条；

风味：酸甜可口，有芹菜脯特有的风味。

② 理化标准。

含糖量：不小于65%（还原糖占总糖）；

含水量：20%左右。

③ 卫生标准。

细菌总数＜500个/g；

大肠杆菌＜30个/100g；

致病菌：不得检出。

二、果酱类

1. 草莓酱

(1) 工艺流程

原料 → 漂洗 → 去梗去萼片 → 配料 → 浓缩 → 装罐、密封 → 杀菌 → 冷却 → 成品

(2) 操作要点

① 原料处理。草莓倒入流水中浸泡3～5min，分装于有孔筐中，在流动水或通入压缩空气的水槽中淘洗，去净泥沙污物，然后捞出去梗、萼片和腐烂果。

② 配料。草莓300kg，75%糖液400kg，柠檬酸700g，山梨酸250g或草莓100kg，白砂糖115kg，柠檬酸300g，山梨酸75g。

③ 浓缩。采用减压或常压浓缩方法。

减压浓缩：将草莓与糖液吸入真空浓缩锅内，调节真空度为4.7～5.3kPa，加热软化5～10min，然后提高真空度到8.0kPa以上，浓缩至可溶性固形物达60%～65%时，加入已溶化的山梨酸、柠檬酸，继续浓缩至终点出锅。

常压浓缩：把草莓倒入夹层锅，先加入一半糖液，加热软化后，边搅拌边加入剩余的糖液以及山梨酸和柠檬酸，继续浓缩至终点出锅。

④ 装罐、密封。出锅后立即趁热装罐，封罐时酱体的温度不低于85℃。

⑤ 杀菌、冷却。封罐后立即按杀菌式5～15min/100℃进行杀菌，杀菌后分段冷却到38℃。

(3) 产品质量指标　紫红色或红褐色，有光泽，均匀一致，酱体呈胶黏状，块状酱可保留部分果块，泥状酱的酱体细腻，酸甜适度，无焦煳味及其他异味，可溶性固形物65%或55%。

2. 猕猴桃酱

(1) 配料　猕猴桃100kg，砂糖100kg。

(2) 工艺流程

原料选择 → 清洗 → 去皮 → 糖水配制 → 煮酱 → 罐装 → 密封 → 杀菌 → 冷却 → 擦罐、入库

(3) 操作要点

① 原料选择。挑选充分后熟（约八九成熟）的果实为原料，剔除腐烂、发酵、生霉或表面有损伤等不合格果实。

② 清洗。彻底洗净泥沙等杂物，沥干水分。

③ 去皮。用手工剥皮，或将果实切成两片，用不锈钢汤匙挖取果肉，大规模生产使用化学去皮。

④ 糖水配制。砂糖100kg加水33kg，加热熔解，过滤，即成75%糖液。每100kg原料加入糖水33kg。

⑤ 煮酱。先将一半糖水倒入锅内煮沸后，加入果肉，约煮30min，待果肉煮成透明，无白心时，再加剩余糖水，继续煮25～30min，直到沸点温度达105℃，可溶性固形物达68%以上时可出锅。

⑥ 罐装、密封。玻璃瓶事先消毒，罐盖和胶圈在沸水中煮5min，每罐装量275g。

⑦ 杀菌。沸水中煮20min，冷水冷却至38℃。

⑧ 擦罐、入库。擦干罐身罐盖，在20℃仓库中存放一周，检验后出厂。

（4）产品质量标准　酱体呈黄绿色或黄褐色，光泽均匀一致。具有猕猴桃酱应有的良好风味，无焦煳味、无异味。果实应去净梗叶和花萼、无果皮，煮制良好。酱体呈胶黏状，带种子，保持不分果块，置于水平面上允许徐徐流散，不得分泌汁液，无糖结晶。可溶性固形物大于等于65%（按折光计），总糖量大于等于57%（以转化糖计）。

3. 胡萝卜泥

（1）工艺流程

原料选择→清洗→去皮→切分→预煮→打浆→配料→浓缩→装罐、封口→杀菌→冷却→成品

（2）操作要点

① 原料选择清洗。选用红色或橙红色、皮薄肉厚、粗纤维少、无糠心的胡萝卜为原料，在成熟度适宜，未木质化时采收。用流动水漂除泥沙。

② 碱液去皮。用浓度为3%～8%的碱液，温度为95℃，处理胡萝卜1～2min，然后捞出投入流动水中漂洗冷却，除尽残存碱液。

③ 切分。用手工或机械将胡萝卜切成薄片。

④ 预煮。将夹层锅内的水煮沸后，放入胡萝卜薄片煮沸6～8min，使原料煮透。

⑤ 打浆。采用双道打浆机将胡萝卜片打成浆状，打浆机的筛板孔径为0.4～1.5mm。

⑥ 配料。按胡萝卜泥100kg加砂糖50kg，柠檬酸0.3～0.5kg，果胶粉0.6～0.9kg的比例进行调配。先将果胶粉与部分糖混匀，加10～20倍水溶化，再将柠檬酸加水配成50%浓度的酸液，然后将两者混合并搅拌均匀备用。

⑦ 浓缩。将胡萝卜泥与75%的糖液倒入夹层锅内，搅拌加热至可溶性固形物达40%～42%即出锅。

⑧ 装罐、封口。装罐时酱体的温度不低于85℃，装罐后立即封罐。

⑨ 杀菌、冷却。封罐后立即按杀菌公式10～25min/112℃进行杀菌，然后分段冷却到38℃。

（3）产品质量指标　黄褐色；质地细腻，均匀一致；酸甜适度，无异味；可溶性固形物达40%～42%。

4. 果丹皮

果丹皮是将果泥加糖浓缩后，刮片烘干制成的薄片。其工艺流程如下：

原料处理→软化打浆→浓缩→刮片→烘烤→揭皮→整形→包装→成品

以山楂果丹皮为例，其加工方法如下。

（1）原料选择　选取充分成熟的山楂果，要求无病虫害、无腐烂、色泽好。

（2）原料处理　按果实重：水量为1：（0.5～0.8）的比例，如山楂50kg，加水25～40kg，混合于锅内预煮软化20～30min，以果实煮软烂为准。将果实连同预煮水一起倒入打浆机（筛板孔径为从0.5～1.0mm）进行打浆，除去皮渣等杂质，滤出山楂泥。

（3）配制　将山楂泥称重后倒入锅中，然后加入相当于山楂泥质量30%～50%的白砂糖，搅拌均匀，加热浓缩至稠泥状。如果不进行加热浓缩，加糖量应为山楂泥重的60%～80%，加糖后充分搅拌均匀即可。若山楂泥色泽浅，可添加适量胭脂红食用色素搅匀。

（4）刮片、干燥　将木框模子（长约45cm，宽40cm，底边厚0.4cm）放在钢化玻璃板上或桐油布上，用勺挖取山楂泥倒于其上，再用木刮刀刮平，抹成0.3～0.4cm厚的山楂泥薄层，然后连同油布或玻璃板送烘房内，放在烘架上，在60～65℃下干燥8h，当干燥至一

定韧性时揭起，再放入烘盘，继续烘干其表面水分，即成"山楂片"，其含水量约10%。

(5) 切片、包装　烘干后，将山楂片切成小长方形块或圆形等，在其表面均匀地撒些白砂糖，即成雪花山楂片。如果切成长10cm，宽5cm的长方块，在其表面撒些白砂糖卷成卷，即为山楂果丹皮。

5. 配制果冻

以往的果冻是以果胶、琼脂为凝固剂，添加各种不同的果汁、蔗糖等制成的。目前市场上流行的果冻大多是果冻粉、甜味剂、酸味剂及香精所配成的凝胶体，可以添加各种果汁，调配成各种果味及各种颜色，盛装在卫生透明的聚丙烯包装盒内，鲜艳碧翠，一年四季都可食用。果冻粉的主要成分是以卡拉胶、魔芋粉等为主要原料，添加其他植物胶和离子配制而成。

(1) 建议配方（%）　果冻粉0.8~1，白砂糖15，蛋白糖（60倍）0.1，柠檬酸0.2，乳酸钙0.10，香精适量，色素适量，水至100。

(2) 工艺流程

溶胶 → 煮胶 → 过滤 → 调配 → 灌装 → 封口 → 成品

(3) 操作要点

① 溶胶。将果冻粉、白砂糖和蛋白糖按比例混合均匀，在搅拌条件下将上述混合物慢慢地倒入冷水中，然后不断进行搅拌，使胶基本溶解，也可静置一段时间，使胶充分吸水溶胀。

② 煮胶。将胶液边加热边搅拌至煮沸，使胶完全溶解，并在微沸的状况下维持8~10min，然后除去表面泡沫。

③ 过滤。趁热用消毒的100目不锈钢过滤网过滤，以除去杂质和一些不能存在的胶粒，得料液备用。

④ 调配。当料液温度降至70℃左右，在搅拌下先加入事先溶好的柠檬酸、乳酸钙溶液，并调pH至3.5~4.0，再根据需要加入适量的香精和色素，以进行调香和调色。

⑤ 灌装、封口。调配好的胶液，应立即灌装到经消毒的容器中并及时封口，不能停留。在没有实现机械化自动灌装的工厂，不要一次把混合液加进去，否则不等灌装完就会凝固。在灌装前包装盒要先消毒，灌好后立即加盖封口。

⑥ 杀菌、冷却。由于果冻灌装温度过低（低于80℃），所以灌装后还要进行巴氏杀菌。封口后的果冻，由输送带送至温度为85℃的热水中浸泡杀菌10min，杀菌后的果冻立即冷却降温至40℃左右，以便能最大限度地保持食品的色泽和风味。冷却的方法可以用干净的冷水喷淋或浸泡。

⑦ 干燥。用50~60℃的热风干燥，以便使果冻杯（盒）外表的水分蒸发掉，避免在包装袋中产生水蒸气，防止产品在贮藏销售过程中长霉。

⑧ 包装。检验合格的果冻，经包装后即为成品。

第六节　糖制品加工过程中常见的质量问题及解决途径

一、糖制品的流汤、返砂、结晶与控制

一般质量达到标准的果脯要求其质地柔软、光亮透明，但生产中如果条件掌握不当，成品表面或内部易产生返砂。返砂的果脯失去光泽，容易破损，降低商品价值。果脯返砂是由于制品中蔗糖含量过高而转化糖不足的结果。相反，果脯中转化糖含量过高，在高温和潮湿季节就容易吸潮，形成流汤现象。一般成品中含水量达 17%～19%，总糖量为 68%～72%，转化糖含量在 30%，即占总糖含量的 50% 以下时，都将出现不同程度的返砂现象。转化糖愈少，返砂愈重。当转化糖占总糖含量的 50% 以上时，在低温、低湿条件下保藏，一般不返砂。因此，在煮制果脯时，如果能控制成品中蔗糖与转化糖适宜的比例，返砂或流汤现象就可以避免。成品中蔗糖与转化糖含量之间的比例，决定于煮制时糖液的性质。煮制时，糖液中转化糖含量高，则成品中转化糖也高。影响蔗糖转化的因素是糖液的 pH 及温度。一般 pH 在 2.0～2.5 之间，在加热时就可以促使蔗糖转化。杏脯很少出现返砂现象，原因是杏原料中含有较多的有机酸溶解在糖液中，降低了 pH，利于蔗糖的转化。对于含酸量较少的苹果、梨等，煮制时常加入一些煮过杏脯的糖液，以增加酸量，避免返砂。目前生产上多采用加柠檬酸或盐酸来调节糖液的 pH。

调整好糖液的 pH（2.0～2.5）对于初次煮制是适合的，但连续生产，糖液循环使用，糖液的 pH 以及与转化糖的配合比例时有改变，要不断调整。若原料中含酸量很低，又是从砂糖开始进行煮制，应按糖液质量加浓盐酸（或柠檬酸）维持糖液的 pH 在 2.5 左右。若糖液是循环使用的，应在煮制过程中待绝大部分砂糖加完并溶解后，检验糖液中总糖和转化糖含量。按正规操作方法，这时糖液中总糖量大约在 54%～60%，若转化糖已达 25% 以上（占总糖量的 43%～45%），即可认为符合要求，烘干后的成品不会返砂。

对于果脯类制品的糖结晶，控制果酱中总含糖量不超过 63%，并保持其中转化糖占 30% 左右为宜。转化糖不足可加入适量淀粉糖浆代替砂糖，但用量不能超过砂糖总量的 20%（质量分数）。

二、蜜饯类产品的煮烂、皱缩与控制

煮烂与皱缩是果脯生产中常出现的问题。例如煮制蜜枣时，由于划缝太深、纹理相互交错、成熟度太高等，经煮制后易开裂破损。苹果脯的煮烂除与果实品种有关外，成熟度也是主要影响因素，过生、过熟都比较容易煮烂。因此，采用成熟度适当的果实为原料，是保证果脯质量的前提。此外，采用经过前处理的果实，不立即用浓糖液煮制，先放入煮沸的精水或 1% 的食盐溶液中热烫几分钟，再按工艺煮制，也可在煮制前用氯化钙溶液浸泡果实，也有一定的作用。

果脯的皱缩主要是"吃糖"不足，干燥后容易出现皱缩干瘪。克服的方法，应在糖制过程中按要求准确配制糖液浓度，掌握分次加糖，使糖液浓度逐渐提高，延长浸渍时间。真空渗糖无疑是重要的措施。

三、糖制品的褐变与控制

在糖制品的生产中，褐变是影响产品质量的一个关键问题，包括酶促褐变和非酶褐变。酶促褐变的控制办法是必须做好护色处理，即去皮后要及时浸泡于盐水或亚硫酸溶液中，有的含气高的还需进行抽空处理，在整个加工工艺中尽可能地缩短与空气接触，防止氧化。非酶促褐变则伴随在整个加工过程和贮存期间，包括羰氨反应褐变、焦糖化褐变、抗坏血酸褐变、花青素变色等，其主要影响因素是温度。温度越高变色越深。因此控制办法是在加工中要尽可能缩短受热处理的过程，而果脯类要配合使用好足量的亚硫酸盐，控制适当的还原糖含量，选择良好的烘烤方式和加强烘烤管理。另外微量的铜、铁等金属的存在也能使产品变色，因此加工用具要用不锈钢的器皿。在贮存期间要控制温度在较低的条件下（如 12～15℃），对变色品种最好采用真空包装，在销售时要注意避免阳光照射，减少与室气接触的机会。

对于果酱类罐头的变色，其防止措施如下：

① 易变色的果实去皮、切块后，应迅速浸于稀盐液或稀酸或酸、盐混合液中护色，或添加抗氧化剂（如维生素C），并尽快加热破坏酶的活性。

② 加工过程中防止与铁、铜等金属接触。深色水果，如葡萄、杨梅等，不得采用素铁罐。

③ 加工过程要快速，防止加热和浓缩时间过长，特别是浓缩终点到达后，必须迅速出锅装罐、密封、杀菌和冷却，严防积压。

④ 罐头仓储温度不宜太高，以20℃左右为宜。

四、糖制品的霉变、发酵与控制

霉变和发酵在糖制品的生产中经常发生，主要由霉菌和酵母菌引起。其中霉菌一般适宜在固体和半固体状食品上生长，而酵母一般在液体状食品中生长。

食品的霉变过程通常包括轻度变质、生霉和霉烂三个阶段，它是一个连续的发展过程。霉变发展的快慢主要由环境条件特别是食品的温度、水分、气体组分决定。一般来说，适宜微生物生长的温度为15～40℃，水分10%以上。在高水分情况下，有些霉菌如青霉和曲霉能在0℃以下使食品变质。

食品发生霉变的原因首先是食品中存在微生物。食品中的微生物一是原料或盛器具中的微生物，由于没有彻底灭菌而幸存的；二是制作后重新感染的。一般来说，糖的浓度在50%以上时，即可抑制微生物的生长。但在长期保存中，由于脯饯中含有较多的转化糖，具有较高的吸潮性，当空气中湿度大，气温高时，由于转化糖的吸潮作用而使蜜饯的表面潮湿发黏，严重时造成溶化流汤，使糖度降低，减轻了对微生物的抑制作用，使它们又生长活动起来，特别是在含酸量较低的脯饯中，更是如此。因此，防止发生霉变最简单的方法是保证脯饯中糖的液度在70%以上。在成品入库前，如发现水分含量高于指标，要重新进入烘房进行复烤。在保存中如发现溶化流汤，不可日晒，否则溶化流汤更严重。只可放入烘房复烤，降低含水量，提高糖的浓度。

除了提高糖的浓度进行防霉之外，还可用添加防霉剂和表面处理的方法进行防霉。添加防霉剂的措施是，在食品制作过程中，以一定的比例将防腐剂添加到原料中去，能起抑制微生物发育生长的作用。如在食品中添加0.1%～0.2%的二丙酸钠或0.05%～0.1%的山梨酸钾，即可延长食品的生霉时间。表面处理法，一般是采用紫外线间断的照射无包装脯饯的表面而达到杀菌的效果。例如，用每平方厘米80Mv的紫外光照射数分钟，比如4min，便可使食品维持2～3d。这种方法对于高温、高湿天气下的食品防霉效果尤为显著。

玻璃罐装果酱类罐头，易发生霉菌污染质量事故，防止措施如下：

① 严格剔除霉烂原料，对贮放草莓、杨梅等浆果类原料的库房，每立方米的空间以0.2g过氧醋酸消毒，不仅能延长原料的鲜度和贮存期，还可减少霉菌污染。

② 原料必须彻底清洗干净，必要时进行消毒处理。

③ 生产前彻底做好环境卫生（以福尔马林消毒），车间工器具以0.5%过氧醋酸及蒸汽消毒，特别是装罐工序的工器具卫生及操作人员的个人卫生更应严格。

④ 玻璃罐胶圈、瓶盖严格按规定要求清洗和消毒。

⑤ 果酱封口温度80℃以上，封口必须严密，严防果酱污染罐口。

⑥ 果酱生产从原料处理至装罐密封杀菌，必须最大限度地缩短工艺流程，特别是浓缩

至装罐、密封和杀菌过程，更应快速。

⑦ 玻璃瓶装果酱，以用蒸汽加热杀菌，淋水冷却较好。

【本章小结】

果蔬糖制品是以果蔬为主要原料，利用高浓度糖的保藏作用制作成的一类产品，依据加工方法和成品的形态，一般分为果脯蜜饯和果酱蜜饯两大类；高浓度糖液具有一定的高渗透压作用、降低水分活度作用和抗氧化作用，从而能达到长期保存果蔬产品的目的；食糖（以甘蔗糖为主）的甜度、溶解度、吸湿性、糖溶液的沸点、发酵性以及蔗糖的转化等理化性质对糖制工艺及制品的质量有着重要的影响；果蔬自身或外加的植物胶对糖制品质量也有一定的影响。

果脯蜜饯的一般工艺流程为：原料选择→原料处理→原料预加工→糖制→干制→整理与包装→成品；果酱加工工艺一般为：原料处理→加热软化→配制→浓缩→装罐密封→杀菌→冷却→成品。

本章着重介绍了果脯蜜饯类的蜜枣、话梅、糖姜片、低糖红薯脯、杏脯、芹菜脯和果酱类的草莓酱、猕猴桃酱、胡萝卜泥、果丹皮和配制果冻等糖制品的加工方法，同时介绍了果蔬糖制品加工过程中常见的质量问题及解决办法。

【复习思考题】

1. 果蔬糖制品是怎样进行分类的？
2. 糖制品加工的基本原理是什么？
3. 食糖有哪些性质？
4. 果脯蜜饯和果酱的一般加工工艺是什么？
5. 分别举出2～3种果脯蜜饯和果酱的工艺流程，并叙述其操作要点。
6. 果蔬糖制品生产中，容易出现哪些问题？怎么控制？

【实验实训八】 苹果脯的加工

一、技能目标

通过实训，明确苹果果脯生产的基本工艺，熟悉各工艺操作要点及成品质量要求，掌握护色、硬化、糖制、烘烤等苹果脯生产过程中的关键操作技能。

二、材料、仪器与设备

1. 材料：苹果、砂糖、柠檬酸、氯化钙、亚硫酸氢钠、琼脂或明胶等。
2. 仪器与设备：不锈钢刀具（挖核、切分）、台秤、夹层锅、温度计、手持糖量计、烘箱、烘盘、塑料薄膜热合封口机等。

三、工艺流程

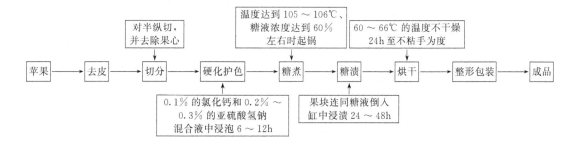

四、操作步骤

1. 原料选择：选用果形圆整、果心小、肉质疏松和成熟度适宜的原料。

2. 去皮、切分：用手工或机械去皮后，挖去损伤部分，将苹果对半纵切，再用挖核器挖掉果心。

3. 硬化护色：将切好的果块立即放入 0.1% 的氯化钙和 0.2%～0.3% 的亚硫酸氢钠混合液中浸泡 6～12h，进行硬化和护色。肉质较硬的品种只需进行护色。每 100 千克混合液可浸泡 120～130kg 原料。浸泡时上压重物，防止上浮。浸后取出，用清水漂洗 2～3 次备用。

4. 糖煮：在夹层锅内配成 40% 的糖液 25kg，加热煮沸，倒入果块 30kg，以旺火煮沸后，煮沸后加入同浓度的冷糖液 5kg，重新煮沸。如此反复煮沸与补加糖液 3 次，共历时 30～40min，此后再进行 6 次加糖煮制。第一、二次分别加糖 5kg，第三、四次分别加糖 5.5kg，第五次加糖 6kg，以上每次加糖间隔 5min，第六次加糖 7kg，煮制 20min。全部糖煮时间需 1～1.5h，待果块呈现透明状态，温度达到 105～106℃、糖液浓度达到 60% 左右时起锅，即可起锅。

5. 糖渍：趁热起锅后，将果块连同糖液倒入缸中浸渍 24～48h。

6. 烘干：将果块捞出，沥干糖液，摆放在烘盘上，送入烘房，在 60～66℃ 的温度下干燥至不粘手为度，大约需要 24h。

7. 整形和包装：将干燥后的果脯整形，剔除碎块，冷却后用玻璃纸或塑料袋密封包装，再装入垫有防潮纸的纸箱中。

五、产品质量标准

呈浅黄色至金黄色，有透明感和弹性，不返砂，不流汤，甜酸适度，并具有原果风味。总糖含量为 60%～65%；水分含量为 18%～20%。

【实验实训九】 冬瓜条的加工

一、技能目标

通过实训，明确冬瓜条的生产工艺流程、成品质量要求及生产过程中应注意问题，掌握冬瓜条生产过程中的关键操作技能。

二、材料、仪器与设备

1. 材料：冬瓜、砂糖、柠檬酸、氯化钙、亚硫酸氢钠、琼脂或明胶等。

2. 仪器与设备：不锈钢刀具（挖核、切分）、台秤、夹层锅、温度计、手持糖量计、烘箱、烘盘、塑料薄膜热合封口机等。

三、工艺流程

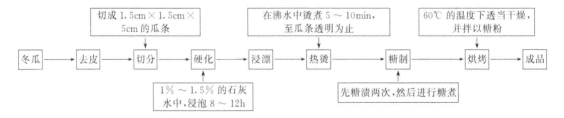

四、操作步骤

1. 原料选择：一般选用新鲜、完整、肉质致密的冬瓜为原料，成熟度以坚熟为宜。

2. 去皮、切分：将冬瓜表面泥沙洗净后，用旋皮机或刨刀削去瓜皮直至现肉质，然后切成宽5cm的瓜圈，除去瓜瓤和种子，再将瓜圈切成1.5cm×1.5cm×5cm的瓜条。用刨刀刨去瓜皮直至现肉质。

3. 硬化：将瓜条倒入1%～1.5%的石灰水中，浸泡8～12h，使瓜条质地硬化，用石蕊试纸检验至冬瓜条心pH在6.5～7.0为度。

4. 浸漂：将瓜条取出后，用清水将石灰水冲洗干净，再用清水将瓜条浸漂8～12h，换水3～4次，以除尽瓜条表面的石灰溶液。

5. 热烫：将瓜条在沸水中烫煮5～10min，至瓜条透明为止，捞出用清水冲洗一遍。

6. 糖制：总加糖量一般为生瓜条重的80%～85%。分3次加糖，进行糖渍（蜜制）和糖煮。

① 第一次糖渍：将热烫并洗净后的瓜条再投入到沸水中热烫1min，取出后立即趁热加入总糖量的30%，在缸（盆）中糖渍约12h。

② 第二次糖渍：将瓜条连同糖液倒入锅中，加第二次糖，用量为总糖量的40%，煮沸3～5min后，继续糖渍约12h。最后，进行糖煮。

③ 糖煮：先将糖渍瓜条连同糖液在锅中大火加热煮制约10min后，将余下30%总糖量的白糖分2～3次加入锅中续煮，大部分水分蒸发后开始控火，直至用微火煮至几乎所有水分全部蒸发掉方离火，并不断搅拌，冷却后即成表面返砂的成品。煮制期间，要注意控火并适度搅拌，严防糖和瓜条焦化。在糖煮开始时应用大火，煮到糖液起大泡时，适当控制小火。

7. 烘烤：若要长期保藏，最好在50～60℃下适当烘烤，以免返潮。烘干后的冬瓜条置于大盆中，拌以蔗糖粉（蔗糖烘干后研磨成粉），混匀。

8. 包装：用筛子筛去多余的糖粉，将产品装入聚乙烯塑料袋中密封包装。

五、产品质量标准

外表洁白，饱满致密，质地清脆，风味清甜，不粘手、不返潮，表面有一层白色糖霜。含糖量75%左右。

【实验实训十】 苹果酱的加工

一、技能目标

通过实训，明确果酱类产品浓缩的方法和苹果酱的加工生产技术，掌握加工过程中的关键操作技能。

二、材料、仪器与设备

1. 材料：苹果、砂糖、柠檬酸、亚硫酸氢钠、琼脂或明胶等。

2. 仪器与设备：不锈钢刀具（挖核、切分）、台秤、夹层锅、打浆机、温度计、手持糖量计、烘箱、烘盘、塑料薄膜热合封口机等。

三、工艺流程

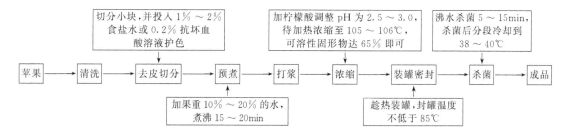

四、操作步骤

1. 原料选择：宜选择成熟度适宜，含果胶及酸多，芳香味浓的苹果。
2. 原料处理：用清水将果面洗净后去皮、去心，将苹果切成小块，并及时地利用1%～2%的食盐水或0.2%的抗坏血酸溶液进行护色。
3. 预煮：将小果块倒入不锈钢锅内，加果重10%～20%左右的水，煮沸15～20min，要求果肉煮透，使之软化兼防变色。
4. 打浆：用打浆机打浆或用破碎机来破碎。
5. 配料：按果肉100kg加糖70～80kg（其中砂糖的20%宜用淀粉糖浆代替，砂糖加入前需预先配成75%浓度的糖液）和适量的柠檬酸。
6. 浓缩：先将果浆打入锅中，分2～3次加入糖液，在可溶性固形物达到60%时加柠檬酸调节果酱的pH为2.5～3.0，待加热浓缩至105～106℃，可溶性固形物达65%以上时出锅。
7. 装罐、封口：出锅后立即趁热装罐，封罐时酱体的温度不低于85℃。
8. 杀菌、冷却：封罐后立即投入沸水中5～15min，杀菌后分段冷却到38～40℃。

五、产品质量标准

酱体呈红褐色或琥珀色，均匀一致，具有苹果酱应有的风味，无焦糊味和其他异味，酱体呈胶黏状，不流散，不分泌汁液；无果皮、果梗等物，无结晶糖；可溶性固形物按折光计不低于65%，总糖量按转化糖计不低于57%。

第六章 蔬菜腌制品加工技术

教学目标

1. 了解蔬菜腌制品的分类和各种腌制品的特点。
2. 掌握蔬菜腌制品色、香、味形成的机理。
3. 掌握蔬菜腌制品的保藏原理。
4. 理解蔬菜腌制过程中微生物的发酵作用及蛋白质的分解对腌制品质量的影响。
5. 掌握蔬菜腌制品原料选择及不同制品的加工工艺。

蔬菜腌制是中国古老的传统加工方法。其加工简易,成本低廉,风味多样、容易保存,并具有独特的色、香、味,有许多的名优特产品,是人们餐桌和烹饪不可缺少的加工制品。

第一节 蔬菜腌制品的分类

蔬菜腌制是利用食盐以及其他物质添加渗入到蔬菜组织内,降低水分活度、提高结合水含量及渗透压或脱水等作用,有选择地控制有益微生物活动和发酵,抑制腐败菌的生长,从而防止蔬菜变质,保持其食用品质的一种保藏方法。在蔬菜腌制品中,有不少名特产品。不但国内驰名,而且远销国外。如重庆涪陵榨菜、四川泡菜、宜宾芽菜、北京大头菜、江浙酱菜等。低盐、增酸、适甜是蔬菜腌制品发展的方向。蔬菜腌制品种类很多,目前按原料和加工原理等方法可以分为以下类型。

一、按工艺与辅料不同分类

根据商业行业标准 SN/T 10297—1999 规定,根据加工工艺与辅料不同,将蔬菜腌制品分为 11 类。

1. 酱渍菜类

酱渍菜是以蔬菜为主要原料,经盐腌或盐渍成蔬菜咸坯后,再经酱渍而成的蔬菜制品。

(1) 酱曲醅菜　酱曲醅菜是蔬菜咸坯经甜酱成曲醅制而成的蔬菜制品。

(2) 甜酱渍菜　甜酱渍菜是蔬菜咸坯,经脱盐、脱水后,再经甜酱酱渍而成的蔬菜制品。

(3) 黄酱渍菜　黄酱渍菜是蔬菜咸坯,经脱盐、脱水后,再经黄酱酱渍而成的蔬菜制品。

(4) 甜酱、黄酱渍菜　甜酱、黄酱渍菜是蔬菜咸坯,经脱盐、脱水后。再经黄酱和甜酱酱渍而成的蔬菜制品。

(5) 甜酱、酱油渍菜　甜酱、酱油渍菜是蔬菜咸坯,经脱盐、脱水后,用甜面酱和酱油混合酱渍而成蔬菜制品。

(6) 黄酱、酱油渍菜　黄酱、酱油渍菜是蔬菜咸坯,经脱盐、脱水后,用黄酱和酱油混合酱渍而成的蔬菜制品。

(7) 酱汁渍菜　酱汁渍菜是蔬菜咸坯,经脱盐、脱水后,用甜酱汁或黄酱酱汁浸渍而成的蔬菜制品。

2. 糖醋渍菜类

糖醋渍菜是蔬菜咸坯,经脱盐、脱水后,用糖渍或醋渍或糖醋渍制作而成的蔬菜制品。

(1) 糖渍菜　糖渍菜是蔬菜咸坯经脱盐、脱水后,采用糖渍或先糖渍后蜜渍制作而成的蔬菜制品。

(2) 醋渍菜　醋渍菜是蔬菜咸坯用食醋浸渍而成的蔬菜制品。

(3) 糖醋渍菜　糖醋渍菜是蔬菜咸坯,经脱盐、脱水后,用糖醋液浸渍而成的蔬菜制品。

3. 虾油渍菜类

虾油渍菜是以蔬菜为主要原料,先经盐渍,再用虾油浸渍而成的蔬菜制品。

4. 糟渍菜类

糟渍菜是蔬菜咸坯,用酒糟或醪糟糟渍而成蔬菜制品。

(1) 酒糟渍菜　糟渍菜是蔬菜咸坯,用新鲜酒糟与白酒、食盐、助鲜剂及辛香料混合糟渍而成的蔬菜制品。

(2) 醪糟渍菜　醪糟渍菜是蔬菜咸坯,用醪糟与调味料、辛香料混合糟渍而成的蔬菜制品。

5. 糠渍菜类

糠渍菜是蔬菜咸坯,用稻糠或粟糠与调味料、辛香料混合糠渍而成的蔬菜制品。

6. 酱油渍菜类

酱油渍菜是蔬菜咸坯,用酱油与调味料、辛香料混合浸渍而成的蔬菜制品。

7. 清水渍菜类

清水渍菜是以叶菜为原料,经过清水熟渍或生渍而制成的具有酸味的蔬菜制品。

8. 盐水渍菜类

盐水渍菜是将蔬菜用盐水及辛香料混合生渍或熟渍而成的蔬菜制品。

9. 盐渍菜类

盐渍菜是以蔬菜为原料,用食盐腌渍而成的湿态、半干态、干态蔬菜制品。

10. 菜脯类

菜脯是以蔬菜为原料,采用果脯工艺制作而成的蔬菜制品。

11. 菜酱类

菜酱是以蔬菜为原料经预处理后,再拌和调味料、辛香料制作而成的糊状蔬菜制品。

二、按加工保藏原理分类

根据蔬菜腌制加工是否有发酵作用可分为两类。

1. 发酵性腌制品

腌渍时食盐用量较低,在腌制过程中有显著的乳酸发酵现象,利用发酵产物乳酸、食盐和香辛料等的综合作用,来保藏蔬菜并增进其风味。根据腌渍方法和产品状态,可分为半干态发酵的和湿态发酵的两类。

(1) 半干态发酵腌渍品　先将菜体经风干或人工脱去部分水分,然后进行盐腌,自然发酵后熟而成,如榨菜、冬菜。

(2) 湿态发酵腌渍品　用低浓度的食盐溶液浸泡蔬菜或用清水发酵白菜而成的一种带酸味的蔬菜腌制品,如泡菜、酸白菜。

2. 非发酵性腌制品

腌渍时食盐用量较高,使乳酸发酵完全受到抑制或只能轻微地进行,主要高浓度的食盐和香辛料等的综合作用来保藏蔬菜并增进其风味。分四种：

(1) 盐渍品　用较高浓度的盐溶液腌渍而成，如咸菜。
(2) 酱渍品　通过制酱、盐腌、脱盐、酱渍过程而制成的，如酱菜。
(3) 糖醋渍品　将蔬菜浸渍在糖醋液内制成，如糖醋蒜。
(4) 酒糟渍品　将蔬菜浸渍在黄酒酒糟内制成，如糟菜。

三、其他分类

按原料和生产工艺的特点可分为酱菜类、泡菜类、酸菜类、咸菜类、菜酱类和糖醋菜类等，在生产上常采用这种分类方法。此外，按产品的物理性状可分为湿态、半干态、和干态蔬菜腌制品。

第二节　腌制品加工的基本原理

蔬菜腌渍的基本原理主要是利用食盐的防腐作用、微生物的发酵作用、蛋白质的分解作用及其他一系列的生物化学作用，抑制有害微生物的活动和增加产品的色香味，增强制品的保藏性能。

一、盐在蔬菜腌制中的作用

1. 食盐的脱水作用

食盐溶液具有很高的渗透压，对微生物细胞发生强烈的脱水作用。一般微生物细胞液的渗透压力在 $(3.5～16.7)\times10^5 Pa$ 之间，一般细菌也不过 $(3～6)\times10^5 Pa$。而 1% 的食盐溶液就可产生 $6.1\times10^5 Pa$ 的渗透压力。在高渗透压的作用，使微生物的细胞发生质壁分离现象，造成微生物的生理干燥，迫使它处于假死状态或休眠状态，所以蔬菜腌制时，常用 10% 以上的食盐溶液，以相当于产生 $61\times10^5 Pa$ 以上的渗透压，来抑制微生物活动，达到保存的目的。

2. 食盐的防腐作用

食盐分子溶入水后发生电离，并以离子状态存在，溶液中的一些 Na^+、K^+、Ca^{2+}、Mg^{2+} 等在浓度较高时会对微生物发生生理毒害作用。

3. 食盐溶液对酶活力的影响

酶是一种由蛋白质构成的生物催化剂。其作用依赖于特有构型，食盐溶液中 Na^+、Cl^- 酶蛋白质分子中肽键结合，破坏了酶的空间构型，使其催化活性降低，使微生物的生命活动受到抑制。

4. 食盐溶液降低微生物环境的水分活度

食盐在溶液离子水化作用，降低水分活度，使微生物可利用的水分相对减少，从而抑制了有害微生物的活动，提高了蔬菜腌制品的保藏性。

5. 食盐溶液中氧气的浓度下降

食盐能降低水中氧的溶解度，O_2 很难溶解于盐水中，形成缺氧环境，抑制好气性微生物的活动，同时，只要盐浓度适当，又不影响乳酸菌的活动，使制品得以更好地保存。

二、腌制过程中微生物的发酵作用

发酵是指微生物不需氧的产能代谢。蔬菜在腌渍过程中进行乳酸发酵，并伴随酒精发酵和醋酸发酵。各种腌制品在腌渍过程中的发酵作用都是借助于天然附着在蔬菜表面上的各种微生物的作用进行的。

1. 乳酸发酵

任何蔬菜腌制品在腌制过程中都存在乳酸发酵，有强弱之分。乳酸细菌广布空气、蔬菜表面、加工水及容器中，是乳酸细菌利用单糖或双糖作为基质积累乳酸的过程，它是发酵性腌制品腌渍过程中最主要的发酵作用。根据发酵机理和产物可分为两类。

（1）正型乳酸发酵　乳酸菌能将单糖、双糖发酵成乳酸，不产生任何其他物质，此种发酵作用在腌制中占主导作用。

$$C_6H_{12}O_6 \longrightarrow 2CH_3CHOHCOOH$$

（2）异型乳酸发酵　异型乳酸菌除将单糖、双糖发酵成乳酸外，还可以产生其他物质（酒精、二氧化碳）。

$$C_6H_{12}O_6 \longrightarrow CH_3CHOHCOOH + C_2H_5OH + CO_2 \uparrow$$

异型乳酸菌粘在腌制品表面，产生黏性物质，使之硬度不够，产品变软。因此应避免此菌的危害，此菌只在腌制初期发现，当食盐浓度加高到10%或乳酸含量达0.7%以上，便会受到抑制。

2. 酒精发酵

酵母菌将蔬菜中的糖分解成酒精和二氧化碳。酒精发酵生成的乙醇，对于腌制品后熟期中发生酯化反应而生成芳香物质是很重要的。

$$C_6H_{12}O_6 \longrightarrow 2C_2H_5OH + 2CO_2 \uparrow$$

3. 醋酸发酵

在蔬菜腌制过程中还有微量醋酸形成。醋酸是由醋酸细菌氧化乙醇而生成的。极少量的醋酸对成品无影响，可大量的就会对成品有影响。醋酸菌是好气性菌，隔离空气可防止醋酸发酵。

$$C_2H_5OH + O_2 \longrightarrow CH_3COOH + H_2O$$

制作泡菜、酸菜需要利用乳酸发酵，而制造咸菜酱菜则必须将乳酸发酵控制在一定的限度，否则咸酱菜制品变酸，成为产品败坏的象征。

三、蛋白质的分解及其他生化作用

在蔬菜腌制及制品后熟过程中，所含的蛋白质受微生物和蔬菜本身所含的蛋白水解酶的作用逐渐被分解为氨基酸。这一变化是腌制品具有一定光泽、香气和风味的主要原因。

1. 鲜味产生

蛋白质水解所生成的各种氨基酸都具有一定的风味。蔬菜腌制品鲜味的主要来源是由谷氨酸与食盐作用生成谷氨酸钠。

$$COOH \cdot CH_2 \cdot CH_2 \cdot CH(NH_2) \cdot COOH + NaCl \longrightarrow$$
$$HCl + COONa \cdot CH_2 \cdot CH(NH_2) \cdot COOH$$

谷氨酸、其他多种氨基酸如天冬氨酸，这些氨基酸均可生成相应的盐，使腌制品鲜味增强。此外乳酸等本身也能赋予产品一定的鲜味。

2. 香气的形成

香气是评定蔬菜腌制品质量的一个指标。产品中的风味物质，有些是蔬菜原料和调味辅料本身所具有的，有些是在加工过程中经过物理变化、化学变化、生物化学变化和微生物的发酵作用形成的。

腌制品的风味物质还远不止单纯的发酵产物。在发酵产物之间，发酵产物与原料或调味辅料之间还会发生多种多样的反应，生成一系列呈香呈味物质，特别是酯类化合物。如蛋白质水解生成氨基丙酸与酒精发酵产生的酒精作用，失去一分子水，生成的酯类物质芳香更浓。氨基酸种类不同，所生成的香质也不同，其香味也各不相同。芥菜中有一黑芥子苷在黑芥子酶的作用下产生刺激性气味的芥子油（它可促进食欲，使人愉快）。蔬菜腌制品中加入花椒、辣椒末和各种混合香料可增加腌制品的香气。

3. 色泽的形成

在蔬菜腌制加工过程中，色泽的变化和形成主要通过下列途径。

（1）褐变　蔬菜中含有多酚类物质、氧化酶类，所以蔬菜在腌制加工中会发生酶促褐变。对于深色的酱菜、酱油渍和醋渍的产品来说，褐变反应所形成的色泽正是这类产品的正常色泽。

而对于有些腌制品来说，褐变往往是降低产品色泽品质的主要原因。所以这类产品加工时就要采取必要的措施抑制褐变反应的进行，以防止产品的色泽变褐、发暗。抑制产品酚酶的活性和采取一定的隔氧措施，是限制和消除盐渍制品酶促褐变的主要方法，而降低反应物的浓度和介质的pH、避光和低温存放，则可抑制非酶褐变的进行。采用二氧化硫或亚硫酸盐作为酚酶的抑制剂和羰基化合物的加成物，以降低羰氨反应中反应物的浓度，也能防止酶促褐变和非酶褐变，而且有一定的防腐能力和避免维生素C的氧化。但使用这种抑制剂也有一些不利的方面，它对原料的色素（如花青素）有漂白作用，浓度过高还会影响制品的风味，残留量过大甚至会有害于食品卫生。生产中加入抗坏血酸也可抑制酶褐变的发生。蔬菜腌制品在发酵后熟期，蛋白质水解产生酪氨酸，在酪氨酸酶的作用下，经过一系列反应，生成一种深黄褐色或黑褐色的物质，称为黑色素，使腌制品具有光泽。腌制品的后熟时间越长，则黑色素形成越多。

（2）吸附外来色素　蔬菜腌制品中的辅料酱油、酱、食醋、红糖等，在腌制过程中，蔬菜组织细胞吸附辅料中的色素与风味物质，使腌制品呈现某种色泽。此外腌制原料本身或在腌制过程中添加食用色素，也可使腌制品具有相应色泽。

四、香料与调味料的防腐作用

香辣调料的防腐作用一些香料和调味品，如大蒜、生姜、醋、酱、糖液等，在腌制品中起着调味作用，同时还具有不同程度的防腐能力。如大蒜组织中含有蒜氨酸，在细胞破碎时，蒜氨酸在蒜氨酸酶的作用下分解为具有强烈杀菌作用的挥发性物质，即蒜素。又如十字花科蔬菜如芥菜等组织中含有芥子苷，在芥子分解酶的作用下，能分解为芥子油，也具有很强的防腐能力。而豆蔻、芫荽、芹菜等所含的精油其防腐能力相对较弱。另外，醋可以降低环境的pH值，有利于杀菌。

五、腌渍蔬菜的护绿与保脆

1. 护绿

酱腌菜在腌制过程中失绿的原因主要有：蔬菜中的叶绿素在酸性介质中叶绿素容易脱镁形成脱镁叶绿素，变成黄褐色而使其绿色无法保存。而非发酵性的腌制品时，如咸菜类在其后熟过程中，叶绿素稍退后也会逐渐变成黄褐色或黑褐色。

蔬菜在腌制中为了保持蔬菜绿色，常采取的措施：①先将原料经沸水烫漂，以钝化叶绿素酶，防止叶绿素被酶催化而变成脱叶醇叶绿素（绿色褪去），可暂时的保持绿色。②在烫漂液中加入微量的碱性物质如碳酸钠或碳酸氢钠，可控叶绿素变成叶绿素钠盐，也可使制品保持一定的绿色。③在生产实践中，将原料浸泡在井水中（这种水含有较多的钙，属硬水）。待原料吐出泡沫后才取出进行腌渍，也能保持绿色，并使制品具有较好的脆性。

2. 保脆

蔬菜在腌制和保存过程中如处理不当，可造成组织软化现象。蔬菜的脆性主要与鲜嫩细胞的膨压和细胞壁的原果胶变化有密切关系，其失脆的原因主要有：蔬菜失水萎蔫致使细胞膨压降低，脆性减弱。另外一个原因果胶物质的水解，腌制品在加工中如原果胶在酶的作用下水解为果胶，再进一步水解为果胶酸等产物时，使细胞彼此分离，使其组织软烂，过熟以及受损伤的蔬菜，其原果胶被蔬菜本身含有的酶水解，使蔬菜在腌制前就变软；另一方面，在腌制过程中一些有害微生物的活动所分泌的果胶酶类将原果胶逐步水解。

蔬菜腌制品加工常用的保脆的措施有：①晾晒和盐渍用盐量必须恰当，保持产品一定含水量，以利于保脆；②蔬菜要成熟适度，不受损伤，加工过程中注意抑制有害微生物活动；③腌制前将原料短时间放入溶有石灰的水或氯化钙溶液中浸液，石灰水中的钙离子能与果胶酸作用生成果胶酸钙的凝胶。常用的保脆剂：钙盐如氯化钙或石灰水，其用量以菜重的0.05%为宜。

六、蔬菜腌制与亚硝胺

N-亚硝基化合物是指含有=NNO基的化合物，此种化合物具有致畸、诱突、致癌性。胺类、亚硝酸盐及硝酸盐是合成亚硝基化合物的前体物质，存在于各种食品中，尤其是质量不新鲜的或是加过硝酸、亚硝酸盐保存的食品中。

在酶或细菌作用下，硝酸盐可以被还原成亚硝酸盐，提供了合成亚硝基化合物的前体物质。由表6-1可看出硝酸盐含量在各类蔬菜中是不同的。叶菜类大于根菜类，根菜类大于果菜类。

表6-1 蔬菜可食部分硝酸盐的含量

品 种	波动范围/(mg/kg)	品 种	波动范围/(mg/kg)
萝卜	1950	西瓜	38～39
芹菜	3620	茄子	139～256
白菜	1000～1900	青豌豆	66～112
菠菜	3000	胡萝卜	46～455
洋白菜	241～648	黄瓜	15～359
马铃薯	45～128	甜椒	26～200
生葱	10～840	番茄	20～221
洋葱	50～200	豆荚	139～294

新鲜蔬菜腌制成咸菜后，硝酸盐的含量下降，而亚硝酸盐的含量上升，亚硝酸盐产生在有时间关系，一般在腌制4～8d出现高峰，在食用时注意成熟后再食用大大可减少其影响。在加工过程中，乳酸菌是抗酸菌、耐盐菌，不能还原硝酸盐，因此乳酸发酵不会产生亚硝胺，同时，蔬菜含有的食用纤维、胡萝卜素、维生素B、铁元素、维生素C、维生素E等营养素，可以减弱硝酸盐的危险性。在加工过程中对含硝酸盐较多的蔬菜尽量低温贮存，注意厌氧条件和清洁卫生防止杂菌感染以及培育含硝酸盐少的优良蔬菜品种都可以减少亚硝酸盐。

七、影响腌制的因素

蔬菜腌制工艺中影响腌制的因素有食盐、酸度、温度、气体成分、香料、蔬菜含糖量与质地等。

1. 食盐浓度

（1）食盐浓度对微生物有抑制作用（表6-2） 一般说来，对腌制有害的微生物对食盐的抵抗力较弱。霉菌和酵母菌对食盐的耐受力比细菌大得多，酵母菌的抗盐性最强。

表 6-2 微生物能耐受的最大食盐浓度

菌种名称	大肠杆菌	丁酸菌	变形杆菌	酒花酵母菌	霉菌（产生乳酸）	霉菌	酵母菌
食盐浓度/%	12	13	8	6	8	10	25

（2）食盐浓度具有调味、控制生化变化作用　蔬菜腌制中食盐浓度参照：调味用 1%；泡酸菜 4%～6%；糖醋菜 1%～3%；半干态盐渍菜类如榨菜、冬菜通常需要较长期贮存，并进行缓慢发酵，用盐量较多，为 10%～14%；酱渍菜 8%～14%；用盐保存原料或盐渍半成品菜，用盐量多使用饱和或接近饱和的食盐溶液。

2. 酸度

蔬菜腌制中，有益的微生物（乳酸菌和醋酸菌）都比较耐酸，其他有害微生物抗酸能力都不如乳酸菌和酵母菌。pH 值在 4.5 以下时，能抑制大多有害微生物活动。pH 值对原料中的果胶酶和蛋白酶的活性都有影响，当 pH 值为 4.3～5.5 时，活性最弱，而蛋白酶在 pH 值为 4.0～5.5 时活性最强，所以一般 pH 值为 4.0～5.0 时对于保脆和提高风味有利，但在 pH 值为 4.0～5.0，人们的味觉会感到过酸。

3. 温度

对于腌制发酵来说，最适宜温度在 20～32℃，但在 10～43℃ 范围内，乳酸菌仍可以生长繁殖，为了控制腐败微生物活动，生产上常采用的温度为 12～22℃，仅所需时间稍长而已。

4. 原料的组织及化学成分

原料体积过大，致密坚韧，有碍渗透和脱水作用。为了加快细胞内外溶液渗透平衡速度，可采用切分、搓揉、重压、加温来改变表皮细胞的渗透性。

5. 气体成分

蔬菜腌制中有益的乳酸发酵和酒精发酵都是嫌气的条件进行的，而有害微生物酵母菌和霉菌均为好气性。在加工工艺中这种嫌气条件对于抑制好氧性腐败菌的活动是有利的，也可防止原料中维生素 C 的氧化。酒精发酵以及蔬菜本身的呼吸作用会产生二氧化碳，造成有利于腌制的嫌气环境。

此外，腌制蔬菜的卫生条件和腌制用水质量等也对腌制过程和腌制品品质有影响。

第三节　盐渍菜类加工工艺

咸菜类的腌制品，必须采用各种脱水方法使原料成为半干态，并需盐腌、拌料、后熟，用盐量 10% 以上，色、香、味的主要来源靠蛋白质的分解转化，具有鲜、香、嫩、脆、回味返甜的特点。

一、榨菜的加工

榨菜以茎用芥菜的膨大茎（称青菜头）为原料，经去皮、切分、脱水、盐腌、拌料、装坛、后熟转味而成，称坛装榨菜。再以坛装榨菜为原料，经切分、拌料、装袋（复合薄膜袋）、抽空密封、杀菌冷却而成，称方便榨菜。

榨菜为中国特产，1898 年创始于涪陵市，故有"涪陵榨菜"之称。最初在加工过程中，曾用木榨压出多余水分，故名榨菜。在国内外享有盛誉，为世界三大名腌酱菜之一。原为四川（重庆）独产，现已发展至我国浙江、福建、江苏、江西、湖南、台湾等省，仅重庆现在年产量约 100～120kt，畅销国内外。

榨菜生产由于脱水工艺不同，又有四川榨菜（川式榨菜）与浙江榨菜（浙式榨菜）之分，前者为自然风脱水，后者为食盐脱水，形成了两种榨菜品质上的差别。下文以重庆榨菜为例讲述榨菜的加工工艺。

良好的重庆榨菜应具有鲜、香、嫩、脆，咸辣适当，回味返甜，色泽鲜红细腻（辣椒末），块形美观等特点。

1. 工艺流程

选料→分类划块→串菜晾晒→下架剥皮→头腌→翻池→二腌→修剪看筋→整形分级→淘洗→压榨→拌料→装坛→扎口→后熟及清口→成品

2. 工艺要点

（1）原料选择　原料宜选择组织细嫩、紧密，皮薄粗纤维少，突起物圆钝，凹沟浅而小，呈圆球形或椭圆形，体形不宜太大的菜头。菜头含水量宜低于94%，可溶性固形物含量应在5%以上。青菜头的品种十分繁杂，其中比较好的有草腰子、三转子、鹅公包、枇杷叶、露酒壶、须须菜、绣球菜及小花叶等，而其他变种菜如羊角菜、白大叶菜、棒棒菜及猪脑壳菜则品质较差。

采收时期一般在立春前后5d最好，雨水前10d次之，雨水后采收品质最差。采收时青菜头茎已膨大，薹茎形成即将抽出时（称冒顶），即时采收，称"冒顶砍菜"。采收较早，品质虽优，但亩产低；较迟采收，薹茎抽出，菜头多空心，含水量增高，可溶性固形物相对降低，而且组织逐渐疏松，细胞间隙加大，纤维素逐渐木质化，肉质变老同时开始抽薹消耗大量的营养物质或因内外细胞组织膨大率不一致而形成空心，或因局部细胞组织失水而形成白色海绵状组织，使原料消耗率加大，成品的品质也有所下降。因此应根据不同品种的特性掌握适当的收获期，以保证榨菜加工的优质高产。采收后，剔尽菜叶、菜匙，切去叶簇、菜根，两头见白，按单个重150g以上，无棉花包及腐烂，选作加工用。

（2）搭架　选好后的青菜头先置于菜架上晾晒，脱去一部分水分后才可进行腌制。架地宜选择河谷或山脊，风向、风力好，地势平坦宽敞之处，菜架由檩木、脊绳和牵藤组成，顺风向搭成"×"形长龙，"×"两侧搭菜晾晒。

（3）剥皮穿串　收购入厂的菜头要及时剥除基部的粗皮老筋，但不伤及上部的青皮。原料重250~300g的可划开或不划开，300~500g者划成两块，500g以上者划成3块，分别划成150~250g重的菜块。划块时要大小均匀，青白齐全，呈圆形或椭圆形，用长约2m的篾丝或聚丙烯丝将剥划菜块，根据大小分别穿串。穿菜时切面向外，每串两端回穿牢固。每串菜块约重4~5kg。

（4）晾架　将穿好的菜串搭挂在菜架两侧，切面向外，青面向内，上下交错，稀密一致，不得挤压。任其自然风吹脱水，故称风脱水。菜块在晾架期，受自然气候影响很大。若遇短时间下雨或大雾，只要气温低，风力大对菜块品质尚无大碍。但若久雨不晴或时雨时晴或久晴无风时，则很容易使菜块变质腐烂。如果时雨时晴菜块易于抽薹、空心；太阳特大时菜块易于发硬即表面虽已干成硬壳，而肉质依然没有软化还仍然是硬的，出现外干内湿现象。

（5）下架　在晾晒菜块时如果自然风力能保持2~3级，7~8d可达到适当的脱水程度，菜块即可下架，准备进行腌制。如果天气不好，风力又小，则晾晒时间应适当延长，但要注意烂菜现象出现。凡脱水合格的干菜块，用手捏之，周身柔软而无硬心，表面皱缩而不干枯，无霉烂斑点、黑黄空花、发梗生芽棉花包及泥沙污物。每个菜块重约70~90g为宜。下架成品率，头期菜的下架率为40%~42%；中期菜为36%~38%；尾期菜为34%~38%。

(6) 腌制　下架后的干菜块应立即进行腌制。生产都利用菜池进行腌制。其大小规格各地不同。一般长为 3.3~4m 的，深只有 2.3~3.3m 的。池底及四壁用水泥涂抹。生产 500t 榨菜需用上述 4m×4m×2.3m 的菜池 12 个，其中 10 个用来腌菜，2 个用来贮存盐水。这两种规格的菜池每个约可容纳菜块 25t。

腌制方法是采用分 3 次加盐腌制。每次腌制后要脱水，故称"三腌三榨"。

① 第一道盐腌。先将干菜块称重入池，每层菜块 750~1000kg，厚约 40~50cm，每 100kg 菜块用盐 4kg，均匀撒在菜块上。池底 4~5 层菜块可预留 10% 的食盐作为盖面盐用。经过 72h（即 3 整天）后，即可起池。起池时利用池内渗出的菜盐水，边淘洗边起池边上囤。池内剩余的盐菜水应立即转入菜盐水专用贮存池内。上囤时所流出来的菜盐水也应使其流入专用菜水池内贮存。囤高不宜超过 1m，同时又用 2~3 人在囤上适当踩压，以滤去菜块上所附着的水分。上囤可以调整菜块的干湿，起到将菜块上下翻转的作用。经上囤 24h 后即成半熟菜块，即第一道腌制。

② 第二道盐腌。第一道腌制上囤完毕的菜块再入池腌制称为第二道盐腌。操作方法与第一次腌制法相同。只是每层半熟菜块重量为 600~800kg，按每 100kg 半熟菜块加盐 6kg（即 6%）。池底 4~5 层仍须扣留盖面盐 10%，装满压踩紧加盖面盐，早晚各压紧一次，经过 7 昼夜，然后再按上法起池上囤，经 24h 后即成为毛熟菜块，应及时转入修剪看筋工序。

入池腌制的菜块，应经常注意检查，按时起池，以防菜块变质发酸。一般说来，第一道腌制时所加食盐比例较少在气温逐渐上升的后期最易发生"烧池"现象，如果发现发热变酸或气泡放出特别旺盛时即应立即起池上囤，压干明水后转入第二道池加盐腌制，即可补救。如果修剪看筋工序来不及，可以适当延长第二道腌制留池的时间，早晚均要进行追踩一次并加入少量食盐以防变质。

如因久晴无风或久雨无风而使菜块表面变硬，组织呈棉絮状或发生腐烂时，就应及时处理。菜块虽未达到下架的干湿程度，立即下架入池腌制，进行盐脱水。按每 100kg 菜块用盐 2kg，腌制 24h 后，即行起池上囤，后再按正常腌制方法腌制。

(7) 修剪看筋和整形分级　用剪刀仔细地剔毛熟菜块上的飞皮、叶梗基部虚边，再用小刀削去老皮，抽去硬筋，削净黑斑烂点以不损伤青皮、菜心和菜块形态为原则。同时根据选块标准认真挑选。大菜块、小菜块及碎菜块分别堆放。

(8) 淘洗　分级的菜块分别用已澄清的菜盐水经人工或机械进行淘洗以除净菜块上的泥沙污物。淘洗后的菜块，上囤，经 24h 待沥干菜块上所附着的水分之后，即为毛熟菜块。

(9) 拌料装坛　淘洗上囤后的菜块，按每 100kg 加入食盐大块 6kg，小块 5kg，碎块 4kg；辣椒末 1.1kg；花椒 0.03kg 及混合香料末 0.12kg，置于菜盆内充分拌和。混合香料末的配料比例为八角 45%、白芷 3%、山奈 15%、朴桂 8%、干姜 15%、甘草 5%、砂头 4%、白胡椒 5%，混合研细成末。食盐、辣椒、花椒及香料面等宜事先混合拌匀后再撒在菜块上。充分翻转拌和，务使每一块菜块都能均匀粘满上述配料，立即进行装坛。每次拌和的菜不宜太多，以 200kg 为宜。装坛时因要加入食盐故又称为第三道腌制。

榨菜坛应选用两面上釉经检查无砂眼缝隙的坛子。菜坛系用陶土烧制而成，呈椭圆形，每个坛子可装菜 35~40kg。先将空坛倒置于水中使其淹没，视其有无气泡放出，若无气泡逸出则为完好。反之，必有砂眼和缝隙，可用水泥或碗泥涂敷干后使用。检查完毕将菜坛充分洗净沥干水分待用。

装坛时先在地面挖一坛窝，将空坛置于窝内，勿使坛子摇动，以便操作，每坛宜分 5 次装满，每次装菜要均匀，分层压紧，以排出坛内空气切勿留有空隙。装满后将坛子提出坛窝过秤标明净重。在坛口菜面上再撒一层红盐 0.06kg（配制红盐的比例为食盐 100kg 加辣椒面 2.5kg 拌和均匀备用）。在红盐面上又交错盖上 2～3 层干净的包谷壳，再用干萝卜叶扎紧坛口封严。随后即可入库贮存待其发酵后熟。

（10）后熟及"清口"　刚拌料装坛的菜块，其色泽鲜味和香气，还未完全形成。经存放后熟一段时间后，生味逐渐消失，蜡黄色泽。鲜味及清香气开始显现。在后熟期中食盐和香料要继续进行渗透和扩散，各种发酵、蛋白质的分解以及其他成分的氧化和酯化作用都要同时进行，其变化相当复杂。一般说来榨菜的后熟期至少需要 2 个月，当然时间长一些品质会更好一些。良好的榨菜应该保持其良好的品质达 1 年以上，新的人工快熟工艺可在 3 个月成熟。在后熟过程中，榨菜会出现"翻水"现象，即拌料装坛后，在贮存期中坛口菜叶逐渐被翻上来的盐水浸湿进而有黄褐色的盐水由坛口溢出坛外，称为"翻水"。这是由于装坛后气温逐渐上升，坛内的各种微生物分解菜块的营养物质（特别是糖分）所产生的气体越来越多，迫使坛内的菜水向坛口外溢，气体也由此而出，这是一种正常现象。装坛后 1 个月之内还无翻水现象出现的菜坛，说明菜块已出问题，要及时开坛检查补救。每次翻水后要把坛口的菜叶去掉，观察坛口榨菜是否已下沉。如果发现下沉就要添加少量新的榨菜扎紧坛颈和坛口，然后再用坛口菜把坛口如前扎紧。如果发现榨菜有一部分已经生霉，就应将霉榨菜取出另行处理，同时添加新榨菜装满塞紧并更换新的坛口菜叶，把坛口塞实扎紧。这一操作称为"清口"。装坛后宜放在阴凉干燥的地方贮存后熟，每隔 1～1.5 个月要进行一次敞口清理检查，大致清口 2～3 次之后，坛内的发酵作用已近尾期，即可以开始用水泥封口，中间还要留一个小孔，如果密封了，会有爆坛破裂的危险。

（11）成品运销　经装坛存放 3～4 个月后，不再翻水，表示榨菜已后熟，榨菜特征显现，再进行清口检查。合格者，用水泥密封坛口。在水泥的中心位置打一小孔，以利气体排出。加竹箩外包装，便可运销。

附理化指标：水分 70%～74%，食盐含量（以 NaCl 计）12%～15%，总酸量（以乳酸计）0.45%～0.70%。

3. 榨菜加工过程中副产品的利用

重庆榨菜的加工过程中除正产品即坛装榨菜外尚有碎菜、盐菜叶、菜皮、菜耳、有头菜尖及榨菜酱油等副产品。充分利用好这些副产品，对于降低成本，增加收入和满足市场对于各种花色品种的腌制品的需要均具有重要的意义。

（1）有头菜尖　新鲜菜头在 150g 以下的小菜头可连菜尖一并腌制。在加工前仍需去皮去筋，串成排块，上架风干与大菜块相同。待半干后即可下架入池腌制。按每 100kg 干原料第一次入池加盐 3kg；二次入池加盐 4kg。二次腌毕后同样需要用已澄清的菜盐水淘洗干净，上闷压干明水后，再行拌料装坛。进坛盐为 6kg，加入混合香料面 0.12kg，花椒 0.03kg。辣椒面可加或不加。食盐与香料花椒混合后撒在有头菜尖上充分拌和后即可装坛。良好的有头菜尖，其风味并不亚于榨菜。

（2）碎菜　在榨菜加工过程中的改刀菜，踩碎了的菜及修剪下来不足 15g 的小粒菜均称为碎菜，其质量并不亚于三级榨菜。经淘洗闷干明水后按每 100 千克加盐 4kg，辣椒面 1kg、混合香料 0.12kg 及花椒 0.03kg，充分拌和后即可装坛。经发酵后熟后仍不失为一种比较好的碎形榨菜。

（3）菜皮及菜耳　青菜头剥皮穿串时所剔除下来的叶片叶梗和老皮，可按新鲜原料每 100 千克第一次加盐 3kg 进行腌制，第二次加盐 5kg，进坛盐为 4kg。在第二次腌制后利用已澄清的菜盐水进行淘洗，闷干明水后，再按每 100 千克加入食盐 4kg（称为进坛盐），辣椒面 1kg，花椒 0.03kg，混合香料 0.12kg，充分拌和后装坛，待其后熟后即成菜皮。至于修剪毛熟菜块所剔下来的叶梗、飞皮虚边等，经淘洗上囤压干明水后，再按每 100 千克原料加入食盐 4kg，辣椒面 1.5kg，花椒 0.03kg，拌和均匀后装坛。

（4）盐菜尖及盐菜　将青菜头的嫩菜尖和菜叶分别进行晾晒，半干时下架入池腌制。按每 100 千克原料第一次下池加盐 3kg，二次加盐 4kg，进坛盐 4.5kg。100kg 盐菜尖或盐菜叶约用食盐 12kg。其操作方法与菜皮相同。半干菜尖收购进厂后即按上述方法进行腌制。如果是全干菜叶则需先用盐水预泡到一定程度后，再按上述方法腌制。二次腌毕起池时再用盐水淘洗一次，起池上囤压干明水后，加入混合香料 0.12kg，花椒 0.03kg，不再加盐充分拌和后即可装坛贮存。

（5）榨菜酱油　干菜块在第一次和第二次腌制过程中有大量的菜水渗透出来，两次菜水混合后其含盐量大致在 7.0%～8.0% 之间，其中还含有大量的可溶性营养物质如氨基酸、糖分及其他可溶性固形物。这些菜水澄清后用来淘洗修剪后的菜块，其含盐量和营养物质也不会减少。这种菜盐水经澄清、除去泥沙污物之后可熬制榨菜酱油。将已澄清的盐菜水倾入大铁锅内加入少许老姜、八角、山柰、甘草及花椒或用布包裹适当的混合香料面置于锅内一并熬煮浓缩。待菜水蒸发浓缩到 28～30°Bé 时，颜色即转变为深褐色或绛紫色，与酱油的色泽极相似，立即起锅再用细布过滤一次。冷却后即成具有榨菜风味，香气浓郁，味道鲜美呈酱红色的榨菜酱油。每 3～3.5 千克菜盐水可以熬制浓缩成 1kg 榨菜酱油。榨菜酱油的浓度较高虽散装也不易败坏，一般趁热装瓶密封再行巴氏灭菌。榨菜酱油可作凉拌菜及面食时调味用，其风味独特可口。

二、冬菜的加工

1. 南充冬菜

南充冬菜的生产迄今也有近百年的历史，是南充著名的特产之一。它的特点是成品色泽乌黑而有光泽，香气特别浓郁，风味鲜美，组织嫩脆，可以增进食欲，深受各地广大群众的欢迎。

工艺流程如下。

原料选择 → 晾菜 → 剥剪 → 揉菜 → 腌制 → 上囤 → 拌料装坛 → 后熟

（1）原料选择　南充冬菜以芥菜为原料，目前生产上所使用的品种有 3 种。

① 箭杆菜。系南充腌制冬菜历史悠久的品种，由箭杆菜制成的冬菜，组织嫩脆，鲜味和香气均浓厚，贮存 3 年以上，组织依然嫩脆而不软化且鲜香味愈来愈浓，色泽愈来愈黑。但箭杆菜的单位面积产量较低。近年来此品种的栽培逐渐有所减少。

② 乌叶菜。此品种是南充目前加工冬菜的主要品种。单位面积产量大大超过箭杆菜，但是制成冬菜后成品品质不及箭杆菜，且存放 3 年以上组织便开始软化，失去脆性，是其缺点。

③ 杂菜。凡叶用芥叶中非箭杆菜又非乌叶菜的各种品种都属于杂菜。杂菜的叶身较大且多纤维，制成冬菜的品质远不及乌叶菜，因而不耐久贮，容易失去脆性。因此在生产上应尽量剔除杂菜以免影响制品的质量。

（2）晾菜　每年 11 月下旬至翌年 1 月份是砍收冬菜原料的季节，要实时采菜。如果过早，则产量低；如果过迟，菜开始抽薹，组织变老，不合规格。菜在砍收后应就地将菜根端划开以利晾干，俗称划菜。划菜时视基部的大小或划 1 刀或划 2 刀，但均不要划断，以便晾晒。将划好的菜整株搭在菜架上。大致经过 3～4 周，外叶全部萎黄，内叶片萎蔫而尚未完全变黄，菜心（或称菜尖）也萎缩时下架，每 100 千克新鲜芥菜（或称青菜）上架晾晒至

23～25kg。

（3）剥剪　下架后，进行剥剪。外叶已枯黄称为老叶菜只能供将来作坛口菜封口用。中间的叶片及由菜心（菜尖）上修剪下的叶片尖端可供作二菜制之用。菜经过修剪后才是供制作冬菜的原料。每100千克新鲜原料晾干后可以收到萋菜尖约10～12kg，二菜约5kg，老叶菜约8～9kg。

（4）揉菜　每100千克萋菜尖一次加盐13kg即用盐量为13%。揉菜时要从上到下，次第抽翻，一直搓揉到菜上看不见盐粒，菜身软和为止，随即倾入菜池内，层层压紧。揉菜时要预留面盐。

（5）下池腌制　每一个菜池约可容纳萋菜尖5t。菜池的修建与榨菜相同，但要深些。充分搓揉后的萋菜尖倾入菜池后要刨平压紧。由于冬菜的腌制系一次加盐，因此入池后不久就有大量的菜盐水溢出，菜干则溢汁少，菜湿则溢汁多。为了排除菜盐水可在池底设一孔道，菜盐水经此孔流出。菜池装满后，可在菜面撒一层食盐（不包括13%的用盐量）后铺上竹席，用重物加压，以利继续排除菜水。

（6）翻池上囤　菜池装满经过1月后，即应进行翻池一次。翻池时每100千克菜加花椒0.1%～0.2%，撒面盐一层铺上竹席再加重物制压，以便压出更多的菜水。如此可以在池内继续存放3个月之久。如果不进行翻池也可以采用上囤的办法，即将菜池内的菜挖刨出来，堆放压紧在竹编苇席之中，称为上囤。上一层菜撒一层花椒其用量与上同，囤高可达3m以上，囤围可大、可小，一般可囤压100～150t菜。囤面撒食盐一层后亦铺上竹席再加重物制压。上囤的时间长短以囤内不再有菜水外溢为止。大致需时1～2个月不等。然后即可进行拌料装坛了。冬菜腌制时的用盐量实际上不止13%。

（7）拌料装坛　南充冬菜拌和香料的比例很大，每100千克上述翻池或上囤后的菜尖加入香料粉1.1kg。香料的配料是花椒400g，香松50g，小茴香100g，八角200g，桂皮100g，山柰50g，陈皮150g，白芷50g。以上合计1.1kg。由于冬菜加入的香料比例很大，因此南充冬菜的成品特别芳香，为其最大的特点。

装坛容器用大瓦坛装菜，每坛约可装菜200kg。先挖一土窝稳住瓦坛，随即把已和好香料的菜装进坛内，待装到整个坛子的1/4时，即用各种形式的木制工具由坛心到坛边或杵或压，时轻时重的进行细致的、反复的排杵压紧。坛内不可留有空隙或者左实右虚，否则有空气留在里面就会使冬菜发生霉变。装满后即用已加盐腌过的干老菜叶扎紧坛口。咸老叶菜按每100千克老菜加食盐10kg腌制后晒干即成。坛口扎紧后再用塑料薄膜把坛口捆好或用三合土涂敷坛口亦可。

（8）晒坛后熟　装坛后要置于露地曝晒，其目的是增加坛内温度，有利于冬菜内蛋白质分解和各种物质的转化与酯化作用，一般至少要晒2年，最好晒3年。冬菜的色泽头年由青转黄，二年由黄转乌，三年由乌转黑产生香气，达到成品标准。

2. 北京冬菜

北京冬菜又称为京冬菜，北京和天津一带均有此种菜加工。利用北京产的大白菜作为原料，于每年10月下旬到11月下旬加工制成的一种蔬菜腌制品，其风味与四川冬菜完全不同。制成品呈金黄色，具有香甜味，在北方供荤食炒菜及汤菜用，颇受群众欢迎。

大白菜收获后，先将外部老叶除去，将菜叶先切成宽约1cm的细条，再横切成方形或菱形，铺在席上晒干。每100千克鲜菜在整理后晾干，脱水到12～20kg左右或称为"菜坯"，到含水量已减少到60%～70%。按每100千克"菜坯"加入食盐12kg并充分搓揉，装入缸内，随装随压，再撒上面盐，然后将缸口封闭。2～3d，将菜取出，按每100千克加盐腌制后的"菜坯"再添加蒜泥10～20kg，酱油1kg，料酒10～12kg，花椒250g，味精400g如前法装入瓷坛内，并密封坛口。然后置于室内任其自然后熟，第二年春天即可成熟。如果进行加温促使其后熟过程加快即可提前成熟。凡加入了大蒜泥的冬菜称为"荤冬菜"，未加蒜泥者则称为"素冬菜"。

在次年春季即3月上旬至4月下旬，也可进行大白菜的腌制，成品称为"春菜"，其腌制法与冬菜相同。装坛后必须密封坛口置于阴凉处后熟。亦可在后熟完毕后取出晒干再装坛压紧密封，可长期保存。北方各省大白菜的产量很大，特别在产区这种加工方法比较普遍。

三、大头菜的加工

大头菜是一种根用芥菜，又名蔓菁、芜菁、芥菜疙瘩等，呈圆锥形，肉质坚实，鲜食不宜，制成腌咸菜，质地坚脆，风味良好，全国各地皆有加工生产，如北京大头菜、浙江南浔香大头菜、云南大头菜、四川内江大头菜等，均各具特色。

1. 北京大头菜

大头菜采收后，选除腐烂的菜头，削去叶簇、粗皮和侧根；按粗老、肥嫩、畸形破碎、完整分别淘洗干净，晾干明水；按100千克晾干菜头加食盐25kg、清水30kg，拌和入缸腌制；每天换罐1次（即将菜头和盐水换入另一空缸），促使食盐溶化，菜头吸盐均匀，并排出辛辣气味；待食盐全部溶化后，换缸次数减为2～3d 1次；盐腌1月后，便成咸大头菜，呈浅褐色，肉质嫩脆，口味鲜咸。将腌制成熟的大头菜装缸或坛，装满压紧，加入盐水淹没，盖上缸盖或封严坛口，可贮存1年。

2. 四川内江大头菜

大头菜收获后，除去叶簇、侧根和根尖；用竹丝从根端穿成串，置菜架上任其风吹日晒，待每100千克鲜大头菜晾干到31～32kg为适宜，此时便可下架；下架后逐个进行修整，削尽须根子黑斑烂点，按每100千克晾干大头菜加盐10kg入池分层腌制，层层压紧；在池内腌7～8d后，食盐已全部溶化，并有大量菜水渗出，将大头菜在菜水中淘洗干净，起池上囤，沥干明水后，装坛，装紧装满，坛口用干盐菜叶塞紧封闭，约经两个月便成熟，时间愈久，风味愈好。内江大头菜淡黄色，质地脆，有菜香，咸淡适宜。近年来有下列新产品：

① 麻辣大头菜丝或大头菜片。将上述已腌好起池的咸大头菜用刀切成丝状或片状。然后按菜丝或菜片量加入辣椒末1.5%，花椒末1.5%，充分拌和后装坛使之后熟。

② 甜麻辣大头菜丝或菜片。按大头菜丝或菜片量加入麻油2%，冰糖4%，花椒末0.3%，辣椒末2%，胡椒末0.2%，充分拌和后装坛，后熟即成。

③ 加料大头菜。新鲜大头菜在收获后可以不经晾晒直接用食盐脱水。即第一次按每100千克原料加盐6kg腌制几日以后起池，沥干，再按每100千克腌过的大头菜补加食盐6kg并再腌几天，起池，称为盐坯。每100千克盐坯加入红糖4kg。红糖先加水加热熬煮至能起丝，每一层盐坯泼一层热糖液压紧，1个月后再按一层菜加一层豆母如此层层重叠压紧。大致每100千克糖盐坯子需要豆母30kg。约2个月后大头菜即可完全变黑成绛红色，风味鲜美而甜，组织紧密，如果原料不用食盐脱水，晾干后再腌制亦可。惟所加之盐可以减为每100千克原料用盐8～9kg，腌7～8d后起池再如上法加红糖，蜜制之后再加黄豆酱，亦可制成美味的黑大头菜。

四、芽菜的加工

芽菜是用芥菜的嫩茎划成丝腌制而成，分咸、甜两种。咸芽菜产于四川的南溪、泸州、永川，创始于1841年；甜芽菜产于四川的宜宾，古称"叙府芽菜"，创始于1921年，现畅销于四川及京、津、沪等地。

1. 原料配方

菜丝100kg，食盐11~12kg，漏水糖30~36kg，花椒0.75kg，八角0.25kg。

2. 工艺流程

① 原料选择。每年1~2月收获加工，用选叶用芥菜类（二平庄）的嫩茎划成食筷一样宽的丝。

② 晾晒修整。原料收获后去根，晒干到每100千克收10~13kg，只留茎、叶柄和较粗的叶脉，称为白芽菜。

③ 腌制。每100千克白芽菜用盐12~14kg，置桶内分层撒盐踩紧腌制，分两次盐腌，第一次用盐7~8kg，腌制2~3d后翻转再腌2~3d使其排水；第二次同第一次，用盐5~6kg；成熟转入下一工序。

④ 着色。每100千克盐坯加入红糖20~24kg，熬糖液至挑起成丝的程度，与菜边抖边混，24h后翻堆，反复3~5次，使糖液渗入盐坯逐渐变为褐色。

⑤ 配料装坛。100kg着色菜坯加香料末1.1kg。香料配方：7.5kg花椒、2.5kg八角、1.5kg山柰混合磨粉，拌匀后装坛，装紧压实，不能留有空隙，一般每坛30kg，以盐菜叶扎紧封严。

⑥ 后熟。菜坛置于室内2~3个月开始成熟，一般以存放1年后出售为好。

3. 品质规格

宜宾芽菜要求色褐黄，润泽发亮，根条均匀，气味甜香，咸淡适口，质嫩脆。无菜叶、老梗、怪味、霉变。咸芽菜色青黄，润泽，根条均匀，质嫩脆，味香，咸淡适口，无老梗、怪味、霉变。

第四节 酱菜类加工技术

酱菜是世界性腌制品之一。中国酱菜历史悠久，各地有不少名优产品，如浙江绍兴贡瓜、酱黄瓜、陕西潼关酱笋、扬州似锦酱菜、北京甜酱八宝菜。北方酱菜多用甜酱酱渍，成品略带甜味，南方多用酱油和豆酱，咸鲜味重。

一、酱菜加工工艺流程

原料选择 → 盐腌 → 脱盐 → 酱渍 → 成品

二、酱菜加工操作要点

1. 盐腌

原料经充分洗净后削去其粗筋须根、黑斑烂点，根据原料的种类和大小形态可对剖成两半或切成条状、片状或颗粒状。对于小型萝卜、小嫩黄瓜、大蒜头、薤头、苦薤头及草食蚕等可不切制。

原料准备就绪后即可进行盐腌处理。盐腌的方法分干腌和湿腌两种。干腌法就是用占原料鲜重14%~16%的干盐直接与原料拌和或与原料分层撒腌于缸内或大池内。此法适合于含水量较大的蔬菜如萝卜、莴苣及菜瓜等。湿腌法则用25%的食盐溶液浸泡原料。盐液的用量约与原料量相等。适合于含水量较少的蔬菜如大头菜、薤头及大蒜头等。盐腌处理的期限随蔬菜种类不同而异，一般为7~20d不等。

无论进行酱渍或糖醋渍，原料必须先用盐腌，只有少数蔬菜如草食蚕、嫩姜及嫩辣椒可以不先用盐腌而直接进行酱渍。在夏季果菜原料太多，加工不完，需要长期保存时，则用盐腌时应使其含盐量达到 25% 或者达到饱和并置于烈日之下曝晒，由于盐水表面水分蒸发，在液面会自然形成一层食盐结晶的薄膜，这层盐膜（或称为盐盖）把液面密封起来可以隔离空气和防止微生物的侵入。同时日晒时菜缸内的温度可以达到 50℃ 左右，这种温度对于某些有害微生物在饱和食盐溶液内是无法生存的。

2. 酱渍

酱渍是将盐腌的菜坯脱盐后浸渍于甜酱或豆酱（咸酱）或酱油中，使酱料中的色香味物质扩散到菜坯内，也即是菜坯、酱料各物质的渗透平衡的过程。酱菜的质量决定于酱料好坏。优质的酱料酱香突出，鲜味浓，无异味，色泽红褐，黏稠适度。

盐腌的菜坯食盐含量很高，必须取出用清水浸泡进行脱盐处理后才能进行酱渍。一般采用流动的清水浸泡，则脱盐较快。夏季浸泡约 2~4h，冬季浸泡 6~7h 即可。脱盐至用口尝尚能感到少许咸味而又不太显著时为宜。脱盐处理完毕即可取出菜坯沥干明水后进行酱渍。

酱渍的方法有三：其一即直接将处理好的菜坯浸没在豆酱或甜面酱的酱缸内；其二即在缸内先放一层菜坯再加一层酱，层层相间地进行酱渍；其三即将原料如草食蚕、嫩姜等先装入布袋内然后用酱覆盖。酱的用量一般与菜坯量相等，当然酱的比例越大越好，最少也不得低于 3∶7，即酱为 30kg，菜坯为 70kg。

在酱渍的过程中要进行搅动，使原料能均匀地吸附酱色和酱味。同时使酱的汁液能顺利地渗透到原料的细胞组织中去，表、里均具有与酱同样鲜美的风味和同样的色泽和芳香。成熟的酱菜不但色香味与酱完全一样而且质地嫩脆，色泽酱红呈半透明状。

在酱渍的过程中，菜坯中的水分也会渗出到酱中，直到菜坯组织细胞内外汁液的渗透压力达到平衡时才停止，至此酱菜即已成熟。酱渍时间的长短随菜坯种类及大小而异，一般约需半个月左右。在酱渍期间应经常翻拌可以使上下菜坯吸收酱液比较均匀，如果在夏天酱渍由于温度高，酱菜的成熟期限可以大为缩短。

由于菜坯中仍含有较多的水分，入酱后菜坯中的水分会逐渐渗出使酱的浓度不断降低。为了获得品质优良的酱菜，最好连续进行三次酱渍。即第一次在第一个酱缸内进行酱渍，1周后取出转入第二个酱缸之内，再用新鲜的酱再酱渍 1 周，随后又取出转入第三个酱缸内继续又酱渍 1 周。至此酱菜才算成熟。已成熟的酱菜在第三个酱缸内继续存放可以长期保存不坏。

第一个酱缸内的酱重复使用两三次后即不适宜再用，可供榨取次等酱油之用。榨后的酱渣再用水浸泡，脱去食盐后，还可供作饲料用。第二个酱缸内的酱使用两三次后可改作为下一批的第一次酱渍用，第三个酱缸内的酱使用两、三次后可改作为下一批的第二次酱渍用，下一批的第三个酱缸则另配新酱。如此循环更新即可保证酱菜的品质始终维持在同一个水平上。

在常压下酱渍，时间长，酱料耗量也大，新型工艺采用真空酱渍菜，将菜坯置密封渗透缸内，抽一定程度真空后，随即吸入酱料，并压入净化的压缩空气，维持适当压力及温度十几小时到 3d，酱菜便制成，较常压渗透平衡时间缩短 10 倍以上。

在酱料中加入各种调味料酱制成花色品种。如加入花椒、香料、料酒等制成五香酱菜；加入辣椒酱制成辣酱菜；将多种菜坯按比例混合酱渍或已酱渍好的多种酱菜按比例搭配包装制成八宝酱菜、什锦酱菜。

第五节 泡酸菜类加工技术

一、泡菜的加工

泡酸菜是世界三大名酱腌菜之一。在中国历史悠久,泡酸菜具有制作简便,经济实惠,营养卫生,风味美好,食用方便,不限时令,易于贮存等优点,又具有咸、甜、酸、辣、脆及开胃解腻的特点,以前只能家庭作坊式生产,随着工艺技术研究已可工厂化生产。

1. 工艺流程

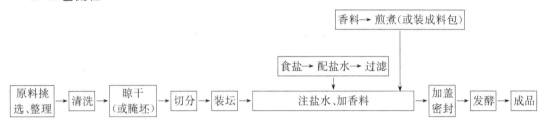

2. 工艺要点

(1) 泡菜的品质规格　优质泡菜具有:清洁卫生,色泽鲜丽,咸酸适度,盐2%~4%,酸(乳酸汁)0.4%~0.8%,组织细嫩,有一定的甜味及鲜味,并带有原料的本味。

(2) 原料选择　适合加工泡菜的蔬菜较多,要具有组织紧密、质地嫩脆、肉质肥厚、不易发软、富含一定糖分的幼嫩蔬菜均可作泡菜原料,根据其原料的耐贮性可分为3类:

① 可贮泡1年以上的——子姜、薤头、大蒜、苦薤、茎蓝、苦瓜、洋姜。

② 可贮泡3~6个月的——萝卜、胡萝卜、青菜头、草食蚕、四季豆、辣椒。

③ 随泡随吃,只能贮泡1个月左右的——黄瓜、莴笋、甘蓝。

叶菜类如菠菜、苋菜、小白菜等,由于叶片薄,质地柔嫩,易软化,不适宜作泡菜。

(3) 容器选择　泡菜坛以陶土为原料两面上釉烧制而成,坛形两头小中间大,坛口有坛沿为水封口的水槽,5~10cm深,可以隔绝空气,水封口后泡菜发酵中产生二氧化碳,可以通过水放出来。亦可用玻璃钢、涂料铁制作,这些材料不与泡菜盐水和蔬菜起化学变化。

泡菜坛使用前要进行仔细检查:①坛是否漏气、有砂眼或裂纹,可将坛倒扣入水中检查;②观察坛沿的水封性能,即坛沿水能否沿坛口进入坛内,如果能进入说明水封性能好;③听敲击声为钢音则质量好,若为空响、嘶哑音及破音则坛不能使用。泡菜坛有大有小,小者可装1~1.5kg,大的可装数百斤。应放置通风、阴凉、干燥、不直接被日光照射和火源附近,从贮泡产品的质量来说陶土的比玻璃要好。使用前要进行清洗,再用白酒消毒。

(4) 原料预处理　原料进行整理,如子姜要去茎,剥去鳞片;四季豆要抽筋;大蒜去皮,总之去掉不可食及病虫腐烂部分,洗涤晾晒。晾晒程度可分为两种:一般原料晾干明水即可,也可对含水较高的原料,让其晾晒表面脱去部分水,表皮蔫萎后再入坛泡制。

原料晾晒后入坛泡制也有两种方法:在泡制量少时,多为直接泡制。工厂化生产时,先出坯后泡制,利用10%食盐先将原料盐渍几小时或几天,如黄瓜、莴笋只需2~3h,而大蒜需10d以上。出坯的目的主要在于增强渗透效果,除去过多水分,也去掉一些原料中的异味,这样在泡制中可以尽量减少泡菜坛内食盐浓度的降低,防止腐败菌的滋生。但由于出坯原料中的可溶性固形物的流失,原料养分有所损失,尤其是出坯时间长,养分损失更大。对于一些质地柔软的原料,为了增加硬度,可在出坯水中加入0.2%~0.3%的氧化钙。

(5) 泡菜盐水的配制　泡菜盐水因质量及使用的时间可分为不同的等级与种类:

一等盐水——色泽橙黄，清晰、不浑浊，咸酸适度，无病，未生花长膜。

二等盐水——曾一度轻微变质、生花长膜，但不影响盐水的色、香、味，经补救后颜色较好，但不发黑浑浊。

三等盐水——盐水变质，浑浊发黑，味不正，应废除。

种类：①陈泡菜水：经过1年以上使用，甚至几十年或世代相传，保管妥善，用的次数多质量好，可以作为泡菜的接种水。②洗澡泡菜水：用于边泡边吃的盐水，这种盐水多是咸而不酸，缺乏鲜香味，由于泡制中要求时间快，断生则食，所以使用盐水浓度较高。③新配制盐水：水质以井水或矿泉水为好，含矿物质多，但水应澄清透明，无异味，硬度在16度以上。自来水硬度在25度以上，可不必煮沸以免硬度降低。软水、塘水、湖水均不适宜作泡菜用水。盐以井盐或巴盐为好，海盐含镁较多，应炒制。

配制盐水时，按水量加入食盐6%～8%。为了增进色、香、味，还可以加入2.5%黄酒、0.5%白酒、1%米酒、3%白糖或红糖、3%～5%鲜红辣椒，直接与盐水混合均匀。香料如花椒、八角、甘草、草果、橙皮、胡椒，按盐水量的0.05%～0.1%加入，或按喜好加入。香料可磨成粉状，用白布包裹或做成布袋放入。为了增加盐水的硬度还加入0.05%～0.1% $CaCl_2$。

配制盐水时应注意：①浓度的大小决定于原料是否出过坯，未出坯的用盐浓度高于已出坯的，以最后平衡浓度在2%～4%为准；②为了加速乳酸发酵可加入3%～5%陈泡菜水以接种；③糖的使用是为了促进发酵、调味及调色的作用，一般成品的色泽为白色，如白菜、子姜就用白糖，为了调色可改用红糖。香料的使用也与产品色泽有关，因而使用中也应注意。

(6) 泡制与管理

① 入坛泡制。经预处理原料装入坛内。方法是先将原料装入坛内的一半，要装得紧实，放入香料装，再装入原料，离坛口6～8cm，用竹片将原料卡住，加入盐水淹没原料，切忌原料露出液面，否则原料因接触空气而氧化变质。盐水注入至离坛口3～5cm。1～2d后原料因水分的渗出而下沉，再可补加原料，让其发酵。如果是老盐水，可直接加大原料，补加食盐、调味料或香料。

② 泡制期中的发酵过程。蔬菜原料入坛后所进行的乳酸发酵过程也称为酸化过程，根据微生物的活动和乳酸积累量多少，可分为3个阶段：

发酵初期——异型乳酸发酵为主，此期的含酸量约为0.3%～0.4%，时间2～5d，是泡菜初熟阶段。

发酵中期——正型乳酸发酵。由于乳酸积累，pH降低，嫌气状态，植物乳杆菌大量活跃，细菌数可达$(5\sim10)\times10^7$/ml，乳酸积累可达0.6%～0.8%，pH3.5～3.8，大肠杆菌、腐败菌等死亡，酵母、霉菌受抑制，时间5～9d，是泡菜完熟阶段。

发酵后期——正型乳酸发酵继续进行，乳酸量积累可达1.0%以上，当乳酸含量达1.2%以上时，所有的乳酸菌也受到抑制，发酵速度缓慢乃至停止。此时不属泡菜阶段，而属于酸菜阶段。

泡菜风味食用品质来看，发酵应控制在泡菜的乳酸含量要求达0.4%～0.8%，如果在发酵初期取食，成品咸而不酸，有生味；在发酵末期取食，则含酸过高。

③ 泡菜的成熟期。原料的种类，盐水的种类及气温对成熟也有影响。在夏季气温较高，用新盐水一般叶菜类需泡3～5d，根菜类需5～7d，而大蒜、藠头要半月以上，而冬天则需延长一倍的时期，用陈泡菜水则成熟期可大大缩短，从品质来说陈泡菜水的产品比新盐水的

色香味更好。

④ 泡制中的管理。

a. 水槽的清洁卫生。用清洁的饮用水或10%的食盐水，放入坛沿槽3~4cm深，坛内的发酵后期，易造成坛内的部分真空，使坛沿水倒灌入坛内。虽然槽内为清洁水，但常时暴露于空间，易感染杂菌甚至蚊蝇滋生，如果被带入坛内，一方面可增加杂菌，另一方面也会减低盐水浓度。以加入盐水为好。使用清洁的饮用水，应注意经常更换，在发酵期中注意每天轻揭盖1~2次，以防坛沿水的倒灌。

b. 经常检查。由于生产中某些环节放松，泡菜也会产生劣变，如盐水变质，杂菌大量繁殖，外观可以发现连续性急促的气泡，开坛时甚至热气冲出，盐水浑浊变黑，起旋生花长膜乃至生蛆，有时盐水还出现明显胀缩，产品质量极差。这些现象的产生，主要是微生物的污染、盐水浓度、pH及气温等条件的不稳定造成。发生以上情况，可采用如下的补救措施：变质较轻的盐水，取出盐水过滤沉淀，洗净坛内壁，只使用滤清部分，再配入新盐水，还可加入白酒、调味料及香料。变质严重完全废除。坛面有轻微的长膜生花，可缓慢注入白酒，由于酒密度小可浮在表面上，起杀菌作用。

在泡菜的制作中，可采用一些预防性的措施，一些蔬菜、香料或中药材，含有抗生素，而起到杀菌作用，如大蒜、苦瓜、红皮萝卜、红皮甘蔗、丁香、紫苏等，对防止长膜生花都有一定的作用。

泡菜成品也会产生咸而不酸或酸而不咸，主要是食盐浓度不宜而造成。前者用盐过多，抑制了乳酸菌活动；后者用盐太少，乳酸累积过多。产品咸而发苦主要是由于盐中含镁，可倒出部分盐水更换，盐也进行适当处理。

c. 泡菜中切忌带入油脂以防杂菌感染。如果带入油脂，杂菌分解油脂，易产生臭味。

⑤ 成品管理。一定要较耐贮的原料才能进行保存，在保存中一般一种原料装一个坛，不混装。要适量多加盐，在表面加酒，即宜咸不宜淡，坛沿槽要经常注满清水，便可短期保存，随时取食。

⑥ 商品包装。中国泡菜目前以初步未形成工业化生产，但规模和产品较单一，主要原因是未解决包装、运输、销售问题。

二、酸菜的加工

将蔬菜原料剔除老叶，整理，洗净，装入木桶或大罐中，上压重石，注入清水或稀盐水淹没，经1~2个月自然进行乳酸发酵而成，乳酸积累可达1.2%以上，产品得以保存。

1. 北方酸菜

北方酸菜是以大白菜、甘蓝为原料，原料收获后晒晾1~2d或直接使用，去掉老叶及部分叶肉，株型过大划1~2刀，在沸水中烫1~2min，先烫叶帮后放入整株，使叶帮约透明为度，冷却或不冷却，放入缸内，排成辐射状放紧，加水或2%~3%的盐水，加压重石。以后由于水分渗出，原料体积缩小，可补填原料直到离盛器口3~7cm，自然发酵1~2个月后成熟，菜帮乳白色，叶肉黄色。存放冷凉处，保存半年，烹调后食用。

四川北部也有川北酸菜，多以叶用芥菜为原料，制作方法同上。

2. 湖北酸菜

以大白菜为原料，整理，晾晒100kg菜至60~70kg后腌制，加入6%~7%（质量分数）食盐，腌制时，一层菜，一层盐，放满后加水淹没原料，自然发酵需50~60d成熟，成品黄褐色，直接食用或烹调。

3. 欧美酸菜

以黄瓜或甘蓝丝制作，加盐 2.5%，加压进行乳酸发酵，可使酸分积累按乳酸计在 1.2%以上。

关于酸菜致癌问题：在中国河南省林县、四川省南部发现食道癌较多，曾因酸菜是否产生致癌物质而争论。产生致癌物质的是 N-亚硝基化合物（N—N═O），含量为亿万分之十有致癌作用。新鲜蔬菜中主要含硝酸盐，而硝酸盐转化成亚硝酸盐又需要很多条件。酸菜的乳酸发酵中，乳酸菌具有一定的抗酸性及耐盐性，不能使硝酸盐还原，所以产生亚硝酸的可能性极少。酸菜的致癌主要是存放中腐败菌的侵染繁殖，分解蛋白质，还原硝酸盐，才有可能产生致癌物质。所以必须注意酸菜在保存中的清洁卫生条件，使品质不产生劣变。

第六节　糖醋菜类加工技术

一、糖醋菜加工工艺流程

糖醋菜得以耐存，是由于醋酸具有防腐性，醋酸含量达 1%时可有效防止产品的败坏。加糖目的在于调味和着色。

糖醋菜仍属腌制范畴，工艺流程如下。

原料 → 加盐腌制（乳酸发酵、除不良风味）→ 糖醋渍（改善风味）→ 成品

二、糖醋菜加工操作要点

1. 糖醋黄瓜

选择幼嫩短小肉质坚实的黄瓜，充分洗涤，勿擦伤其外皮。先用 8°Bé 的食盐水等量浸泡于泡菜坛内。第二天按照坛内黄瓜和盐水的总重量加入 4%的食盐，第三天又加入 3%的食盐，第四天起每天加入 1%的食盐。逐日加盐直至盐水浓度能保持在 15°Bé 为止。任其进行自然发酵 2 周。发酵完毕后，取出黄瓜。先将沸水冷却到 80℃时，即可用以浸泡黄瓜，其用量与黄瓜的质量相等。维持 65～75℃约 15min，使黄瓜内部绝大部分食盐脱去，取出，再用冷水浸漂 30min，沥干待用。

糖醋香液的配制　用冰醋酸配制 2.5%～3%的醋酸溶液 2000ml，蔗糖 400～500g，丁香 1g，豆蔻粉 1g，生姜 4g，月桂叶 1g，桂皮 1g，白胡椒粉 2g。将各种香粉碾细用布包裹置于醋酸溶液中加热至 80～82℃，维持 1h 或 1.5h，温度切不可超过 82℃，以免醋酸和香油挥发。亦可采用回流萃取。1h 后可以将香料袋取出随即趁热加入蔗糖，使其充分溶解。待冷却再过滤一次即成糖醋香液。

将黄瓜置于糖醋香液中浸泡，约半个月后，黄瓜即饱吸了糖醋香液而变成甜酸适度又嫩又脆、清香爽口的加工品。

如果进行罐藏，可将糖醋香液与黄瓜按 40：60 比例一同置于不锈钢锅内，加盖加热至 80～82℃，维持 3min，并趁热装罐。装时黄瓜不宜装得太紧，然后加注香液至满，加盖密封。虽不再行杀菌也可长期保存。

如果香液中不加糖则称为醋渍制品，以酸味为主。这样浸渍的产品就是通常所谓的酸黄瓜。酸黄瓜制品有两种，一种就是利用泡菜坛子进行乳酸发酵所制成的乳酸黄瓜；另一种就是利用食醋香液浸渍而制成的醋酸黄瓜。

2. 糖醋大蒜

大蒜收获后即时进行加工。选鳞茎整齐、肥大、皮色洁白、肉质鲜嫩的大蒜头为原料。先切去根和叶，留下假茎长 2cm，剥去包在外面的粗老蒜皮即鳞片，洗净沥干水分。按每

100千克鲜蒜头用盐10kg。在缸内每放一层蒜头即撒一层盐，装到大半缸时为止。另准备同样大小的空缸作为换缸之用。换缸可使上下各部的蒜头的盐腌程度均匀一致。每天早晚要各换缸一次。一直到菜卤水能达到全部蒜头的3/4高时为止。同时还要将蒜头中央部分刨一坑穴，以便菜卤水流入穴中，每天早中晚用勺舀穴中的菜卤水，浇淋在表面的蒜头上。如此经过15d结束，称为咸蒜头。

将咸蒜头从缸内捞出，置于席上铺开晾晒，以晒到相当原重的65%～70%时为宜。日晒时每天要翻动1次。晚间或收入室内或妥为覆盖以防雨水。晒后如有蒜皮松弛者需剥去，再按每100千克晒过的干咸蒜头用食醋70kg，红糖32kg，先将食醋加热到80℃，再加入红糖令其溶解。亦可酌加五香粉即山柰、八角等少许。先将晒干后的咸蒜头装入坛中，轻轻压紧，装到坛子的3/4处，然后将上述已配制好了的糖醋香液注入坛内使满。基本上蒜头与香液的用量相等。并在坛颈处横挡几根竹片以免蒜头上浮。然后用塑料薄膜将坛口捆严，再用三合土涂敷坛口以密封之。大致2个月后即可成熟，当然时间更久一些，成品品质会更好一些。如此密封的蒜头可以长期保存不坏。每100千克鲜大蒜原料可以制成咸大蒜90kg，糖醋大蒜头72kg。

糖醋大蒜头如使用红糖而呈红褐色，如果不用红糖而改用白糖和白醋，制品就呈乳白色或乳黄色，极为美观。大蒜中含有菊糖，在盐腌发酵过程中，其所含的菊糖可以转化为果糖，故咸大蒜食时亦觉其有甜味。

第七节　蔬菜腌制品加工中常见的质量问题及解决途径

一、蔬菜腌制品的质量劣变与原因

酱腌菜制品在加工中品质劣变现象与原因主要有以下几种。

1. 变黑

酱腌菜制品一般为翠绿色或黄褐色，如果变成了黑褐色（冬菜和芽菜出外），就是一种劣变。其原因有：一是腌制时食盐的分布不均匀；二是酱腌菜制品暴露于腌制液面之上；三是由于使用了铁质器具；四是由于有些原料中氧化酶活性较高。

2. 变红

当酱腌菜制品未被盐水淹没并与空气接触时，红酵母菌得以繁殖，会使酱腌菜制品的表面变成桃红色以至深红色。

3. 变软

变软是蔬菜中不溶性果胶被分解为可溶性果胶的结果。原因有：一是腌制时用盐量太少，乳酸形成快而多；二是腌制初期温度过高；三是器具不洁，兼以高温，有害微生物的活动使酱腌菜制品变软；四是腌菜表面有酵母和有害菌的繁殖。

4. 变黏

植物乳酸杆菌和某些霉菌及酵母菌在较高温度时迅速繁殖，形成一些黏性物质，使酱腌菜制品变黏。

5. 酸败现象

装坛后熟的榨菜有时候失去鲜味而变成酸味，香气也差。这是由于菜块太湿，加盐总量不够，或者在第一、二道菜池中停留的时间过久，以致产酸菌大量繁殖使菜块的总酸含量增多而变成酸味。最根本的原因是菜块过湿及用盐量不够。因此菜块下架的干湿度及用盐，量是决定榨菜是否会酸败的关键。

二、腌制品质量控制与安全性

1. 减少腌制前的微生物含量

腌制品是劣变很多都与微生物的污染有关,而减少腌制前的微生物含量对于防止腌菜制品的劣变具有极为重要的意义。要减少腌制前的微生物含量,可采取以下设施:①要使用新鲜嫩脆、成熟度适宜、无损伤且无病虫害的原料;②腌制前要将原料进行认真地清洗,以减少原料的带菌量;③使用的容器、器具必须清洁,同时要搞好环境卫生,尽量减少腌制前的微生物含量。

2. 腌制用水必须清洁卫生

腌制用水必须符合国家生活饮用水的卫生标准,沟、塘、河、堰的不洁之水以及含硝酸盐较多的水都不宜使用。使用不洁水,会使腌制环境中微生物数量大大增加,使得腌制品极易劣变;使用含硝酸盐较多的水,则会使腌制品的硝酸盐、亚硝酸盐含量过高,严重影响产品的卫生质量。

3. 注意腌制用盐的质量

用于腌制的食盐,应符合国家食用盐的卫生标准,最好用精制盐。不纯的食盐会影响腌制品的品质,使制品发苦,组织硬化或产生斑点。若使用工业用的次品盐,还可能因盐中含有较高的对人体健康有害的化学物质,如钡、氟、硒、铅、锌等而降低腌制品的卫生安全性。

4. 使用的容器要适宜

供制作腌菜的容器应符合下列要求:便于封闭以隔离空气,便于洗涤和杀菌消毒,对制品无不良影响并无毒无害。常用的容器有陶质的缸、坛和水泥池等,由于乳酸和水泥易发生作用,使靠近水泥的部分菜容易变坏,所以使用水泥池腌制时,应在池壁和池底加一层不为乳酸所影响的隔离物,如涂上一层抗酸涂料等。

5. 严格控制腌制的小环境

在腌制过程中会有各种微生物的存在。对于发酵性腌制品乳酸菌为有益菌,而大肠杆菌、丁酸菌、酵母及霉菌等则为有害菌,在腌制过程中要严格控制腌制小环境,促进有益的乳酸菌的活动,抑制有害菌的活动。对酵母和霉菌主要利用绝氧措施加以控制,对于耐高温又耐酸、不耐盐的腐败菌(如大肠杆菌、丁酸菌)则利用较高的酸度以及控制较低的腌制温度或是提高盐液浓度来加以控制。乳酸菌的特点是厌氧或兼性厌氧,能耐较高的盐(一般可达10%),较耐酸(pH值3.0~4.0),生长适宜温度为25~40℃;而有害菌中的酵母和霉菌则属于好气的微生物,腐败菌中的大肠杆菌、丁酸菌等的耐盐耐酸性能均较差。

6. 防腐剂的使用

防腐剂是即可抑制微生物活动,又有利于延长食品保藏期的一类食品添加剂。由于微生物的种类繁多,且腌制过程基本为开放式,仅靠食盐来抑制有害微生物的活动就必需使用较高的食盐浓度。如今"低糖、低盐、低脂肪"的三低化趋势已成为食品发展的主流,高盐自然不适合当今的这一潮流。为了弥补低盐腌制带来的自然防腐不足,在集约化生产中常使用一些食品防腐剂以保证制品的卫生安全。目前中国允许在酱腌菜中使用的食品防腐剂主要有山梨酸钾、苯甲酸钠、脱氢醋酸钠等,制作酱腌菜制品时的使用量一般为0.05%~0.3%。

三、酱腌菜生产过程中应把握的质量控制和质量管理问题

1. 酱腌菜生产场所的卫生要求

酱腌菜加工首先必须具备符合食品卫生条件的生产场所,必备的生产设备和设施,保证产品质量安全的必备条件。生产场所的卫生条件必须严格按照 GB 14881—94《食品企业通

用卫生规范》的标准执行，员工必须养成良好的卫生习惯，工厂日常的卫生管理制度不能流于形式，必须贯彻落实到日常管理工作中去。

2. 原辅料选购的质量要求

① 酱腌菜产品质量安全隐患取决于原料蔬菜的选购。选用的蔬菜新鲜程度是否满足工艺的需要，蔬菜在采购、盛放、运输、加工、贮藏过程中是否受到过污染。

② 其次是酱腌菜加工所用到的各种基本调味料（食盐、酱油、辣椒面、植物油、味精等）的质量水平，采用的食盐、酱油、辣椒面、植物油、味精等是否符合质量要求等问题都是需要酱腌菜生产企业高度重视的问题，原辅材料中涉及已纳入 QS 管理的产品必须采购有证企业生产的合格产品。

3. 严格食品添加剂使用和管理制度

严格按照 GB 2760—1996《食品添加剂使用卫生标准》的要求，正确使用食品添加剂。

GB 2760—1996《食品添加剂使用卫生标准》明确规定，在低盐酱腌菜中可以使用防腐剂（最大使用量：苯甲酸$\leqslant 0.5g/kg$，山梨酸$\leqslant 0.5g/kg$），高盐酱腌菜中不可以使用苯甲酸、山梨酸作为防腐剂。低盐和高盐酱菜是以产品中食盐含量的多少来区分的，食盐含量在 9% 以下为低盐酱菜，可以限量使用防腐剂；食盐含量在 9% 以上为高盐酱菜，高的盐分本身就有抑制微生物生长的作用，所以按照 GB 2760—1996 的规定，不能使用苯甲酸、山梨酸。但是，不论是低盐酱腌菜还是高盐酱菜，都可以使用脱氢乙酸防腐剂，脱氢乙酸的最大使用量$\leqslant 0.3g/kg$。此外，酱腌菜允许使用阿斯巴甜（又名甜味素），这是一种可在各类食品（罐头食品除外）中按生产需要适量使用的甜味剂，但必须在甜味素或阿斯巴甜名称后面标明（含苯丙氨酸）字样。

酱腌菜中不允许使用着色剂（柠檬黄，日落黄），更不允许使用苏丹红等工业染料。只可以使用姜黄，姜黄的最大使用量$\leqslant 0.01g/kg$。

4. 生产用水的质量要求

如果腌菜时所用的水质不好，不符合 GB 5749《生活饮用水卫生标准》的要求，比如井水或地下水，由于水中含有亚硝酸盐，因此，也会造成腌制品中硝酸盐和亚硝酸盐增加。此外，不符合要求的水质中的重金属（砷、铅）也会严重影响产品质量。因此，要求使用井水或地下水作为生产用水的企业，必须每半年主动将生产用水取样送检一次，避免水质受到污染，只有符合 GB 5749 要求的水，才能继续用于生产。

5. 生产过程的质量控制

在腌制过程中，腌制工艺的控制能否使亚硝酸盐含量符合国家标准要求也是质量控制的关键。在腌制过程中，如果加入的盐量不足或者环境温度过高，使有害生物的侵染易加速了亚硝酸盐的形成，致使咸菜中亚硝酸盐增加。腌制品中亚硝酸盐的含量，在腌制过程中有一个明显的增长高峰，也叫亚高峰，待这个高峰过去后，亚硝酸盐的含量就会逐渐降低和消失。由此看来，酱腌菜中的亚硝酸盐含量是完全可以控制的。一般情况下，腌制品在腌制的第 4~8 天，亚硝酸盐的含量最高，第 9 天以后开始下降，20d 后基本消失，所以腌制品一般都在腌制一个月以后才可以使用；如果腌制时间不足一个月，亚硝酸盐的含量就会很高。因此，酱腌菜生产企业对此要特别注意。此外，在灭菌、成品包装等工序中也要加强管理，才能使产品的大肠菌群、致病菌等卫生指标符合要求。

6. 酱腌菜工厂化生产过程关键的质量控制环节

① 原辅料预处理。生产酱腌菜所用的蔬菜应该新鲜、无霉变腐烂。收购的蔬菜在腌制前一定要将霉变、变质的部分及黄叶剔除掉。

② 后熟。掌握熟化的适宜时间，避免因腌制时间不当导致亚硝酸盐超标。

③ 灭菌。控制好灭菌的温度、灭菌的时间以及包装袋的清洗和灭菌。

④ 灌装。注意灌装时产品不要受到污染。

7. 酱腌菜产品容易出现的质量安全问题

常见问题如下：

① 食品添加剂超范围或超量使用。

② 亚硝酸盐超标。

③ 微生物指标超标。

近年在酱腌菜监督抽检中发现的质量问题如下：

① 食品添加剂超范围或超量使用。GB 2760—1996《食品添加剂使用卫生标准》明确规定，在低盐酱腌菜中可以使用防腐剂（苯甲酸 0.5g/kg，山梨酸 0.5g/kg），高盐酱腌菜中不可以使用防腐剂。但在监督检验中仍然发现有超量或超范围使用防腐剂（苯甲酸、山梨酸）的现象。有的在低盐酱菜中防腐剂用量超标；有的不清楚低盐和高盐酱菜的区分，在高盐酱菜中违规使用了防腐剂。

② 去年在酱腌菜监督检验中还发现，有的企业使用的防腐剂是山梨酸钾，在食品包装标签中配料表中明示的也是山梨酸钾，而在产品检验中同时检出苯甲酸和山梨酸，说明企业在采购山梨酸钾时，由于苯甲酸钠和山梨酸钾价格上的差异，不法商人将山梨酸钾中掺有苯甲酸钠卖给了企业，企业必须引起高度重视，建议企业在使用前主动送检，避免大批量生产带来的损失。

③ 酱腌菜中不允许使用着色剂（柠檬黄，日落黄），更不允许使用苏丹红等工业染料。有的酱腌菜生产企业为了使自己的产品外观好看，有"卖相"，违规使用柠檬黄。酱腌菜着色只可以使用姜黄，姜黄的最大使用量≤0.01g/kg。企业调味用的辣椒面，如果是外购的，建议企业在投产前，主动将辣椒面送检，核实辣椒面中是否含有苏丹红等致癌物质，以免给企业带来更大的损失。

④ 部分企业的产品标签标识不符合 GB 7718—2004《预包装食品标签通则》标准的要求。问题主要反映在配料表上，未按产品的配料顺序将原辅料一一标明出来，使用到的食品添加剂未标示出来。

【本章小结】

本章介绍了蔬菜腌制品的分类和各种腌制品的特点，详细阐述了蔬菜腌制品色、香、味形成的机理、保藏原理以及蔬菜腌制过程中微生物的发酵作用及蛋白质的分解对腌制品质量的影响，并且较系统的讲述了发酵与非发酵腌制品的加工工艺和技术要点，同时就蔬菜腌制品在生产中常见的质量问题及解决途径进行探讨。

【复习思考题】

1. 简述蔬菜腌制的基本原理。
2. 影响腌制的因素有哪些？
3. 蔬菜腌制过程中微生物的发酵作用及蛋白质的分解对腌制品质量的影响？
4. 腌制品如何护绿与保脆？
5. 蔬菜腌制品在生产中常见的质量问题及解决途有哪些？

6. 选取当地特产果蔬开发一种方便腌制品。

【实验实训十一】 泡菜的加工

一、技能目标

通过实训，明确泡菜生产的基本工艺，熟悉各工艺操作要点及成品质量要求，掌握泡菜的生产方法。

二、材料、仪器与设备

1. 材料：甘蓝、食盐、糖、香料（花椒、茴香、八角、胡椒等）辣椒、生姜、酒、氯化钙等。

2. 仪器与设备：泡菜坛、瓷坛、不锈钢刀、砧板、盆、铝锅等。

三、工艺流程

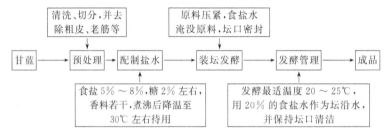

四、操作步骤

1. 清洗、预处理：将蔬菜用清水洗净，剔除不适宜加工的部分，如粗皮、老筋、须根及腐烂斑点；对块形过大的，应适当切分。稍加晾晒或沥干明水备用，避免将生水带入泡菜坛中引起败坏。

2. 盐水（泡菜水）配制：泡菜用水最好使用井水、泉水等饮用水。如果水质硬度较低，可加入 0.05% 的 $CaCl_2$。一般配制与原料等重的 $5\%\sim8\%$ 的食盐水（最好煮沸溶解后用纱布过滤一次）。再按盐水量加入 1% 的白糖或红糖，3% 的尖红辣椒，5% 的生姜，0.1% 的八角，0.05% 的花椒，1.5% 的白酒，还可按各地的嗜好加入其他香料，将香料用纱布包好。为缩短泡制的时间，常加入 $3\%\sim5\%$ 的陈泡菜水，以加速泡菜的发酵过程，黄酒、白酒或白糖更好。

3. 装坛发酵：取无砂眼或裂缝的坛子洗净，沥干明水，放入半坛原料压紧，加入香料袋，再放入原料至离坛口 $5\sim8cm$，注入泡菜水，使原料被泡菜水淹没，盖上坛盖，注入清洁的坛沿水或 20% 的食盐水，将泡菜坛置于阴凉处发酵。发酵最适温度为 $20\sim25℃$。

成熟后便可食用。成熟所需时间，夏季一般 $5\sim7d$，冬季一般 $12\sim16d$，春秋季介于两者之间。

4. 泡菜管理：泡菜如果管理不当会败坏变质，必须注意以下几点。

① 保持坛沿清洁，经常更换坛沿水。或使用 20% 的食盐水作为坛沿水。揭坛盖时要轻，勿将坛沿水带入坛内。

② 取食泡菜时，用清洁的筷子取食，取出的泡菜不要再放回坛中，以免污染。

③ 如遇长膜生霉花，加入少量白酒，或苦瓜、紫苏、红皮萝卜或大蒜头，以减轻或阻止长膜生花。

④ 泡菜制成后，一面取食，一面再加入新鲜原料，适当补充盐水，保持坛内一定的容量。

五、产品质量标准

清洁卫生、色泽美观、香气浓郁、质地清脆、组织细嫩、咸酸适度;含盐量为2%~4%,含酸量(以乳酸计)为0.4%~0.8%。

【实验实训十二】 糖醋菜的加工

一、技能目标

通过实训,使学生掌握糖醋菜的制作原理、生产方法及产品质量标准。

二、材料、仪器与设备

1. 材料:萝卜、莴苣、黄瓜(或选择当地适宜品种)、食盐、(白、红)糖、香料等。
2. 仪器与设备:瓷坛、不锈钢刀、砧板、盆、铝锅等。

三、工艺流程

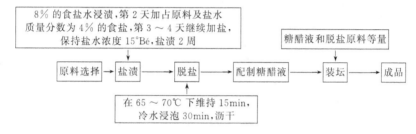

四、操作步骤

1. 原料选择及盐渍:选择幼嫩质脆的黄瓜、萝卜等原料洗涤干净,沥干明水,称重后置于菜坛中,加入8%食盐水,使原料全部浸入盐液;第二天加入占原料和盐水总重量4%食盐;第三天再加入占原料和盐总重量3%的食盐;第四天起只加入占全部重量的1%的食盐,直至盐浓度经常保持在15°Bé,使其盐渍两周,使原料呈半透明(注意盐水浓度要均匀)。

2. 脱盐:每组取完盐渍后的菜坯,用等量的热水浸泡等量原料,在65~70℃下维持15min,使原料的含盐量大大减少,再用冷水浸泡30min,沥干,使原料尚有少许咸味。

3. 糖醋液的配制:

配制糖醋液的原料——2.5%~3%醋酸溶液1000ml,盐7~14g,白糖或红糖200~250g,丁香0.5g,豆蔻粉0.5g,生姜2g,桂皮0.5g,白胡椒1g,称好各种香料后用布包好。

配制方法——将1000ml醋酸液和香料袋一起放入瓷盆或铝锅中,要加盖防止挥发,加热至80~82℃,维持1h,使醋酸液吸收香料,待香料袋取出后,即可加入白糖或红糖(按要求的糖醋液)。

4. 装罐或装坛:在糖醋液中加入等量的脱盐原料,加热至80~82℃,维持5~10min,即可装罐密封,冷却后保存25~60d,即可食用。

也可将冷却后的糖醋液与等量的脱盐原料混合后,装入泡菜坛内保存,要注意泡菜坛的管理。

五、产品质量标准

成品应吸饱糖醋香料,甜酸适度,又嫩又脆,清香爽口,带有本品种固有的色泽。

第七章　果品酿造技术

> **教学目标**
> 1. 了解果酒的分类。
> 2. 明确果酒酿造的基本原理，掌握影响果酒发酵的主要因素。
> 3. 掌握葡萄酒的酿造技术、苹果酒酿造技术，了解猕猴桃酒、柑橘酒的加工技术。
> 4. 掌握果酒生产中常见的质量问题及解决途径。
> 5. 了解果醋酿造的基本原理，掌握常见果醋的酿造技术。

果品酿造制品包括果酒和果醋。果酒是以新鲜水果或果汁为原料，经发酵、调配而成的各种低度饮料酒。果酒的酒精含量低，营养价值高。果醋是以果实、果渣或果酒为原料酿制而成的含醋酸的调味品，醋酸含量为3%~7%。

第一节　果酒的分类

果酒种类很多，分类方法各异。通常根据酿造方法、成品特点或原料对其进行分类。

一、按果酒制作方法分类

按果酒的制作方法分为发酵果酒、蒸馏果酒、配制果酒、起泡果酒和加料果酒等五种类型。

1. 发酵果酒

发酵果酒是将果汁（浆）经酒精发酵和陈酿等工序加工而成的含酒精饮料。与其他果酒的不同之处在于它不需要在酒精发酵之前对原料进行糖化处理，发酵醪不需要蒸馏。

2. 蒸馏果酒

蒸馏果酒是将果汁（浆）进行酒精发酵，然后经蒸馏而得到的酒，又名白兰地。通常所说的白兰地是以葡萄为原料进行酒精发酵，再经过蒸馏而得的制品。以其他水果为原料酿造的白兰地，通常在原料的名称后加白兰地命名，如苹果白兰地、李子白兰地等。不同地区生产的不同白兰地的酒精含量不同，饮用型蒸馏果酒的酒精含量多在45%左右。当酒精含量在70%以上时，可用于配制果露酒或其他果酒的勾兑。

3. 加料果酒

加料果酒是以发酵果酒为酒基，加入植物性芳香物或药材等制成。例如加香葡萄酒，将芳香的花卉或果实用蒸馏法或浸渍法制成香料，加入酒内，赋予葡萄酒独特的香气。也可将人参、丁香或鹿茸等名贵中药材或其提取物加入葡萄酒中，使酒对人体具有滋补和防治疾病的功效。这类酒有味美思、人参葡萄酒、参茸葡萄酒等。

4. 起泡果酒

起泡果酒包括香槟酒和汽酒。香槟酒是一种含二氧化碳的白葡萄酒，该酒是在上好的发酵白葡萄酒中加糖，经二次发酵产生二氧化碳气体而制成，其酒精含量为1.25%~14.5%，CO_2要求在20℃下保持0.34~0.49MPa的压力。汽酒则是在配制果酒中人工充入二氧化碳而制成的一种果酒，CO_2要求在20℃下保持0.098~0.245MPa的压力。二次发酵生产的香槟酒的二氧化碳气泡及其泡沫细小均匀，较长时间不易散失；而人工充入的二氧化碳加工而成的汽酒的气泡较大，保持时间短，容易散失。

5. 配制果酒

配制果酒也称果露酒。通常是将果实、果皮或鲜花等用酒精或白酒浸泡提取，或用果汁加酒精浸泡提取，再加入糖、香精与色素等调配而成。配制果酒有柑橘酒、樱桃酒、刺梨酒等。配制果酒加工的关键工序在于调配，所以本章不予介绍。

二、按含糖量分类

按果酒含糖量的多少将果酒分为干酒、半干酒、半甜酒和甜酒四类。

① 干酒。含糖量（以葡萄糖计）在 4.0g/L 以下的果酒。
② 半干酒。含糖量在 4.1～12.0g/L 的果酒。
③ 半甜酒。含糖量在 12.1～50.0g/L 的果酒。
④ 甜酒。含糖量在 50.1g/L 以上的果酒。

三、按酒精含量分类

按酒中含酒精的多少将果酒分为低度果酒和高度果酒两类。

① 低度果酒。酒精含量为 17% 以下的果酒，俗称 17 度。
② 高度果酒。酒精含量为 18% 以上的果酒，俗称 18 度。

四、按生产果酒的原料分类

按生产果酒的原料不同将果酒划分为很多种类，如葡萄酒、猕猴桃酒、苹果酒等；在国外，只有葡萄浆（汁）经酒精发酵后的制品称为果酒，其他果实发酵的酒则名称各异。

第二节　果酒酿造基本原理

果酒酿造是果汁（浆）经酒精发酵，然后进行澄清、陈酿等工序加工而成的含酒精饮料。果酒的发酵是以酵母酒精发酵为主体，同时伴随多种复杂的生物化学变化。

一、果酒的发酵

1. 果酒发酵的微生物及其特性

用酵母菌进行果酒的酒精发酵，酵母菌的种类很多，生理特性各异。选用产酒能力强、发酵果酒风味优良的酵母菌进行酒精发酵。果酒的品质与参与酒精发酵的微生物有直接的关系，有霉菌类、细菌类等微生物参与时，就会出现发酵醪败坏或果酒品质劣变；有的酵母菌的益处不大，甚至有害。所以，必须防止或抑制霉菌、细菌和有害的酵母菌等参与果酒的发酵过程，选用并促进优良酵母菌的酒精发酵。

（1）葡萄酒酵母（*Saccharomyces ellipsoideus*）　葡萄酒酵母又称椭圆酵母，附生在葡萄果皮上，纯种的葡萄酒酒母具有以下主要特点。

① 发酵力强。所谓发酵力是指酵母菌将可发酵性糖类转化为酒精的最大能力。通常用酒精度表示，也称产酒力。葡萄酒酵母能发酵果汁（浆）中的蔗糖、葡萄糖、果糖、麦芽糖、半乳糖、1/3 的棉籽糖等，但不能发酵乳糖、D-阿拉伯糖、D-木糖等。在富含可发酵性糖类的发酵液中，葡萄酒酵母发酵醪的酒精含量可达 12%～16%，最高达 17%。

② 产酒率高。产酒率指 1°酒精所需糖的克数。17～18g/L 的发酵液经葡萄酒酵母发酵，生成 1°酒精。

③ 抗逆性强。葡萄酒酵母可忍耐 250mg/L 以上的 SO_2，而其他有害微生物在此 SO_2 浓

度下全部被抑制或杀死。

④ 生香能力强。果汁（浆）经葡萄酒酵母发酵后，产生典型的葡萄酒香味。有人用葡萄酒酵母发酵麦芽汁，产生葡萄酒的香气，再经蒸馏，得到类似白兰地的香气和滋味。

葡萄酒酵母不仅是葡萄酒酿造的优良菌种，也是苹果酒、柑橘酒等其他果酒酿造的优良菌种，故有果酒酵母之称。

(2) 巴氏酵母（Saccharomyces pastorianus） 又称卵形酵母，是附生在葡萄果实上的一类野生酵母。巴氏酵母的产酒力强，抗SO_2能力也强，但繁殖缓慢，产酒效率低，20g/L糖液经巴氏酵母发酵转化为1°酒。这种酵母一般出现在发酵后期，进一步把残糖转化为酒精，也可引起甜葡萄酒的瓶内发酵。

(3) 尖端酵母（Saccharomyces apiculatus） 又名柠檬形酵母，能够形成孢子的称为汉逊孢子酵母或尖端酵母，不形成孢子的称为克勒克酵母。这类酵母广泛存在于各种水果的果皮上，耐低温、耐高酸，繁殖快，但产酒力低，一般仅能生成4°～5°的酒精，之后即被生成的酒精抑制或杀死。产酒效率也很低，22g/L糖液经尖端酵母发酵转化为1°酒。形成的挥发酸多，对发酵不利。但它对SO_2极为敏感，可以用SO_2处理抑制这种微生物的不良作用。

(4) 其他微生物

① 醭酵母和醋酸菌。醭酵母是空气中的一大类产膜酵母，俗称酒花菌。在果汁未发酵前或发酵势微弱时，这两类微生物通常在发酵液表面繁殖，生成一层灰白色或暗黄色的菌丝膜。它们将糖和乙醇分解为挥发酸、醛等物质，对酿酒危害极大。但它们的繁殖一般均需要充足的空气，且抗SO_2能力弱，果酒酿造中常采用减少空气、添加SO_2以及接入大量优良果酒酵母等措施来杀灭之或抑制其活力。

② 乳酸菌。在葡萄酒酿造中具有双重作用。在陈酿过程中，乳酸菌把苹果酸转化为乳酸，使新酿葡萄酒的酸涩、粗糙等缺点消失，而变得醇厚饱满，柔和协调，并且增加了生物稳定性。所以，苹果酸-乳酸发酵是酿造优质红葡萄酒的一个重要工艺过程；在发酵过程中，由于发酵醪中含有较高的糖，乳酸菌可把糖分解成乳酸、醋酸等，使酒的风味变坏，这是乳酸菌的不良作用。

③ 霉菌。一般对果酒酿造有不良影响，用感染了霉菌的葡萄难以酿造出优质的葡萄酒。

2. 酒精发酵过程及物质转化

(1) 酒精发酵过程及其主要产物乙醇的生成 酒精发酵是相当复杂的生化过程，在无氧条件下，酵母菌分泌的一系列酶参与下，通过一系列生化反应生成主要产物乙醇，同时伴随有许多中间产物生成。酒精发酵过程大体上划分为两个阶段，即糖酵解与丙酮酸的分解。

① 糖酵解。糖酵解过程是可发酵性糖在一系列酶的作用下转化为丙酮酸，具体过程见图7-1。

② 丙酮酸的分解以及乙醇的生成。在无氧条件下，丙酮酸在丙酮酸脱氢酶及羧化辅酶的催化下脱去羧基，生成乙醛和二氧化碳，乙醛在乙醇脱氢酶及其辅酶（NAD）的催化下，还原为乙醇。

(2) 酒精发酵的主要副产物 酒精发酵过程中，除产生乙醇外，还有甘油、乙醛、醋酸、乳酸和高级醇等副产物的生成，它们对果酒的风味、品质影响很大。

① 甘油。由图7-1可见，糖酵解过程中，葡萄糖转化为3-磷酸甘油醛和磷酸二羟丙酮，磷酸二羟丙酮氧化一分子$NADH_2$，则形成一分子甘油。在这一过程中，由于将乙醛还原为乙醇所需的两个氢原子（$NADH_2$）已被用于形成甘油，所以乙醛不能继续进行酒精发酵反

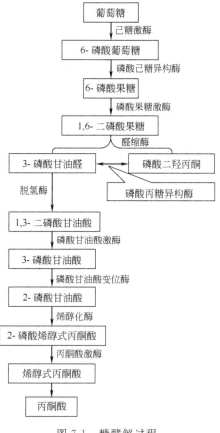

图 7-1 糖酵解过程

应。在发酵开始时，酒精发酵和甘油发酵同时进行，而且甘油发酵占优势。以后酒精发酵则逐渐加强，并占绝对优势，而甘油发酵减弱，但并没有完全停止。

甘油味甜且稠厚，可赋予果酒清甜味，增加果酒的稠度。干酒含较多的甘油而总酸不高时，会有自然的甜味，使干酒变得清爽圆润。

② 乙醛。糖酵解形成的丙酮酸，被丙酮酸脱羧酶转化为乙醛；乙醇氧化也可转化为乙醛。在新发酵的葡萄酒中，乙醛含量一般在 75mg/ml 以下。酒中大部分乙醛与 SO_2 结合，形成稳定的乙醛-亚硫酸化合物，这种物质不影响葡萄酒的质量。陈酿时，由于氧化或产膜酵母的作用，乙醛含量逐渐增多，最高含量达 500mg/L。乙醛是葡萄酒的香味成分之一，但过多游离乙醛则使葡萄酒具有氧化味。

③ 醋酸。乙醇被醋酸菌氧化而生成醋酸，乙醛氧化也可形成醋酸。醋酸是果酒中主要的挥发酸，正常发酵情况下，醋酸在果酒中的含量为 $0.2\sim1.3g/L$，若果酒中的醋酸含量超过 $1.5g/L$ 就会影响果酒风味，使果酒具有明显的醋酸味。

④ 琥珀酸。主要来源于酒精发酵和苹果酸-乳酸发酵，在葡萄酒中含量为 $0.2\sim0.5g/L$。琥珀酸味苦咸，琥珀酸乙酯是葡萄酒的重要香气成分之一。

⑤ 酯类物质。果酒中的酯类物质通过发酵过程中的生化反应和发酵与陈酿过程中的酯化反应两个途径生成。酯类赋予果酒独特的香味，是葡萄酒芳香的重要来源之一。一般把葡萄酒的香气分为三大类：第一类是果香，它是葡萄果实本身具有的香气，又叫一类香气；第二类是发酵过程中形成的香气，称为酒香，又叫二类香气；第三类是葡萄酒在陈酿过程中形

成的香气，称为陈酒香，又叫三类香气。

⑥ 杂醇。果酒的杂醇主要有甲醇和杂醇油，杂醇油主要为异戊醇、异丁醇、活性戊醇、丁醇等，杂醇在酒度低时呈油状，故称之为杂醇油。

杂醇油主要由代谢过程中的氨基酸、六碳糖及低分子量的酸生成。高级醇是构成果酒二类香气的主要成分，一般情况下含量很低，如含量过高，可使果酒具有不愉快的粗糙感，且使人头痛致醉。

果酒中的甲醇主要来源于原料果实中的果胶，果胶脱甲氧基生成低甲氧基果胶时，同时形成甲醇。此外，甘氨酸脱羧也会生成甲醇。甲醇有毒害作用，含量高对品质不利。

3. 影响果酒发酵的因素

发酵的环境条件直接影响果酒酵母的生存与作用，从而影响果酒的品质。

(1) 温度　酵母菌活动的最适温度为 20~30℃，在该温度范围内，繁殖速度随温度升高而加快。30℃时，酵母活力最强，34~35℃时，繁殖速度迅速下降，40℃时停止活动。发酵温度影响果酒的品质，20℃以下低温发酵，酒体醇厚芳香，维生素保存率高；30℃以上高温发酵，生成较多的醋酸与杂醇油，酒味粗糙。红葡萄酒发酵最佳温度为 26~30℃，白葡萄酒和桃红葡萄酒发酵最佳温度为 18~20℃。当发酵温度低于 35℃时，温度越高，开始发酵越快；温度越低，糖分转化越完全，生成的酒度越高。

(2) pH　酵母菌的最适 pH 为 4~6，在该 pH 范围内，酵母发酵能力强，但某些细菌也能生长良好，给发酵安全带来威胁。实际生产中，将 pH 控制在 3.3~3.5 之间。此时细菌受到抑制，而酵母菌还能正常发酵。

(3) 氧气　在氧气充足时，酵母菌大量繁殖，乙醇的产量极少；缺氧时，酵母菌繁殖缓慢，产生大量酒精。果酒发酵初期，适当供给空气。一般情况下，果实在破碎、压榨、输送等过程中所溶解的氧，已足够酵母菌繁殖所需。在主发酵阶段，如果供给过多的氧气，酵母进行有氧呼吸而消耗乙醇，所以果酒发酵在密闭的容器内进行。

(4) SO_2　葡萄酒酵母比其他微生物有更强的抗 SO_2 能力，10mg/L 的 SO_2 对酵母菌活力无明显影响，而其他杂菌则被抑制。20~30mg/L 的 SO_2 延迟发酵进程 6~10h，50mg/L 的 SO_2 延迟 18~20h 的发酵进程，而其他微生物则完全被杀死。所以，在果汁（浆）中添加 SO_2，抑制有害微生物的侵害。

(5) 压力　压力可以抑制 CO_2 的释放，从而影响酵母菌的活动，抑制酒精发酵。但即使 100MPa 的高压，也不能杀死酵母菌。当 CO_2 含量达 15g/L（约 71.71kPa）时，酵母菌停止生长，这就是充 CO_2 法保存鲜葡萄汁的依据。

(6) 糖与酒精浓度　果汁中糖的含量高于 30%，由于渗透压作用，酵母菌的活动能力降低；乙醇的抑制作用与酵母菌种类有关，有的酵母菌在酒精含量为 4%时就停止活动，而优良的葡萄酒酵母则可忍耐 16%~17% 的酒精。此外，高浓度的乙醛、SO_2、CO_2 以及辛酸、癸酸等都是酒精发酵的抑制因素。

二、陈酿

新酿的葡萄酒浑浊、辛辣、粗糙，经过一段时间的贮存，方可消除酵母味、生酒味、苦涩味和 CO_2 刺激味等，使酒质清亮透明，产生醇和芳香味，这一过程称为果酒的老熟或陈酿。陈酿过程中发生一系列的物理、化学和生物学变化，保持了产品的果香味，使酒体醇厚完整，并提高酒的稳定性，达到成品果酒的全部质量标准。

1. 陈酿过程

果酒的陈酿包括成熟阶段、老化阶段和衰老阶段。

(1) 成熟阶段　经化学或物理化学反应，使果酒中的不良风味物质减少，芳香物质增加，风味改善，口味醇和；蛋白质、聚合度大的单宁、果胶、酒石等沉淀析出，酒体澄清。这一过程约 6～10 个月，甚至更长。此过程中以氧化作用为主，故适当地接触空气，有利于酒的成熟。

(2) 老化阶段　从成熟阶段结束一直到成品装瓶的阶段，这个过程是在隔绝空气的无氧条件下完成。经过还原作用，不但使葡萄酒增加芳香物质，同时也逐渐产生陈酒香气，使酒的滋味变得较柔和。

(3) 衰老阶段　此阶段品质开始下降，特殊的果香成分减少，酒石酸和苹果酸相对减少，乳酸增加，使酒体在某种程度上受到一定的影响，故葡萄酒的贮存期也不能一概而论。

2. 陈酿过程中的变化

(1) 酯化反应　在陈酿过程中，有机酸和醇生成酯。果酒中的酯主要有醋酸、琥珀酸、异丁酸、己酸和辛酸的乙酯，以及癸酸、己酸和辛酸的戊酯等。酯化反应是可逆反应，一定程度时可达平衡。

酯的含量随葡萄酒的成分和年限不同而异，新酒一般为 176～264mg/L，老酒为 792～880mg/L。酯的生成在葡萄酒贮藏的头两年最快，之后又逐渐变慢。

(2) 氧化-还原反应　氧化-还原反应与葡萄酒的芳香和风味有关，在成熟阶段，需要氧化作用，促进单宁与花色苷的缩合，促进某些不良风味物质的氧化，使易氧化沉淀的物质氧化沉淀后去除；而在酒的老化阶段，酒处于还原状态，促进酒中芳香物质的形成。

氧化-还原作用还与酒的破败病有关，葡萄酒暴露在空气中，常会出现浑浊、沉淀、褪色等现象。铁的破败病与 Fe^{2+} 浓度有关，Fe^{2+} 被氧化成 Fe^{3+}，电位上升，同时也就出现了铁破败病。如果 Cu^{2+} 被还原成 Cu^{+}，则产生铜破败病。

(3) 缔合作用　酒精分子与水分子是强极性分子，在液态时，酒精分子与水分子通过氢键作用以不同的缔合结构存在。酒度与贮存期对缔合度有关，酒在一定的贮存期内，酒精分子与水分子才能达到相对稳定的缔合程度。缔合度越大，酒精分子的自由度越小，酒的柔和度增强。

(4) 苹果酸-乳酸发酵　葡萄酒在发酵后期至贮酒前期，有时出现 CO_2 逸出，且酒呈现浑浊，红葡萄酒色度降低，有时还有不良风味，显微镜检查发现有杆状和球状细菌，这种现象称为苹果酸-乳酸发酵。其实质是乳酸菌将苹果酸分解成乳酸与二氧化碳的过程。苹果酸-乳酸发酵可降低酒的酸度，改善产品风味，提高酒的细菌稳定性。

是否进行苹果酸-乳酸发酵，应根据葡萄酒的种类、葡萄的含酸量、葡萄的品种、发酵工艺等进行综合考虑。并采取相应的措施诱发、促进或抑制苹果酸-乳酸发酵。

① 诱发苹果酸-乳酸发酵常用的方法如下。

a. 酒精发酵压榨所得新酒中不再添加 SO_2，使新酒中总的 SO_2 含量不超过 70mg/L。

b. 控制新酒 pH 在适于苹果酸-乳酸发酵的范围，即 pH 不低于 3.3。

c. 适当延长带皮浸渍和发酵的时间。

d. 控制贮酒温度为 20℃。

② 促进苹果酸-乳酸发酵的方法如下。

a. 接入 10%～50% 的正在进行苹果酸-乳酸发酵的葡萄酒。

b. 接入苹果酸-乳酸发酵后的酒脚。

c. 接入人工选育的乳酸优良菌种。

③ 抑制苹果酸-乳酸发酵常用的方法如下。

a. 酒精发酵压榨所得新酒中添加 SO_2，使新酒中总的 SO_2 含量为 100mg/L。

b. 控制新酒 pH 在不适于苹果酸-乳酸发酵的范围，即 pH 低于 3.3。

c. 酒精发酵结束后，尽早进行倒池、除渣，除去酵母；及时进行沉淀、过滤、下胶等工艺过程，除去乳酸菌。

d. 低温贮酒，控制贮酒温度为 16～18℃。

第三节 葡萄酒酿造技术

一、葡萄酒的分类

葡萄酒是以整粒或破碎的新鲜葡萄浆或汁为原料，经发酵而成的低度饮料酒，其酒精含量不能低于 8.5%（体积分数）。葡萄酒的种类很多，分类方法各异。一般按葡萄酒的色泽、含糖量、是否含 CO_2 及酿造方法等进行分类。国外也有以产地、原料分类的。通常按色泽或含糖量分类，按色泽将葡萄酒分为红葡萄酒、白葡萄酒和桃红葡萄酒；按含糖量将葡萄酒划分为干葡萄酒、半干葡萄酒、半甜葡萄酒和甜葡萄酒。

1. 红葡萄酒

选用皮红肉白或皮与肉皆红的葡萄为原料，将葡萄皮与破碎的葡萄浆液混合发酵后加工而成的葡萄酒。酒色深红（酒的色泽因原料种类或发酵工艺不同而有差异，例如宝石红或紫红、石榴红），酒体丰满醇厚，略带涩味，具有浓郁的果香和优雅的葡萄酒香。

2. 白葡萄酒

选用白葡萄或皮红肉白的葡萄为原料，将分离果皮后的葡萄浆液发酵后加工而成的葡萄酒。酒色近似无色或浅黄色，酒体丰满醇厚，外观澄清透明，果香浓郁，酸而爽口。

3. 桃红葡萄酒

选用皮红肉白或皮与肉皆红的葡萄为原料，将破碎的红葡萄浆液先带皮发酵，再皮渣分离发酵后加工而成的葡萄酒。带皮发酵的方法基本上同红葡萄酒，但皮渣浸泡的时间较短，皮渣分离后的发酵过程同白葡萄酒的加工，产品的呈色较浅，酒色介于红、白葡萄酒之间，主要有淡玫瑰红、桃红，浅红色。具有明显的果香与和谐的酒香，酒质柔顺。

4. 干葡萄酒

含糖量（以葡萄糖计）小于 4g/L，品评感觉不出甜味，具有洁净、怡爽、和谐怡悦的酒香。又根据酒色不同分为干红葡萄酒、干白葡萄酒和干桃红葡萄酒。

5. 半干葡萄酒

含糖量为 4～12g/L，微具甜味，口味洁净，口感圆润，具有和谐的果香和酒香。又根据酒色不同分为半干红葡萄酒、半干白葡萄酒和半干桃红葡萄酒。

6. 半甜葡萄酒

含糖量为 12.1～50g/L，具有甘甜、爽顺、愉悦的果香和酒香。又根据酒色不同分为半甜红葡萄酒、半甜白葡萄酒和半甜桃红葡萄酒。

7. 甜葡萄酒

含糖量在 50g/L 以上，具有甘甜、醇厚、舒适爽顺的口味及和谐的果香和酒香。又根据酒色不同分为甜红葡萄酒、甜白葡萄酒和甜桃红葡萄酒。

二、红葡萄酒的加工

1. 工艺流程

红葡萄酒的加工工艺流程见图 7-2。

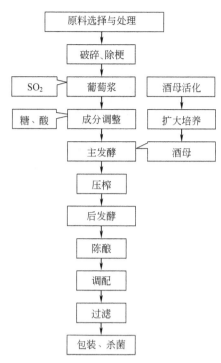

图 7-2 红葡萄酒加工工艺流程

2. 操作要点

(1) 原料的选择与处理　原料的选择和处理包括原料品种的选择及其采收、运输与分选。

① 品种。干红葡萄酒要求葡萄色泽深、香味浓郁、果香典型、糖含量高（21g/100ml）、酸含量适中（0.6～1.2g/100ml）的品种。适于酿制红葡萄酒的葡萄品种有法国兰、佳丽酿、汉堡麝香、赤霞珠、蛇龙珠、品丽珠、黑乐品等。

② 采收与运输。葡萄最适采收期根据酿制的酒种而定，酿制红葡萄酒的葡萄要求完全成熟，糖分、色素积累到最高，酸含量适宜时采收。采摘的葡萄放入木箱、塑料箱或编织筐内。不能过满，以防挤压，也不宜过松，以防运输途中颠簸而破碎。

③ 葡萄的分选。葡萄采后应及时将不同品种、不同质量的葡萄分别存放，保证发酵与贮酒的正常进行。

(2) 破碎、除梗　红葡萄酒的发酵是带葡萄皮与种子的葡萄浆液混合发酵，所以发酵前的葡萄要除梗、破碎。将果粒压碎，使果汁流出的操作称为破碎。破碎只要求破碎果肉，不伤及种子和果梗。因种子中含有大量单宁、油脂及糖苷，会增加果酒的苦涩味。破碎便于压榨取汁，氧的溶入增加；有利于红葡萄酒色素的浸出；有利于 SO_2 均匀地分散于果汁中，增加酵母与果汁接触的机会。凡与果肉、果汁接触的破碎设备部件，不能用铜、铁等材料制成，以免铜、铁溶入果汁中，增加金属离子含量，使酒发生铜或铁败坏病。

破碎后应立即将果浆与果梗分离，这一操作称为除梗。可在破碎前除梗，也可在破碎后，或破碎、除梗同时进行。除梗具有防止果梗中的青草味和苦涩物质溶出，减少发酵醪体积，便于输送，防止果梗固定色素而造成色素的损失等优点。

常用的破碎除梗设备有立式葡萄破碎除梗机、卧式葡萄破碎除梗机、破碎-去梗-送浆联合机。三种葡萄破碎除梗设备的结构见图7-3～图7-5。

(3) 添加 SO_2 与成分调整

① 添加 SO_2。在葡萄汁发酵前添加适量的 SO_2，具有杀菌、澄清、抗氧化、增酸等作

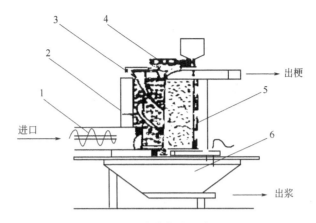

图 7-3 立式葡萄破碎除梗机

1—螺旋输送机；2—机体；3—除梗器；4—传动装置；5—筛筒；6—破碎装置

(引自：顾国贤，酿造酒工艺学，中国轻工业出版社，1996)

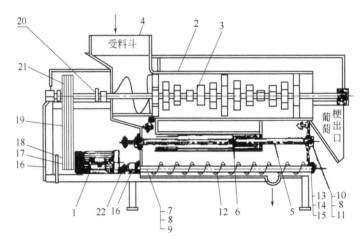

图 7-4 卧式葡萄破碎除梗机

1—电动机；2—筛筒；3—除梗器；4—输送螺旋；5—破碎辊轴；6—破碎辊；
7~11—轴承；12—旋片；13~15—轴承；16—减速器；
17~19，21—皮带传动；20—输送轴；22—连轴器

(引自：顾国贤，酿造酒工艺学，中国轻工业出版社，1996)

用，促进色素和单宁溶出，使酒的风味变好。但用量过高，可使葡萄酒具有怪味，且对人体产生毒害，并可推迟葡萄酒成熟。

SO_2 的添加量与葡萄品种及其状况、葡萄汁成分、温度、微生物及其活力、酿酒工艺及时期等有关。中国规定成品葡萄酒中化合态的 SO_2 含量小于 250mg/L，游离状态的 SO_2 含量小于 50mg/L。酿制红葡萄酒时，SO_2 用量见表 7-1。

表 7-1 发酵基质中 SO_2 浓度　　　　　　　　　　　　　　　　单位：mg/L

原 料 状 况	发酵基质中 SO_2 浓度	
	红葡萄酒	白葡萄酒
果实清洁,无病害与破裂,含酸量高	40~80	80~120
果实清洁,无病害与破裂,含酸适中(0.6%~0.8%)	50~100	100~150
果实破裂,有霉变	120~180	180~220

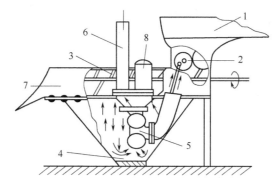

图 7-5 破碎-去梗-送浆联合机
1—料斗；2—破碎辊；3—除梗器；4—果浆接收器；5—送浆泵；
6—果浆输送管；7—果梗出口；8—气室
(引自：顾国贤，酿造酒工艺学，中国轻工业出版社，1996)

添加的 SO_2 有气体、液体和固体，通常添加液体或固体。添加液体的方法是将市售的浓度为 5%～6%的亚硫酸试剂按用量要求添加到葡萄浆液中；添加固体的方法是将偏重亚硫酸钾配成浓度为 10%的溶液（其中 SO_2 的含量约 5%），然后按用量要求添加到葡萄浆液中。

酿制红葡萄酒时，SO_2 应在葡萄破碎除梗后、果浆入发酵罐前加入，并且一边装罐，一边加入 SO_2，装罐完毕后进行一次倒罐，使 SO_2 与发酵基质混合均匀。切忌在破碎前或破碎除梗时对葡萄原料进行 SO_2 处理，否则 SO_2 不易与原料均匀混合，且 SO_2 挥发或被果梗固定而造成损失。

② 葡萄汁的成分调整。葡萄汁成分的调整包括糖与酸的调配。

A. 糖的调整。通过添加浓缩葡萄汁或蔗糖调整葡萄汁的含糖量。

a. 加糖调整。常用纯度为 98%～99%的白砂糖，在酒精发酵刚开始时添加。用少量果汁将糖溶解，再加到大批果汁中，搅拌均匀。加糖量以发酵后的酒精含量作为主要依据，理论上，16.3g/L 糖可发酵生成 1%（或 1ml）酒精，考虑酵母的呼吸消耗以及发酵过程中生成甘油、酸、醛等，实际按 17g/L 计算。

例如：利用含糖约 14.5%（潜在酒精含量为 8.5%）的葡萄汁 5000L，发酵成酒精含量为 12%的葡萄酒，则需添加的白砂糖为：

$$(12-8.5)\times 17\times 5000 = 297500g = 297.5kg$$

b. 添加浓缩葡萄汁。在主发酵后期添加，添加时要注意浓缩汁的酸度，若浓缩葡萄汁的酸度不高，加入后不影响原葡萄汁酸度，可不作任何处理；若浓缩葡萄汁的酸度太高，则在浓缩汁中加入适量的碳酸钙中和，降酸后使用。添加量以发酵后的酒精含量作为主要依据。添加浓缩葡萄汁调整糖度前，首先要了解葡萄汁的含糖量、浓缩葡萄汁的含糖量以及调整后葡萄汁的含糖量，然后按十字交叉法计算。

例如：利用潜在酒精含量为 8.5%的葡萄汁（含糖约 14.5%）5000L，发酵成酒精含量为 12%的葡萄酒。已知浓缩葡萄汁的潜在酒精含量为 45%，则浓缩葡萄汁的添加量计算如下：

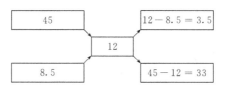

添加浓缩葡萄汁的量为：5000×(12－8.5)/(45－12)＝530.3L

B. 酸的调整。葡萄浆液的酸度低时，有害菌易侵染，影响酒质。一般将酸度调整到6～10g/L，pH 3.3～3.5。该酸度条件下，最适宜酵母菌的生长繁殖，又可抑制细菌繁殖，使发酵顺利进行。酸使红葡萄酒的色泽鲜明；酸使酒味清爽，并使酒具有柔和感；酸与醇生成酯，增加酒的芳香；酸增加酒的贮藏性和稳定性。

a. 添加酒石酸和柠檬酸。一般添加酒石酸调整葡萄浆液的酸度，因葡萄酒的质量标准要求葡萄酒的柠檬酸含量小于1.0g/L，所以柠檬酸的用量一般小于0.5g/L。加工红葡萄酒时，最好在发酵前添加酒石酸，利于色素的浸提；若添加柠檬酸，应在苹果酸-乳酸发酵后再加。加酸时，先用少量的葡萄汁将酸溶解，缓慢倒入葡萄汁中，同时搅拌均匀。加酸量以葡萄汁液的含酸量以及调整后葡萄汁所要求的含酸量为主要依据。

例如：葡萄汁的滴定酸度为5.8g/L（以酒石酸计），要求调整后的酸度为8.8g/L（以酒石酸计），每5000L葡萄汁需添加酒石酸多少？

$$(8.8－5.8)×5000＝15000＝15kg$$

即5000L葡萄汁应添加15kg的酒石酸。1g酒石酸相当于0.935g的柠檬酸，若选用柠檬酸调整葡萄汁的酸度，应添加15×0.935＝14.025kg的柠檬酸。

b. 添加未成熟葡萄的压榨汁。添加未成熟葡萄的压榨汁调整葡萄汁的酸度，首先要了解原葡萄汁的酸度、未成熟葡萄压榨汁的酸度以及调整后葡萄汁的酸度，然后按十字交叉法计算。

例如：原葡萄汁的滴定酸度为5.8g/L（以酒石酸计），要求调整后的酸度为8.8g/L，未成熟葡萄压榨汁的酸度为35g/L，5000L葡萄汁需添加多少未成熟葡萄的压榨汁？

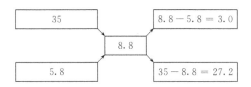

需添加未成熟葡萄压榨汁的量为：5000×(8.8－5.8)/(35－8.8)＝551.5L

（4）酒母的制备

葡萄酒生产常用的酵母有天然葡萄酒酵母、试管斜面培养的优良纯种葡萄酒酵母和活性干酵母。最常用的是后两种。发酵时，酵母的用量为1‰～10‰。

① 纯种酵母的扩大培养。纯种酵母的扩大培养包括试管斜面活化、液体试管培养、三角瓶培养、卡氏罐培养和酒母罐培养。

a. 试管斜面活化。长时间低温保藏的菌种已衰老，需转接于5°Bé的麦芽汁制成的斜面培养基上，在25℃下培养1～2d。

b. 液体试管培养。灭菌后的新鲜葡萄汁分装于干热灭菌后的试管，每管装10ml，在0.1MPa的条件下杀菌处理20min，冷却后备用。接入上述斜面试管活化后的菌种，在25℃下培养1～2d。

c. 三角瓶培养。500ml的三角瓶干热灭菌后，装入250ml新鲜澄清的葡萄汁，在0.1MPa的条件下杀菌处理20min，冷却后备用。接入上述两支培养好的液体试管菌种，在25℃下培养24～30h。

d. 卡氏罐培养。将容积为10L的卡氏罐清洗干净，注入6L新鲜澄清的葡萄汁，常压蒸煮1h，冷却。添加亚硫酸，摇匀，使SO_2含量为80mg/L，放置4～8h。接入上述培养好的三角瓶菌种，摇匀，在 20～25℃下培养 2～3d。

e. 酒母罐培养。酒母罐为 200～300L 的木质或不锈钢桶。将两只酒母桶清洗干净，用硫黄熏蒸（每立方米容积用 8～10g 硫黄），过 4h 后，在其中一只酒母桶内注入酒母桶容积 80% 的新鲜葡萄汁，添加亚硫酸，使果汁中 SO_2 含量为 100～150mg/L。静置过夜，取上清液置于另一只酒母桶内，接入上述两罐培养好的卡氏罐酒母，在 25℃下培养 2～3d，期间用木耙搅拌 1～2 次。

② 活性干酵母的活化与扩大培养。活性干酵母是酵母培养液经冷冻干燥得到的酵母活细胞含量很高的干粉状物，其贮藏性好，一般在低温下可贮存 1 至数年。活性干酵母不能直接投入葡萄浆液中进行发酵，需复水活化或扩大培养后使用。活性干酵母的复水活化按图 7-6 的流程进行，复水活化后的酵母按图 7-7 的流程进行扩大培养，一、二、三级扩大培养的倍数均为 5 倍，各级扩大培养的培养基为葡萄汁，其中含 SO_2 80～100mg/L，培养条件为 20～25℃、2～3d。

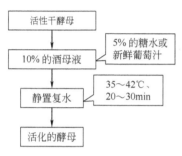

图 7-6　活性干酵母的复水活化

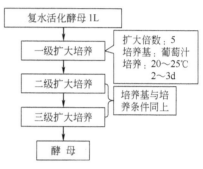

图 7-7　活性干酵母的扩大培养

（5）发酵及其管理

① 发酵方法及设备。果酒的发酵方法有开放式与密闭式两种发酵方法，开放式发酵是将破碎、SO_2 处理、成分调整或不调整的葡萄浆（汁）在开口式容器内进行发酵的方法。密闭式发酵是将制备的葡萄浆（汁）在密闭容器内进行发酵的方法。密闭式发酵桶或罐上装有发酵栓，使发酵产生的 CO_2 能经发酵栓逸出，而外界的空气则不能进入。发酵栓的结构见图 7-8。生产红葡萄酒发酵桶或池内装有压板，使皮渣淹没在果汁中。

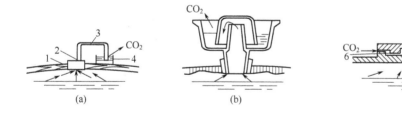

图 7-8　各种形式发酵栓的结构图
(a)，(b) 适用于发酵桶的发酵栓；(c) 适用于发酵池的发酵栓
1—圆孔；2—软木塞；3—倒 U 形玻璃管；4—玻璃瓶；5—池盖；6—U 形管；7—池顶
（引自：陈学平，果蔬产品加工工艺学，农业出版社，1995）

发酵设备要求能控温，易于洗涤、排污，通风换气良好。使用前应进行清洗，发酵容器一般为发酵与贮酒两用，要求不渗漏，能密闭，不与酒液起化学反应。常用的发酵设备有发酵桶、发酵池和发酵罐。

a. 发酵桶。一般用橡木、山毛榉木、栎木或栗木制作。圆筒形，上部小，下部大，容积1000～4000L，靠桶底15～40cm的桶壁上安装出酒阀，桶底开一排渣阀，有开放式和密闭式两种发酵桶。

b. 发酵池。用钢筋混凝土或石、砖砌成，形状有棱柱形或圆柱形，大小不受限制。池内安放温控设备，池壁、池底用防水粉（硅酸钠）涂布，也可镶瓷砖。能密闭，池盖略带锥度，以利气体排出而不留死角。盖上安有发酵栓、进料孔等。池底稍倾斜，安放有酒阀及废水阀等。

c. 发酵罐。目前国内外一些大型企业普遍采用不锈钢、玻璃钢等材料制成的专用发酵罐，如旋转发酵罐、连续发酵罐、自动连续循环发酵罐等（图7-9～图7-11）。

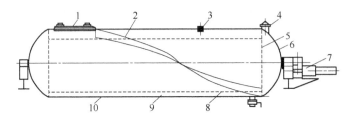

图7-9 旋转发酵罐结构示意

1—盖；2—螺旋刮刀；3—浮标；4—安全阀；5—穿孔假底；6—底；7—电机；
8—穿孔内壁；9—内层间隙；10—转筒

（引自：罗云波，园艺产品贮藏加工学，中国农业大学出版社，2001）

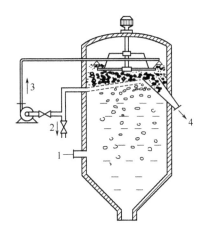

图7-10 连续发酵设备结构示意

1—葡萄酒入口；2—自流酒；3—回流装置；
4—酒渣出口

（引自：罗云波，园艺产品贮藏加工学，
中国农业大学出版社，2001）

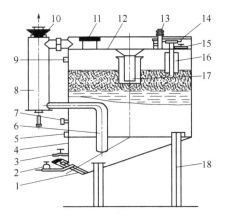

图7-11 自动循环发酵罐结构示意

1—酒渣出口；2—电机；3，13，15—阀；4—罐体；
5，9—高度指示；6—酒循环管；7—温度计；8—热
交换器；10—分配装置；11—葡萄浆进口；12—内
壁；14—盛水器；16—水封；17—下液管；18—支脚

（引自：罗云波，园艺产品贮藏加工学，
中国农业大学出版社，2001）

② 发酵容器的消毒。果酒发酵容器在使用前必须消毒，防止外界污染。容器消毒可用硫黄熏蒸，每立方米容积用8～10g硫黄，也可用生石灰水浸泡、冲洗。10L水加生石灰0.5～1kg，溶解后倒入容器中，搅拌洗涤，浸泡4～5h后，将石灰水放出，再用冷水冲洗干净。木桶杀菌可用SO_2，不能用SO_2或亚硫酸溶液对未涂料的金属罐进行杀菌处理。

③ 开放式发酵过程及其管理。开放式发酵在开口式发酵桶（罐）内进行，图7-12是开口式发酵桶的结构示意图。红葡萄酒的发酵采用开放式发酵，发酵过程可分为主发酵（前发酵）和后发酵，即葡萄浆带皮进行主发酵，然后进行皮渣分离，分离皮渣后的醪液进行后发酵。

A. 主发酵。指从葡萄汁送入发酵容器（发酵醪占发酵容器容积的80%）开始至新酒分离为止的整个发酵过程。主要作用是酒精发酵以及浸提色素和芳香物质。根据发酵过程中发酵醪的变化，主发酵分为发酵初期、发酵中期和发酵后期。纯种培养发酵时，接种量为2%左右。

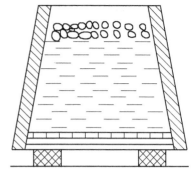

图7-12 开口式发酵桶

a. 发酵初期。属酵母繁殖阶段，液面最初平静，入池后8h左右，发酵醪液表面有气泡，表示酵母已经开始繁殖。CO_2放出逐渐增强，表明酵母已大量繁殖。发酵初期的发酵温度为25~30℃，发酵时间20~24h。发酵温度低，则发酵时间可延长至48~96h，但发酵室温度不能低于15℃。同时应注意发酵容器内空气的供应，促进酵母繁殖。常用方法是将果汁从桶底放出，再用泵呈喷雾状返回桶中，或通入过滤空气。

b. 发酵中期。发酵中期是酒精生成的主要阶段。品温逐渐升高，要求品温不超过30℃。高于35℃，醋酸菌容易活动，挥发酸增高，发酵作用也要受阻碍。因此，发酵过程中应注意控制品温，通常采用循环倒池、池内安装盘管式热交换器或外循环冷却等方法控制品温。循环倒池法是将发酵醪从桶底放出，用泵循环喷洒回原发酵池的过程。

发酵中期有大量CO_2放出，皮渣随CO_2的溢出浮于液面而形成浮渣层，浮渣层称为酒帽或酒盖。酒帽会隔绝CO_2排出，热量不易散出，影响酵母菌的正常生长和酒的品质，所以，应控制发酵时形成浮渣层。为了保证葡萄酒的质量，使葡萄的色素与芳香成分能浸提完全，有时将酒帽压入发酵醪中，这一操作称为压帽。采取发酵醪循环喷淋、压板式或人工搅拌等方法压帽。发酵醪循环喷淋操作同循环倒池操作，将发酵醪喷射回原发酵池时，应将酒帽冲散，每天1~2次。压板式压帽是在发酵池的四周装有滑动式装置，在滑动装置上装有压板，调节压板的位置使酒帽浸于葡萄汁中。压帽可促进果皮与种子中色素、单宁以及芳香成分的浸提；加快热量散失，有利于控温；抑制杂菌侵染；避免CO_2对酵母正常发酵的影响。

c. 发酵后期。发酵逐渐变弱，CO_2放出渐少，液面趋于平静；品温由最高逐渐下降，并接近室温；汁液开始澄清，皮渣、酵母开始下沉，表明主发酵结束。

主发酵时间因温度而异，一般在25℃下发酵5~7d，在20℃下发酵2周，在15℃左右发酵2~3周。发酵过程中，经常检查发酵醪的品温、糖、酸及酒精含量等。发酵后的酒液呈深红或淡红色，有酒精、CO_2和酵母味，不得有霉、臭、酸味；酒精含量为9%~11%（体积分数），残糖0.5%以下，挥发酸0.04%以下。

B. 压榨。主发酵结束后，残糖降至5g/L时，进行皮渣分离。采用特定的压榨设备将葡萄酒和葡萄皮渣分离的操作称为压榨。压榨前，将酒从发酵池或桶的出酒口排出，所得酒称为自流酒。放净后，清理出皮渣进行压榨，得压榨酒。自流酒液的成分与压榨酒液相差很大，若酿制高档酒，应将自流酒单独贮存。压榨可诱发苹果酸-乳酸发酵，起到降低酸度、改善产品口味的作用。

常用的压榨设备有卧式双压板式压榨机、螺旋连续式压榨机和气囊压榨机，其结构分别参见图 7-13、图 7-14 和图 7-15。

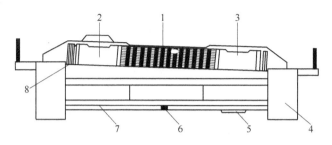

图 7-13　卧式双压板式压榨机

1—转动压框；2—进料口；3—皮渣出口；4—机架；5—排渣口；
6—出汁口；7—接汁筒；8—传动装置

(引自：顾国贤，酿造酒工艺学，中国轻工业出版社，1996)

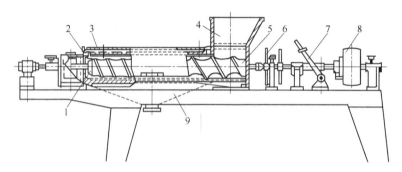

图 7-14　螺旋连续式压榨机

1—锥形螺旋；2—环状空隙；3—圆筒；4—料斗；5—螺杆；6—调整装置；
7—把手；8—皮带轮；9—收集器

(引自：陆守道，城乡食品厂工艺与设备，中国轻工业出版社，1992)

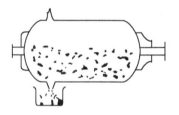

图 7-15　气囊压榨机示意

C. 后发酵。在酒液从发酵池（罐）流出并注入后发酵桶的过程中，空气溶于酒中，酒液中休眠的酵母菌复苏，使发酵作用再度进行，直至将酒液中剩余的糖分发酵完毕。该发酵过程称为后发酵。后发酵的主要目的是将残糖转化为酒精；将发酵原酒中残留的酵母及其他果肉纤维等悬浮物逐渐沉降，使酒逐渐澄清；促使醇酸的酯化，起到陈酿的作用。

后发酵桶（罐）应尽可能在 24h 之内下酒完毕，每桶留有 5～10cm 的空间，盛酒的每只桶用装有发酵栓的桶盖密封。后发酵要将酒液品温控制在 18～25℃，注意隔绝空气。每天测量品温、酒度和残糖 2～3 次，并做好记录。后发酵在 20℃ 左右约需 2～3 周，正常的后发酵需 3～5d，也可持续一个月左右。一般发酵醪的糖分降低到 0.1% 左右，或相对密度下降至 0.993～0.998 时，后发酵基本停止。如原酒中酒精浓度不够，应补充一些糖分。

后发酵结束后,取下发酵栓,用同类酒添满,然后用塞子封严,待酵母菌和渣汁全部下沉后及时换桶,分离沉淀物,以免沉淀物与酒接触时间太长而影响酒质。酒与沉淀物的分离采用虹吸法,用分离出的酒液装满消毒的容器,密封后进行陈酿。沉淀物采用压滤法去除,压滤的酒液用于制取蒸馏酒。若发现酒液表面生长一层灰白色或暗黄色薄膜(生膜或生花),可用同类酒填满容器,使生花溢出。然后进行酒与沉淀的分离。

④ 密闭式发酵。果浆(汁)与酒母注入密闭式发酵桶(罐)至八成满,用装有发酵栓的盖密封后发酵。图7-16是密闭式发酵桶的结构图,桶内装有压板,将皮渣压没于果汁中。

密闭式发酵的进程及管理与开放式发酵相同。其优点是芳香物质不易挥发,密闭式发酵液的酒精浓度比开放式的约高0.5°,游离酒石酸较多,挥发酸较少。不足之处是散热慢,温度易升高,但在气温低或有控温条件下,易于操控。

(6)陈酿 新酿制的葡萄酒口味粗糙,稳定性差,必须在特定的条件下经过一个时期的贮存,在贮存过程中进行换桶、满桶、澄清、冷热处理和过滤等工艺过程,促进了葡萄酒的老熟,使葡萄酒清亮透明,醇和可口,有浓郁纯正的酒香。

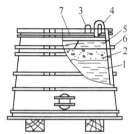

图7-16 密闭式发酵桶
1—葡萄汁;2—葡萄皮渣;
3—桶门;4—倒U管式发酵栓;5—压板;6—支柱;7—桶盖
(引自:陈学平,果蔬产品加工工艺学,中国农业出版社,1995)

葡萄酒的陈酿在能密封容器内进行,要求容器不能与酒起化学反应,无异味。贮酒的容器置于贮酒室或酒窖中,传统酒窖是地下室。随着冷却技术的发展,葡萄酒的贮存向半地下、地上或露天贮存方式发展。不同葡萄酒要求的贮存期和贮存条件不同,具体要求见表7-2。贮酒室要保持卫生;酒桶及时擦抹干净;地面要有一定坡度,便于排水,并随时刷洗;每年要用石灰浆加10%～15%的硫酸铜喷刷墙壁,定期熏硫。

表7-2 不同葡萄酒的贮存时间及其贮酒室的条件表

项 目	干红葡萄酒	干白葡萄酒
时间	6～10月	2～4年
温度	8～11℃	12～15℃
相对湿度	85%～90%	
通风	室内有通风设备,保持室内空气新鲜	

① 换桶、添桶。

a. 换桶。新酿制的葡萄酒在陈酿室内贮存一定时间后,将贮酒桶内的上清酒液转入另一只消毒处理后的空桶或空池内,使酒液和沉淀分离;换桶操作使过量的挥发物质蒸发逸出,溶解适量的新鲜空气,促进发酵作用的完成,对葡萄酒的成熟和稳定起着重要作用;亚硫酸通过换桶操作添加到酒液中,调节酒液中SO_2的含量(100～150mg/L)。换桶方法有虹吸法和泵抽吸法,小的葡萄酒厂通常采用虹吸法换桶,大的葡萄酒厂通常采用泵抽吸法进行换桶。

根据酒质不同确定换桶时间和次数。酒质较差的宜提早换桶,并增加换桶次数。干红葡萄酒换桶时间及其操作见表7-3。

表 7-3　干红葡萄酒贮存过程中的换桶操作

次　数	换桶时间	换桶操作要求
第一次	发酵结束后 8~10d	开放式换桶,使酒与空气接触
第二次	上次换桶后 1~2 月,当年 11~12 月	开放式换桶,使酒与空气接触
第三次	上次换桶后 3 个月,即次年的春季	密闭式换桶,避免酒与空气接触

b. 添桶。由于气温变化、蒸发、CO_2 逸出或酒液溢出等原因,贮酒桶内的酒在贮酒过程中出现酒液不满的现象。贮酒桶内有大量空气,导致酒液出现氧化和好气性杂菌侵染,影响酒质。添桶能预防酒的氧化和败坏。

添桶用的酒最好是同年酿造的、同品种、同质量的原酒,要求酒液澄清、稳定。最后用高度白兰地或精制酒精轻轻添在液面,以防液面杂菌感染。添桶时,在贮酒器上安装玻璃满酒器,以缓冲由于温度等因素的变化引起酒液体积的变化,保证贮酒桶装满,并利于观察,防止酒桶胀坏。

一般在春、秋或冬季进行添桶。在第一次换桶后的一个月内,应每周添桶一次,以后在整个冬季,每两周添桶一次。葡萄酒通常在春季和夏季因热膨胀而溢出,要及时检查,并从桶内抽出少量酒液,以防溢酒。

② 澄清。成品葡萄酒的外观品质应澄清透明。葡萄酒是一种胶体溶液,其中的胶体颗粒有由小变大的趋势,颗粒越大,溶液也就越显浑浊,同时导致葡萄酒不稳定;葡萄酒是复杂的液体,其主要成分是水分子和酒精分子,还含有机酸、金属盐类、单宁、糖、蛋白质等,新酒中还含有悬浮状态的酵母、细菌、凝聚的蛋白质以及单宁物质、黏性物质等,这些都是形成浑浊的原因。葡萄酒在陈酿过程中会发生一系列物理化学和生物化学的变化,多种大分子物质凝聚或盐类析出,使酒体浑浊或产生沉淀。

为了保证葡萄酒具有一定的稳定性,且透明度高,在陈酿期间,将新酿制的葡萄酒采取适当的措施处理,固形物沉淀析出。自然澄清速度慢,时间长。为了加快澄清速度,通常采用下胶澄清或离心处理,除去酒中的大部分悬浮物。

A. 下胶澄清。在酒中添加一种有机或无机的不溶性成分,使它与酒液中的悬浮物质(色素、果胶、酵母、有机酸的钾钠盐)相互作用而沉淀,下沉到容器底部,这种澄清处理方法称为下胶澄清。

a. 下胶材料。下胶的材料分为有机下胶材料与无几下胶材料两大类,常用的有机下胶材料有明胶、蛋清、鱼胶、干酪素、单宁、橡木屑、聚乙烯吡咯烷酮(PVPP)等,常用的无机下脚材料有皂土、硅藻土等。

b. 下胶操作。下胶操作包括下胶试验与下胶分离过程。下胶试验是下胶澄清处理前,根据酒的实际情况选择下胶材料,通过小试确定下胶材料用量。然后进行下胶分离,下胶分离过程是根据小试结果添加下胶材料,下胶处理材料与悬浮物凝聚后沉淀,分离酒脚。下面介绍几种常用的下胶澄清方法。

明胶-单宁法　明胶与单宁作用能形成不溶性的明胶单宁酸盐络合物,而将酒中的细微悬浮物聚积下沉。依据下胶试验确定明胶和单宁的具体添加量。先将单宁溶解在少量葡萄酒中,用倒池的方法,在 0.5h 内加入酒池中,静置 24h,再将明胶用冷水浸泡 12h,倒去冷水,加入一定量清水,在 70~80℃下搅拌溶化,加入酒池中,搅拌均匀。静置约 2~3 周,再除去酒脚。

下胶时,如果明胶用量过多,与单宁用量不相适应,则酒液澄清不好。有时即使酒完全透明,但其中仍存在单宁和蛋白质,若与空气接触,装瓶后会由于温度变化而发生浑浊沉淀。下胶过量的葡萄酒中必须加入适量单宁，将酒中过量的胶沉淀除去；也可加入皂土，这种胶质黏土具有吸附作用，能除去过剩的明胶。

添加鸡蛋清法　每 100 升红葡萄酒添加 2～4 个鸡蛋的蛋清。将分离蛋黄的蛋清搅拌至起泡，然后加入葡萄酒中，搅拌均匀。其澄清作用快，适于红葡萄酒的下胶处理，但处理不当会使酒带异味。静置一定时间，再去除酒脚。

添加干酪素法　先将干酪素溶解于含有少量碳酸钠的热水溶液中，然后加入葡萄酒中，搅拌均匀。静置一定时间，去除酒脚。该法用于除去酒中不稳定的色素物质，主要用于白葡萄酒的澄清。

添加皂土法　皂土的添加分两次进行，在调配前添加 0.03%，调配后，在冷处理时的酒桶中再加 0.01%，同时进行一定时间的连续搅拌，静置一定时间，去除酒脚。一般用于澄清蛋白质浑浊、金属浑浊或微生物感染的葡萄酒。

B. 离心澄清。离心澄清有连续法和间隙法，高速离心机可以将酒中的杂质与微生物在极短的时间内沉淀，而且连续化的高速离心机可自动将沉淀分离。离心法澄清效率高，可有效去除微生物细胞，预防葡萄酒在贮存过程中的败坏。

③ 过滤。

A. 过滤方法的选择。要获得清亮透明的葡萄酒，必须将下胶处理与冷热处理后的葡萄酒过滤，不同阶段采用不同的过滤方法。第一次过滤，在下胶澄清或调配后，采用硅藻土过滤机进行粗滤。第二次过滤，葡萄酒经冷处理后，在低温下利用棉饼过滤机或硅藻土过滤机过滤。第三次过滤，葡萄酒装瓶前，采用纸板过滤或超滤膜精滤。

B. 常用过滤方法。

a. 硅藻土过滤。硅藻土的密度小，是多孔性物质，比表面积大，1g 硅藻土具有 20～25m^2 的表面积；硅藻土的吸附和渗透性强，能滤除 0.1～1.0μm 的粒子，且化学性质稳定。

硅藻土过滤操作包括硅藻土的添加、涂膜和过滤等操作。硅藻土的添加：过滤前，先将一部分硅藻土混入葡萄酒中，根据酒液浑浊程度，每 100 升葡萄酒中加入硅藻土 40～120g，搅拌均匀。涂膜、过滤：用泵使添加硅藻土的酒液在过滤机中循环处理，直至过滤后的酒液清亮，则可进行连续的过滤处理。

b. 滤棉过滤法。滤棉是在精制的木浆纤维中加入 1%～5% 的石棉制成，其孔径在 15～30μm 之间。滤棉过滤的操作包括洗棉、压棉和过滤等操作。洗棉：40 块回收的棉饼补加 0.5～2.0kg 的新棉和 15～30kg 的石棉，用清水漂洗，然后用 80～85℃ 热水杀菌处理。压棉：漂洗后的滤棉及时用压棉机压制成饼状，棉饼的厚度为 4.0～4.5cm。压制好的棉饼置于 0～2℃ 的条件下备用，但存放时间不能超过 24h。过滤：装好棉饼，通入清水洗涤 20～30min，直至排出的水清亮。然后用泵送入酒液，顶出洗涤的残水，约需 5～10min。过滤时要求压力稳定，一罐（池）酒最好一次滤完。

c. 薄板过滤。过滤用薄板是精制木材纤维、石棉和硅藻土压制而成的薄板。纤维的主要作用是包埋石棉和硅藻土，使薄板形成一定的骨架结构，并有一定的强度；石棉具有较强的吸附作用，硅藻土可提高薄板的通透性。配料影响滤板的过滤性能，石棉用量加大，滤板的吸附作用强，过滤能力小；硅藻土的用量较大时，滤板的通透性强，即过滤能力大。所以，精滤板中石棉的比例偏大，粗滤板中石棉的比例偏小。过滤薄板的密度和强度均较大，孔隙可据实际应用而选定，也可以从大到小孔径串联使用，一次过滤，效果较好。板式过滤机可以滤出无菌的酒液。

薄板上沉积过多酒中的微粒，用反冲法清洗。热水逆流而入，然后用 83～96℃ 的蒸汽杀菌，冲洗和杀菌后的滤板应降温至酒液相同的温度，才能用于过滤。

d. 微孔薄膜过滤。微孔薄膜是采用合成纤维、塑料和金属制成的孔径很小的薄膜，常用的材料有醋酸纤维酯、尼龙、聚四氟乙烯等。薄膜厚度仅 130～150μm，孔径 0.5～14μm，薄膜抗酸碱，耐热。

微孔过滤一般用做精滤，选择孔径 0.5μm 以下的薄膜过滤，可有效除去酒中的微生物，滤出无菌酒液，配合无菌灌装，产品可以不进行后杀菌。

④ 冷热处理。葡萄酒在自然条件下的陈酿时间很长，一般 2～3 年以上。酒液经澄清处理后，透明度还不稳定。为了提高稳定性，对葡萄酒进行冷热处理。冷处理主要是加速酒中胶体物质沉淀，促进有机酸盐的结晶沉淀，低温使氧气溶入酒中，加速陈酿；热处理使酒的风味得到改善，有助于酒的稳定性增强，杀灭并除去酵母、细菌与氧化酶等有害物质。冷热交互处理，兼获两种处理的优点，并克服单独使用的弊端。有人认为先热后冷处理效果好，也有人认为先冷后热处理，葡萄酒更接近自然陈酿的风味。

a. 冷处理。酒液通常在 -7～-4℃ 的条件下处理 5～6d 为宜。不同酒冷处理的温度不同，一般冷处理的温度高于葡萄酒冰点 0.5～1.0℃，葡萄酒的冰点与酒度和浸出物有关，一般对酒度 13% 以下的酒，其冰点约为酒精度的一半。若葡萄酒酒度在 12% 时，其冰点为 -6℃，则冷处理的温度应为 -5℃。冷处理要求降温迅速，才会有理想的效果，但不得使酒液结冰，酒液结冰会导致变味。冷处理后，在相同的温度下过滤。

b. 热处理。在密闭容器内将葡萄酒间接加热至 67℃，保持 15min，或 70℃ 下保持 10min。有人认为 50～52℃、25d 的效果最理想；而甜红葡萄酒以 55℃ 最好。

(7) 调配　由于酿制葡萄酒的原料、发酵工艺、贮藏条件和酒龄不同，原酒的色、香、味也有差异。为了使同一品种的酒保持固有的特点，提高酒质或改良酒的缺点，常在酒已成熟而未出厂之前，进行成品调配。要做好葡萄酒的勾兑，首先要将原酒按级分型。通常将原酒分为四类型：①香气好，滋味淡；②香气不足，而滋味醇厚；③残糖高或高糖发酵的酒；④酸度高低不同的酒。根据质量要求选择不同类型的原酒进行勾兑，做到取长补短。成品调配主要包括勾兑和调整两个方面。勾兑是指原酒的选择与适当比例的混合；调整则是指根据产品质量标准对勾兑后的酒的某些成分进行调整。一般选择一种质量接近标准的原酒作基础酒，根据其特点选择一种或几种酒作勾兑酒，按一定比例加入，再进行感官和理化分析，从而确定调整比例。葡萄酒的调配主要有以下指标。

① 酒度：原酒的酒精度若低于产品标准要求，最好用同品种高酒度的酒调配，也可用同品种葡萄蒸馏酒或精制酒精调配。

② 糖分：甜葡萄酒中若糖分不足，用同品种的浓缩果汁为好，亦可用精制砂糖调配。

③ 酸分：酸分不足，可加柠檬酸，1g 柠檬酸相当于 0.935g 酒石酸。酸分过高，可用中性酒石酸钾中和。

调配的各种配料应计算准确，把计算好的原料依次加入调配罐，尽快混合均匀。配酒时先加入酒精，再加入原酒，最后加入糖浆和其他配料，并开动搅拌器使之充分混合，取样检验合格后再经半年左右贮存。

(8) 包装、杀菌

① 包装。葡萄酒常用玻璃瓶包装，空瓶先用 2%～4% 的碱液浸泡，然后在 30～50℃ 的温度下浸洗去污，再用清水冲洗，最后用 2% 的亚硫酸液冲洗消毒。优质葡萄酒均用软木塞封口。要求木塞表面光滑，弹性好，大小与瓶口吻合。

② 杀菌。酒度在 16% 以上、糖度又不太高（如 8%～16%）的葡萄酒，一般不必加热

杀菌；葡萄酒酒度低于16%，装瓶后进行巴氏杀菌。灌装封口后的葡萄酒在60~75℃下杀菌处理10~15min。杀菌温度用下式估算。不论酒度高低，采用无菌过滤、且无菌灌装与封口或巴氏杀菌后趁热灌装的葡萄酒，均可不必后杀菌。

$$T = 75 - 1.5d$$

式中　T——杀菌温度（℃）；
　　　d——葡萄酒的酒度。

杀菌装瓶（或装瓶杀菌）后的葡萄酒，再经过一次光检，合格品即可贴标签、装箱、入库。软木塞封口的酒瓶应倒置或卧放。

三、白葡萄酒的加工

1. 工艺流程

白葡萄酒的加工与红葡萄酒相比，主要区别在原料的选择、果汁的分离及其处理、发酵与贮存条件等方面。白葡萄酒用澄清的葡萄汁发酵，其加工工艺流程见图7-17。

2. 操作要点

（1）原料的选择与处理

生产白葡萄酒选用白葡萄或红皮白肉的葡萄，常用的品种有龙眼、雷司令、贵人香、白羽、李将军等。

（2）破碎与压榨取汁　酿制白葡萄酒的原料破碎方法与红葡萄酒的操作差异不大，酿造红葡萄酒的葡萄破碎后，尽快地除去葡萄果梗；白葡萄酒的原料破碎时不除梗，破碎后立即压榨，利用果梗作助滤剂，提高压榨效果。白葡萄酒是葡萄压榨取汁后进行发酵，而红葡萄酒是发酵后压榨。

现代葡萄酒厂在酿制白葡萄酒时，用果汁分离机分离果汁，即将葡萄除梗破碎，果浆流入果汁分离机进行果汁分离。红皮白肉的葡萄酿制白葡萄酒时，只取自流汁酿制白葡萄酒。

由于压榨力和出汁率不同，所得果汁质量也不同。通常情况下，出汁率小于60%时，总糖、总酸、浸出物变化不大；出汁率大于70%时，总糖、总酸大幅度下降，酿成的白葡萄酒口感较粗糙，苦涩味过重。因此在酿制优质白葡萄酒时，应注意控制出汁率，采用分级取汁法。下面介绍几种常用的果汁分离方法。

① 螺旋压榨机分离果汁。螺旋压榨机的结构见图7-14。采用螺旋压榨机分离果汁，实现连续进料、出料，生产效率高；破碎与榨汁一次完成，可调控出汁率。适用于大型葡萄酒酿造企业。

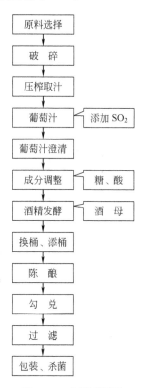

图7-17　白葡萄酒的加工工艺流程

② 气囊式压榨机分离果汁。气囊式压榨机分离果汁的结构示意图见图7-15。用气囊缓慢加压，压力分布均匀，可获得最佳质量的果汁；根据果浆情况，可自控压力，出汁率的选择性强。

③ 果汁分离机分离果汁。果汁分离机的结构见图7-18。将葡萄破碎去梗（或不去梗）后，将果浆直接输入果汁分离机进行果汁分离。采用果汁分离机分离果汁的优点与螺旋压榨机分离果汁的优点相同。

④ 压板式压榨机分离果汁。压板式压榨机有双压板式压榨机和单压板式压榨机，双压板式压榨机的结构见图 7-13。将葡萄直接输送（或经破碎）至压榨机进行压榨取汁。采用板式压榨机分离果汁，机械化强度高，有自控装置，压榨的次数及压力均可自控调节；效率高，自动化程度高，适用于大量生产。

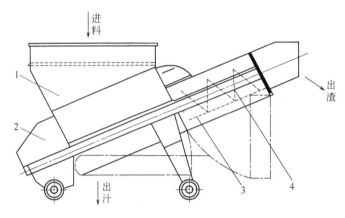

图 7-18　果汁分离机结构示意
1—机身；2—电机；3—筛网；4—螺旋送料器
（引自：顾国贤，酿造酒工艺学，中国轻工业出版社，1996）

（3）葡萄汁的澄清　葡萄汁澄清的方法有 SO_2 澄清法、果胶酶法、添加皂土法与离心法。

① SO_2 澄清法。酿制白葡萄酒的葡萄汁在发酵前添加 SO_2，不仅具有杀菌、澄清、抗氧化、增酸、还原等作用，促进色素和单宁溶出，使酒风味变好。同时还有澄清果汁的作用。SO_2 的添加量见表 7-1，添加方法与酿制红葡萄酒时 SO_2 的添加相似。但酿制白葡萄酒的葡萄汁在发酵前添加 SO_2，使葡萄汁在低温下加入 SO_2，澄清效果更好。将葡萄汁温度降至 15℃，静置 16~24h，用虹吸法吸取清汁，或从澄清罐的高位阀放出清汁。

② 果胶酶法。使用果胶酶澄清应按葡萄汁的浑浊程度及果胶酶的活力决定其添加量，而且澄清效果受温度、葡萄汁的 pH 等的影响，所以，使用前应通过小试确定最佳用量。一般果胶酶用量为 0.5%~0.8%。先将果胶酶粉剂用 40~50℃ 的水稀释均匀，放置 2~4h 后，加入葡萄汁中，搅匀并静置，使果汁中的悬浮物沉于容器底部，取上层清汁。

③ 添加皂土法。皂土是一种利用天然黏土加工而成的胶体铝硅酸盐。根据皂土的成分及其特性差异、葡萄汁的浑浊程度、葡萄汁的成分等确定皂土的添加量。所以，应提前进行小试，确定最佳用量。一般皂土的用量为 1.5g/L。将皂土与 10~15 倍的水混合，皂土吸胀 12h，再加部分温水，并搅拌均匀，然后将皂土与水的混合浆液与 4~5 倍的葡萄汁混合，再与全部的葡萄汁混合，并用酒循环泵循环处理 1h，使其混合均匀。静置澄清，分离清汁。皂土与明胶配合使用，澄清效果更佳。

④ 离心法。将果汁用高速离心机处理，可有效地将果汁中的悬浮物去除。离心处理前，将果汁用果胶酶处理或添加皂土，澄清效果更好。

（4）成分调整与发酵　葡萄汁的成分调整同红葡萄酒加工。酿制干红葡萄酒时，葡萄汁的成分调整在主发酵后进行调整；酿制干白葡萄酒时，葡萄汁的成分在发酵前进行。

白葡萄酒发酵是在澄清的葡萄汁中接入 5%~10% 的人工培养的优良酵母，然后在密闭式容器中低温发酵。葡萄汁一般缺乏单宁，在发酵前常按 100L 果汁添加 4~5g 单宁，有助于提高酒质。酒母的活化和扩大培养与加工红葡萄酒时酒母的活化及其培养相同。主发酵温度 16~22℃，发酵时间为 15d。残糖降至 5g/L，主发酵结束。后发酵的温度不超过 15℃，发酵期为一个月左右。残糖降至 2g/L，后发酵结束。苹果酸-乳酸发酵会影响大多数白葡萄酒的清新感，所以，在白葡萄酒的后发酵期，一般要抑制苹果酸-乳酸发酵。

白葡萄酒发酵温度控制在 28℃ 以下，否则会影响白葡萄酒的品质。为了达到发酵液降温的要求，通常采用以下几种方法。

① 发酵前降温。葡萄在夜间采摘、避免太阳直晒采摘后的葡萄或采摘的葡萄摊放散热，减少原料的热量带到果汁中，降低果汁的温度；也可对压榨后的葡萄汁进行冷却，使之温度降到 15℃ 后，再放入发酵桶（池、缸）中。

② 采用小型容器发酵。用 200~1000L 的木桶进行发酵，易于散热，若葡萄汁入桶温度在 15℃ 左右，则发酵时最高温度不会超出 28℃。

③ 发酵室降温。可在白天密闭门窗，不使外界高温空气进入室内；晚间开启门窗换入较冷的空气，或用送风机送入冷风，有时根据需要也可用冷冻设备送入冷风。

④ 利用热交换器控制发酵醪的温度。采用发酵池发酵，在池内装设冷却管；如在木桶内发酵，可将发酵液打入板式热交换器，以循环的方法进行冷却。

控制相对较低的温度进行酒精发酵，不容易被有害微生物侵染；挥发性的芳香物质保存较好，酿成的酒具有水果的酯香味，并有一种新鲜感；减少酒精损失，同时酒石酸沉淀较快、较完全，酿成的葡萄酒澄清度高。

（5）换桶、添桶、陈酿　白葡萄酒换桶、添桶、陈酿处理同红葡萄酒，只是个别工艺过程的条件或操作方法有差异。白葡萄酒发酵结束后，应迅速降温至 10~20℃，静置 1 周，采用换桶操作除去酒脚。一般干白葡萄酒的酒窖温度为 8~11℃，相对湿度为 85%，贮存环境的空气要求清新。干白葡萄酒的换桶操作必须采用密闭的方式，以防氧化，保持酒的原有果香。

四、桃红葡萄酒的加工

桃红葡萄酒生产的方法有四种，即桃红葡萄带皮发酵法、红葡萄与白葡萄混合发酵法、冷浸法和二氧化碳浸出法。最常用的是前两种。利用桃红葡萄或白葡萄与红葡萄加工桃红葡萄酒的工艺流程相同，只是原料不同，各工艺过程的操作与红葡萄酒的加工相似。

第四节　其他发酵果酒的酿造技术

利用不同水果酿制的果酒口味不同，风味各异的水果酒在中国已有悠久历史。不同原料酿制的果酒具有不同的营养成分，部分果酒具有某些特定疗效。随着经济的发展，生活水平的提高，开发和利用各种资源酿制不同的果酒，可以满足不同品位、不同嗜好消费者的需求，此外，还可作为鸡尾酒的调配酒基。

一、苹果酒的加工

苹果品质优良、风味好，甜酸适口，营养价值比较高。苹果果实含糖一般在 5%~8%，主要为葡萄糖、果糖和蔗糖。苹果的总酸含量一般在 0.4% 左右，主要是苹果酸，其次是柠檬酸，苹果中的总酸随果实的成熟而减少。苹果中还含有一定量的氨基酸、无机盐和维生素。苹果的含水量为 84% 左右。

1. 工艺流程

苹果酒的加工工艺在许多方面与葡萄酒相似，其生产工艺流程见图 7-19。

2. 操作要点

(1) 原料的选择与清洗　选择香味浓，肉质紧密，成熟度高，含糖多的苹果。早熟品种不宜酿酒，而中晚熟品种适于酿酒。以国光苹果、青香蕉苹果和富士等品种为佳。采收的苹果摘除果柄，清除叶子与杂草。用不锈钢刀切除病斑、烂点。苹果的香气多集中在果皮上，果汁集中在苹果果实的内层肉，而小果实的比表面积大于大果实的比表面积，因此，果型小的苹果酿制的果酒香味浓郁。

用清水将苹果冲洗干净、沥干。农药残留较高的苹果，先用1%的稀盐酸浸泡，然后再用清水冲洗。

(2) 破碎　用不锈钢制成的破碎机将苹果破碎成0.2cm左右的碎块，果实破碎要尽可能的碎，以提高出汁率。但不可将果籽压碎，否则果酒会产生苦味。

(3) 榨汁、澄清

① 榨汁。破碎后的果实立即送入压榨机压榨取汁。榨汁前加入果浆重20%～30%（体积分数）的水，加热至70℃，保温20min，趁热榨汁。加热处理可以防止果汁的酶促褐变，提高榨汁率。

② 澄清。在榨取的果汁中加入0.3%（体积分数）的果胶酶，45℃保温5～6h，进行果汁澄清，过滤澄清后的果汁，去除沉渣。也可采用添加SO_2法、添加皂土法或离心处理，具体操作同加工白葡萄酒时的葡萄汁澄清。压榨后的果渣可经过发酵和蒸馏生产蒸馏果酒，蒸馏果酒用于调整酒度。

(4) 添加SO_2　澄清的果汁必须添加SO_2，抑制杂菌生长。通常添加亚硫酸溶液或亚硫酸盐，使果汁中SO_2浓度达到80～150mg/L。

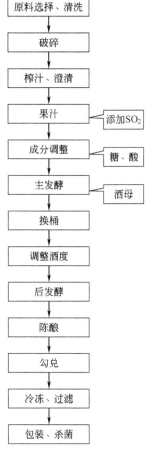

图7-19　苹果酒的加工工艺流程

(5) 成分调整

① 糖的调整。苹果的含糖为5%～9%（主要为葡萄糖、果糖和蔗糖），苹果酒的酒度为10～18°，1.7g/100ml的糖转化为1°的酒，要使发酵醪中的酒精含量达到10～18°，则要求苹果汁的含糖量为17%～30.6%，所以，苹果汁的含量糖不能满足发酵的要求，因此，要求发酵前对果汁进行调整。一般通过加糖补充糖，白砂糖在主发酵阶段分次加入。

② 酸的调整。苹果中的总酸含量一般在0.4%左右，主要是苹果酸，其次是柠檬酸。要求苹果汁发酵前的有机酸含量为0.8～1.0g/100ml，pH为3～3.5。有机酸含量与苹果的种类及其成熟度有关，不同批次的苹果汁的含酸量不同，因此，发酵前要求对果汁的酸度进行适当的调整。含酸量不足的果汁要补加有机酸，通常用柠檬酸或酒石酸调整苹果汁的酸度。酸度调整之前，首先测定苹果汁的酸度，按十字相乘法计算柠檬酸或酒石酸的添加量，添加方法同葡萄汁的成分调整。

(6) 主发酵

① 酵母。酵母的来源有附着在果实上的酵母，有经人工驯化的纯种酵母，有工业化生产的活性干酵母。根据实际选择适合苹果汁发酵的优良酵母。常用的有葡萄酒酵母、巴氏酵母等。

② 酒精发酵。在注入苹果汁前，将发酵桶或缸清洗、消毒，通常采用熏硫处理对发酵

容器消毒，清洗和消毒操作同葡萄酒发酵容器的清洗和消毒。澄清后的果汁注入清洗和消毒后的发酵桶或缸内，苹果汁的量为发酵容器容积的 4/5。苹果酒的发酵可采用自然发酵和人工发酵两种方法。

苹果表面附着有酵母菌，酵母菌随苹果的破碎与榨汁处理进入苹果汁中，在苹果汁中加入 SO_2，并控制发酵条件，促进酵母菌的生长繁殖，抑制其他微生物的活动，使苹果汁中的可发酵性糖转化为酒精，这种利用苹果表面附着的酵母菌进行发酵的方法称为自然发酵。采用自然发酵的发酵醪中杂菌较多，发酵条件控制不当，易于导致发酵失败。所以，通常接入人工酵母发酵，常用的人工酒母有纯种的试管酵母菌和活性干酵母。若采用活性干酵母发酵，要求活化并扩大培养后接入。活性干酵母的活化与扩大培养的工艺流程同葡萄酒活性干酵母活化与扩大培养（见图 7-6 和图 7-7），活化与扩大培养的条件根据酒母的特性确定。若用斜面试管酵母发酵，要求扩大培养。扩大培养的方法同葡萄酒酵母大的扩大培养，即活化后的酒母依次进行试管液体培养、三角瓶培养、卡氏罐培养和酒母罐培养，各级扩大培养的培养基为苹果汁，培养基灭菌处理参照葡萄酒酵母的扩大培养，培养条件根据酒母的特性确定。

采用人工发酵时，在苹果汁中接入 3%～5%的酒母，搅拌均匀。发酵温度控制在 20～28℃，发酵期为 3～12d。如果采用 16～20℃低温发酵，发酵期为 15～20d。根据酒母的活力与发酵温度确定发酵时间，如果发酵温度高，酵母生长和发酵活力强，发酵期就短。残糖在 0.5%以下，表明主发酵结束。采用低温发酵，产品口味柔和纯正，果香浓，酒香协调。发酵醪的温度控制方法同白葡萄酒的发酵，即发酵前降温、采用小型容器发酵、发酵室降温或利用热交换器控制发酵醪温度。

(7) 换桶　新酿制的苹果酒在陈酿室内贮存一定时间后，将贮酒桶内的上清酒液转入另一消毒处理后的空桶或空池内，使酒液和沉淀分离。酒脚与发酵果渣一起蒸馏，获得蒸馏果酒。亚硫酸通过换桶操作添加到酒液中。换桶操作的方式有虹吸法和泵抽吸法，小型酒厂通常采用虹吸法换桶，大型酒厂通常采用泵抽吸法。

(8) 酒度调整　在酒度调整前，要求测定发酵醪的酒精含量，根据成品酒的酒精含量要求计算酒精或蒸馏果酒的添加量。利用苹果自身的糖只能酿制出 9°以下的酒，而普通果酒要求酒度含量达 14°～16°。因此，苹果汁主发酵结束后，酒精含量不足，应添加蒸馏果酒或食用酒精提高酒精度至 14°～16°。

主发酵醪中的酒精含量与发酵前果汁调整后的糖含量有关。苹果汁成分调整时，按成品苹果酒的酒精含量要求计算和添加白砂糖，则主发酵后发酵醪中的酒精含量基本能够达到成品酒的要求。所以，根据测定结果只需添加少量蒸馏果酒或食用酒精。若成分调整时的糖加入不足，主发酵后发酵醪中的酒精含量少，则需要添加较多的蒸馏果酒或食用酒精。

(9) 后发酵　将酒桶密闭后移入酒窖。在 15～28℃下进行 1 个月左右的后发酵。后发酵结束后换桶，再添加 SO_2，使新酒中 SO_2 含硫量达到 0.01%，同时调整酒度至 16～18°。

(10) 陈酿　陈酿是将新酒注入经清洗并杀菌后的贮酒桶内，在陈酿室存放。陈酿室的温度为 18℃左右，陈酿时间为 1～2 年。为了提高陈酿效果、改善酒质，要求陈酿期间换桶、添桶、澄清、冷冻处理和过滤。

酒在陈酿过程中发生一系列复杂的变化，例如有害物质的挥发，苹果酸-乳酸发酵，醇与有机酸的酯化反应等。此外，新酒中的不稳定胶体颗粒凝聚和不溶性盐析出。陈酿使酒质澄清，风味醇厚。

① 换桶、添桶。新酿制的苹果酒，每年换桶 3 次。当年的 12 月进行第一次换桶，来年

的4~5月或9~10月进行第二次或第三次换桶。一年以上的陈酒,每年换桶一次。换桶的方式采用虹吸法或泵抽吸法。前两次采取开放式换桶,之后采取密闭式换桶。

由于气温变化、蒸发、CO_2逸出或酒液溢出等原因,贮酒桶内的酒在贮酒过程中出现酒液不满,使贮酒桶内有大量空气,导致酒液出现氧化和好气性杂菌侵染,影响酒质。添桶能预防酒的氧化和败坏。因此,陈酿过程中要及时检查,发现酒桶不满,用同品种、同质量的原酒填满。

果酒通常在春季和夏季因热膨胀而溢出,要及时检查,并从桶内抽出少量酒液,以防溢酒。在贮酒桶上安装满酒器,便于添酒和检查,并缓冲由于温度等因素的变化引起酒液体积的变化,保证酒桶满装和利于观察,防止酒桶胀坏。

② 澄清、过滤。为了保证果酒的生物稳定性和非生物稳定性,在陈酿期间,将新酿制的苹果酒进行澄清与过滤处理,澄清与过滤的方法同葡萄酒的澄清、过滤。

(11) 勾兑、冷冻处理与过滤 成熟的苹果酒在装瓶之前进行酸度、糖和酒精度的调配,使酸度、糖度和酒精度均达到成品酒的要求。

为了提高酒的透明度和稳定性,将勾兑后的苹果酒采用人工(或天然)冷冻处理,使酒在-10℃左右存放7d,然后在略高于冻结点的温度下过滤,过滤的方法同葡萄酒的过滤。如果酒的透明度和稳定性还不够理想,灌装之前再重复进行冷冻与过滤。过滤后的苹果酒清亮透明,带有苹果特有的香气和发酵酒香,色泽浅黄。

(12) 灌装、灭菌 果酒常用玻璃瓶包装,空瓶用2%~4%的碱液浸泡,然后在30~50℃的温度下浸洗去污,再用清水冲洗,最后用2%的亚硫酸液冲洗消毒。优质果酒均用软木塞封口。要求木塞表面光滑,弹性好,大小与瓶口吻合。

如果苹果酒的酒精度在16°以上,则不需灭菌;如果酒精度低于16°,装瓶后必须灭菌。灭菌方法与葡萄酒相同。不论酒度高低,采用无菌过滤、无菌灌装与封口或巴氏杀菌后趁热无菌灌装的葡萄酒,亦可不必后杀菌。

杀菌装瓶(或装瓶杀菌)后的葡萄酒,再经过一次光检,合格品即可贴标签、装箱、入库。

二、猕猴桃酒的加工

猕猴桃营养很丰富,成熟果实含糖8%~17%,主要是葡萄糖、果糖和蔗糖。总酸含量(以柠檬酸计)为1.4~2.0g/100ml,主要是柠檬酸和苹果酸,含有极少量的酒石酸。猕猴桃有"维生素C之王"的美称,维生素C含量为100~420mg/100g。果实中蛋白质含量为1.6%左右,水分含量为82%~85%,无机盐含量为0.7%。

1. 工艺流程

猕猴桃酒的生产工艺有两种,即带皮发酵与澄清果汁发酵,且分别与红葡萄酒和白葡萄酒的生产工艺相似。猕猴桃酒的生产工艺在许多方面与葡萄酒相似,其生产工艺流程如图7-20所示。

2. 操作要点

(1) 原料采收、分选与清洗 采摘果肉翠绿、九成熟的猕猴桃果实。将采收的果实按成熟度和硬度分级,同时剔除霉烂果实与杂物。一般将猕猴桃果实分为两个等级,即成熟度差、果肉硬的果实和成熟度高、果肉较软或即将变软的果实,将成熟度差的猕猴桃果实在冷库内贮存。将成熟度高的猕猴桃用清水洗涤,除去表面绒毛、污物等,沥干,常温存放,2~3d变软后即可用于破碎压榨。若果实软化太慢,可以采用人工催熟。

(2) 破碎榨汁 猕猴桃中含有较多的果胶,因此它的果汁黏度大,榨汁困难,出汁率一

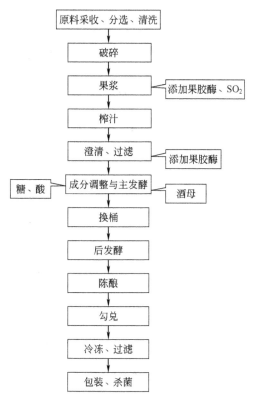

图 7-20 猕猴桃酒的加工工艺流程

般为 50%～70%。为了提高出汁率，先把猕猴桃破碎，在果浆中加入 10～100mg/kg 的果胶酶和 50mg/kg 的 SO_2，搅拌均匀，静置 2～4h 后榨汁。添加果胶酶的目的是水解果胶物质，降低果汁的黏度，有利于果汁和酒的澄清，缩短果汁与空气接触的时间，减少维生素 C 的损失。

(3) 澄清、过滤　榨出的猕猴桃果汁黏果胶含量较高，果汁黏度较大，为了加快澄清速度，改善果汁的透明度，通常采用酶法澄清。在果汁中再加入 10～20mg/kg 的果胶酶，30mg/kg 的 SO_2，加温到 45℃，静置澄清 4h 以上，使果胶充分水解。经果胶酶处理的果汁用硅藻土过滤机过滤或离心处理，使果汁清亮透明。

(4) 成分调整与主发酵

① 酸的调整。测定澄清猕猴桃汁的酸含量，要求猕猴桃汁发酵前的有机酸含量为 0.8～1.0g/100ml（以柠檬酸或酒石酸计），pH 为 3～3.5。若果汁中的酸含量不足，则按要求补加柠檬酸或酒石酸。同时添加适量的 SO_2，使果汁中的 SO_2 含量为 80～150mg/L。

② 糖的调整。测定澄清猕猴桃汁的糖含量按成品质量要求的酒精度计算糖的添加量。糖在主发酵阶段分次加入，将添加的糖用正在发酵的醪液溶解，然后倒入发酵桶内，搅拌均匀。

③ 主发酵。果汁的发酵方法有自然发酵法和人工发酵法，常用的是人工发酵法，具体方法同苹果酒的加工。残糖在 0.5% 以下，表明主发酵结束。

采用如同苹果酒加工的低温发酵，果酒的色泽与风味更佳，维生素 C 的损失率少。如果将人工酵母与从猕猴桃果皮中分离出的野生酵母进行混合低温发酵，原酒的果香味会有明显提高。

(5) 后发酵　主发酵结束后，采用虹吸法或泵抽吸法进行换桶，将酒桶密闭后移入酒窖。在 15～20℃ 的条件下后发酵 30～50d。分离的酒脚经蒸馏得蒸馏酒，用于调整酒度。

(6) 陈酿 新酿制的猕猴桃酒需陈酿 1～2 年，陈酿过程中需换桶、添桶、澄清、过滤。陈酿条件及其操作同葡萄酒的加工。

(7) 勾兑、冷冻处理及过滤 澄清过滤后，测定酒的成分，根据果酒的质量要求和口感调整酒的酒度、酸度和含糖量，使产品达到质量标准，并能满足人们的口味要求。成分调整后，为了进一步提高酒的透明度和稳定性，采取冷冻处理和过滤，冷冻处理的方法与苹果酒的冷冻处理相同。

(8) 灌装与杀菌 猕猴桃酒的灌装与杀菌方法同苹果酒的灌装与杀菌。猕猴桃酒采用无菌过滤与无菌灌装，减少了产品的热处理，更有利于维生素 C 的保存。

三、柑橘酒的加工

根据加工工艺的不同，柑橘果酒大致可分为发酵酒、配制酒和蒸馏酒三类。其中发酵酒是果汁经过酒精发酵加工而成的果酒。其营养丰富、风味独特，深受消费者喜爱。下面主要介绍发酵柑橘果酒的加工技术。

1. 工艺流程

发酵柑橘酒的加工与其他发酵果酒的加工相似，其工艺流程见图 7-21。

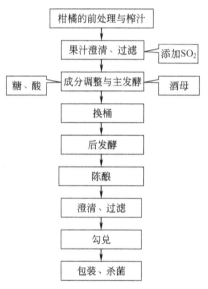

图 7-21 柑橘酒的加工工艺流程

2. 操作要点

(1) 柑橘的前处理与榨汁 采收的柑橘摘除果柄，选出有病斑、烂点和霉斑的果实，清除叶子与杂草。去除果皮，用果实破碎机破碎后榨汁，也可用榨汁机将去皮的果实直接榨汁，在破碎与榨汁时，避免破碎种子。

(2) 果汁的澄清、过滤与添加 SO_2 柑橘果汁采用果胶酶法澄清。在原汁中添加 2% 的果胶酶和 80～150mg/L 的 SO_2，搅拌均匀，在 45℃ 下静置 5～7h，过滤。

(3) 成分调整与主发酵

① 成分调整。不同品种柑橘加工的柑橘汁其糖与酸含量差别较大，发酵前需测定果汁的糖和酸含量，然后根据工艺要求计算糖或酸的添加量。添加柠檬酸将果汁酸度调整为 0.55%～1.0%，如果果汁酸度太高，可用中性酒石酸钾中和。糖在主发酵过程中分次添加，添加方法同苹果酒的成分调整。

② 主发酵。发酵在发酵坛、发酵池或用不锈钢制成的发酵罐内进行。通常采用人工酵母发酵，按发酵液质量的2%接种酵母菌液，搅拌均匀。发酵温度控制在28~30℃，发酵期为3~6d。糖分减少到1%以下，主发酵即将结束。采用低温发酵，产品的色泽和风味更佳。

（4）换桶、后发酵　主发酵结束后，采用虹吸法或发酵坛放酒阀自流得到原酒，即自流酒，压榨过滤法分离酒脚。分离的清酒填满酒桶，密封加盖，在20℃下进行后发酵，2~3周进行第二次换桶。

（5）陈酿　发酵结束后的酒注满贮酒桶，加盖密封，置于陈酿室，在温度为12~15℃、相对湿度为85%的条件下放置2~6个月。陈酿结束后，再换桶，分离酒脚。通过陈酿，果酒变得清亮透明，醇和可口，酒香浓郁。

（6）澄清、过滤　陈酿结束后，果酒中仍有一些悬浮微粒，为了提高果酒的澄清度和品质，常用过滤机过滤或离心处理。

（7）勾兑　柑橘果酒的勾兑主要是调配酒精度、酸度、糖含量以及色泽与香味。用柑橘的蒸馏果酒或食用酒精调整酒度。用柠檬酸调整酸度，酸度太高，用中性酒石酸钾中和。用浓缩果汁或糖浆调整糖含量，用食用色素进行色泽调整，用同类果汁的天然香精调香。通过调整，使产品达到标准质量要求。

（8）灌装杀菌　柑橘果酒的灌装与杀菌处理同苹果酒的灌装杀菌。

第五节　发酵果酒酿造常见质量问题及解决途径

由于酿制过程中环境设备消毒不严，原材料不合规格，以及操作管理不当等均可引起果酒发生各种病害。引起果酒病害的原因主要是由于微生物的原因，也有化学方面的原因。果酒的病害影响果酒质量，导致常见的果酒质量问题有生膜、变味、变色和浑浊等现象。

一、生膜

1. 生膜的原因及其对酒质的影响

生膜又称生花，是果酒表面生长一层灰白色或暗黄色、光滑而又薄的膜，随后逐渐增厚、变硬，膜的表面起皱纹，此膜将酒面全部盖满。振动使膜破碎成小块（颗粒），使酒浑浊，且酒呈现不愉快气味。

生膜是由于酒花菌类繁殖形成的。它们的种类很多，主要是膜醭酵母菌。该菌在酒度低、空气充足、24~26℃时最适宜繁殖，当温度低于4℃或高于34℃时停止繁殖。

2. 防治方法

①防止酒液表面与空气过多接触；②贮酒容器应经常添满，密闭贮存；③在酒面上加一层液体石蜡隔绝空气；④在酒液表面上层经常充满一层二氧化碳或二氧化硫气体；⑤在酒液表面上层经常保持一层高浓度酒精；⑥要保持周围环境及容器内外的清洁卫生。若已发生生膜，则需用漏斗插入酒中，加入同类酒，充满贮酒容器，使酒花溢出而除之，不可将酒花冲散。生膜严重时，采用过滤法除去酒花后继续保存。

二、果酒的变味

1. 变味的原因及其对酒质的影响

常见的果酒变味有酸味、霉味、苦味、硫化氢味和乙硫醇味，产生的原因可能是微生物引起的变味，也可能是其他原因，其中酸味、霉味、硫化氢味和乙硫醇味是微生物引起的变味。苦味多由种子或果梗中的糖苷物质的浸出而引起，有些微生物的侵染也可使果酒呈苦味。

(1) 变酸的原因及其对酒质的影响　果酒变酸主要是由于醋酸菌发酵引起的。醋酸菌将酒精氧化成醋酸，使果酒具有刺舌感。若醋酸含量超过 0.2%，就会感觉有明显的刺舌，不宜饮用。有时醋酸菌繁殖时，在酒液表面生出一层淡灰色薄膜，最初是透明的，以后逐渐变暗，有时变成一种玫瑰色薄膜，出现皱纹，并沿器壁生长而高出酒的液面。影响果酒的外观质量。此外，由乳酸杆菌污染也可导致果酒变酸，且酒中出现丝状浑浊，酒桶底部产生沉淀，有轻微气体产生，具有酸白菜或酸牛奶味。

(2) 霉味的产生及其对酒质的影响　使用长霉的盛器或清洗除霉不严器具以及霉烂的原料未能除尽等都会使酒产生霉味。

(3) 苦味的产生及其对酒质的影响　苦味多由种子或果梗中的糖苷物质的浸出而引起，有些病菌（如苦味杆菌）的侵染也可使果酒产生苦味，常在陈酿的红葡萄酒中发生。

(4) 硫化氢味和乙硫醇味的产生及其对酒质的影响　酒中的固体硫被酵母菌还原为硫化氢和乙硫醇，硫化氢和乙硫醇使酒呈臭皮蛋味或大蒜味。

2. 防治方法

(1) 防治果酒变酸的方法　防治果酒变酸的方法与防治果酒生膜的方法相同。对已感染醋酸菌的果酒，只能采取加热灭菌，即在 72~80℃保持 20min。对于贮存微生物引起变味果酒的容器要用碱水洗泡，刷洗干净，用硫黄杀菌后方可使用。

(2) 防治果酒产生霉味、硫化氢味和乙硫醇味的方法　对于生霉的盛器，应彻底清洗除霉；尽可能去除所有霉烂的原料。用活性炭处理有霉味的果酒，可减轻或去除其中的霉味。硫处理时切勿将固体硫混入果汁中，利用加入过氧化氢等方法可有效预防和去除硫化氢味和乙硫醇味。

(3) 防治果酒产生苦味的方法　果酒变苦的途径不同，防治方法也不同。因葡萄种子或果梗中的糖苷物质的浸出而引起的果酒变苦，可通过加糖苷酶分解之，或提高酸度使其结晶，然后过滤除之。因微生物侵染引起的果酒变苦，换桶时防止果酒与空气接触，并及时采用二氧化硫杀菌，或进行加热杀菌，杀菌后的苦味果酒经分离沉淀处理、纯种酵母培养或新鲜葡萄皮渣浸渍等处理，可有效去除酒中的苦味。分离沉淀法：杀菌处理后的果酒依次进行下胶处理、加入新鲜酒脚（3%~5%）、分离沉淀等处理，可有效减轻或去除苦味。纯种酵母培养：将一部分新鲜酒脚同 1kg 的酒石酸、溶化的砂糖 10kg 混合后加入到 1000L 杀菌后的苦味酒中，同时接入纯种培养的酵母菌发酵。发酵完毕，再在隔绝空气下过滤。新鲜葡萄皮渣浸渍：将苦味酒与新鲜葡萄皮渣浸渍 1~2d，也可获得较好的去苦效果。

三、变色

引起果酒变色的因素很多，果酒中含有一定量的某些矿物质元素导致果酒变色，酶促褐变导致果酒变色，微生物的作用亦可导致果酒变色。

1. 矿物质元素引起的变色及其防治

由于土壤、肥料的原因，使能够引起果酒变色的矿物质元素在原料中富积，然后进入果酒，生产设备及容器所含金属元素也可能溶解到酒中。其中铁或铜及其磷酸盐引起的果酒变色最常见。

(1) 铁元素引起的变色及其防治　果酒中铁的含量超过 10mg/L，在有氧条件下，会生成蓝色不溶性化合物，使酒产生蓝色浑浊，称为蓝色破败病或铁破败病。铁与磷酸盐化合则会生成白色沉淀，称为白色败坏。

根据铁破败病产生的原因采取相应的防治措施。生产果酒时，尽可能避免使用铁器，防止设备或容器中的铁溶解到酒中；如果果酒中的铁是通过原料富积进入酒中，可在发酵前的果汁中添加明矾、单宁，生成不溶性含铁化合物，滤除沉淀物。此外，防止酒过分接触空气，并保持一定的二氧化硫含量，可预防铁破败病。对已产生铁破败病的酒，可采取添加明矾、单宁法；也可采用下胶的方法将不溶性含铁化合物除去。

（2）铜元素引起的变色及其防治　铜元素进入果酒中的途径与铁元素进入果酒的途径相同。铜进入酒液中，生成蓝绿色的含铜化合物，并出现沉淀，这种现象称为铜破败病。通过防止铜浸入酒中来预防此病，浸入酒中的铜可用硫化钠去除。

2. 氧化酶引起的变色及其防治

在果酒生产过程中，果汁或果酒与空气接触过多时，过氧化物酶在有氧的条件下将酚类化合物氧化，形成褐色或棕色物质，称为褐色败坏。预防措施：做好果品分选工作，去除霉烂果实；果汁中添加一定量的SO_2、维生素C或单宁等抗氧化剂；将果汁热处理破坏酶的活性。

3. 微生物引起的变色及其防治

果酒中侵染了丙酸菌，经丙酮酸发酵形成丙酸和醋酸，使白色的酒变成淡蓝色，红色酒则变为黄褐色。酒液浑浊，失去芳香滋味，出现苦涩味。提高酒的酸度可以防止丙酮酸发酵。

四、浑浊

果酒浑浊产生的原因包括生物因素和非生物因素。生物因素：果酒在发酵完成之后，以及澄清后分离不及时，由于酵母菌体的自溶或被腐败性细菌分解而产生浑浊；由于再发酵或醋酸菌等的繁殖而引起浑浊。非生物因素：有机酸盐的结晶析出，色素单宁物质析出，以及蛋白质沉淀等导致酒液浑浊；下胶不适当引起的浑浊。

非生物因素导致的浑浊以及酵母菌体的自溶或被腐败性细菌所分解而产生浑浊，可采用下胶过滤法除去。由于再发酵或醋酸菌等的繁殖而引起浑浊，需先巴氏杀菌，再下胶处理。

第六节　果醋的加工

以果实、果渣或果酒为原料，通过醋酸发酵酿制而成的调味品，其中醋酸含量为3%～7%。与其他食醋相比，果醋风味芳香，营养丰富。利用野果、残次果、果渣为原料酿制果醋，实现果品资源综合利用，节约粮食。

一、果醋酿造基本原理

1. 发酵过程及其物质转化

以果品为原料酿制果醋，发酵过程需经过两个阶段，即酒精发酵和醋酸发酵。

（1）果醋发酵常用的微生物

① 酵母菌。酿醋用酵母菌与生产酒类使用的酵母相同，果酒酒精发酵常用果酒酵母、葡萄酒酵母或啤酒酵母。酵母菌将可发酵性糖转化为酒精和二氧化碳，完成酿造过程中的酒精发酵阶段。酵母菌在酒精发酵过程中，同时生成少量的酯和多种醇与有机酸，对形成醋的风味有一定的作用。

酵母菌生长最适温度为28～30℃，发酵最适温度为30～33℃。生长繁殖最适宜pH为4.5～5.5，但在pH3.5～4的条件下也能生长，它适合在微酸性环境中繁殖和发酵。酵母菌在有氧环境下呼吸，将糖彻底分解成二氧化碳和水，繁殖大量菌体。而在厌氧条件下将糖分解为酒精和CO_2。

为了增加醋的香气，采取产酯酵母与酒精酵母混合发酵，提高成品果醋中的酯含量，改善果醋的风味。

② 醋酸菌

A. 常用的醋酸菌。醋酸菌将酒精转化为醋酸，也能微弱氧化葡萄糖为葡萄糖酸。常用的醋酸菌有奥尔兰醋酸杆菌（A. orleanense）、许氏醋酸杆菌（A. schutzenbachii）、恶臭醋酸杆菌（A. rancens）、AS1.41醋酸菌、沪酿1.01醋酸菌。其中许氏醋酸杆菌的最高产酸能力高达11.5%，且对醋酸没有进一步的氧化作用；恶臭醋酸杆菌、AS1.41醋酸菌、沪酿1.01醋酸菌的产酸能力较强，但恶臭醋酸杆菌、AS1.41醋酸菌在缺少酒精的醋醪中，会继续把醋酸氧化成二氧化碳和水；奥尔兰醋酸杆菌产醋酸能力弱，但能产生少量的酯，能将葡萄糖转化为葡萄糖酸，耐酸能力较强。

B. 醋酸菌的特性。

a. 醋酸菌的形态。醋酸菌是革兰氏阴性的杆状菌，单个或呈链状排列，有鞭毛，无芽孢。在高温、高浓度盐溶液中或营养不足时的不良环境下，菌体会伸长，呈线形、棒形或管状。

b. 醋酸菌的营养特性。醋酸菌为好氧菌，必须供给充足的氧气才能正常生长繁殖。在高浓度酒精和高浓度的醋酸环境中，醋酸杆菌对缺氧非常敏感，中断供氧会造成菌体死亡。

醋酸菌最适宜的碳源是葡萄糖、果糖等六碳糖，其次是蔗糖和麦芽糖等。醋酸菌不能直接利用淀粉等多糖类。酒精也是很适宜的碳源，有些醋酸菌还能以甘油、甘露醇等多元醇为碳源。蛋白质水解产物、尿素、硫酸铵等都适宜作为醋酸菌的氮源，部分果品中的蛋白质含量少，不能满足酵母发酵的需要，通常添加硫酸铵、碳酸铵或磷酸铵补充氮源。酵母菌的生长繁殖必需磷、钾、镁3种元素的无机盐，大多数果品中含有较多的矿物质，一般不需要另外添加无机盐。

c. 醋酸菌的生长繁殖与发酵特性。醋酸菌繁殖的适宜温度为30℃左右，醋酸菌进行醋酸发酵的适宜温度比繁殖的适宜温度低2~3℃。繁殖时的最适pH为3.5~6.5。醋酸菌对酸的抵抗力因菌种不同而相差悬殊，一般在含醋酸1.5%~2.5%时，醋酸菌的繁殖完全停止，但也有些菌种在含醋酸6%~7%的条件下尚能繁殖。醋酸菌的耐酒精浓度也因菌种不同而异，一般耐酒精浓度为5%~12%。若超过其限度，停止发酵。对酒精的氧化力，即醋酸的生产量也因不同菌株而有很大的差别。醋酸菌只能忍耐1%~1.5%的食盐浓度，因此，醋酸发酵完毕后添加食盐，不但调节食醋滋味，而且防止醋酸过度氧化。

(2) 发酵过程中的物质变化

① 酒精发酵。在无氧的条件下，可发酵性糖在酒精酵母的作用下转化为酒精和CO_2的过程，其总的反应可用下式表示。

$$C_6H_{12}O_6 \longrightarrow 2C_2H_5OH + 2CO_2 + 2ATP$$

理论上，16.3g/L糖可发酵生成1%的（体积分数）酒精，考虑酵母呼吸消耗以及发酵过程中生成甘油、酸、醛等，实际17g/L的糖生成1%的酒精。

② 醋酸发酵。在有氧的条件下，酒精在醋酸菌作用下转化为醋酸和水。总的反应可用下式表示。

$$C_2H_5OH(酒精) + [O] \longrightarrow CH_3COOH(醋酸) + H_2O + 481.5J$$

理论上100g纯酒精可生成130.4g醋酸，实际产生率较低，因为醋酸发酵时的酒精挥发损失，以及发酵过程中还生成高级脂肪酸、琥珀酸等。一般只能达到理论值的85%左右。

2. 淀粉水解

利用果渣酿制食醋时，果渣中含有较多的纤维素和淀粉，所以，酒精发酵前，必须将原料糖化。先将原料蒸熟，使其中淀粉全部糊化，然后加曲，曲中霉菌分泌的淀粉酶逐步将淀粉转变为葡萄糖和麦芽糖。在糖化曲中，不仅含有曲霉，而且还含有根霉、毛霉等其他微生物，其中酶系极为复杂，故液化和糖化过程不能分开，而且糖化和酒精发酵、醋酸发酵混合进行。这种糖化和发酵同时进行的操作方法，称之为双边发酵。

随着酶化学的迅速发展，酿造食醋开始应用耐高温细菌 α-淀粉酶，它的作用温度是 $85\sim90℃$，最适 pH $6.2\sim6.4$。

3. 食醋陈酿过程中的变化

食醋品质的优劣取决于色、香、味，而色、香、味的形成是十分错综复杂的，除了在发酵过程中形成的风味外，很大一部分还与陈酿后熟有关。食醋在陈酿期间，主要发生以下物理化学变化。

(1) 色泽变化　果醋贮存期间，由于醋中的糖分和氨基酸结合（称为羰氨-反应），生成类黑素等物质，使食醋色泽加深。色泽深浅与醋的成分和酿造工艺有关，含糖（己糖和戊糖）、氨基酸与肽较多的醋容易变色，固态发酵醋醅中的糖和氨基酸较多，因而色泽也比液态发酵醋的色泽深。醋的贮存期愈长，贮存温度越高，则色泽也愈深。此外，食醋在制醋容器中接触了铁锈后，经长期贮存变为黄色、红棕色。原料中单宁属于多元酚类的衍生物，也能被氧化缩合而呈黑色。

(2) 风味变化　食醋在贮存期间与风味有关的主要变化有氧化反应、酯化反应和缔合作用。

① 氧化反应。醋酸菌能氧化酵母菌产生的甘油，生成二酮，具有淡薄的甜味，使食醋更为醇厚。

② 酯化反应。酵母菌和醋酸菌在代谢过程中产生的一些有机酸如葡萄糖酸、琥珀酸等与醇缩合生成酯类。食醋的陈酿时间愈长，形成的酯也越多。酯的生成还受温度、前体物质的浓度等因素的影响。气温越高，形成酯的速度越快；醋中含醇越多，形成的酯也越多。固态发酵的醋醅中，酯的前体物质浓度比液体醋醪中的高，因此，固态发酵法生产的食醋中酯的含量也较液态发酵醋的高。

③ 缔合作用。食醋在贮存过程中，水和乙酸的分子间产生缔合作用，减少了乙酸分子的活度，使食醋风味变得醇和。

二、果醋酿造技术

根据果醋发酵过程中发酵醪的形态不同，将果醋酿造方法划分为液态发酵法、固稀发酵法和固态发酵法。在实际生产过程中，应根据原料特性选择相应的酿造方法。原料不同，酿造工艺流程及其条件也不同。下面将重点介绍液态和固稀发酵法两种常见果醋的酿造技术。

1. 液态发酵酿制苹果醋

(1) 工艺流程　液态发酵法加工苹果醋的工艺流程见图 7-22。

(2) 操作要点

① 原料的选择与处理。一般选择成熟的残次果实酿制果醋，要求果实不能腐败变质。将果实去杂，切去病斑、烂点与果柄，然后用自来水清洗。切分后去心。

② 破碎、榨汁。根据果实的种类选择破碎方法和破碎果块的大小。苹果和梨破碎到 $0.3\sim0.4cm$ 大小的颗粒，葡萄只要压破果皮即可。采用磨浆机破碎汁液丰富、带种子或核的果实。磨浆机将种子、果核、果皮与果浆分离；用打浆机破碎无核果实或经前处理后去核的果实。例如，枸杞、山楂用磨浆机破碎，苹果、桃、梨一般用打浆机破碎。有些果实破碎前要求软化和护色。如果热处理对产品的风味影响不大，一般采用热处理实现护色和软化。热处理可以提高榨汁率。为了提高榨汁率，破碎的果浆用果胶酶处理。

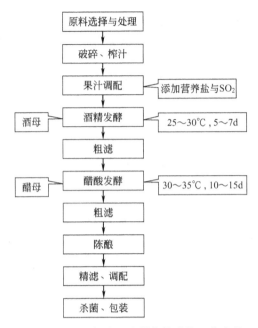

图 7-22 液态发酵法酿制苹果醋的工艺流程

③ 果汁调配。理论上，16.3g/L 糖可发酵生成 1%（或 1ml）酒精，实际 17g/L 的糖生成 1%（或 1ml）酒精。理论上 100g 纯酒精可生成 130.4g 醋酸，即理论上 17g/L 的糖约可生成 1.04%（体积分数）或 1.09%（w/V）的醋酸。实际转化率较低，一般只能达到理论值的 85% 左右，即 17g/L 的糖实际上约可生成 0.884%（体积分数）或 0.92%（w/V）的醋酸。中国食醋质量标准规定，一级食醋的醋酸含量为 5.0g/100ml，二级食醋的醋酸含量为 3.5g/100ml。生产一级醋要求果汁的含糖量为 92.4g/L，生产二级醋要求果汁的含糖量为 64.7g/L。

根据生产的食醋等级调整果汁的含糖量，特别是含糖量不足时，要求添加糖、浓缩果汁或糖浆来调整果汁的含糖量，确保产品中醋酸的含量达到质量标准要求；如果果汁中糖含量达到或超过潜在发酵力的要求，果汁的糖含量可不予调整。

一般果汁中的氮源不足，不能满足酵母和醋酸菌生长繁殖的要求，所以，发酵前在果汁中添加铵盐，一般添加 120g/1000L 的硫酸铵和磷酸铵。

酒精发酵前，在果汁中添加 150~200g/1000L 的 SO_2，防止酒精发酵过程中杂菌的侵染，确保酒精发酵的顺利进行。

④ 酒精发酵。

a. 酒母的制备。酒母的制备同葡萄酒的加工，也可用活性干酵母代替酒母。活性干酵母使用前要活化，活化的方法同果酒的加工。

b. 酒精发酵。果汁在发酵前添加酒母，酒母的添加量为 3%~5%，若用活性干酵母代替酒母，则活性干酵母的添加量为 150g/1000L。同时向果汁中添加果胶酶，使果胶分解，有利于成品果醋的澄清与过滤。

在发酵罐或发酵池中进行酒精发酵，酒精发酵的温度为 25~30℃，时间为 5~7d，发酵醪中的残糖降至 0.5% 以下，酒精发酵结束。

⑤ 粗滤。酒精发酵后，将发酵醪采用压榨过滤机或硅藻土过滤机过滤，也可用离心分离机分离，然后将酒液放置 1 个月以上，促进澄清。传统的加工方法是发酵后不再澄清。但完全由浓缩苹果汁制作苹果醋时，为了得到澄清的产品，必须进行离心分离或过滤。

⑥ 醋酸发酵。

A. 醋母的制备。醋母的制备工艺流程即技术参数见图7-23。

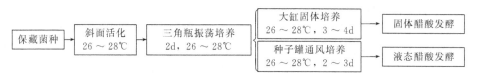

图 7-23 醋母制备工艺流程

a. 固体斜面活化。取浓度为1.4%的豆芽汁100ml，添加葡萄糖3g，酵母膏1g，碳酸钙2g，琼脂2~2.5g，混合，加热熔化，分装于干热灭菌后的试管中，每管装量约4~5ml，在98.066kPa的压力下杀菌15~20min，取出，趁未凝固前加入50°酒精0.6ml，摇匀、冷却。在无菌操作下接入优良的醋酸菌种，在26~28℃的条件下培养2~3d。

b. 液体三角瓶扩大培养。浓度为1%的豆芽汁15ml，添加食醋25ml，水55ml，酵母膏1g，酒精3.5ml，配置成培养基。要求醋酸含量为1%~1.5%，醋酸与酒精的总量不超过5.5%。装于500~1000ml的三角瓶中，常压消毒。酒精最好在接种前加入。接入固体斜面活化的醋酸菌种1支。26~28℃的条件下下培养2~3d。在培养过程中，每天定时摇瓶1次，或用摇床培养，充分供给空气，促使菌膜下沉繁殖。

c. 大缸固体培养或种子罐培养。液体三角瓶培养成熟的醋母接入到准备醋酸发酵的酒液或固体酒醪中，再扩大20~25倍，在26~28℃的条件下培养3~4d，成熟的醋母供生产用。液态培养的醋母用于液态醋酸发酵，固态培养的醋母用于固态和固稀发酵法。

B. 发酵醪的调配。酒精发酵结束后，若不能及时进行醋酸发酵，在发酵醪中加入10%的新鲜苹果醋，降低pH值，预防有害菌的侵染，可贮存1个月。在醋酸发酵前，将酒精发酵醪的酒精含量调整为7~8°，再添加120g/1000L的铵盐。

C. 醋酸发酵。酒精发酵醪中接入10%~20%醋母，在35~38℃的条件下发酵15~20d。

液态发酵法生产苹果醋的醋酸发酵有涡流式深层培养发酵法和塔式深层培养发酵法。采用Fring型酸化器进行涡流式醋酸深层培养发酵，发酵罐的底部装有涡流式搅拌器，原料从底部进入，涡流式搅拌器的运转使发酵液呈涡流式旋转，使空气混入涡流旋转的发酵液中。在罐的顶部装有消泡器，可连续消泡。发酵成熟的苹果醋定期从发酵罐上部排出，新原料从底部进入。操作适当，可使原料的进入和产品的排出连续进行。酸化器内设有冷热交换器，控制发酵醪的温度在35~38℃。

用塔式深层培养酸化器进行塔式深层培养发酵，酸化塔用聚丙烯强化玻璃纤维制造，塔内有烧结玻璃板，压缩机从底部将空气泵入塔内，经过烧结玻璃板进入物料。原料由塔底慢慢加入，成品醋从塔顶慢慢流出。

⑦ 粗滤、陈酿。醋酸发酵结束后，用压榨机或硅藻土过滤机将醋酸发酵醪过滤，然后将产品泵入木桶或不锈钢罐内陈酿。陈酿时间为1~2个月。未经过滤的醋酸发酵醪也可直接陈酿，陈酿结束后，吸取上清液，沉淀部分进行压榨提取，将上清液与压榨提取液混合。

⑧ 精滤、调配。为了避免醋在装瓶后发生浑浊，将充分陈酿的苹果醋用水稀释到要求的浓度，然后精滤。精滤的方法有添加澄清剂法和超滤膜过滤法。

添加澄清剂法有两种，即添加明胶与膨润土法和硅溶胶与明矾法。添加明胶与膨润土法的操作如下：在陈酿后的5000L醋液中添加1kg明胶和2kg的膨润土，搅拌均匀，然后静置1周以上，取上清液过滤。硅溶胶与明矾法是一种快速澄清法，在5000L的醋液中添加5L浓度为30%的硅溶胶，然后再添加2kg的明矾，搅拌均匀，在数小时内澄清，且在容器的底部形成一层紧密的沉淀物，取上清液过滤。

超滤膜法的过滤效果更好。用泵将陈酿后的醋液泵入膜分离设备，透过膜的部分为成品，酵母菌、细菌和高分子成分被阻留而分离出来。超滤膜法将酵母菌、细菌和高分子成分滤去，起到过滤和杀菌的双重作用，所以，超滤后的醋液采用无菌灌装，可免于杀菌。

⑨ 杀菌、包装。精滤后的醋液用板式热交换器杀菌，杀菌温度在65～85℃。杀菌后趁热灌装。包装容器有玻璃瓶、塑料瓶或塑料袋。塑料瓶（袋）有聚乙烯塑料瓶（袋）、复合塑料瓶（袋）或PET塑料瓶（袋）。玻璃瓶可采取杀菌后趁热灌装，而塑料瓶（袋）则要求杀菌冷却后灌装。聚乙烯塑料瓶（袋）有一定的透气性，所以，灌装于聚乙烯塑料瓶（袋）内的苹果醋会出现浑浊。复合塑料或PET塑料的阻气性好，所以，灌装于复合塑料瓶（袋）或PET塑料瓶（袋）的醋不易发生浑浊现象。

2. 固稀发酵法酿制柿醋

（1）工艺流程 固稀发酵法是指酒精发酵阶段在液态下进行，醋酸发酵采用固态发酵的一种制醋工艺。其工艺流程见图7-24。

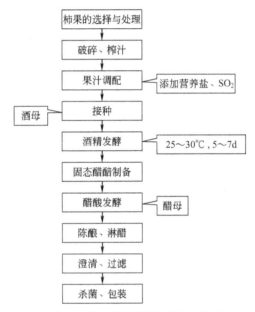

图7-24 固稀发酵法酿制柿醋的工艺流程

（2）操作要点

① 果汁的制备与酒精发酵。柿果的选择与处理、果汁的压榨与调配以及酒精发酵等工艺过程与苹果醋的酿制方法相同。发酵5～6d，发酵醪的酒精含量在6%（体积分数）以上，酸度为1～1.5g/100ml。

② 固态醋醅的制备。20%的谷糠常压蒸20min，与70%柿渣和10%的麸皮混合均匀，再加50%水，拌匀并冷却至35℃。

③ 醋酸发酵。向固态醋醅中加入10%的固态醋母（醋母的制备见图7-23），充分拌匀，投入带有假底的发酵池中，耙平，盖上塑料布，醋醅温度控制在35～38℃。6h后将酒精发酵醪均匀淋浇到醅表面，24h后松醅。当品温升至40℃时，用池底接收的醋汁回浇醋醅，使品温降至36～38℃，一般每天回浇5～6次，20～22d发酵完成。

④ 陈酿、淋醋以及澄清、杀菌与包装。醋酸发酵结束后，陈酿、淋醋、澄清、杀菌与包装等工艺过程与固态发酵法酿制梨醋相同。

【本章小结】

果品酿造技术包括果酒的酿造和果醋的酿造,本章重点介绍了果酒的分类及果酒酿造的基本原理、常见果酒的酿造技术、果酒生产中常见的质量问题及解决途径,果醋酿造的基本原理及常见果醋酿造技术。

果酒酿造生产过程中,菌种的质量是影响果酒质量的重要因素,应根据酿造果酒的种类品种不同,选择适宜的酿造菌种。影响果酒酒精发酵的主要因素有温度、pH、氧气、SO_2、压力、糖和酒精等,在果酒生产过程中要合理加以控制。

果酒生产的关键工序主要有榨汁与澄清、SO_2 处理、果汁调整、菌种制备、发酵与管理、陈酿、澄清、过滤、杀菌;果醋生产的关键工序主要有菌种制备、发酵管理、淋醋、陈酿、调配、过滤、灭菌。

果酒生产中常见的质量问题主要有生膜、变色、变味、浑浊,在生产中要针对不同的质量问题,采取不同措施加以控制。

【复习思考题】

1. 葡萄酒与果醋发酵的原理有何区别?
2. 白葡萄酒、红葡萄酒、桃红葡萄酒啤酒加工的工艺流程及其操作有何异同?
3. 根据加工工艺不同将果酒分为哪几类?其加工工艺上的主要区别是什么?
4. 发酵果酒常见质量问题有哪些?不同质量问题产生原因是什么?其相应的预防措施有哪些?
5. 葡萄酒的陈酿与白兰地的陈酿在操作管理以及物质变化方面有何异同?
6. 按照果醋发酵方法的不同,果醋酿造方法有哪几种?不同方法酿制果醋的工艺流程及其操作有何主要区别?

【实验实训十三】 干红葡萄酒生产

一、技能目标

了解果酒酿造的基本原理及干红葡萄酒酿造工艺条件,明确影响干红葡萄酒酿造中影响发酵的主要因素,熟悉酿造工艺操作规程及成品质量要求,掌握干红葡萄酒的生产方法。

二、材料、仪器与设备

1. 材料:红色品种葡萄、蔗糖、酒石酸、偏重亚硫酸钾、葡萄酒酵母(干酵母或试管菌种)、硅藻土、明胶、单宁等。
2. 仪器与设备:pH计、手持糖量计、酒精计、温度计、密度计等。破碎机、榨汁机、硅藻土过滤机、发酵罐(50L~500L 或 10L 玻璃发酵瓶)、发酵栓、贮酒罐(桶)等。

三、工艺流程

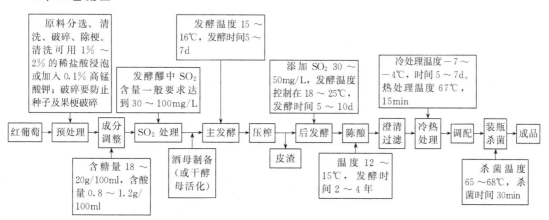

四、操作步骤

1. 葡萄品种及其果实的分选：选择成熟度适宜、含糖量在140g/L以上、且色泽良好葡萄，摘去破裂与病腐的果粒。

2. 破碎、除梗：果粒破碎率在90%以上，尽可能避免葡萄核的破碎。葡萄破碎后要求除梗。

3. 添加SO_2：根据原料优劣确定SO_2添加量。酿制红葡萄酒时，SO_2用量为40～120mg/L。根据葡萄浆（汁）的量计算亚硫酸的添加量，若葡萄新鲜无烂果时，适当少加SO_2。先用少量葡萄浆（汁）与亚硫酸混合，然后再将其添加到破碎除梗的葡萄浆中。

4. 成分调整：用的白砂糖调整葡萄浆的含糖量，加糖量以发酵后的酒精含量与葡萄浆的含糖量作为主要依据计算，17g/L糖可发酵生成1%酒精。用少量果汁将糖溶解，糖添加到破碎除梗的葡萄浆中，搅拌均匀。

用酒石酸调整葡萄浆的酸度，将葡萄浆的酸度调整为6～10g/L，pH 3.3～3.5。最好在发酵前添加酒石酸。加酸时，先用少量的葡萄汁将酸溶解，缓慢倒入葡萄汁中，同时搅拌均匀。加酸量以葡萄汁液的含酸量以及调整后葡萄汁所要求的酸含量为主要依据。

5. 酒母制备：用活性干酵母作为菌种，将其复水后活化，复水活化的方法见图7-6。

6. 发酵：红葡萄酒的发酵都包括主发酵与后发酵。将活化后扩大培养的酒母2%接入葡萄浆中，按表7-4控制发酵条件。

表7-4　干红葡萄酒的发酵条件

发酵阶段	温度/℃	时间/d	残糖/(g/L)
主发酵	26～30	4～5	5
后发酵	18～25	3～5	2

发酵过程中，定期测定发酵醪的温度与残糖，做好测定结果记录，严格控制发酵温度。

7. 贮存与管理：按表7-5的要求控制葡萄酒的贮存条件。贮存过程中，红葡萄酒的换桶操作按表7-6的要求进行。

表7-5　贮酒室的条件

项目	干红葡萄酒	项目	干红葡萄酒
温度	8～11℃	通风	室内有通风设备,保持室内空气新鲜
相对湿度	85%～90%	卫生	室内卫生清洁

表7-6　干红葡萄酒贮存过程中的换桶操作表

次数	换桶时间	换桶操作
第一次	发酵结束后8～10d	开放式换桶,使酒与空气接触
第二次	第一次换桶后1～2月,即当年的11～12月	开放式换桶,使酒与空气接触
第三次	第二次换桶后3月,即次年的春季	密闭式操作,避免酒与空气接触

8. 澄清、过滤：采用明胶、单宁法澄清，先做下胶小试，确定明胶和单宁的具体添加量。按照小试结果将单宁溶解在少量葡萄酒中，在0.5h内加入酒醪中，静置24h，再将明胶用冷水浸泡12h，倒去冷水，加入一定量清水，在70～80℃下搅拌溶化，加入酒液中，搅拌均匀。静置约2～3周，去除酒脚。

原酒在发酵及贮藏过程中注意：一要罐满，二要封罐，三要添够SO_2，贮藏过程中游离SO_2保持在30～50mg/L，严防酒接触铜、铁、铝、铅及其器具。在生产的全过程中保证环境清洁卫生。

9. 过滤：采用硅藻土过滤机进行过滤。每吨酒硅藻土用量约为 0.5～3.0kg。

10. 冷热处理：冷处理温度以稍高于葡萄酒的冰点 0.5～1℃，一般在 -7～-4℃。冷处理不能使酒出现冻结。冷处理时间 5～7d。热处理温度 67℃、15min。

冷处理采取间接冷冻法，将贮酒罐放在冷库，靠库温进行降温处理。每天测定贮酒罐内温度，防止温度过低，出现冻结。冷处理完毕，应在低温下过滤，除去沉淀物。

将过滤后的酒放入一个密闭容器内，进行热处理。将酒间接加热（如水浴锅）到 67℃，保持 15min。

11. 调配：以葡萄酒的分类为依据（GB/T 15037—94），设计配酒方案。卫生指标符合国家 GB 2758—81 食品卫生标准要求，感官、理化指标符合 GB/T 15037—94 中规定标准。

12. 装瓶、杀菌：空瓶必须进行彻底清洗，并用高压灭菌锅（121℃、15min）进行灭菌。葡萄酒杀菌温度 65～68℃，杀菌时间 30min。

将封盖的酒瓶放入水浴锅中，逐渐升温，使瓶子中心温度达到 65～68℃，保持时间 30min 即可。以木塞封口，水溶液面应在瓶口下 4.5mm 左右，若采用皇冠盖，水面则可淹没瓶口。

杀菌后将商标粘贴在瓶子适当位置，要求粘贴牢固平整，装箱即为成品。

五、产品质量标准

呈紫红色，澄清透明。具有醇正、清雅、优美、和谐的果香及酒香。有洁净、醇美、幽雅爽干的口味，和谐的果香味和酒香味。酒精度（20℃）7%～13%（体积分数）；总糖（以葡萄糖计）≤4g/L；总酸（以酒石酸计）5～7.5g/L；挥发酸（以醋酸计）≤1.1g/L。

【实验实训十四】 苹果醋的加工

一、技能目标

明确果醋酿造的基本方法和工艺，掌握果醋酿造中两项发酵技术（酒精发酵和醋酸发酵）的发酵方法，能够发现果醋酿造过程中出现的主要问题，并分析原因，找出解决的途径。

二、材料、仪器与设备

1. 材料：苹果、亚硫酸氢钠、葡萄酒酵母、醋酸菌种、果胶酶、磷酸铵、葡萄糖、酵母膏、琼脂。

2. 仪器与设备：折光仪、打浆机、酒精发酵罐或发酵池、过滤机（硅藻土过滤机、板筐式过滤机）、压榨机、杀菌锅、醋母种子罐、醋酸发酵罐、灌装封口机、灭菌设备、烫漂锅。

三、工艺流程

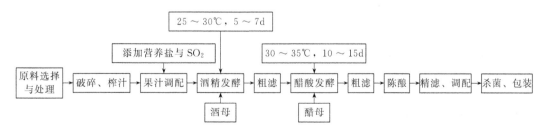

四、操作步骤

1. 原料的选择与处理：选择含糖量高且风味浓郁的苹果作为原料，将果实去杂。去果柄，切除病斑烂点。清洗，对切，挖去果心，再根据果实大小切分为6～8瓣。将切分的苹果置于烫漂锅内，加入适量的水（约淹没果实的一半到2/3处）。80～95℃下处理6～10min，热处理3～5min后，将果实上下翻动一次。

2. 破碎、榨汁：将热烫后的果实与烫漂液一并打浆，然后用压榨机榨取果汁，或直接用螺旋式压榨机将烫漂后的果实与烫漂液一并榨汁。

3. 果汁的成分调配

（1）糖的调整

① 用折光仪测定果汁中的可溶性固形物的含量。

② 根据果汁中可溶性固形物的含量以及成品醋的醋酸含量计算糖的添加量。糖的添加量按下列公式计算。

$$w = v \times (c - c_1)$$

式中　w——糖的添加量；

　　　v——果汁的体积，ml；

　　　c——调整后果汁的含糖量（10g/100ml 或 7g/100ml）；

　　　c_1——原果汁的含糖量。

一级醋要求醋酸含量为5.0g/100ml，二级醋要求醋酸含量为3.0g/100ml。1.7g/100ml的糖可转化为0.92%（w/v）的醋酸。酿制一级醋要求果汁的糖含量调整至9.25g/100ml，二级醋为6.47g/100ml。在计算糖的添加量时，以果汁的可溶性固形物代替果汁的含糖量。果汁的固形物主要是糖，也含有少量非糖固形物，也可能含有极少量非发酵性糖，所以，果汁中的可溶性固形物含量略高于果汁中的糖含量。所以，酿制一级醋时，将果汁的糖含量调整至10g/100ml，酿制二级醋时，最好将果汁的糖含量调整至7g/100ml。如果果汁中的含糖量大于酿制相应等级醋要求的含糖量时，在发酵前可不加糖，发酵后，根据产品质量要求加水稀释。

③ 用少量的果汁将白砂糖溶解，然后加入到果汁中。

（2）其他成分的添加

在果汁中添加120g/1000L的磷酸铵，添加方法同糖的添加。

4. 添加SO_2：在果汁中添加40～120mg/L的SO_2，添加方法同红葡萄酒的加工。

5. 添加果胶酶：在果汁中添加0.2%～0.4%的果胶酶，先用少量的果汁将果胶酶溶解，然后加入到苹果汁中，搅拌均匀。

6. 酒母的活化及其扩大培养：酒母的接种量为3%～5%，根据生产量确定酒母的用量，根据用量制备酒母。用活性干酵母作为菌种，将其复水后活化，复水与活化流程见图7-6。用苹果汁代替葡萄汁。

7. 接种与酒精发酵：在添加SO_2、果胶酶以及成分调整后的苹果汁中接入1%～4%的活化酒母，在25～30℃的条件下发酵5～7d。发酵醪的残糖在0.5%以下时，发酵结束，用硅藻土过滤机过滤。

8. 醋母的制备：醋母制备流程见图7-23，试管菌种经固体斜面活化（26～28℃、3～4d）、液体三角瓶扩大培养（26～28℃、3～4d）、种子罐通风培养（26～28℃、3～4d）后得到液态醋母。如果生产量较少，可将三角瓶菌种作为发酵用的种子。醋母活化以及扩大培养的操作见第六节（果醋的加工）。

9. 接种发酵：将酒精发酵醪注入装有通风装置的醋酸发酵罐中，接入1%～5%的醋母，在35～38℃的条件下发酵15～20d，发酵过程中定时通风。

10. 陈酿、澄清、过滤：将醋酸发酵结束的发酵醪在木桶或不锈钢罐内陈酿1～2月，吸取上清液，沉淀部分用压榨机压榨，压榨出的醋液与上清液合并。然后添加澄清剂，在5000L陈酿后的醋液中添加1kg的明胶和2kg的膨润土，搅拌均匀，静置一周。吸取上清液，沉淀部分用压榨机压榨。将压榨出的醋液与上清液合并。

11. 包装、杀菌：澄清过滤后的醋液用板式换热器杀菌，杀菌温度为65～85℃。杀菌后趁热灌装。常用的包装容器有玻璃瓶或塑料瓶（袋）。采用玻璃瓶包装，亦可灌装封口后杀菌，杀菌条件为65～85℃、5～10min。

五、产品质量标准

感官指标：琥珀色、色浅、清晰；气味纯正，有水果香味。

理化指标：醋酸含量（以醋酸计）≥4.0g/100ml、乙醇含量（体积分数）≤0.5%、铜≤5.0mg/kg、铁≤10.0mg/kg、重金属≤1.0mg/kg。

微生物指标：细菌总数≤500个/ml，大肠杆菌（每100毫升）不得检出，致病菌不得检出。

第八章　果蔬速冻制品加工技术

> **教学目标**
> 1. 了解果蔬速冻加工的基本原理。
> 2. 掌握水果和蔬菜速冻加工的工艺流程和工艺要点。
> 3. 能够对加工过程中出现的质量问题进行分析、找出原因，并能提出相应的解决措施。
> 4. 能够在教师的指导下，分析常见果蔬的特点，设计出速冻加工工艺。
> 5. 了解冷冻和速冻过程以及速冻加工的方法和冻结设备。

在食品保藏方法中，冷冻是保存食品的最佳方式，低温冻藏法应用最广泛，与其他保藏方法相比，此方法不仅很好地解决了果蔬季节性和地域性问题，而且加工成本低，商业化速冻处理能更好地保存食品的营养价值、鲜度、颜色和风味，既能为日益繁忙的人们提供方便食品，也能为食品深加工常年提供原料，还能出口创汇。市场上的新鲜果蔬常常在成熟度很低时采收，经历长途运输和熟化后上市，营养价值、颜色、风味不佳。冷冻果蔬之所以能达到以上效果是因为用来冷冻的果蔬是在成熟度和营养价值较高时采收，直接送到最近的冷冻厂加工处理，并且低温冻藏能抑制微生物和酶的活性，使食品不腐烂变质。且营养素含量也很高。

第一节　速冻保藏的原理与过程

果蔬的腐败变质原因主要是微生物的生命活动和酶促生物化学反应及非酶作用引起的。微生物的生长、繁殖和危害活动都有其适宜的条件范围，温度、水分和介质是影响微生物生长繁殖的因素，酶要产生作用需要适当的温度和水分条件，没有适宜的环境条件微生物就会停止繁殖，甚至死亡，酶也起不了催化作用，甚至被破坏。速冻果蔬之所以耐低温冻藏正是针对上述变质因素来发挥抑制作用的。

一、低温对微生物的影响

微生物生长和繁殖的温度范围可分为最低温度、最适温度、最高温度。在最适温度范围内微生物生长和繁殖速度最快，降低温度就能减缓微生物的生长和繁殖速度。微生物根据其最适温度范围，可分类为嗜冷性微生物、嗜温性微生物、嗜热性微生物，大部分腐败细菌是嗜温性的。微生物对温度的适应性参见表8-1。

表8-1　微生物对温度的适应性

类　别	最低温度/℃	最适温度/℃	最高温度/℃	种　类
嗜冷性微生物	0	10～20	25～30	霉菌、水中细菌
嗜温性微生物	0～7	20～40	40～45	腐败菌、病原菌
嗜热性微生物	25～45	50～60	70～80	温泉、堆肥中细菌

注：引自李勇，食品冷冻加工技术，化学工业出版社，2005。

通常情况下，嗜温性微生物100℃时迅速死亡，芽孢菌要在121℃高压蒸汽作用下(15±5)min才能灭活。细菌对低温耐受力较差，微生物活动温度降低到最低生长点时，它们就会停止生长、活动，许多微生物在低于0℃的温度下生长活动可被抑制，但嗜冷性微生物中霉菌和酵母菌最能耐受低温，在-8℃时，还能发现少量孢子出芽，甚至在-44.8~-20℃低温下，对灰绿青霉菌、圆酵母和灰绿葡萄球菌的孢子体也只能起到抑制作用。肉毒杆菌和葡萄球菌的耐低温性特别值得注意。据研究报道：在-16℃时，肉毒杆菌能存活12个月，其毒素可保持14个月，在-79℃下其毒素仍可保持两个月。在速冻蔬菜中经常能检出产生肠毒素的葡萄球菌，它们对速冻低温的抵抗力比一般细菌要强。但研究同时也发现，适当的解冻温度却能控制肠毒素的产生。因此，低温冻藏阻止果蔬腐败变质的主要作用是抑制其腐败微生物的生长繁殖，不是杀死微生物（表8-2）。另外长期处于低温下的微生物能产生新的适应性，一旦解冻、升温，微生物的生长繁殖又会逐渐恢复，还会导致果蔬产品腐败变质。它不同于高温热杀菌处理使微生物灭活的有效作用。

表8-2　冷冻食品中微生物的生存期

微　生　物	速冻制品	贮藏温度/℃	生　存　期
霉菌	罐装草莓	-9.4	3年
酵母	罐装草莓	-9.4	3年
一般细菌	冷冻蔬菜	-17.8	9个月
副伤寒杆菌	樱桃汁	-17.8及-20	4周
肉毒梭状芽孢杆菌	蔬菜	-16	2年以上

注：引自赵晨霞，园艺产品贮藏与加工，中国农业出版社，2005。

低温导致微生物活力减弱和死亡的原因：

第一，低温保藏时，果蔬食品内部水分结成冰晶，降低了微生物生命活动和进行各种生化反应所必需的液态水的含量，使其失去了生长的第一个基本条件。果蔬中的水被冻结成冰后，可供微生物繁殖活动所必需的水分活度大大降低，许多细菌存活的最低水分活度界限为0.86，酵母为0.78，霉菌为0.65。从表8-3可以看出在-15℃时，水分活度是0.864，略高于细菌存活的最低水分活度界限0.86；在-20℃时，水分活度是0.823，低于许多细菌存活的最低水分活度值，所以最为有效的果蔬保藏方法是冷冻保藏，例如：普通冷藏菜豆采用不发生冷害10℃低温，仅可保鲜20~30d，而采用-30℃以下低温速冻后，再在-18℃低温下冷藏，可保藏1年以上时间。

第二，温度下降会导致微生物细胞内原生质黏度增加，胶体吸水性下降，蛋白质分散度改变，最终导致不可逆蛋白质的凝固，使生物性物质代谢不能正常进行，导致细胞严重受损。冷冻时介质中冰晶体的形成会导致细胞内原生质或胶体脱水，胶体内溶质浓度的增加常会使蛋白质变性。

第三，低温程度对微生物的影响固然重要，但低温冻结速度的影响也不可忽视。果蔬冻结前的降温阶段，降温速度越快，微生物的死亡率越高。因为在迅速降温时，微生物细胞对其不良环境条件来不及适应。在冻结过程中情况却不同，缓慢冻结导致微生物大量死亡，原因是缓冻过程中形成的大颗粒冰晶体会对微生物细胞产生机械性损伤作用及促使蛋白质变性作用大，导致微生物死亡率增加。而速冻时形成的冰晶体颗粒小而均匀，对细胞的机械性损伤小，因此微生物死亡很少。

二、低温对酶的影响

酶是具有催化生物化学反应性质的蛋白质或核苷酸，生物体内各种复杂的生化反应均需要微量酶的催化作用来加速其反应速度，而酶不消耗其自身。温度是酶活性的重要影响因

表 8-3 不同温度下水与冰的蒸汽压和水分活度

温度/℃	水蒸气压/mmHg	冰蒸气压/mmHg	水分活度	温度/℃	水蒸气压/mmHg	冰蒸气压/mmHg	水分活度
0	4.579	4.579	1.000	−25	0.607	0.476	0.784
−5	3.163	3.013	0.953	−30	0.383	0.286	0.750
−10	2.149	1.950	0.907	−40	0.142	0.097	0.680
−15	1.436	1.241	0.864	−50	0.048	0.030	0.620
−20	0.943	0.776	0.823				

注：1. 1mmHg=133.322Pa。
2. 引自林亲录，邓放明，园艺产品加工学，中国农业出版社，2003。

素，大多数酶的适宜活性温度为 30~40℃。超出此温度范围，酶的活性会受到抑制，当温度达到 80~90℃时，几乎所有酶的活性会受到破坏。酶的活性因温度而发生变化，常用酶活性变化所增加的化学反应率用 Q_{10} 表示：

$$Q_{10}=K_2/K_1$$

式中 Q_{10}——温度每升高 10℃时，酶活性变化所增加的化学反应率；
  K_1——温度为 t 时，酶活性所导致的化学反应率；
  K_2——$t+10$℃时，酶活性所导致的化学反应率。

多数酶活性的 Q_{10} 值为 2~3 范围，也就是说温度每下降 10℃，酶活性就会减弱 1/2~1/3。在 0℃低温以下，酶的活性随温度降低而减弱。一般，−18℃以下低温冷冻保藏会使果蔬体内酶活性明显减弱，从而减缓了因酶促反应而导致的各种衰败，如营养的损失、颜色的改变、风味的降低等，冻藏温度一般以 −18℃较为适宜。冷冻低温只能降低酶催化的生物化学反应速度，对抑制酶的活性起到一定作用，冻结并不能完全抑制酶的活性。实际上酶仍能保持部分活性，果蔬体内的生化反应只是进行得非常缓慢，并未停止，冻结不能替代杀酶处理，因此，果蔬冻藏一段时间后会有一定的风味变化。冻藏果蔬解冻时，其酶活性会恢复，加快生物化学反应速度，导致果蔬产品褐变、味变、营养损失等。

由于低温冻藏仅仅抑制酶的活性，所以要保持冷冻果蔬产品质量，需要在冷冻前采取抑制或钝化酶活性的措施，如：漂烫、糖水浸渍（果品）。过氧化物酶的耐热性较强，生产中常以其破坏程度决定漂烫时间。

三、速冻过程

果蔬速冻加工就是将新鲜果蔬经加工处理后，以迅速结晶的理论为基础，采用各种办法加快热交换，在 30min 或更少的时间内，将其于 −35℃以下速冻，使果蔬快速通过冰晶体最高形成阶段而冻结，包装后贮藏于 −18℃以下冷冻库中，达到长期保存目的的过程。

1. 冻结过程及冻结温度曲线

（1）果蔬的冻结点 冻结点就是冰结晶开始出现的温度。水的冰点是 0℃。一般水果的含水量在 73%~90%，蔬菜含水量在 65%~96%。由于果蔬中的水分不是纯水，而是含有有机物和无机物，包括糖类、酸类和更复杂的有机分子及盐类，是一种复杂的胶体悬浮溶液。果蔬的冰点总是低于 0℃，一般在 −4~−1℃之间，如表 8-4。

（2）冰晶的形成 果蔬中的水分不会像纯水一样在同一温度下结成冰，由于其中的水是悬浮溶液形式存在，一部分水结成冰后，余下的水溶液浓度升高，使剩余溶液冰点不断下降，即使温度低于初始冰结点，仍会有部分水不结晶。只有当温度降到低共熔点时，才会全部凝结成冰。但食品的低共熔点范围大致在 −65℃~−55℃之间。速冻果蔬的温度一般最低 −35℃，冻藏温度多为 −18℃。因此，通常冻藏果蔬中的水分并不能全部冻结成冰。一般只

表 8-4　几种果蔬的冰点　　　　　　　　　　　单位：℃

种　类	冰　点	种　类	冰　点
草莓	−1.08~−0.85	菠菜	−0.51~−0.41
甜橙	−1.56~−1.17	番茄	−0.75~−0.62
菠萝	−1.6	黄瓜	−0.62~−0.44
李子	−2.2~−1.6	甘蓝	−1.15~−0.77
苹果	−2.78~−1.4	南瓜	−1.0
梨	−3.16~−1.5	甜玉米	−1.7~−1.1
杏	−3.25~−2.12	马铃薯	−1.29~−1.04
樱桃	−4.5~−3.4	洋葱	−1.90~−1.59

要有 80% 的水分结成冰，在感觉上便认为已呈冻结状态。

(3) 冻结温度曲线　冻结包括两个过程：降温和结晶。首先果蔬产品由原始温度降到冰点，接着果蔬产品中的水分由液态变为固态，形成冰晶。如图 8-1。冻结温度曲线图反映了食品冻结过程温度与时间之间的关系。曲线分为三个阶段。

① 初阶段。从初温至冻结点。放出食品自身的显热，放出的热量占总放出热量最小。故降温快，曲线陡。② 中阶段。即结冰阶段，从冻结点至 −5℃，80% 的水分结冰。因冰的潜热约是显热的 50~60 倍，整个冻结过程中绝大部分热量在此放出，降温慢，曲线平坦。③ 终阶段。从 −5℃ 至 −18℃（终温）。此时，放出的热量，一部分来自冰的降温，另一部分来自余下的水继续结冰，曲线不及初阶段陡。

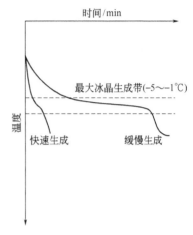

图 8-1　冻结温度曲线

冻结速度的快慢取决于中阶段（结冰阶段）。冷冻介质与传热快慢关系很大。

快速冻结途径：降低冻结温度，提高冷冻介质与食品初温的温差；加快冷冻介质流经食品的相对速度，增加冷冻介质与食品的接触面，以提高食品表面的放热效果；减小食品的体积和厚度，增大食品与冷冻介质的热交换率和缩短冷冻介质与食品中心的距离。

2. 冻结速度对产品质量的影响

(1) 冷冻与速冻　冷冻是将产品中的热能排出去，使水分变成固态的冰晶结构。速冻即快速冻结，指以最快速度通过最大冰晶生成区，使果蔬中 80% 以上的水分变成微小的冰结晶的过程。

(2) 冻结速度快慢划分

① 厚度或直径为 10cm 的食品能使其中心温度在 1h 之内降到 −5℃，则称快速冻结。

② 以时间分，食品中心在 30s 内通过最大冰晶生成区称为快速冻结。

(3) 冻结速度对质量的影响

① 缓冻时，由于细胞内和细胞间隙的溶液浓度不同，间隙水先结成冰晶，细胞内水分向细胞间隙已形成的冰晶迁移聚集，使细胞间隙的冰晶体不断增大，直到冻结温度降到足以使细胞内所有水形成冰晶为止。食品组织内形成的冰晶体积大，数目少，且分布不均匀，易使组织细胞被膨大的冰晶体挤压而遭受机械损伤，同时由于水分迁移而造成细胞浓度增加。使其解冻后流汁、风味变劣等。

② 速冻时，细胞内水分几乎同时在原地结成冰晶。冰晶体积小（其直径应小于 100μm），数

量多,分布均匀,对组织结构不会造成机械损伤,可最大限度地保持冻结食品的可逆性和质量。解冻时冰晶融化的水分能迅速被细胞吸收,不会产生汁液流失,基本保持原有的色泽、风味、营养。

快速冻结可将温度迅速降至微生物生长活动及酶活力的温度以下,利于抑制微生物的活动和酶促生化反应,使食品更利于保藏。

第二节 果蔬速冻加工技术

速冻食品是目前世界上发展最快的工业之一,速冻果蔬是其中的主要产品。新鲜果蔬经加工处理,快速冻结制成的包装食品可长期贮藏,可较大程度地保持蔬菜原有的色泽、风味和营养,食用方便,能起到对蔬菜市场淡旺季的调节作用,还可作为果蔬深加工的原料。

一、蔬菜的速冻加工技术

速冻蔬菜的质量取决于原料的性质和速冻工艺。其速冻加工工艺流程如图 8-2。

1. 原料采摘

选择好的原料是保证速冻果蔬产品质量的先决条件,蔬菜的种类、品质和新鲜度直接影响着速冻蔬菜制品质量。

通过冻结、冻藏和解冻的速冻蔬菜将发生品质变化,其变化的大小由于蔬菜种类的不同而有差异。一般来说,含水分和纤维多的蔬菜对冻结速度敏感性强一些,而含水分少含淀粉多的蔬菜对冻结速度敏感性弱一些。适合速冻的蔬菜种类有:豆类(包括青豌豆、蚕豆、豆角、扁豆、毛豆、青刀豆、荷兰豆等)、花菜、菠菜、蘑菇、芋芳、马铃薯、胡萝卜、芦笋、蒜苗、青椒、花椰菜、莲藕、甘薯等。

品质方面一般要求原料成熟度适宜、规格整齐、无机械损伤、无斑疤,外观、肉质、风味好,无病虫害、无微生物和农药残留的污染等。

如果仅有好的品种和品质,但新鲜度低的话,速冻果蔬产品质量还会受到严重影响。果蔬采收后随着时间延长,新鲜度越来越低,这是由于果蔬收获后仍然是生命体,继续着呼吸作用,伴随着新陈代谢,引起了生物化学变化,消耗了氧分,造成鲜度降低。所以若使其收获后尽可能保持较好的鲜度,应该采取以下措施来保持低的呼吸作用:①在最短时间内预冷,

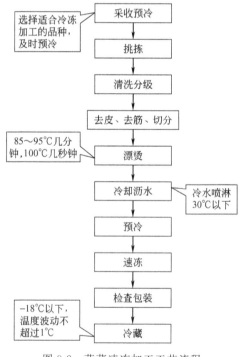

图 8-2 蔬菜速冻加工工艺流程

以减慢呼吸作用和生物化学变化;②在最短的时间内将其运输到加工地点,运输时尽量避免长时间暴露在阳光下,避免剧烈颠簸和挤压。

2. 原料预处理

在冷冻前,近乎所有蔬菜都要进行必要的处理。处理的内容和工序由于蔬菜的种类和制品的形状等不同而异。一般蔬菜的预处理包括预冷、挑除异物、洗涤、去根、去皮、去种子

等不可食部分，根据成熟度、形态、大小进行挑选、成形、烫漂、冷却、包装等。在加工过程中原料不能直接与铜或铁的容器直接接触，否则产品易变色变味，因此，加工过程中应使用不锈钢器具和塑料器具。下面重点介绍速冻加工的几个重要工序。

(1) 预冷　在蔬菜原料产地，用人工或机械方法将其冷却到规定的温度，使蔬菜维持正常的生命活动，在保证抗病能力的前提下，把呼吸作用和蒸发作用降低到仍能维持正常新陈代谢的最低水平，这一冷却方法称为预冷。目前预冷已成为蔬菜采收后加工的第一道工序。

预冷方法：①空气预冷法（强制通风法），即在高温冷藏库内采用冷气流强制对流的冷却方法，适用于所有蔬菜品种，该方法简单易行但冷却速度慢，通常每次需12～14h。②水预冷，即通过水冷却装置用水冷却，该方法适用于根茎类、果菜类蔬菜，此法设备简单、操作方便、冷却速度快、成本低，但是蔬菜的可溶性营养成分易流失，并易受冷却水中细菌的污染。③真空冷却，是利用水蒸发的汽化热冷却的方法，使蔬菜所含的水分在较低的温度下蒸发带走蔬菜自身的热量，达到冷却蔬菜的目的。具体的过程是：将水的压力从常压0.1MPa降到613Pa时，水的沸点从100℃降到了0℃，此时水在0℃迅速地沸腾蒸发。根据计算，每蒸发1g水，就能带走约2514J热量；蔬菜每失水1%就能降温6.2℃。因为真空冷却是靠蒸发蔬菜本身的水分而达到较低温度的冷却方法，所以对单位表面积较大的叶菜特别有效，此方法冷却速度比其他方法快，被冷却的蔬菜温度也比较均匀。

(2) 烫漂　由于蔬菜中含有各种酶类尽管处于冻结状态仍有一定活性，从而引起蔬菜变色变味、质构和营养变化。当解冻品温上升时酶活性变强，加快了生物化学变化，使产品质量恶化。大多数蔬菜都要进行漂烫工序，只有少数蔬菜在冻结前不进行加热处理，如洋葱、青柿子椒等。

① 烫漂的目的。速冻蔬菜烫漂的最重要的目的是使酶的活性被限制在最小限度，避免速冻、冷藏、解冻过程发生生物化学反应，使蔬菜营养损失、颜色和风味变坏。其次，烫漂能杀死部分微生物，利于蔬菜贮藏。再次，排除蔬菜组织中的空气，减少蔬菜贮藏过程中的氧化作用。

有几种酶由于在较高温度下仍能保持活性而被认为是蔬菜在冷藏过程中发生化学变化的原因。因此，把生鲜蔬菜在更高的温度下加热，这类的变化就可以避免，例如：在88℃温度下加热数分钟，也可在100℃下加热约30s。原料有大小，同样的原料，由于根、茎、叶等部位的热传导快慢不同，杀酶的效果也不同。因此，要根据不同情况确定烫漂时间才能保证冻菜质量。

图8-3、图8-4记录了烫漂温度和时间对刀豆的过氧化物酶和抗坏血酸氧化酶活性的影

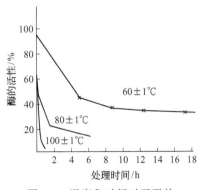

图8-3　温度和时间对刀豆的
过氧化物酶活性的影响

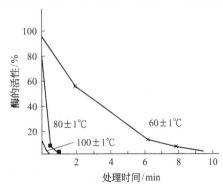

图8-4　温度和时间对刀豆的
抗坏血酸氧化酶活性的影响

响。从这两图可以看出，过氧化物酶比抗坏血酸氧化酶的耐热性要强，也就是说在同样加热的条件下，过氧化物酶活性的降低要慢得多。因此，烫漂效果的检验一般是检查抗热性较强的过氧化物酶的活性。

② 烫漂的方法。烫漂常用方法有热水烫漂和蒸汽烫漂两种。热水烫漂用水应符合生活饮用水的水质标准，水温多为80~100℃，生产中常用水温为93~96℃。烫漂时间因蔬菜种类和烫漂温度而不同。由于水的热容量大，传热速度快，因而热水烫漂时间较同温下蒸汽烫漂时间短，品温升高较均匀一致，适用的品种范围较广，操作简单，设备简单投资少。但热水烫漂存在着用水量大、蔬菜细胞破损严重、水溶性营养成分损失较多、失水率较大等方面的不足，影响到速冻蔬菜的风味、营养和外观品质，手工操作时劳动强度大。

蒸汽烫漂是把蔬菜放入流动的高温水蒸气（或水蒸气与空气混合气）中进行短时间的加热处理，紧接着用低温空气进行快速冷却。蒸汽温度为100℃或100℃以上，压力在100kPa以上。此热烫和冷却方法对蔬菜细胞组织破坏性小，可减少水溶性营养成分的损失，如表8-5所示。它主要适用于叶菜类、果菜类和切细根菜类。该法存在热量损失较大，烫漂不均匀，水蒸气易在蔬菜表面凝结，需要专门的烫漂设备等缺点。

表8-5 几种蔬菜在烫漂时成分的损失率　　　　单位：%（质量分数）

品　种	无机盐			蛋白质			维生素C		
	a	b	c	a	b	c	a	b	c
青豌豆	12	16	5	9	15	4	29	40	16
菜豆(薄片)	21	44	20	8	19	13	34	56	36
菜豆(整的)	9	11	15	0	10	3	7	18	8
胡萝卜(片)	15	24	10	30	30	26	26	39	22
胡萝卜(丁)	29	33	17	23	24	7	24	46	20
胡萝卜(整)	6	16	11	10	10	11	19	44	32
土豆(整)	7	19	10	8	10	10	32	34	39
甘蓝	10	23	17	5	12	11	31	48	11

注：a—热水烫漂1min；b—热水烫漂6min；c—蒸汽烫漂3min。

近几年，烫漂方法正在向快速、节能、操作控制方便的方向发展，主要新方法有微波烫漂、高温瞬时蒸汽烫漂、常温酸烫漂等。不管采用哪种烫漂方法，蔬菜的外观品质没有显著性差异，但在维生素C保持率、能耗和失水率等方面存在差异。

微波烫漂：将预制的新鲜蔬菜放在915MHz或2450MHz的电磁场中，利用微波的热力效应和生物效应，破坏酶的空间结构，使酶失活。此方法使蔬菜内外同时受热，品温上升快。

高温瞬时蒸汽烫漂：采用高温高压水蒸气短时间（5~6s）加热蔬菜以达到烫漂效果，蔬菜汁液损失减少并改善其质构，热利用率高，节约能源。

常温酸烫漂：主要用于易褐变的蔬菜，如蘑菇，其中含有大量的多酚氧化酶，将蘑菇放在pH 3.5、0.05mol/L柠檬酸溶液中浸泡几分钟，使酶的三级结构受到破坏，而且柠檬酸络合多酚氧化酶的中心离子，使酶失活。

烫漂温度和时间应根据蔬菜的种类、大小、成熟度、含酶种类和工艺要求等条件综合考虑确定，常以蔬菜中的过氧化物酶活性刚好全部破坏为度，也可以脂质氧化酶活性刚好全部破坏为标准，在生产中应结合实际情况，从蔬菜品质和节能两方面综合考虑，稍作调整。常见的几种蔬菜的烫漂温度和时间如表8-5。一般采用热水烫漂时，投料量与热水质量之比为1∶20，以保证烫漂的有效温度。几种常见蔬菜在100℃烫漂所需时间见表8-6。

表 8-6　几种蔬菜的烫漂时间　　　　　　　　　　　　　　　　单位：min

蔬菜种类	烫漂时间	蔬菜种类	烫漂时间
菜豆	2	青菜	2
刀豆	2.5	荷兰豆	1.5
菠菜	2	芋	10～12
黄瓜片	1.5	胡萝卜丁	2
蘑菇	3	蒜	1
南瓜片	2.5	蚕豆	2.5

注：条件为：100℃沸水。上海速冻蔬菜厂菜品。

（3）烫漂的检验　蔬菜烫漂的温度和时间与其效果密切相关。烫漂效果的检验一般是检查抗热性较强的过氧化氢酶的活性，看其在烫漂后仍残留多少，来判断烫漂是否适当。具体方法：用 1.5% 愈创木酚酒精液和 2% H_2O_2 等量混合后，将烫后蔬菜试样切片浸入其中，如果在数分钟不变色，即表示过氧化物酶已被破坏，否则出现褐色。

有些蔬菜的风味、色泽受脂质氧化酶和脂质氧化物酶的影响很大，因此，有时也可用脂质氧化酶和过氧化物酶的活性作为烫漂程度的指标。而这两种酶分别含有多种同工酶，每一种脂质氧化同功酶或过氧化物同功酶的抗热性不同，检验方法也有多种，如分光法等。

（4）冷却和沥水

① 冷却。蔬菜烫漂后应立即快速冷却，使其温度尽快降至 5℃ 以下，以减少营养损失、色泽变坏。减少对热不稳定成分的变化。减少微生物繁殖，另外，原料品温低，进入冻结装置时还可减少冷冻时的干耗，缩短冻结时间。冷却方法有：a. 冷水浸泡。b. 用冷水喷淋冷却。c. 用冰水（或碎冰）冷却。d. 冷风冷却。浸泡和喷淋法会增加可溶性固形物的损失，还需沥去原料表面的水分；风冷却没有前者的缺点。

② 沥水。用水冷却的蔬菜，冷却后必须沥水，特别是菠菜之类的叶菜类蔬菜，菜叶间的残留水分在冻结前会流出积聚于包装袋底部，冻结成冰块而影响成品外观。通常使用离心式、振动式沥水机沥水。

3. 速冻

目前，中国速冻生产厂普遍运用的方法有两种，一种是低温冻结间，是静止冻结，这种方式速度慢，冷冻产品质量不好，不宜推广。二是采用专用冻结装置生产，此方法速度快，产品质量好，适宜于各种速冻蔬菜。蔬菜冻结的速冻装置大体分为送风式（中国多用流化床速冻装置）、接触式和液氮或液态 CO_2 喷淋冻结装置，速冻蔬菜主要采用前两种形式的装置。无论采取哪种速冻方法，冻结速度和冻结品温这两点是获得优良冷冻产品的最重要因素。

在冻结过程中，最大冰晶生成温度带为 -5～-1℃，在此温度范围内，原料的组织损伤最为严重。为使冰晶体损伤减小到最小程度，可采用迅速冻结法，即 30min 内通过最大冰晶生成区，约 80% 的水分可冻结成冰。使冰晶体颗粒小而均匀地分布在细胞组织内，对组织结构不会造成机械损伤，可最大限度地保持冻结食品的质量和可逆性。

速冻应采用 -35～-30℃ 以下的低温进行冻结，至果蔬的中心温度降到 -18℃ 以下。冻结终温（冻结终了从冻结装置中把冻菜取出时的品温）要尽可能地达到冻藏温度或者接近这个温度，这对于冻藏后保持优良品质很重要。一般来说，冻藏室温度在 -20℃ 以下，因此，冻结终温可以取 -18℃ 以下。

需要注意的是，蔬菜在预处理时要经受烫漂过程的加热处理，如有条件，在冻结前将冷却后的蔬菜预冷使其冷透，品温接近于 0℃，冷冻效果会更好，这一点很重要。如果冻结前原料的品温高,则相当于冻结过程经过最大冰晶生成温度带的时间加长了。前处理后的原料若不能立即进行冻结,应设法将其品温立即降到近于0℃,并放到冷藏室中暂时贮藏,以免发生变质。

4. 包装与冻藏

(1) 速冻食品包装的作用　能有效控制食品在贮藏中的升华现象而引起的表面失水干燥;防止食品长期接触空气氧化变色;保持产品的卫生,防止食品受污染;便于运输销售。

(2) 速冻食品包装的要求　内包装要求耐低温、透气性低、不透水、无异味、无毒性等。铝箔、玻璃纸、纸和PVC、PE、PP、PET等塑料材料可作为内包装。包装形式有袋、托盘、杯、盒、桶。可采用普通包装、充氮包装、抽真空包装等,以0.06~0.08mm厚的聚乙烯薄膜袋使用较多,充氮和抽真空包装效果好。外包装多用表面有防潮层的纸箱,标签或纸箱上印有品名、规格、重量、生产日期、贮存条件、贮藏期限、批号和生产厂家。

(3) 包装注意事项　在包装前,所有包装材料须在-10℃以下低温间预冷;人工封袋时应注意排除空气,若不排除空气,在冻藏中将会加大蔬菜干燥和氧化的程度;包装内的蔬菜要摆放整齐紧密,尽量减少空隙,以免水蒸气从冻结蔬菜中向此空间移动,并在包装材料的内侧面凝霜,使透明的塑料膜变得白浊,其中的冻结蔬菜的表面就会变得粗糙而完全失去光泽并变得干燥;包装必须保证在-5℃以下低温环境中进行,温度在-4~-1℃以上时速冻蔬菜会发生重结晶现象,将大大地降低速冻蔬菜的品质;在包装前1h,包装间应开紫外灯灭菌,所有包装用器具、工作人员的工作服、帽、鞋、手均要定时消毒;工作场地及工作人员必须严格执行食品卫生标准,非操作人员不得随便进入,以防止污染;装箱后整箱进行复磅,用封口条封箱。

(4) 冷藏注意事项　包装后立即送入-18℃以下的冷藏库贮藏,库温在短时间波动在所难免,一般尽量控制波动幅度不超过1℃,大批产品进出库时,一昼夜升温应控制在4℃以内。码垛时一定要注意高度限制,太高会造成塌垛现象,压坏冷冻产品。

5. 解冻

解冻就是将冷冻食品的温度回升到所指定的温度,使其内部的冰结晶融化成水,水分逐渐被细胞吸收,并保证最完善地恢复到冻结前的状态,获得最大限度的可逆性。解冻是冻结的逆过程,也需要快速。解冻时间尽可能短、解冻终温尽可能低、解冻食品表面和中心部分的温差尽可能小、卫生条件较好才有利于恢复到冻结前的状态。但是不可能完全恢复到冻结前的状态,这主要因为解冻的方法不同和在解冻过程中要发生物理、化学变化,食品由于冰结晶对纤维细胞组织构造的损伤,使它们保持水分的能力减弱及蛋白质物理性质的变化,必然要产生汁液的流失;因为温度升高和冰结晶融化成水,能使微生物和酶的活动能力趋于活化。因此,冷冻果蔬解冻后要立即食用或加工使用,尽量不冷藏或冻藏,避免产品氧化褐变、流汁、营养损失,甚至受微生物影响腐败变质。

目前,冷冻食品的解冻方法有外部加热法和内部加热法两类。

(1) 外部加热法　即由温度较高的物质向冷冻食品表面传送热量,热量由表面逐渐向中心传送。常用的该类方法有以下几种。

① 空气解冻法,通常采用25~40℃空气和蒸汽混合介质解冻。

② 水(或盐水)解冻法,一般采用15~20℃的水介质浸渍解冻。

③ 水蒸气凝结解冻法。

④ 热金属面接触解冻法。

(2) 内部加热法　即在高频或微波场中使冻结晶各部位同时受热。常用的内部加热解冻方法如下。

① 低频电流（50~60Hz/s）加热解冻。该方法比空气和水解冻的速度快2~3倍，耗电少、费用低，其缺点是内部解冻不均，只适合薄片表面解冻。

② 高频电流（1~50MHz/s）加热解冻。解冻时间短，食品表面和内部同时加热。

③ 微波加热、超声波、远红外辐射等。解冻速度快，能较好地保持食品的色泽和营养，但成本较高。

通常，解冻时低温缓慢比高温快速解冻流失液少。但蔬菜在热水中快速解冻比自然缓慢解冻流失汁液少。

速冻水果是供鲜食或作深加工原料用，不宜采用加热法解冻，采用低温全解冻方法较好。速冻蔬菜在解冻食用时，可直接烹饪，烹饪的火力要猛，加热要均匀，蒸煮时间要短，常温下不可久放。

二、水果的速冻加工技术

水果中含有各种维生素和矿物质，特别是维生素C和碱性矿物质。速冻保藏一些价格高或有特殊风味的水果，可在淡季调节市场或争取外销，有较高的经济价值。速冻水果可做果酱、果脯的原料和酸奶、派等的配料。速冻水果的质量取决于原料的性质和速冻工艺。水果的速冻加工工艺流程如图8-5所示。

1. 原料采收

速冻水果原料的状况与速冻产品的质量有密切的关系，优质的原料才能加工出高品质的速冻产品。水果的种类很多，通常适合于速冻的有苹果、桃、杏、梨、草莓、樱桃、荔枝和菠萝等。果实应在最适的采收成熟度（一般在八九成熟或者说鲜食成熟阶段）采收，因为水果速冻后原有的色、香、味得不到提高，采收太早，水果的色、香、味和营养价值都不理想。采收成熟度太高则果实太软不利于加工，易碎、易流汁。目前，中国果实的采收依然多是人工进行，如管理得好可大大减少损伤，减少原料的浪费，但费工且效率低。水果的运输同前面蔬菜运输方法。

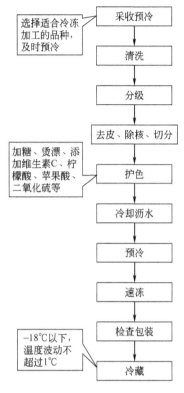

图8-5 水果速冻加工工艺流程

2. 预冷

最大限度地保持水果原料的新鲜程度和原有品质，就必须在采收以后的最短时间内，在水果原料产地，用人工方法将其冷却到规定温度，使水果维持其正常的生命活动，把呼吸作用和蒸发作用降低到最低水平。有些冷冻厂为了提高速冻水果产品质量，已把预冷作为水果采收后加工的第一道工序。但还有些速冻厂没有条件或不重视预冷这道工序，冷冻产品质量受到了影响。水果预冷方法同前面蔬菜预冷方法。

3. 清洗

水果在生长成熟期间以及采后的贮运中，经常会受到自然环境的污染、杂物的混入、病虫害的侵袭、农药的残留、容器的不清洁等，使水果必须经过清洁、降杂、减少微生物的污染。对草莓等浆果类原料洗涤时，要防止机械损伤及在水中浸泡过久，以免营养流失、色泽和风味受到影响。

4. 分级

为了保证产品的质量和标准，减少损耗，适于包装，原料须进行质量、大小、重量分级，同时剔除不合格部分。

5. 去皮、切分、除核

水果除浆果类不需要去皮，樱桃类小型果实不需去皮，大多数是要去皮的，果实去皮的方法有机械去皮（苹果）、热力去皮（桃）和化学去皮（橘子）等。

① 机械去皮。多数加工厂用机械去皮，去皮后再按规格要求进行切分并除核（用机械或人工方法）。对除核则采取冲击穿刺的机械装置进行。

② 热力去皮。一般用高压蒸汽或开水短时间加热，使果实表皮突然受热松软与内部组织脱离，然后迅速冷却去皮。如：杏、桃子等。

③ 化学去皮。在3%～10%的氢氧化钠热溶液（60～90℃）中浸1～5min，立即取出，用水冲洗，并摩擦或刷去表皮，用流水冲洗，再将去皮的水果在2%柠檬酸溶液中浸数分钟，以中和残留的碱性，最后用清水冲洗干净。橘子、杏、桃子等适用此方法。

6. 护色处理

水果去皮切分后与空气接触，颜色容易褐变。为了抑制这一变化，一般采用烫漂或加添加剂或两者结合的方法进行处理，烫漂和加添加剂结合的方法效果较好。具体方法是：水果去皮立即用0.1%～0.2%的维生素C水溶液或0.2%柠檬酸或1%的食盐浸泡，切分后立即烫漂（水中最好加柠檬酸或维生素C）。

① 烫漂。烫漂方法和检验方法如前面的蔬菜速冻加工技术所讲，一般烫漂温度和时间由果块的大小而定，烫漂温度一般多在85～95℃之间，常以水果块中的过氧化物酶活性刚好全部破坏为度，生产中应先小试，根据不同原料特点和产品的规格要求，确定温度和时间，并在实际生产时定时抽查，确保酶的活性降到最低，以免冻藏和解冻过程出现褐变。

② 加糖处理。水果加糖后由于渗透压的作用，水果中的水会部分析出，可降低冻结点，可减轻冻结时形成的冰晶破坏水果的组织。同时由于糖水包住了水果，能起到隔绝空气的作用，减少氧化作用，削弱氧化酶的活性，有助于保持水果的色香味和维生素C含量。糖水浓度为10%～50%，用量配比是：水果∶糖水=2∶1。水果中加入糖水后，应先在0℃库房中存放8～10h，使糖分渗入水果，再将其速冻。冷冻草莓可加砂糖处理，草莓与砂糖的质量比为4∶1～7∶3。

③ 添加维生素C。添加维生素C主要是对在去皮、切分、除核后对褐变特别敏感的水果而言。如将桃的薄片浸渍于糖液中，经速冻后在冻藏期间会屡次颜色变褐，致使产品质量下降。但如果将桃的薄片浸渍在含有0.1%维生素C的糖汁中，取出速冻，于−18℃以下冷藏两年也不变色。

④ 二氧化硫处理。采用二氧化硫浸泡水果也能防止褐变。处理方法是水果去皮、切分后，立即投入浓度为50mg/kg的二氧化硫溶液中浸渍2～5min，控制褐变较有效。用此方法要注意：处理过的水果组织所含二氧化硫量应限制在20mg/kg以内，二氧化硫含量过高会引起一定程度的果胶水解，同时平均黏度也要下降，结果导致水果变软。此方法在一些国家禁止使用。

⑤ 柠檬酸和苹果酸处理。柠檬酸和苹果酸是水果中天然存在的两种有机酸，它们具有抑制酶活力的作用。水果中氧化酶的活性，可用降低pH的方法而使其受到抑制。因此，提高水果酸度也可以防止褐变。特别是柠檬酸在果蔬加工中经常用到，柠檬酸能降低产品的pH而控制其氧化。在速冻果品的填充糖液中加入0.5%的柠檬酸就能起到保护色泽的作用。在去皮、切分、除核后将水果浸渍在含有0.2%的柠檬酸溶液中也能起到较好的护色作用。

7. 速冻

冻结速度对水果的品质影响很大。水果的速冻国内外多采用流化床速冻装置来进行，用该装置速冻的水果品种有：苹果、桃、樱桃、草莓、菠萝丁和荔枝等。在冻结时，根据水果在流化床传送带上悬浮状态的不同又分为全流化、半流化和不流化三种形式。通常流化床内空气温度为-35～-30℃，冷气流速度为4～6m/s。对全流化水果，如樱桃，装料层高30～40mm。冻结时间3～6min。对半流化水果，如荔枝，装料层高80～120mm，冻结时间9～20min。对不流化水果，如桃，装料层高200mm，冻结时间25～35min。

8. 包装、冻藏、解冻

包装、冻藏、解冻方法与注意事项同本节蔬菜的速冻加工技术。一些冷冻果蔬的贮藏期见表8-7。

表8-7 几种常见速冻果蔬的贮藏期

速冻蔬菜名称	贮藏期限/月			速冻蔬菜名称	贮藏期限/月		
	-18℃	-25℃	-30℃		-18℃	-25℃	-30℃
青豌豆	18	>24	>24	加糖草莓	18	24	24
菠菜	18	>24	>24	不加糖草莓	12	>18	>24
胡萝卜	18	>24	>24	加糖樱桃	12	18	24
刀豆	18	>24	>24	加糖杏	12	18	24
甘蓝	15	24	>24	加糖桃	12	18	24
花菜	15	24	>24	加糖李	12	18	24

第三节 果蔬速冻方法及设备

速冻食品的方法较多，按照物料是否与制冷剂或载冷剂接触，分为直接冻结和间接冻结两种。直接冻结又分为浸渍冻结法和喷淋式冻结法；间接冻结又分为静止空气冻结法、送风冻结法、接触式冻结法。

一、直接冻结方法及设备

1. 浸渍冻结法

将物料直接浸渍在温度很低的液体载冷剂中而达到冻结。常用载冷剂有丙二醇、丙三醇、氯化钠、氯化钙等。只适用于包装食品。

2. 喷淋式冻结法

液氮喷淋超低温冻结法——液氮喷淋冻结式速冻器。

液态二氧化碳喷淋冻结法——液态二氧化碳喷淋冻结式速冻器。

液氮无色，常压下可得-196℃的低温，与其他物质不起化学反应。

3. 液氮喷淋超低温冻结法特点

最低温的冻结方法，其优点为设备简单、操作方便、冻结效果好。由于氮气的覆盖，食品的氧化作用小，食品干耗小，几乎无氧化变色，品质好，冻结速度快，比较适合于小块物料。对于较大型物块，外层快速冻结后，则可能因内部再冻结而膨胀，产生龟裂，故本法对含水量较多的物体不太适用。对于3mm厚的食品，1～5min即能到-18℃，但超低温易造成表面与中心产生极大温差，表面龟裂。液氮冻结的液氮消耗代价较大，每冻结1kg物料约需耗液氮0.6～1.5kg，所以较适宜于冻结价格较贵的物料。

液氮喷淋汽化后在绝热隧道中与物料直接接触，低温氮气在隧道中用风扇循环，以充分利用其冷量，最后完全排出而消耗。液氮冻结装置如图8-6所示。

二、间接冻结方法及设备

1. 静止空气冻结法

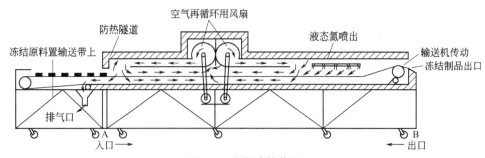

图 8-6　液氮冻结装置

(1) 缺点　空气作冻结介质，其导热性能差，空气与其接触的物体之间的"放热系数小"，时间长 10h。

(2) 优点　它对食品无害，成本低，机械化较容易。是使用最早、应用最广泛的方式。

(3) 设备　管，架，盘。

2. 送风冻结法

送风冻结装置中冷风平行或垂直吹向食品，增大风速使原料表面放热系数提高，提高冻结速度，送风会增加产品干耗，但加快冻结，表面冰层又可减少干耗。此方法目前在果蔬速冻加工中使用较多。

(1) 设备　隧道式、传送带式、单向直走带式、螺旋带式、链带式形成传送装置、悬浮式（流态床）。

① 传送带式速冻装置。冷风温度为 －40～－35℃，厚 1.5～4cm 厚的食品可在 12～41min 内完成，适合于各种形状的物料冻结，如：苹果片/条、芦笋、芋头、刀豆、菠菜、草莓、桃等。如图 8-7 所示。

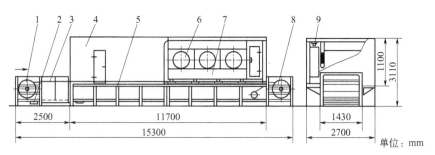

图 8-7　传送带式速冻装置

1—从动滚筒；2—喷淋装置；3—钢带；4—库体；5—托架；6—风机；
7—蒸发；8—主动滚筒；9—灯具

② 悬浮式速冻装置。这种装置用分成预冷和急冻两段的多孔不锈钢网状传送带，从进料口将物料布置于带上，通过多台风机把冷风强制由下向上吹过果蔬，使之呈悬浮状被急速冻结，冷风温度为 －40～－35℃，以 6～8m/s 的风速，垂直向上，5～10min 内，使食品冻结到 －18℃以下。物料靠风力和输送带向前移动，不会堆积，冻品由出口滑槽排出（图 8-8、图 8-9）。适合于体积小的食品单体冻结，如：苹果丁、杏丁、葡萄、草莓、蘑菇、大蒜瓣、刀豆和豌豆等。这种装置需定期停产融霜。

③ 隧道式冻结装置。此装置适合不同形状、体积较大的果蔬产品冻结，如：青玉米、甜玉米、整番茄、桃瓣等。装置如图 8-10 所示，是一种空气强制循环速冻装置，将处理过的果蔬物料装入托盘，放到下带滚轮的载货架车上，从隧道一端陆续送入，经一定时间（几

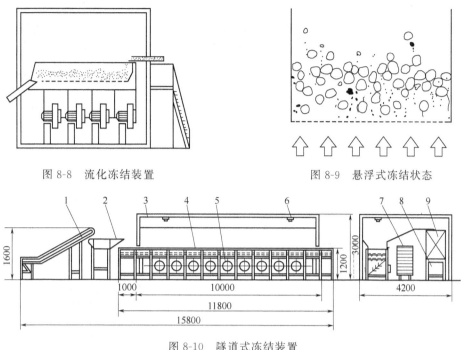

图 8-8　流化冻结装置　　　　　　　　图 8-9　悬浮式冻结状态

图 8-10　隧道式冻结装置

1—提升机；2—振动筛；3—维护结构；4—流态床；5—风机；
6—灯具；7—支架；8—蒸发器；9—架车

个小时）冻结后，从另一端推出。蒸发器和冷风机装在隧道的一侧，风机使冷风从侧面通过蒸发器吹到果蔬物料，冷风吸收热量的同时将其冻结。吸热后的冷风再由风机吸入蒸发器被冷却，如此不断反复循环。此装置的缺点是所使用的风机大都是轴流式风机，风速增高产品干耗有所增大，而且总耗冷量较大。

④ 螺旋带式冻结装置。螺旋带式连续冻结装置如图 8-11 所示。其特点：体积小，与同样的传送带面积冻结装置相比，其装置体积仅为一般传送带的 1/4，干耗量比隧道式冻结装置要少。但它的功率较高，生产量少，间歇生产时耗电量大，成本较高。该装置中间是个转筒，传送带的一边紧靠转筒一起运动，物料放在不锈钢网带的传送带上面，从该装置的下部送

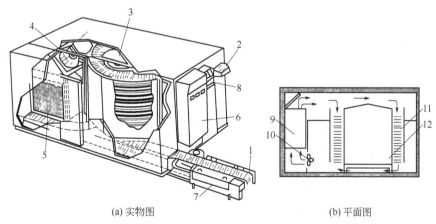

(a) 实物图　　　　　　　　　　　　(b) 平面图

图 8-11　螺旋带式连续冻结装置

1—进冻；2—出冻；3，12—转筒；4，10—风机；5—蒸发管组；6—电控制板；
7—带清洗器；8—频率转换器；9—蒸发器；11—传送带

入，上部输出。而冷风与物料呈逆向对流换热。厚25cm的物料冻至-18℃需冷冻40min。

⑤ 冻结室。冻结室是在静止冻结的基础上增设一定的冷风气流，用来强化冻结时的对流传热作用。冻品则可在冻结小车上分层摆放或在传送链上悬吊，以增加传热面积，可连续或半连续操作。一般速冻温度为-45~-28℃。冷风流速约10~15m/s。冻结室示意如图8-12所示。采用专用的冻结室，可以提高冻结的速度，克服静止冻结因冻结缓慢而使速冻果品品质降低的不足。此设备缺点：由于采用空气作为二次冷冻，可能使冻品少量脱水，但因空气温度低，冻结速度快，脱水现象不致严重。

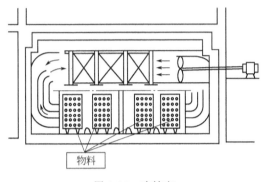

图 8-12　冻结室

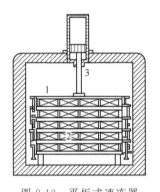

图 8-13　平板式速冻器
1—冷却板；2—带包装食品；3—水压式升降机

(2) 接触式冻结法　是利用被制冷剂冷却的金属平板与物料密切接触而达到冻结。常用设备有平板式速冻器（图8-13）。通常箱内设有多层金属平板，平板相当于制冷系统的蒸发器，或在板内设置管，制冷剂管内流过，各平板间放食品，板间距可根据食品厚度调节，调至食品与板贴紧便可开始冻结。平均板温可达到-33~-30℃，厚度为(7±1)cm的物料，冻结时间为(3±1)h。耐挤压、形状规格（条、块、片）的食品适合用此设备。

第四节　常见速冻果蔬加工技术

中国是蔬菜水果生产大国，随着冷冻食品工业的迅速发展，现代先进的速冻技术不断推广，国内果蔬冷冻加工产品质量也在提高，出口创汇不断增加。中国速冻蔬菜主要有：豆类（包括青豌豆、蚕豆、豆角、扁豆、毛豆、青刀豆、荷兰豆等）、青玉米、甜玉米、花菜、菠菜、蘑菇、马铃薯、胡萝卜、芦笋、蒜苗、青椒等20多个品种。目前中国速冻水果主要有苹果、桃、梨、草莓、蓝莓、樱桃、杏、荔枝、枇杷、番石榴等。主要出口欧美和日本。

一、速冻草莓加工技术

1. 工艺流程

见图8-14。

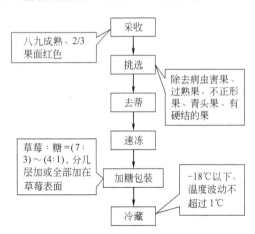

图 8-14　速冻草莓加工工艺流程

2. 工艺要点

(1) 原料挑选　除去杂质异物和有硬结的果、畸形果、病虫害果、青头果及过熟导致的红黑色果。选择有适当的硬度，表面光泽、无腐烂、具有本品种草莓应有的香气、滋味,八九成熟,具有该品种固有的红色,红色部分应占果实 2/3 以上的草莓,大小均匀,重量因品种而不同,农药的残留量符合国家标准。一般选择该品种的中等或中等稍大的果,符合这种规格且均匀的草莓属于 A 级品,出口较多而且价格较高。如全明星草莓质,其地较硬适合运输和单冻加工;丰香草莓则质地软,香味极浓,适合块冻。

(2) 去蒂　通常,草莓去蒂还是借助小尖锥的手工法,很费工时,但草莓不易损坏。同时还可去除杂质异物,对草莓进行再次挑选、分级。

(3) 清洗、分级　一般都用洗果机,毛刷要软硬适度,既要能刷干净草莓表面,又不能损伤它。用水喷淋和浸泡时间不宜过长,最好不要超过 20min,以免色素和营养成分损失。有些冷冻厂的清洗设备带有过滤网,草莓经过喷淋带时过滤网孔的大小不同而分离出大小不同的草莓。

(4) 速冻

方法一

① 速冻。清洗好的草莓由传送带直接送到流化床装置的多孔不锈钢网状传送带上,分成预冷和急冻两段,冷风温度为 $-40 \sim -35 ℃$,以 $6 \sim 8m/s$ 的风速,垂直向上,$5 \sim 10min$ 内,使草莓中心温度达到 $-15 ℃$ 以下。

② 称重加糖。一般单包装净重为 $10 \sim 20kg$,加糖比例不同,一般出口产品,草莓与糖的比例为 4∶1,国内销售产品,草莓与糖的比例为 7∶3。加糖方法也不同,可分几层撒在草莓上,也可以将糖全部撒在草莓的最表面。

③ 包装。通常有三种包装,纸箱、马口铁桶、塑料桶。前两种要有高密度聚乙烯内包装袋,塑料桶则直接装入草莓。包装上标签文字内容要求:产品名称、生产日期、保质期、净含量、生产商名称、地址、电话等。

方法二

① 盘冻。将清洗、分级好的草莓装入盘中,盘冻($-35 ℃$ 时,果实中心温度可达到 $-1 ℃$)。

② 加糖装箱。将以上草莓按规定重量装入包装中,称重加糖,糖全部盖在草莓表面。草莓与白砂糖的比例为 (7∶3)~(4∶1)。出口产品一般是草莓与白砂糖的比例是 4∶1。

③ 急冻。装箱后立即 $-35 ℃$ 以下急冻至中心温度到 $-15 ℃$ 以下。这种整箱包装急冻法也叫块冻。

(5) 冷藏　速冻后用胶带将包装封箱、封盖,打印生产日期,贴标签,出口产品则要注意出口的新标签标准。$-18 ℃$ 以下冷冻保藏。

3. 产品质量标准

(1) 感官标准

① 色泽。解冻前后色泽一致,均为正常本品种固有的红色部分占果实的 2/3 以上,但不允许有青头及过熟导致的红黑色。

② 滋味和气味。解冻后具有本品种草莓应有的滋味和气味,没有异味。

③ 组织形态。有适当的硬度,表面光泽、果肉无压坏、无腐烂果、无含有硬结的畸形果。

④ 杂质。无杂质异物,无病虫害。

(2) 卫生标准　冷冻草莓要符合国家卫生标准。

二、速冻荷兰豆加工技术

1. 工艺流程

见图 8-15。

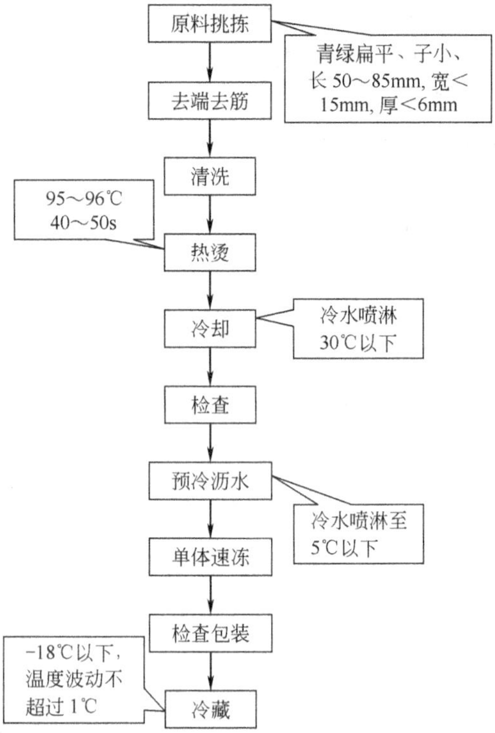

2. 工艺要点

（1）原料选择 选出色泽青绿，豆荚扁平、子小、较直无明显弯曲，表面光滑无斑，无病虫害，豆荚长度在 50～85mm、宽度＜15mm、厚度＜6mm 范围的荷兰豆。人工除去色浅、异色、粗老、有伤、斑点或有虫的豆及杂质。

（2）去端去筋 手工将荷兰豆两侧的豆筋抽去，同时将荷兰豆两端去除。

（3）热烫和冷却 采用热水热烫，热烫温度 95～96℃、热烫时间 40～50s。热烫后立即使用符合饮用卫生标准的水喷淋冷却至 30℃以下（一级冷却）。为了加快降温速度和节约水源，可以利用后序预冷荷兰豆的较低温度的水再喷淋冷却（二级冷却）。

（4）检查 人工挑出因热烫产生的变色豆、烂豆及原料选择时漏筛的不合格豆。

（5）预冷、沥水 使用符合饮用卫生标准的冷水再次喷淋荷兰豆，冷却降温至 5℃以下，紧接着用振动沥水和吹风除水方法除去豆荚上多余的水分。

（6）速冻 采用流态化单体速冻方法，使荷兰豆的中心温度较快降到－18℃以下，并且豆荚单体不粘连。

（7）检查包装 在－5℃以下的洁净环境中拣除结块豆、粘连豆、过弯豆和杂质及前序漏拣的不合格豆，然后称量，用塑料袋装好，热封袋口，最后装箱。

（8）冷藏 包装后及时放入－18℃以下的低温冷库中冷藏。冷冻期间尽量减少冷库温度波动，最好不超过 1℃。

图 8-15 速冻荷兰豆加工工艺流程

3. 产品质量标准

（1）感官标准

① 色泽。解冻前后色泽一致，均为正常的亮绿色。

② 滋味和气味。解冻后具有荷兰豆应有的滋味和气味，没有异味。

③ 组织形态。豆荚基本直条、扁平子小、去端去筋、无裂缝，食之脆嫩无纤维感。

④ 杂质。无杂质异物，无病虫害。

（2）卫生标准 速冻荷兰豆微生物检验要符合国家卫生标准。

第五节 果蔬速冻产品常见的质量问题及解决途径

果蔬产品在采收后、速冻加工过程、冻藏过程、解冻过程都会发生一些影响产品质量的变化。果蔬采收后依然是生命体，还有呼吸作用，呼吸作用会消耗营养物质，还会发生一些生物化学反应导致果蔬的颜色、味道、组织状态变化，因此果蔬采后要及时预冷，使其呼吸作用和生化反应降到最低程度。

一、变色

变色是果蔬速冻加工过程中最常见的质量问题，酶在低温下不能完全抑制，在低温下果蔬的颜色也会发生变化，只是比常温下变得更慢而已。要防止颜色变化，在速冻前应做好护色处理。

防止措施：①参见本章第二节果蔬预处理中烫漂和护色处理。②冻结方法要选择速冻，以免冻结和解冻过程发生褐变反应。③解冻时需要快速。

二、流汁

冷冻速度慢会造成果蔬组织受机械损伤，解冻时融化的水不能重新被细胞吸收，引起汁液的流失，组织变软，口感风味严重受损，营养流失严重。冷冻和贮藏过程中碰压使产品变形而损伤组织，特别是贮藏过程中如果出现塌垛现象，则产品组织形态受损严重，解冻后出现严重流汁现象。

防止措施：①确保冻结方式为速冻法。②确保速冻原料完好无组织损伤。③冷冻、贮藏过程中注意避免碰压使组织损伤。

三、龟裂

由于水变成冰的过程体积增大9%左右，使含水量大的果蔬冻结时体积膨胀，产生冻结膨胀压，膨胀压过大就会导致果蔬产品龟裂。龟裂的产生往往是冻结不均匀，速度过快造成的。

防止措施：①在大量生产前先做实验确定冻结速度，以免冻结速度太快造成龟裂。②对于物块大、含水量高的果蔬尽量不用液氮喷淋冻结式速冻器，以免外层快速冻结后，则可能因内部再冻结而膨胀产生龟裂。

四、干耗

果蔬速冻加工过程中，随着热量的带走部分水分同时被带走，导致产品的干耗发生。空气流动越快干耗就越大。另外，在制品冷藏过程中由于水的升华现象也会引起干耗，并随冷藏时间延长而越严重。

防止措施：①在产品冷冻后增加"上冰衣"的工序能降低或避免干耗。②减少冻结时间。

速冻果蔬产品除采收、预处理、冷冻加工、贮藏过程需要把好质量关，解冻过程也不可忽视，一定要做到快速、低温、卫生，合理选用解冻方法，否则会造成产品质量下降。解冻方法和注意事项见本章第二节。

【本章小结】

本章讲述了速冻保藏的基本原理，低温对微生物和酶的抑制作用是冷冻产品能够长期保存的主要原因。冷冻加工过程主要包括原料选择、原料预处理、速冻、包装、贮藏等工序，并列举了果蔬冷冻加工技术实例。要加工出高质量的冷冻果蔬产品（即解冻后尽可能保存原有色、香、味、组织状态和营养价值），必须做到原料选得好、预处理及时、护色效果好、快速冻结、冻结方法和冷冻设备适合。并介绍了相关的冷冻方法和冷冻设备。本章对果蔬速冻加工过程中常见的质量问题如变色、流汁、龟裂、干耗等进行分析并提出了防止措施。

【复习思考题】

1. 什么是果蔬速冻？
2. 果蔬速冻后能较长时间冻藏而不发生质量变化的原因是什么？

3. 果蔬速冻加工过程中常见的质量问题及预防措施是什么？
4. 写出果蔬速冻加工的工艺流程和工艺要点。

【实验实训十五】 速冻杏的加工

一、技能目标

通过此次实训使学生巩固水果冷冻加工的基本原理和加工工艺，掌握杏的冷冻加工技术和冷冻杏的质量标准。

二、材料、仪器及设备

1. 材料：杏、NaOH、柠檬酸等。
2. 仪器与设备：刀、菜板、盆、锅、灶、漏勺、托盘、冷库（或冰箱）。

三、工艺流程

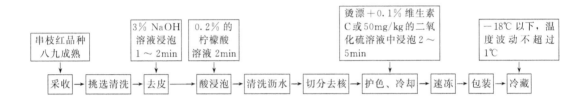

四、操作步骤

1. 选择有适当的硬度，表面光泽、无腐烂、无虫害、具有杏应有的香气、滋味。八九成熟，具有该品种固有的橙色或橙红色。串枝红品种较适合速冻。

2. 将果表面清洗干净。

3. 将洗干净的杏用配制好的3％NaOH溶液浸泡1～2min。溶液中浸泡2min。

4. 先将用碱泡过的杏用净水冲洗，并将杏皮摩擦去净，再放入事先配制好的0.2％的柠檬酸。

5. 清洗、去核、切分：把杏从柠檬酸中捞出用净水冲洗干净，将杏去核、切分（可切瓣、条、片、丁）。

6. 护色，建议用几种方法做对比，看哪种效果好，烫漂：烫漂水温85～95℃，水中加0.1％的维生素C，时间最好根据检验而定。过氧化氢酶的活性检验及其他护色方法参见本章第二节中介绍的相关方法。

7. 控水、冷却：将经过护色处理的杏立即控水、冷却。

8. 冻结：最好-35℃快速冻结。

9. 包装冷藏：用塑料袋包装、封口、装箱。立即放在-18℃以下的条件下冷藏。

五、产品质量标准

1. 感官标准

色泽：解冻前后色泽一致，均为正常的橙色或橙红色，不允许有青斑及过熟导致的红褐色。

滋味和气味：解冻后具有杏应有的滋味和气味，没有异味。

组织形态：有适当的硬度，表面有光泽、果块均匀一致、果肉无压坏、无腐烂果。

杂质：无杂质异物，无病虫害。

2. 卫生标准

要符合国家标准,农药的残留量符合国家规定。

【实验实训十六】 速冻菠菜的加工

一、技能目标

通过此次实训使学生巩固蔬菜冷冻加工的基本原理和加工工艺,掌握菠菜的速冻加工技术和速冻菠菜的质量标准。

二、材料、仪器及设备

1. 材料:菠菜。
2. 仪器及设备:刀、菜板、盆、漏筐、锅、灶、漏勺、托盘、冷库(或冰箱)。

三、工艺流程

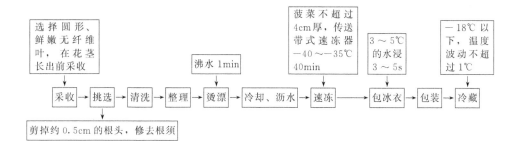

四、操作步骤

1. 原料采收:菠菜是欧美国家的一个主要速冻蔬菜加工品种,叶嫩无纤维、花茎生长前机械采收。中国目前还是人工采收,菠菜加工出口日本较多。菠菜主要有圆叶和尖叶两类,圆叶菠菜适合速冻,尖叶适合冷藏。

2. 原料挑拣:应选择鲜嫩、无黄叶、无白斑、无抽薹、无病虫害的圆叶菠菜。采收后尽快加工,剔除枯黄叶,剪掉约0.5cm的根头,修去根须。

3. 清洗整理:将菠菜逐棵用清水清洗,轻轻地捆成小把一排排地放在筐中。

4. 烫漂冷却:沸水热烫1min,立即冷却至10℃以下。

5. 沥水:紧接着用振动沥水和吹风除水方法除去菠菜上多余的水分。

6. 速冻:菠菜不超过4cm厚,选用传送带式速冻器,冷风温度为-40~-35℃,可在40min内完成冻结。

7. 包冰衣:菠菜在冻藏中容易产生升华失水,影响产品质量。因此冻结后立即包冰衣,冰衣即可防止干耗还可以护色。具体方法:将冻好的菠菜块放在3~5℃的冷水中浸渍3~5s,迅速捞出,即可保上一层冰衣。

8. 包装:将包好冰衣的菠菜块装入聚乙烯袋中,封口,装入纸箱中。

9. 冷藏:将以上装好的菠菜立即放在-18℃以下的低温冷库中冷藏。

五、产品质量标准

1. 感官标准

色泽:解冻前后色泽一致,均为正常的绿色。

滋味和气味：解冻后具有菠菜应有的滋味和气味，没有异味。

组织形态：菠菜叶完整不碎烂。

杂质：无杂质异物，无病虫害。

2. 卫生标准

要符合国家标准，农药的残留量符合国家规定。

第九章　果蔬最少处理加工技术

> **教学目标**
> 1. 掌握 MP 果蔬加工的基本原理。
> 2. 了解 MP 果蔬加工的工艺流程及主要设备。
> 3. 掌握 MP 果蔬加工中原料处理、包装、预冷、冷藏等几个环节应注意的问题。
> 4. 掌握马铃薯、花椰菜、荔枝等几种常见果蔬 MP 加工的工艺流程及操作要点。
> 5. 掌握 MP 果蔬加工中的常见影响因素。

在许多发达国家，未经 MP 加工的果蔬只能供自己食用，不能上市成为商品，甚至不能成为深加工的原料。MP 果蔬是在 20 世纪 60 年代在美国开始进入商业化生产的，当时主要供应餐饮业，后又进入零售业。随着科学技术的不断提高和发展，果蔬的加工方式、方法、产品品质和种类越来越多，产品的附加值和科技含量也越来越高。在果蔬最少加工处理方面，部分发达国家已经形成了一套完整的规范化加工工艺和先进的机械设备，大型综合成套设备以德国、法国较为出名，小型单一机以日本较有代表性。其中主要的加工设备有清洗机、剥皮机、分级包装机、保鲜设备等。在清洗方面，目前较为先进的是臭氧清洗技术，它可以大幅度地提高杀菌能力；在质量、形状分级方面，已经开发出利用光电技术对物料的大小、形状、品质等进行综合判定分级的机械设备；在保鲜包装上，现在有改良空气包装法，即在包装内注入 N_2、CO_2 等调节包装内气体含量，从而控制果蔬的呼吸作用，还有"积水保鲜包装"等。

随着中国人民生活水平的提高，生活节奏的加快，消费者选购果蔬时越来越强调新鲜、营养、方便，MP 果蔬正是由于具有这些特点而深受重视。

第一节　MP 果蔬加工的基本原理

果蔬最少加工处理（minimally processed fruits and vegetables），简称 MP 果蔬，又称为轻度加工果蔬、半加工果蔬、切分果蔬等。MP 果蔬是指把新鲜果蔬进行分级、整理、挑选、清洗、切分、保鲜和包装等一系列处理后使产品保持生鲜状态的制品，是经过轻度加工，可食率保持在 95% 以上的果蔬。消费者购用这类产品后不需要再作进一步的处理，可直接开袋食用或烹调。

传统的果蔬经过相应的加工处理，目的是延长其保藏期，并提高其保鲜效果，经加工过的果蔬要比新鲜果蔬产品稳定，保藏期长。但 MP 果蔬因其简单处理后"保持生鲜状态"的特点，致使其货架期非但没有延长，反而明显缩短。因此，MP 果蔬加工必须从两个方面入手：一方面果蔬组织仍处于生命状态，且果蔬切分后呼吸作用和代谢反映急剧活化，品质会迅速下降。这是由于切割造成的机械损伤导致细胞破裂，切分表面木质化或褐变，导致其失去新鲜产品特征，大大降低了切分果蔬的商品价值；另一方面由于微生物的繁殖，造成切割后的果蔬迅速败坏腐烂，更有甚者，致病菌的繁殖生长还会造成食品安全问题。

完整的果蔬表面具有外皮和蜡质层，可对果蔬形成一层天然的保护膜，使其具有一定的抗病能力。而在 MP 果蔬中，这一层保护膜被除去，并将其切分成小块或片或丝，使得其内部组织暴露在空气中，再加上其含有的糖和其他营养物质，很容易形成对微生物繁殖生长的有利环境。因此，在加工过程中，MP 果蔬处理的关键是在保鲜环节，主要在于维持其品质、防止其发生褐变以及防止其形成病害而腐烂。其中基本的原理主要有控温、调气和添加食品添加剂等，有时几种方法要配合使用。

一、控制低温

低温可以抑制果蔬的呼吸作用以及酶的活性，降低其各种生理生化反应速度，从而延缓果蔬衰老和抑制褐变，同时也可以抑制微生物的活动及繁殖。因此，MP 果蔬品质的保持在于温度控制到相应的低温进行保存。

温度对于果蔬质量变化的作用最为强烈，影响也最大。环境温度越低，果蔬的生命活动进行得就越缓慢，营养物质消耗得就越少，保鲜效果就越好。但是不同果蔬对低温的耐受力是各不相同的，每种果蔬都有其最佳的保存温度。当温度降低超过某一程度时就会发生冷害，导致果蔬代谢失调，产生异味以及发生褐变加重等现象，其货架期也就相应的缩短了。因此，对于每一种果蔬有必要进行冷藏适温测试，以便在保持其品质的基础上，延长其货架寿命，实现较高的经济效益。值得一提的是，有些微生物即使在低温下仍可以生长繁殖，所以在降低温度的同时，还要结合其他一些处理方式如酸化、添加防腐剂等，以保证 MP 果蔬的安全性。

二、控制包装气体成分

主要是指降低 O_2 浓度，增加 CO_2 的浓度。这可利用适当包装通过果蔬的呼吸作用而获得相适应的气调环境，也称为 MA 保鲜；还可以人为地改变贮藏环境的气体组成，以达到理想的气调环境，也称为 CA 保鲜。当 O_2 浓度为 2%～5%，CO_2 的浓度为 5%～10%时，可以明显降低果蔬组织的呼吸速率，抑制其中酶的活性，从而延长 MP 果蔬的货架寿命。但是不同的果蔬对于最低 O_2 浓度和最高 CO_2 浓度的耐受程度是不同的，如果 O_2 浓度过低或者 CO_2 浓度过高，都会导致低无氧呼吸和高 CO_2 伤害，使果蔬产生异味、褐变及腐烂。另外，果蔬组织经过切割后还会产生乙烯，乙烯的积累会促使组织软化而使品质劣化，因此在加工过程中还应加入乙烯吸收剂等。

三、控制褐变及微生物繁殖

控制低温和包装气氛可以较好地保持 MP 果蔬的品质，但是不能完全抑制组织褐变和微生物的生长繁殖。因此，为了达到较好的保鲜效果，在加工时必须使用某些食品添加剂进行处理。MP 果蔬外观的主要变化是褐变，主要原因是发生了酶促褐变反应，由多酚氧化酶催化酚类与氧反应造成，这种变化必须具备三个条件：即底物、多酚氧化酶和氧气。

防止酶褐变可以从控制酶的活性和降少氧气的存在两个方面入手。如加入酶抑制剂抑制酶的活性，利用酸如柠檬酸降低 pH 值抑制酶活性，利用螯合剂如 EDTA 等抑制酶活性；隔绝 MP 果蔬与氧气的接触；利用抗氧化剂如维生素 C 消耗氧气以有效地抑制果蔬组织的褐变，保护产品的颜色；钝化多酚氧化酶的活性如热烫杀酶。防腐剂苯甲酸钠和山梨酸钾能有效抑制微生物的生长繁殖，但一般情况下尽量不用。除此之外，醋酸、柠檬酸对微生物也有一定的抑制作用，可结合护色处理以达到酸化防腐的目的。

第二节 MP 果蔬加工工艺与设备

一、MP 果蔬加工设备

MP 果蔬加工的工艺流程如下：

原料→分级挑选→清洗→整理→切分→保鲜→脱水→灭菌→包装→冷藏

根据工艺流程，MP 果蔬的生产加工大致可以分为六个部分，即分级挑选、清洗、整理切分、保鲜、脱水灭菌和包装冷藏部分。对应的主要设备有浸渍池、清洗机、喷淋池、砂棒过滤器、切割机、输送机、离心脱水机、紫外线灭菌器、真空预冷机或其他预冷装置、真空封口机、冷藏库等。如图 9-1 所示。

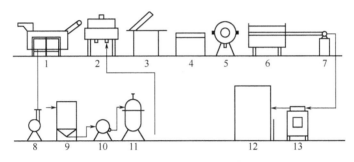

图 9-1 MP 果蔬加工设备
1—清洁机；2—喷淋池；3—切割器；4—保鲜池；5—离心脱水机；
6—紫外线灭菌器；7—输送机；8—鼓风机；9—储槽；10—泵；
11—砂棒过滤器；12—冷藏室；13—真空包装机

1. 分级处理设备

（1）滚筒式分级机　滚筒式分级机主要由一块厚为 1.5～2.0mm 的不锈钢板冲孔后卷成圆柱形筒状筛，筒筛之间用角钢成为加强圈，将滚筒用托轮支撑在机架上，机架用角钢焊接而成。出料口设在滚筒的下面，出料口的数目与分级的数目相同。滚筒上有许多小孔，每组小孔孔径各不相同。从物料进口端到出口端，后组的孔径比前组大，进口一端的孔径最小，出口一端的孔径最大，每一级都有一个出料口，通过物料在滚筒内的转动和移动，使得原料从进料口进入到每级的出料口筛出，从而达到了分级的目的。该机械较适于圆形或类圆形物料如马铃薯、苹果、豆类等，如图 9-2 所示。

（2）输送带式分级机　输送带式分级机主要由两条呈"V"型的输送带组成，物料通过输送带从窄的入口端进入，两条带间的距离从入口端延至出口末端逐渐增大，小的物料在进口端的两条输送带间落下，较大的物料在离入口端较远的出口处落下，从而将大小物料进行分级输送。此种分级机速度快，原料受损小，可用于圆形果蔬分级。结构简如图 9-3 所示。

2. 清洗设备

（1）鼓风式清洗机　鼓风式清洗机是将空气鼓入洗槽，在空气的剧烈搅拌下使水产生强烈的翻动，从而出去物料表面的灰尘、污物等。利用空气搅拌，既可加速污物从物料上除去的速度，又可以使物料在强烈的翻动下不破坏其完整性。其结构如图 9-4 所示。

（2）滚筒式清洗机　滚筒式清洗机主要由传动装置、滚筒、水槽等组成。通过滚筒的不断旋转，使得物料在滚筒内不断翻动。该机结构简单、生产效率高、清洗能力强，且对物料损伤小，使用较为广泛。如图 9-5 所示。

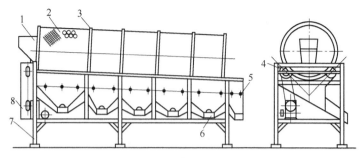

图 9-2　滚筒式分级机

1—进料斗；2—滚筒；3—滚圈；4—摩擦轮；
5—铰链；6—集料斗；7—机架；8—传动装置

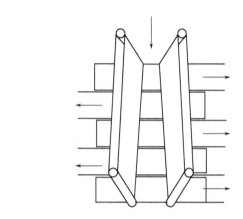

图 9-3　输送带式分级机

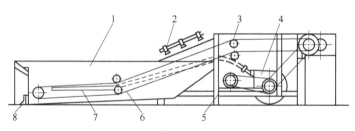

图 9-4　鼓风式清洗机

1—洗槽；2—喷水装置；3—压轮；4—鼓风机；
5—机架；6—链条；7—吹泡管；8—排水管

(3) 毛刷式清洗机　毛刷式清洗机主要由可转动的毛刷、输送带、喷水管、进料斗、排水口等组成，槽内设有喷水管，可进行喷射洗涤，同时毛刷借助电动机的传动而旋转，物料在水槽中又受到毛刷的洗刷，再由下面的输送带传送出来。该机适于耐摩擦的果蔬的清洗，结构如图 9-6 所示。

3. 脱水设备

离心机属于间歇操作的一种通用机械设备，适用于分离含固相颗粒大于 0.01mm 的悬浮液，如粒状、结晶状或纤维物料的分离，也可用于果蔬的脱水等。SS 型离心机具有可随时掌握过滤时间、滤渣可充分洗涤、被分离物料不被破坏等优点，但必须人工卸料，可广泛用于化工、食品、制药、轻工等领域。

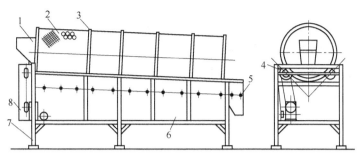

图 9-5 滚筒式清洗机
1—进料斗；2,3—滚筒；4—摩擦轮；5—铰链；
6—循环水箱；7—机架；8—传动装置

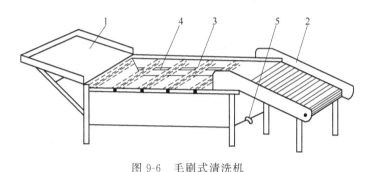

图 9-6 毛刷式清洗机
1—进料斗；2—输送带；3—毛刷；4—喷水管；5—排水口

4. 真空预冷设备

MP果蔬的原料必须新鲜，因此要做好原料的预冷处理。真空预冷的原理是根据水随着压力的降低其沸点也降低的物理性质，将预冷果蔬置于真空槽中进行抽真空，当压力降低到一定值时，食品表面的水分开始蒸发，从而达到预冷的目的。下面介绍较为常用的预冷设备及操作方法。

真空预冷装置分为间歇式、连续式、移动式和喷雾式等几种。间歇式真空预冷装置常用于小规模生产；连续式真空预冷装置常用于大型的果蔬加工厂；移动式真空预冷装置可组装在汽车等装载设备上，可异地使用，机动灵活；喷雾式预冷装置用于表面水分较少的果实类、根茎类食品的预冷。真空预冷装置主要由真空槽、捕水器、真空泵、制冷机组、装卸机构和控制柜等部分组成。

① 真空槽。通常采用不锈钢制成。小型真空槽呈圆筒形，加装加强筋进行增强处理，所有焊口均采用破口焊，可进行X射线探伤检验。槽体门可电动或手动开启，加工、精洗系统密封性能好。真空槽底设有轨道便于物料的装卸，槽体内设有排水装置和清洗系统。

② 捕水器。也称冷槽，与真空冷冻干燥装置中的捕水器具有相同的功能，即用于浓缩空气中水分，防止水分进入真空泵乳化润滑油造成真空泵组件的损坏，间歇式真空预冷装置的捕水器通常设计成圆筒形结构。

③ 真空泵。真空预冷系统的关键部件，选用时应根据不同规格的真空预冷装置及具体情况进行确定，如旋片真空泵组、水环增压泵组、水蒸气喷射泵组等。

④ 小型间歇式或连续式真空预冷装置的制冷机组一般应选择水冷或风冷氟利昂冷凝机组，大型装置常采用氨制冷系统。对于较热的气候一般选择氟利昂水冷机组，制冷机组与真

空泵组、控制柜等组装在一个公用底盘上面。

真空预冷装置与传统的冷却方法相比，具有以下优点：冷却速度快，一般只需 20～40min；不受采收时间和果蔬表面水分状况限制，雨天收获或清洗过的果蔬都可快速排除表面水分；冷却均匀、迅速、清洁，不存在局部冻结，处理的时间短，不会产生局部干枯变形，无污染，使用灵活，成本低；操作简单，自动化程度高。

5. 去皮机

如图 9-7 所示的去皮机适于马铃薯等圆形硬质果蔬的去皮。该机只产生含有皮渣的半固体废料。物料从进料口进入，由于物料自身的重力作用而向下移动，移动的过程中与旋转盘摩擦而将皮除掉，去皮后的物料从出口处卸下，皮渣从装置中落下集于渣盘中。

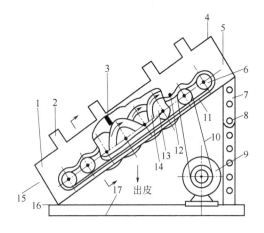
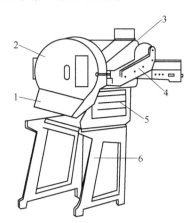

图 9-7　去皮装置示意

1—去皮装置；2—桥式构件；3—挠性挡板；4—进口；5—侧板；
6—滑轮；7—支柱；8—螺柱；9—电动机；10、11—皮带；
12—压轮；13—支板；14—圆盘；15—卸料口；16—铰链；17—底座

图 9-8　多用切菜机示意

1—出料斗；2—切刀装置；3—进料口；
4—角度调节装置；5—驱动装置；
6—底座

6. 切割机械

如图 9-8 所示为多用切菜机的示意图，主要由切刀装置、进料口、出料斗等部件组成。物料通过输送带被送至喂料口，随即被旋转的刀具切下，切下的物料由下方的出料口排出。该机械适用于青梗菜、卷心菜、芹菜茎等物料。切料长度段形为 2～20mm，块形为 (8mm×8mm)～(20mm×20mm)，还可用于切割成 (3mm×3mm)～(30mm×30mm) 的形状。切丁机主要用于胡萝卜、洋葱、薯块类物料的切片、切丝、切条、切粒等用途。

7. 杀菌设备

通常的杀菌设备有臭氧杀菌设备、二氧化氯浸泡杀菌槽。

臭氧杀菌设备主要利用臭氧水杀菌代替传统的消毒剂，在食品工业中已显示出巨大的优越性。该技术具有杀菌谱广，操作简单，无任何残留及可以瞬时灭菌等特点，且应用后剩余的是氧气，不存在二次污染，完全规避了化学消毒剂给环境带来的危害，属于一种理想的杀菌新方法。臭氧及臭氧水的消毒灭菌技术在食品工业中的应用十分广泛，已被美国等许多国家批准。臭氧分子式为 O_3，是氧气的同素异形体，液态下呈现淡蓝色，具有特殊气味，易溶于水，常温下易分解还原为氧气；低温（低于 0℃）下不易分解。臭氧的杀菌速度为氯的 600～3000 倍，是紫外线的 1000 倍。因臭氧不能贮存和运输，只能现产现用，所以臭氧发生器便成了臭氧技术的代表设备。工业臭氧的产生主要以空气中的氧气为原料，在强电场的作用下，将氧气分子打开重新组合后产生臭氧。某些化学反应也可产生臭氧。

二氧化氯浸泡杀菌主要是将物料放入二氧化氯浸泡池中进行浸泡处理，在此过程既可以进行杀菌，又可去除部分残留的农药。

8. 包装设备

MP 果蔬常采用真空包装和充气包装两种形式。

真空包装可以抑制微生物的生长，防止二次污染；还可以减缓脂肪的氧化速度；使得产品外观整洁，提高竞争力。包装形式有三种：一种是将整理好的物料放进包装袋内，抽去空气，然后真空包装，接着吹热风使得受热材料收缩，紧贴于物料表面；一种是热成型滚动包装；第三种是真空紧缩包装，真空包装机主要由真空泵、带气密罩的操作室和热封装置等部件组成。将装好的物料的塑料袋放到气密罩里的热封条处，紧闭密封罩，抽去罩内空气直到达到所需的真空度，热封带加热将袋口熔封。

充气包装是在包装容器内放入物料，抽掉空气，然后用选择的气体代替包装内的气体环境，从而抑制微生物的生长，延长产品的货架期。常用的气体有三种：一种是 CO_2，它可以抑制细菌和真菌的生长，同时可以抑制酶的活性，在低温和 25％ 的含量时效果最佳；一种是氧气，它可以维持果蔬的基本呼吸，并能抑制厌氧细菌，但也会为许多有害菌创造良好的气体环境；第三种是氮气，它是一种惰性填充气体，可以防止氧化酸败、霉菌的生长和寄生虫害。在果蔬保鲜时，通常选用二氧化碳和氧气两种气体，一定量的氧气存在有利于延长产品的保质期，但必须选择适当的比例与二氧化碳相混合。

9. 冷藏保鲜库

将加工好的果蔬置于冷藏保鲜库中贮藏，喜温的果蔬贮存在 4～8℃，其他的存放在 2～4℃ 条件下。

二、原料选择

MP 果蔬的整个加工过程主要以手工为主，辅以机械设备，操作过程中应尽量减少对果蔬的机械损伤。原料的选择主要工作是对果蔬的成熟度、大小进行选择，剔除不良果蔬，然后在浸泡池中进行人工分级挑选、按规格要求把产品分成不同的等级，并进行初步清洗，将果蔬中夹杂的一些黄叶、杂物等剔除。果蔬在水中浸泡的时间不宜过长，一般不要超过 2h。

1. 除杂

果蔬在分级、清洗前要去除腐烂叶、剔除果梗等工作。对于水果和果菜类，如番茄、荔枝、甜辣椒等，要去除混杂在果实中的杂叶和杂物、果梗上的叶片等，还应剪切果梗使其与果肩平；具有外叶和茎梗的蔬菜，如绿叶菜、生菜、白菜、芹菜等，要去除所有腐烂、损伤、枯黄、腐败变质的叶子和茎梗；根菜类如胡萝卜、马铃薯要去除大块的泥土等；一些果蔬如鲜玉米还要求剥除外皮等。

2. 分级

分级可分为按品质分级和按大小分级或质量分级等。

（1）按品质分级　分级的目的就是要剔除不合格的果蔬，如机械损伤严重、病虫腐烂、畸形、成熟度不够、有少量病虫害的等一部分；另外就是把优质果蔬挑选出来。果蔬的品质由于种性、环境和栽培等因素的差异而表现较大的差异，且由于供食用的部分不同，成熟度不一致，只能按照各种果蔬品质的要求制定个别标准。品质分级几乎完全是由人工完成的，因为人的感官敏锐性是机器无法相比的，一些品质分选机械的出现也大大提高了分级效率。

（2）按大小或质量分级　品质分级后对于一些形状整齐的果蔬为了使产品大小一致一般要再进行大小分级，如番茄、黄瓜等。对于一些形状不规则的果蔬则根据质量来进行分级，如马铃薯等。

3. 清洗

清洗的目的就是要通过水的冲刷洗去果蔬表面的灰尘、污物以及残留的农药等。清洗时，通常要向水中加入清洁剂，最常用的就是偏硅酸钠。此外，还要加入消毒剂以减少病菌的污染，因为氯及氯化物（如次氯酸钠等）在果蔬表面无残留而被广泛应用。氯的防腐效果与氯的浓度、溶液温度、pH 值及浸泡时间有很大关系。如果病菌已侵入果蔬的表皮，大多数的表面消毒剂就不能很好地发挥防治作用。清洗时可用水冲洗或用压力水喷洗，将部分侵入果蔬表皮的细菌冲出。如果果蔬表面残留农药较多，用水则不易洗去，清除残留农药一般还要用盐酸溶液浸渍，用 0.5%～1.0% 的盐酸溶液洗涤，可除去大部分农药残留物，且稀盐酸溶液对果蔬组织没有副作用，不会溶解果蔬表面的蜡质，洗涤后残留溶液易挥发，用一般清水漂洗即可，不需做中和处理。清洗时果蔬常倾入水池内，为了减少果蔬的交叉感染，通常采用流动式水槽，也有采用有擦洗作用的清洗机，但容易对物料造成损伤。为防止致病微生物的生长，清洗后的果蔬通常还要进行干燥，以除去多余的水分破坏其生长环境。

清洗是延长果蔬保存时间的重要处理过程。果蔬表面上的细菌数量越少，其保存时间就越长。清洗干净后不仅可以减少果蔬表面上的病原菌数，还可以洗去附着在果蔬表面的细胞液，减少变色。清洗可先用鼓风式清洗机清洗，再用洁净水喷淋。

三、原料处理

原料的处理主要包括果蔬的去皮、切分（割）、保鲜、脱水和杀菌等工序。

1. 去皮

去皮的方法主要有手工去皮、机械去皮、热去皮、化学去皮和冷冻去皮等。

2. 切分（割）

切分操作一般采用机械操作，有时也用手工切分，主要有切片、切块、切条等。

果蔬切分的大小是影响产品品质的重要因素之一。切分越小，总切分表面积就越大，果蔬相应的保存性就越差。刀刃状况与所切果蔬的保存时间也有很大的关系。用锋利的刀切割果蔬，其保存时间较长；用钝刀切割的果蔬，切面受创伤较多，容易引起变色和腐败。因此，加工时要尽量减少切割次数，同时应使用刀身薄、刀刃利的切刀。一般切刀应为不锈钢材质。

3. 保鲜

MP 果蔬相对于未加工的果蔬来说，更容易产生质变，这主要是由于切割使果蔬受到机械损伤而引发一系列不利于贮藏的生理生化反应，如呼吸加快、乙烯产生加快、酶促和非酶促褐变加快等，同时由于切割作用使得一些营养物质流失，更易滋生微生物引起腐烂变质，而且切割使果蔬自然抵抗微生物的能力下降。所有的操作都使得 MP 果蔬的品质下降，货架期缩短，因此必须对其进行保鲜处理。

MP 果蔬的褐变主要是酶促褐变，防止措施如控制酶的作用和氧气的浓度。如添加抑制剂抑制酶的活性或隔绝 MP 果蔬与氧气的接触。保鲜剂一般可采用异抗坏血酸钠、植酸、柠檬酸、$NaHSO_3$ 等，或采用它们的混合物。这些保鲜剂对 MP 果蔬的保鲜都有一定的效果，且浓度越高，浸泡时间越长，保鲜效果就越好。但是考虑到其风味问题，保鲜液浓度或浸泡时间不宜过高或过长，要选择适宜的条件。下面介绍预处理过程中常用的两种防褐变护色方法。

（1）NaCl 护色　将切分后的果蔬浸于一定浓度的 NaCl 溶液中，使得酶活力被 NaCl 溶液破坏，从而起到一定的抑制作用，同时由于氧气在 NaCl 溶液中的溶解度比空气中的小，也可起到一定的护色效果。通常加工中采用 1%～2% 的 NaCl 溶液护色，适用于苹果、梨、桃等，护色后要漂洗干净 NaCl 溶液，这一点尤为重要。

（2）酸溶液护色　酸性溶液中氧气的溶解度较小，如此既可以降低 pH 值及多酚氧化酶的活力，又兼有抗氧化作用，而且大部分有机酸是果蔬的天然成分，效果较好。常用的酸有柠檬酸、苹果酸或抗坏血酸等，由于抗坏血酸费用较高，生产上一般采用柠檬酸，浓度在 0.5%～1% 左右。

4. 脱水

切分果蔬保鲜后，其内外都有许多水分，若在这样的湿润状态下放置，很容易变质或老化，因此，需要进行适当的加工以去掉水分。脱水可用冷风干燥机干燥，也可用离心机处理，通常情况下选用后者。离心机脱水时间要适宜，如果脱水过分，产品容易干燥枯萎，反而使其品质下降。如切分甘蓝，处理条件应以离心机转速 2825r/min 的条件下保持 20s 为宜。

5. 杀菌

经过去皮、切分（割）、保鲜、脱水后，果蔬表面上虽然细菌总数大大减少，但是仍有较多的残留细菌，因此有必要进行杀菌处理。MP 果蔬一般选择紫外线灭菌器杀菌。杀菌过程要掌握好时间，既不能过长，也不能过短。时间过长，则可能由于温度升高而导致产品的品质劣化；时间过短则达不到相应的杀菌效果。

四、包装、预冷

果蔬切分后若暴露于空气中，很容易因失水而萎蔫，因氧化而变色，所以应尽快进行包装，防止或减轻此类不良变化。包装材料的选择一般根据 MP 果蔬种类的不同而选择不同种类和厚薄的包装材料。使用最多的有聚氯乙烯（PVC）、聚丙烯（PP）、聚乙烯（PE）、乙烯-乙酸-乙烯共聚物（EVA）及其他的复合薄膜。包装方法上既可以用真空包装机进行真空包装，也可以进行气调包装。相对而言，气调包装效果较好，但工序复杂，且成本较高，所以多数企业选择真空包装。真空包装的真空度必须根据 MP 果蔬种类的不同而有所不同。研究表明，切分甘蓝其包装真空度不能太高，而切分马铃薯可以采用较高的真空度，这是因为马铃薯的呼吸强度比甘蓝要弱。

对于气调包装，包装材料透气率大或真空度低时 MP 果蔬容易发生褐变，透气率小或真空度高时易发生无氧呼吸而产生异味，因此要选择适宜的包装材料以控制合适的透气率或真空度。在贮藏过程中，MP 果蔬在包装袋内由于呼吸作用会消耗 O_2 生成 CO_2，从而造成 O_2 逐渐减少，CO_2 逐渐增加。根据这一特点，MP 果蔬包装时应选择适当的包装材料以保持包装袋内最低限度的有氧呼吸和造成低 O_2 高 CO_2 的环境，从而延长 MP 果蔬的货架期。

MP 果蔬的包装分为运输包装和销售包装。运输包装的主要功能是在装载、运输、卸货时起保护作用，主要材料有木箱、塑料箱、纸箱及麻布袋等。销售包装的主要功能是在 MP 果蔬展示销售的过程中起到保护、展示、方便消费者携带等作用，包装方式有聚乙烯、聚丙烯、醋酸纤维等做成的提袋，纸板、塑料板、泡沫塑料或薄木板做成的盘、盒等，还有收缩包装、拉伸包装等。不同材料的不同形式包装对水汽、CO_2、O_2 的渗透性各不相同。采用的包装设备主要有装袋机和装盘机。这些设备的自动化程度变化很大，可以实现果蔬从输送、称重、装袋、封袋到运送。

对于是在果蔬产地进行包装有利，还是在消费区域包装有利，主要是看果蔬的易腐程度、运输方便程度及经济利益等因素。在产地包装有劳动力成本低、可减少运输质量、可与果蔬的清洗和分级配套进行等优点；对于易腐烂果蔬倾向于在消费区域内进行包装，因为在销售之前可以进行果蔬的修整和分级以保持蔬菜的新鲜度，还可以对不同时期不同地区运到的果蔬进行包装，包装线的利用时间较长。

预冷是果蔬贮运保鲜采取的重要措施之一，它可以迅速排除果蔬的田间热，使温度在较短时间内降到所要求的范围。最常用的方法是水冷法，其费用低、冷却快，通常结合果蔬的清洗进行；还可以把碎冰直接放在果蔬中，使之冷却。近年来，真空预冷的效率高，也得到了广泛应用，它是在减压的条件下，使果蔬表面的水分蒸发而导致吸热冷却。真空预冷特别适合于叶菜类，有时真空冷却可以省去脱水工序。

五、冷藏、运销

MP 果蔬要进行低温保存。环境温度越低，MP 果蔬的生命活动进行越缓慢，营养素消耗越少，保鲜效果也就越好。每种果蔬都有其最佳保存温度，但考虑到实际生产需要，不可能每种果蔬都用最适冷藏温度，因此一般采用 4~8℃ 的冷藏温度，这样的条件下可避免发生冷害现象。

果蔬从包装车间到达消费者，在运输或转运过程中应保持所需求的低温范围，根据果蔬的性质和价值可选择如冷藏火车、汽车和船等运输工具。20 世纪 70 年代以来，冷藏货柜的应用发展非常迅速，它可以在转运和装卸过程中，不必把 MP 果蔬从低温环境中取出，从而使其保持良好的状态，冷藏货柜已广泛应用于国际贸易。

销售时一般采用冷柜，冷柜温度一般保持在 5℃ 左右、湿度保持在 85%~90% 较好，可以保证 MP 蔬菜的新鲜度。超市和连锁店一般都有冷库进行产品的暂存。

综上所述，果蔬从采收一直到消费者手中，整个流程都应保持适当的低温范围，形成所谓的冷链流通系统，从而对 MP 果蔬产生较好的保鲜作用。

第三节 常见果蔬 MP 加工技术

一、马铃薯 MP 加工技术

1. 工艺流程

原料选择 → 清洗 → 去皮 → 切割 → 护色 → 包装 → 冷藏、运销

2. 工艺要点

（1）原料选择　马铃薯大小要一致，芽眼小，淀粉含量适中，含糖分要少，无病虫害发生，不发芽。采收后的马铃薯应在 3~5℃ 冷库贮存。

（2）清洗　马铃薯在清洗槽中可先进行喷洗，然后通过鼓风式清洗机作进一步清洗。清洗后，马铃薯外表应以无泥土、烂皮等附着物为宜。

（3）去皮　可采用人工去皮、机械去皮或化学去皮，去皮后应立即浸渍水或 0.1%~0.2% 焦亚硫酸钠溶液进行护色处理。

（4）切割、护色　按照生产要求，采用切割机切分成所需的形状，如片、块、丁、条等。切割后的马铃薯应随即投入 0.2% 异抗坏血酸、0.3% 植酸、0.1% 柠檬酸、0.2% $CaCl_2$ 混合溶液中浸泡 15~20min。

（5）包装、预冷　经护色处理后的物料捞起沥去溶液，随即采用 PA/PE 复合袋抽真空包装，真空度为 0.07MPa。随后送入预冷装置冷至 3~5℃。

（6）冷藏、运销　预冷后的产品再用塑料箱包装，送冷库冷藏或直接冷藏配送，温度控制在 3~5℃。

二、花椰菜 MP 加工技术

1. 工艺流程

原料选择 → 去叶 → 浸盐水 → 漂洗 → 切小花球 → 护色 → 包装、预冷 → 冷藏、运销

2. 工艺要点

（1）原料选择　原料要求鲜嫩洁白，花球紧密结实，无异色、斑疤，无病虫害。

（2）去叶　用刀修整剔除菜叶，并削除表面少量的霉点、异色部分，按色泽划分为白色和乳白色两种。

（3）浸盐水　将去叶后的花椰菜置于2%～3%盐水溶液中浸泡10～15min，以驱净小虫为原则。

（4）漂洗　浸盐水后的物料接着用清水漂洗，漂净小虫体和其他杂质污物。

（5）切小花球　漂洗后的物料沥水，然后从茎部切下大花球，再切小花球，按成品规格操作，不能损伤其他小花球，茎部切削要平正，小花球以直径3～5cm，茎长在2cm以内为宜。

（6）护色　切分后的花椰菜投入0.2%异抗坏血酸、0.2%柠檬酸、0.2% $CaCl_2$ 混合溶液中浸泡15～20min。

（7）包装、预冷　护色后的原料捞起沥去溶液，随即用PA/PE复合袋抽真空包装，真空度为0.05MPa。接着送入预冷装置冷至0～1℃。

（8）冷藏、运销　预冷装箱后的产品入冷库冷藏或直接运销，冷藏、运销温度应控制在0～1℃。

三、荔枝MP加工技术

1. 工艺流程

原料选择 → 去皮、剥皮 → 修整 → 漂洗 → 糖渍 → 包装、预冷 → 冷藏或运销

2. 工艺要点

选新鲜、八九成熟的荔枝，剔除病虫害、腐烂果。用荔枝专用去核器，对准蒂柄打孔，蒂柄去除深度以筒口接触到果核为度，夹出核后，剥去外壳，操作过程中谨防果肉损伤。然后用清水冲洗干净，经沥水后包装，并注入40%～50%糖液，同时加入0.5%柠檬酸、0.1%山梨酸钾、0.1%氯化钙的混合液护色，果肉与糖液比例控制在4:1。包装后的产品直接送入预冷装置预冷至3～5℃后，再入冷库冷藏或直接运销，产品温度控制在3～5℃。

第四节　MP果蔬加工的常见影响因素

MP果蔬对加工工厂等现场卫生管理、品质管理相当严格，生产要实施GMP（良好操作规范）或HACCP（危害分析关键控制点）管理。MP果蔬的加工保鲜是对传统的果蔬保鲜和加工技术的一个挑战，要求将传统的完整果蔬保鲜技术应用于去皮、切割及部分加工的果蔬，同时要有一条原料、加工、保鲜、运输和销售高度配合的冷链系统。

总体来讲，影响MP果蔬品质的因素有切分大小、工具刀刃的状况、清洗和控水、包装形式以及保存温度和时间等。现将主要因素介绍如下。

一、切分大小和工具的选择

切分大小是影响切分果蔬品质的重要因素之一，切分越小，切分面积越大，保存性越差，如需要贮藏时一定以完整的果蔬贮藏，到销售时再加工处理。加工后要及时配送，尽可能缩短切分后的贮藏时间。

所选工具的刀刃状况与所切果蔬的保存时间也有很大的关系,采用锋利的刀切割保存时间长,钝刀切割会由于切面受创较多,容易引起切面变色、腐败。

二、清洗和控水

病原菌数与保存中的品质密切相关,病原菌数多的比少的保存时间明显缩短。因此在加工过程中一定要彻底清洗,洗净是延长切分果蔬保存时间的重要处理过程,不仅要洗去果蔬表面附着的灰尘、污物外,还应加入一定的清洗剂进行必要的消毒,然后洗去附着在切分果蔬表面的细胞液以减轻变色,同时还要经常检查操作人员的健康状况,定期对车间和工具的消毒,以尽可能地降低微生物和病原菌数量,延长其寿命和货架期。

清洗用水一定要干净、卫生,符合饮用水标准。否则,不仅起不到清洗作用,还会使切分的物料在冲洗时直接感染微生物及其他病原菌,从而导致产品腐败。

切分果蔬洗净后,如在湿润状态放置,比不洗的更容易变坏或老化。通常使用离心机进行脱水,但过分脱水容易干燥枯萎,反而使品质下降,故离心脱水时间要适宜,对于每一种果蔬的脱水时间要通过试验确定。

三、包装

切分果蔬暴露于空气中,会发生萎蔫,切断而褐变,通过适合的包装可防止或减轻这些不利变化。然而,包装材料的厚薄或透气率大小和真空度选择对 MP 果蔬的品质影响很大。在保存中袋内的 MP 果蔬由于呼吸作用会消耗 O_2、生成 CO_2;结果 O_2 减少、CO_2 增加。如透气性过大,MP 果蔬会发生萎蔫、切断面褐变;透气性过小,MP 果蔬则会处于无氧呼吸状态,导致异臭和生成酒精。因此,有必要对每一种果蔬进行包装适用性试验,确定合适的包装材料或真空度,通过包装材料控制合适的透气率或合适的真空度以保持其较低的有氧呼吸,从而造成低 O_2 高 CO_2 的环境,便于保持最低限度的有氧呼吸延长切分果蔬货架期。

四、温度

温度是 MP 果蔬加工和贮藏的一项重要因素。加工过程中要尽量避免高温作业,可适当采取低温真空操作并及时冷却产品,从而防止在脱水、包装等工序中的温度上升。贮存时,要尽量将包装小袋单层摆放成平板状,从而使产品的中心温度迅速降下,放入纸箱保管时更要注意。贮存、运输和销售过程要尽可能使用冷冻冷藏车,温度保持在 5℃ 以下。

五、其他

MP 果蔬加工中各工序操作中的关键条件也是影响其品质的重要因素,其中必须注意的几个问题列举如下。

1. 去皮

机械、蒸汽去皮及碱法去皮会严重破坏水果、蔬菜的细胞壁,使细胞汁液大量流出,增加了微生物生长及酶褐变的可能性,因而损害了产品质量;某些脱皮剂可以在实验中增加对细胞壁保护的成分。但理想的方法还是采用锋利的切割刀具进行手工去皮。

2. 烫漂与保脆

烫漂目的是抑制其酶活性、软化纤维组织、去掉辛辣涩等味,以便烹调加工。烫漂的温度一般为 90~100℃,品温要达 70℃ 以上。烫漂时间一般为 1~5min,烫漂后应迅速捞起,立即放入浓度为 0.1% 的果蔬保脆剂水溶液中冷却洗涤数秒钟,并使品温降到 10~12℃ 备用。

3. 防褐护色

将果蔬片投入到浓度为 0.4% 的果粒护色防褐剂水溶液中煮沸 3~5min 或在此水溶液中

浸泡2~3h。捞出后投入浓度为0.05%的天然色素护色伴侣水溶液中浸泡30min。

4. 保鲜

果蔬保鲜剂具有强大的杀菌防腐能力。将该剂用冷水溶解成0.2%左右的溶液,用酒石酸或柠檬酸或盐酸调溶液的pH值为5~5.5,浸泡果蔬1~2h,沥干除水,除水后的果蔬如还附有1%以上的水分,通常采用离心脱水机加以除去。

5. 包装贮藏

在制备生鲜的水果、蔬菜时,使用最多的包装方法是MAP。即获得一个组分为2%~5%的CO_2、2%~5%的O_2及其余为N_2的气体环境。贮存温度必须≤5℃,这样才能有效抑制果蔬的新陈代谢和微生物活动,以获得足够的货架期及确保产品食用安全。

【本章小结】

MP果蔬加工又称果蔬最少处理加工,方便即食。本章着重介绍了MP果蔬加工的基本原理,包括控制低温、控制包装气氛,控制褐变及微生物繁殖;MP果蔬的加工设备包括分级设备、清洗设备、脱水设备、真空预冷设备、去皮设备、切割设备、杀菌设备、包装设备及贮藏设施等;MP果蔬的加工工艺流程:从原料的选择、分级、清洗、去皮、保鲜、脱水、杀菌、包装、预冷到冷藏、营销等加工过程中的操作要点;介绍了马铃薯、花椰菜和荔枝三种果蔬MP加工工艺及操作要点;最后,介绍了MP果蔬加工过程的影响因素,如切分的大小、清洗和控水、包装等步骤的操作控制。

【复习思考题】

1. 什么叫MP果蔬?它有什么特点?
2. MP果蔬加工的基本原理有哪些?各有什么特点?
3. MP果蔬加工的一般工艺流程如何?如何操作?
4. MP果蔬加工的基本设备有哪些?其工作过程如何?
5. MP果蔬加工中常见的护色方法有哪些?
6. MP果蔬加工中常见的影响因素及质量问题有哪些?各应如何解决?
7. 结合实习单位情况,试列举常见MP果蔬的种类、工艺流程及操作要点。

【实验实训十七】 鲜切西芹的加工

一、技能目标

掌握西芹MP加工的工艺流程和操作要点;能够解决西芹MP加工过程中常见质量问题;掌握果蔬MP加工中的护色方法。

二、主要材料及仪器

1. 原辅料:芹菜10kg(以新鲜料汁)、调和油2kg、食盐0.2kg、辣椒粉0.1kg、胡椒粉50g、花椒粉50g、姜粉100g、香油100g、保鲜剂8g。
2. 仪器设备:不锈钢刀、切割机、浸渍洗净槽、输送机、离心脱水机、预冷装置、真空封口机、冷藏库等。

三、工艺流程

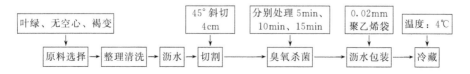

四、操作步骤

1. 原料选择：茎、叶挺实，叶为绿色、颜色鲜艳，茎断口未变褐、无脱水空心，大小一致、无异味和口感，无病斑、机械伤的原料。
2. 整理：去除叶、根等不可食部分，并将有病斑、空心、机械伤的部分去掉。
3. 清洗：用流动水冲洗原料表面泥沙、污物。
4. 沥水：清洗后捞出沥干表面水分。
5. 切割：将西芹沿45°方向斜切成长4cm左右的长段。
6. 杀菌：将臭氧消毒杀菌器设置进气量为5L/min，开启10min，然后倒入西芹段分别处理5min、10min、15min。
7. 包装：捞出沥干，用0.02mm聚乙烯保鲜袋包装。
8. 冷藏：包装后的鲜切西芹放入4℃冰箱中冷藏，比较不同杀菌时间和贮藏时间的贮藏效果，找出合理的杀菌时间和贮藏期。

五、产品质量标准

产品外观呈鲜绿色，切段整齐且整洁，无褐变、无机械损伤等不良现象发生。理化指标符合食品卫生要求。无致病菌检出。

第十章 果蔬加工副产物的综合利用

> **教学目标**
> 1. 了解果蔬综合利用的目的和果蔬综合利用的途径。
> 2. 了解淀粉制取的一般工艺过程,掌握马铃薯淀粉的提取方法。
> 3. 掌握提取果胶的工艺过程,掌握柚皮、苹果皮等提取果胶的方法。
> 4. 掌握菠萝蛋白酶的提取方法。
> 5. 掌握辣椒红色素和葡萄皮色素的提取方法。

果蔬生产过程中大约有15%~20%的残次果、风落果,果蔬加工过程剔出的副产品和下脚料,如果皮、果核、种子、叶、茎、花、根等。如果这些废弃物得不到及时有效的利用,不仅会造成浪费,而且还会严重污染环境。如果对果蔬加工过程剔出的副产品和下脚料进行有效的加工利用,使之变废为宝或变一用为多用,则可大大提高经济价值。

果蔬综合利用就是根据各种果蔬菜不同部分所含成分及特点,对其进行全植株的高效利用,使原料各部分所含的有用的成分,能被充分合理地利用。通过果蔬综合利用技术,不但可以减轻对环境的污染,更重要的可以从这些被废弃的生物资源中得到大量的生理活性物质,实现果蔬原料的加工增值和可持续发展,可以提高经济效益和生态效益。

第一节 果胶的制取

果胶是一种白色或淡黄色的液体,在酸、碱条件下能发生水解,不容于乙醇和甘油。果胶的特性是胶凝化作用,即果胶水溶液在适当的酸、碱存在时能形成胶冻。果胶的这种特性与其酯化度(DE)有关,所谓酯化度就是酯化的半乳糖醛酸基与总的半乳糖醛酸基的比值。根据果胶中甲氧基含量高低不同可分为高甲氧基果胶和低甲氧基果胶。DE大于50%(相当于甲氧基含量7%以上),称为高甲氧基果胶(HMP);DE小于50%(相当于甲氧基含量7%以下),称为低甲氧基果胶(LMP)。高甲氧基果胶粉呈乳白色或淡黄色,溶于水,味微酸。低甲氧基果胶粉为乳白色,溶于水。一般而言,果品中含有高甲氧基果胶,大部分蔬菜中含有低甲氧基果胶。果胶是一种天然高分子化合物,具有良好的胶凝化和乳化稳定作用,广泛应用于食品、医药、日化及纺织行业。

果胶普遍存在于水果和蔬菜中,果品中以山楂、苹果、柑橘类、杏、李、桃等含量较丰富,山楂的果胶含量居群果之首(6.4%),为苹果的5~8倍,番茄的3~4倍;蔬菜中以南瓜、马铃薯、胡萝卜、甜菜、番茄等含量较多。柑橘类、苹果、山楂、杏、李、桃、番茄等的果皮、果心及榨汁后的果渣都含有较多的果胶物质,可作为提取果胶的原料。中国的果胶资源十分丰富,如从柑橘皮、苹果渣、甜菜渣等果蔬加工下脚料中提取果胶,发展中国果胶生产事业,具有较高的经济效益和良好的社会效益。

一、果胶的提取工艺

1. 工艺流程

原料选择与处理 → 提取 → 分离 → 提取液浓缩 → 沉淀 → 干燥 → 粉碎 → 标准化处理 → 成品

2. 操作要点

(1) 原料选择及处理　尽量选择新鲜、果胶含量高的原料，柑橘类果实的果胶含量约在 1.5%～3%以上，其中以柚皮果胶含量最高 (6%)，山楂果胶含量 6%左右；其次是柠檬 (4%～5%) 和橙 (3%～4%)；苹果皮的果胶含量约 1.24%～2%，苹果渣的果胶含量为 1.5%～2.5%；梨的果胶含量为 0.5%～1.4%，李的果胶含量为 0.2%～1.5%；杏的果胶含量为 0.5%～1.2%；桃的果胶含量为 0.56%～1.25%。蔬菜组织中亦含有大量的果胶，南瓜果胶含量为 7%～17%；甜瓜果胶含量为 3.8%；胡萝卜果胶含量为 8%～10%；番茄果胶含量为 2%～2.9%。这些都可作为提取果胶的原料。另外，水果罐头厂、果汁加工厂及甜菜糖厂清除出来的果皮、瓤、囊衣、果渣、甜菜渣，果园里的落果、残果、次果等也是提取果胶的良好原料。

若原料不能及时进入提取工序，原料应迅速进行 95℃以上、5～7min 的加热处理，以钝化果胶酶以免果胶分解；还可以将原料干制后保存，但在干制前也应进行热处理。

在提取果胶前，将原料破碎成 2～4mm 的小颗粒，然后加水进行热处理钝化果胶酶，尔后用温水淘洗，目的是除去原料中的糖类、色素、苦味及杂质等成分。为防止原料中的可溶性果胶的流失，也可用酒精浸洗，最后压干待用。

(2) 提取　提取是果胶制取的关键工序之一，方法较多，常用的方法如下。

① 酸解法。将粉碎、淘洗过的原料，加入适量的水，用酸将 pH 调至 2～3，在 80～95℃下，抽提 1～1.5h，使大部分果胶抽提出来。所使用的酸可以是硫酸、盐酸、磷酸等，为了改善果胶成品的色泽，也可以用亚硫酸。该法是传统的果胶提取方法，在果胶提取过程中，果胶会发生局部水解，生产周期长，效率低。

② 微生物法。将原料加入 2 倍原料重的水，再加入微生物，如帚状丝酵母 SON-3 菌种，在 30℃左右发酵 15～20h，利用酵母产生的果胶酶，将原果胶分解出来。用此法提取的果胶分子量大、凝胶强、质量高、提取安全。

③ 离子交换树脂法。将粉碎、洗涤、压干后的原料，加入 30～60 倍原料重的水，同时按原料重的 10%～50%加入离子交换树脂，调节 pH1.3～1.6，在 65～95℃下加热 2～3h，过滤得到果胶液。此法提取的果胶质量稳定，效率高，但成本较高。

④ 微波萃取法。将原料加酸进行微波加热萃取果胶，然后给萃取液中加入氢氧化钙，生成果胶酸钙沉淀，尔后用草酸处理沉淀物进行脱钙，离心分离后用酒精沉析，干燥即得果胶。这是一种微波技术应用于果胶提取的新方法。

(3) 分离　提取的果胶溶液中果胶含量约为 0.5%～2%，可进行过滤除去渣和杂质。必要时可加入 1.5%～2%的活性炭，80℃保温 20min 之后，再进行过滤，以达脱色之目的。也可以用离心分离的方式取得果胶提取液。

(4) 浓缩　将提取的果胶溶液浓缩至 3%～4%以上的浓度，最好用减压真空浓缩，真空度约为 13.33kPa 以上，蒸发温度为 45～50℃。浓缩后应迅速冷却至室温，以免果胶分解。若有喷雾干燥装置，可不冷却立即进行喷雾干燥制得果胶粉；没有喷雾干燥装置，冷却后进行沉淀。

(5) 沉淀　常用的沉淀方法有：

① 酒精沉淀法。在果胶液中加入酒精，使得混合液中酒精浓度达到 45%～50%，使果胶沉淀析出。将析出的果胶块经压榨、洗涤、干燥和粉碎后便可得成品。本法得到的果胶质量好、纯度高，但生产成本较高，溶剂回收也较麻烦。

② 盐析法。采用盐析法生产果胶时不必进行浓缩处理。一般用铝、铁、铜、钙等金属盐，以铝盐沉淀果胶的方法为最多。先将果胶提取液用氨水调整 pH 为 4～5，然后加入饱

和明矾溶液，尔后重新用氨水调整 pH 为 4～5，即见果胶沉淀析出。沉淀完全后即滤出果胶，用清水洗涤除去其中的明矾。

③ 超滤法。将果胶提取液用超滤膜在一定压力下过滤，使小分子物质和溶剂滤出，从而使大分子的果胶得以浓缩、提纯。超滤是利用超滤膜有选择性的使得大分子物质得以截留，从而使小分子物质得以通过的高新技术。其特点是操作简单，得到的物质纯，但对膜的要求高。

（6）干燥、粉碎　压榨除去水分的果胶，在 60℃ 以下的温度中烘干，最好用真空干燥。干燥后的果胶水分含量在 10% 以下，然后粉碎、过筛（40～120 目）即为果胶成品。

（7）标准化处理　所谓标准化处理，是为了果胶应用方便，在果胶粉中加入蔗糖或葡萄糖等均匀混合，使产品的胶凝强度、胶凝时间、温度、pH 一致，使用效果稳定。

二、低甲氧基果胶的提取

低甲氧基果胶通常要求其所含的甲氧基约为 2.5%～4.5%，因此，低甲氧基果胶的制取主要是脱去一部分果胶中原来所含的甲氧基。一般是利用酸、碱和酶的作用，促使甲氧基水解；或用氨与果胶作用，使酰胺基取代甲氧基。这些脱甲氧基的工序可以在稀果胶提取液压滤之后进行。酸化法和碱化法比较简单，介绍如下。

1. 酸化法

在果胶溶液中用盐酸将其酸碱值调整至 pH 值为 0.3，然后保持 50℃ 温度下进行水解脱脂，保温约 10h，直到甲氧基减少至所要求的程度为止，接着加入酒精将果胶沉淀，过滤压出其中液体，用清水洗涤余留的酸液，用稀碱液中和溶解，再用酒精沉淀，最后压干、烘干。

2. 碱化法

用 2% 的氢氧化钠溶液将果胶溶液的 pH 调为 10，在温度低于 35℃ 下，进行约 1h 的水解脱脂后，用盐酸调整 pH 值至 5，然后用酒精沉淀果胶，过滤并用酸性酒精浸洗，再用清水反复洗涤除去盐类，压干烘干。

三、果胶提取实例

1. 从柑橘皮中提取果胶粉

（1）工艺流程

果皮→预处理→粉碎→浸提→过滤→果胶浸提液→浓缩→干燥→果胶粉

（2）操作要点

① 原料预处理。先将皮渣置于蒸汽或沸水中加热处理 5～8min，以钝化果胶酶的活性，避免果胶因水解而损失，在压去汁液后，用清水清洗，并尽可能除去苦味、色素及可溶性杂质，再经过压榨、脱水后，送入 80～85℃ 的烘干机中烘至含水量 6% 左右，便可作为原料保存备用。一般柑橘类干果皮的果胶含量为 9%～18%，柠檬干果皮的果胶含量高达 30% 左右。

② 浸提。在果实中果胶物质常以原果胶和果胶两种形式存在。在果实成熟时，不溶于水的原果胶在果胶酶的作用下，水解为可溶性果胶。原果胶在酸性条件下受热，也可降解为果胶，这是工业上常采用酸法提取果胶的理论依据。酸浸提过程是：先将柑橘皮粉碎为 5～8mm 碎粒，倒入夹层锅中，加入 30 倍水，并用盐酸调节 pH 值至 1.8～2.7，在 75～85℃ 下搅拌 80～90min 后，趁热过滤，得果胶萃取液，待其冷却至 50℃ 时，加入 1%～2% 淀粉酶，以分解其中的淀粉。酶作用结束时，将萃取液加热至 80℃ 杀酶，然后按液体质量加入

0.5%～2%的活性炭，在80℃下搅拌20min，然后过滤，即得脱色果胶液。

③ 浓缩。将此果胶液放入真空浓缩锅中，浓缩至总体积减为原液体积的7%～9%。

④ 干燥。果胶液的干燥方法主要有喷雾干燥法和酒精沉淀法。

a. 喷雾干燥法。将浓缩果胶液送入压力式离心喷雾干燥机中，控制进料温度为150～160℃，出料温度为220～230℃的条件下，进行喷雾干燥，即可干燥得果胶粉。

b. 酒精沉淀法。在浓缩果胶液中加入1.5%的工业盐酸，再缓缓加入与果胶液等量的90%～95%酒精，不定时搅拌10min后，静置大约40～60min，果胶即全部沉淀析出。然后去除上清液，收集沉淀并离心，将沉淀放在60～70℃的条件下干燥，最后粉碎便得果胶粉。

2. 从葡萄皮中提取果胶

(1) 工艺流程

原料预处理 → 酸浸提 → 过滤 → 浓缩 → 酒精沉析 → 干燥 → 粉碎 → 成品

(2) 操作要点

① 原料预处理。葡萄皮破碎至2～4mm，在70℃下保温20min钝化酶，再用温水洗涤2～3次，沥干待用。

② 酸浸提、过滤。加入5倍于原料的水，用柠檬酸调整pH为1.8，在80℃下浸提6h，然后进行过滤，得到滤液。

③ 浓缩。将滤液在温度45～50℃，真空度为0.133MPa下，浓缩至果胶液浓度为5%～8%左右。

④ 酒精沉析。给浓缩后的浓缩液加入乙醇，使得乙醇浓度达到60%，进行沉析。再分别用70%乙醇和75%乙醇洗涤沉淀物2次。

⑤ 干燥、粉碎。酒精沉淀物经洗涤后，沥干并在55～60℃下烘干，粉碎至60目大小，再经标准化处理即为果胶成品。

3. 从甜菜渣中提取果胶

(1) 工艺流程

脱脂甜菜渣 → 预处理 → 酸浸提 → 过滤 → 沉析 → 过滤 → 沉淀 → 洗涤 → 离心 → 烘干 → 粉碎 → 成品

(2) 操作要点

① 原料预处理。原料磨碎后加入pH7.5、0.1mol/L磷酸盐缓冲液和少量蛋白酶，在37℃下保温8h，用20μm尼龙网过滤。

② 酸浸提。酸浸提时调pH为1.5，在80℃温度下提取4h，并不断搅拌。

③ 过滤、沉淀。用20μm尼龙网过滤后，在60～70℃条件下，真空浓缩至果胶含量达5%～10%，然后加入4倍体积的95%酒精，放置1h使果胶沉淀，离心处理20min。

④ 烘干、粉碎。用95%酒精洗涤2次，沥干，在50℃温度下烘干后粉碎、混合，在进行标准化处理，即得果胶成品。

⑤ 若使用铝盐沉淀法，对果胶浸提液用氨水调节pH到3～5，然后加入pH3～5的铝盐溶液，使果胶沉淀后，在pH3～10的范围内除铝后，烘干粉碎，标准化处理，即得果胶成品。

4. 从柚皮提取低甲氧基果胶

(1) 碱法　把果胶浓缩液放入不锈钢锅中，加氢氧化铵调pH至10.5，15℃下恒温保持3h。再加等体积的95%酒精和适量盐酸，使pH降至5左右。搅拌后静置1h，滤出沉淀果胶，榨干，再分别用50%和95%酒精各洗涤1次，压干后摊于烘盘上，在65℃真空干燥器中烘干，取出磨细、包装即得成品。产率大约为果胶量的90%。

（2）酶法　用果胶脂酶脱脂提取低甲氧基果胶。与传统碱法和酸法相比，采用酶法从柚皮中提取低脂果胶的方法，其具有工艺易于控制、产品质量高、节省能耗和降低成本等优点。

① 工艺流程。

柚皮→粉碎→水洗→脱脂→提胶→压滤→沉析→压滤→除盐醇洗→压滤→干燥→粉碎→成品

② 操作要点。

a. 原料粉碎。将原料搅碎成3～5mm大小。

b. 水洗。50℃清水浸泡30min，离心，再用清水漂洗2～3次，直至洗出液呈无色为止。

c. 脱脂。加入适量碳酸钠以激活果皮内源果胶脂酶，进行脱脂。工艺条件以温度50℃，时间1h，pH7.0，碳酸钠为7g/kg新鲜皮（25g/kg干皮）的组合为最佳。

d. 提胶。加盐酸（调pH1.7～2.0）在95℃下提胶。

e. 沉析。加入适量氯化钙沉析果胶。

f. 除盐醇洗。将盐酸、草酸按1:3的比例混合，在醇溶液中除盐，并经多次醇洗。

g. 干燥、粉碎。在60℃下真空烘干，烘干后的果胶用粉碎机粉碎成果胶粉。该法果胶得率：鲜柚皮为3.5%～4%，干柚皮为12%～15%，胶凝度100±5，产品质量符合国家标准。

第二节　蛋白质与酶类的提取

一、菠萝蛋白酶的提取

中国菠萝资源丰富，年产菠萝100万吨以上，菠萝常用来加工罐头、原汁、浓缩汁、果酱、蜜饯等，约有20万吨菠萝皮和100万吨菠萝茎被废弃，造成了浪费和环境污染，可以从菠萝加工下脚料（如菠萝皮、菠萝茎等）中提取菠萝蛋白酶。菠萝蛋白酶是从菠萝的果皮、芯等部分经生物技术提取的一种纯天然植物蛋白酶，其分子量为33000，等电点为9.55，为富有菠萝香气的浅黄棕色粉末，属于疏基蛋白酶，能进行蛋白质水解等各种生化反应，广泛应用于医药、生物化学工业和食品工业。在医药方面，主要用作药物原料，有消炎、提高免疫力和增进药物吸收作用；在生物化学工业中，用于干酪、明胶、水解酶的生产；在食品工业中，作为食品添加剂，可使肉质嫩化、啤酒澄清。从菠萝茎、菠萝皮等废弃物中提取菠萝蛋白酶，是菠萝深加工增值和废弃物综合利用的新途径，将产生广泛的经济效益与社会效益。

1. 高岭土吸附法提取菠萝蛋白酶

（1）工艺流程

菠萝下脚料→榨汁→过滤→吸附→洗脱→压滤→盐析→离心分离→压榨→冷冻→干燥→粉碎→调整→包装→酶制品

（2）操作要点

① 果皮破碎、榨汁。用于提取菠萝蛋白酶的果皮和两端必须新鲜，无腐烂和发酵。果实除皮之前，最好先将果实充分清洗干净，削下果皮后，应保持清洁卫生，避免榨汁前再洗

涤果皮，否则，影响酶的产量和质量。用连续榨汁机或螺旋榨汁机破碎并榨出汁液。果皮出汁率一般为50%~70%。

② 过滤。榨出的菠萝汁迅速通过双层震荡筛（上层用100目以上塑料纱，下层为绢布）过滤，除去皮屑，按汁重加入0.02%的亚硫酸，防止汁液变质。

③ 吸附。按汁重加入5%的高岭土，搅拌约20min后，静置澄清30~60min，使吸附酶后的高岭土沉降，然后虹吸上层清液（约占全部重的80%），供制取糖浆或制酒用。

④ 洗脱、压滤。收集底部泥浆，用饱和碳酸钠调整pH至6.5~7.0，再加入泥浆量7%~9%（质量分数）的工业用食盐，搅拌20~30min，使酶由高岭土洗脱出来，迅速用压滤机分离出高岭土。滤出的酶液要求清晰，可在过滤前加入经水洗除去残碱及杂质的蔗渣，起助滤作用。

⑤ 盐析、分离。经洗脱并过滤的酶液，应边滤边分批在小桶内，进行盐析，严防积压。方法是将滤出的酶液先以1:3的工业盐酸调整pH至4.8~5.1，再按酶液质量加入20%已粉碎无杂质的硫酸铵（啤酒用的菠萝酶，则需先加入0.05%溶解好的醋酸锌作酶的稳定剂），搅拌至硫酸铵完全溶解，静置8h以上，酶即被盐析出来。虹吸除去上层硫酸铵清液。将沉淀物酶糊再经无孔离心分离机分离去除残液。

⑥ 压榨。将酶糊装入布袋内进行压榨，进一步脱出硫酸铵残液，加压必须缓慢，先轻后重，并勤翻动，要求在8~10h内压榨完毕，使酶糊达到不粘手为宜。

⑦ 冷冻。将压榨后的酶糊均匀摊在铝盘中，厚度6~8mm，迅速送至-12℃以下的冷库中进行冻结或贮藏。酶糊经冷冻，不仅对酶的活力无影响，且能加速脱水干燥，保护甚至提高酶的活力。

⑧ 干燥。酶糊干燥工艺的好坏对酶活力影响很大。一般要求低温短时条件，最好能用冷冻升华干燥。在室温下采用真空干燥也可。真空干燥是在干燥箱内放入四筛无水氯化钙（方竹筛先铺薄膜，然后平铺一次无水氯化钙），酶糊均匀摊在另外四个垫有白绢布的竹筛上（酶糊量约为2~2.5kg，视干燥箱大小而定）。酶糊筛与氯化钙筛相间放置。在真空度为90.6kPa以上，温度37~40℃条件下，干燥4~5h，使含水量降至5%以下，干燥过程要加强管理，当进料1~1.5h后，需将筛取出，将酶搓碎，翻动，进箱换位，再干燥1h，又翻动换位一次，如此操作至干燥完毕。

⑨ 粉碎、过筛。干燥后的酶，采用球磨粉碎，球磨时间不超过2h，磨好后的干酶，在薄膜袋内用20目尼龙筛筛分一次，粗粒再粉碎过筛。

⑩ 调整、包装。每批酶粉应取样测定酶活力。根据产品要求采用不同的酶粉进行调整，如酶粉活力过高可掺入适量无水碳酸钠调整。最后装入聚乙烯袋中密封，再用铁罐包装。

2. 单宁沉淀法提取菠萝蛋白酶

(1) 工艺流程

菠萝下脚料 → 榨汁 → 过滤 → 澄清 → 加单宁 → 分离 → 冷冻 → 干燥 → 粉碎 → 调整 → 包装 → 酶制品

(2) 操作要点

① 原料处理、榨汁、过滤同高岭土吸附法。

② 澄清。鲜菠萝汁先经滤清或自然澄清2h，澄清时按汁量加入0.1%~0.2%（质量分数）的苯甲酸钠，防止汁液在澄清过程中变质，经澄清后的清汁，虹吸出上清液供提取酶用。

③ 加单宁。在澄清后的汁液中，按汁量加入0.08%~0.1%（质量分数）的单宁液（所

采用的单宁为煮沸冷却过滤的工业用单宁），连续搅拌5～10min静置沉淀3h，汁液中的菠萝酶，即逐渐与单宁凝结沉淀，使汁液分层澄清。虹吸上清液，在下层酶液中边搅拌边徐徐加入1:3的盐酸，调整pH3～3.1，即可转到分离工序。

④ 分离。在调整好pH的酶液中加入3%的食盐，抑制单宁的氧化变色，并提高酶的活力。还可在酶液中加入0.01%的醋酸锌，以稳定酶的活力。将酶在白绢布上进行过滤并沉降。滤液因残留有酶，可在加入单宁沉淀回收。将布上的酶糊移入篮筐式离心机分离除去残汁，取出酶膏（即湿酶），立即用聚乙烯袋包装、称重。

⑤ 冷冻。将包装好的酶膏及时送入冷库，在-12℃以下进行冻结至酶膏呈硬块。酶膏硬块取出解冻，用洗液洗涤，以除去酶膏中残留的糖分和其他杂质，可改善干燥成酶粉后的疏松性，提高酶粉的纯度，改善色泽，提高酶的活力。洗液一般由抗坏血酸、乙二胺四乙酸二钠及焦亚硫酸钠组成，洗液用量一般为酶膏的3倍。

⑥ 干燥、粉碎、调整、包装。同高岭土吸附法。

3. 超滤法浓缩有机溶剂提取菠萝蛋白酶

(1) 工艺流程

菠萝下脚料 → 压榨 → 汁液 → 去杂质 → 澄清液 → 超滤浓缩 → 浓缩液 → 降温 → 加有机溶剂沉淀 → 湿酶 → 减压干燥 → 酶制品

(2) 操作要点

① 压榨、除杂质。压榨方法同前，用压滤法或离心法除去杂质。

② 超滤浓缩。将澄清液在管式超滤设备中进行浓缩，使体积浓缩至原体积的1/5。

③ 有机溶剂沉淀。将浓缩液降温至0～4℃，边搅拌边加入-20℃的95%的乙醇，直至混合液中乙醇浓度为50%，静置，使酶沉淀，移出上清液，即得湿酶。

④ 干燥。将湿酶在0℃下减压干燥或冷冻真空干燥即得菠萝蛋白酶。

4. 反渗透法提取菠萝蛋白酶

(1) 工艺流程

原料 → 清洗 → 粗粉碎 → 细粉碎 → 预处理 → 榨汁 → 离心 → 冷冻 → 两级过滤 → 两级超滤 → 反渗透 → 真空干燥 → 成品

(2) 操作要点 从菠萝加工下脚料中提取菠萝蛋白酶，采用聚丙烯酸（或其盐）将酶从果汁中分离出来，并且可以回收利用全部果汁。这种提取方法与其他提取方法相比，其优点如下。

① 菠萝果、叶、皮、茎经两级粉碎后成为直径更细小的颗粒，直接提高了菠萝的榨汁率。

② 过预处理、冷冻处理后减少了酶活损失。

③ 采用两级超滤，提高了酶的纯度与收率。

④ 在超滤后采用反渗透，进一步降低菠萝蛋白酶中水分的含量，缩短了干燥的时间，降低了能耗。

⑤ 采用真空干燥技术，运用蒸发脱水的原理，更节能、省时。

⑥ 本方法提取的菠萝蛋白酶的酶活力、细菌含量、重金属含量、水溶性、外观等指标达到国家标准。

二、番茄种子蛋白质的提取

番茄皮渣是生产番茄酱或汁后的废弃物，主要由种子和果皮组成。测定结果表明，番茄种子含脂肪 24.55%，可用以开发番茄子油；脱脂种子蛋白质含量达到 37.57%，富含谷氨酸、天冬氨酸、赖氨酸等；番茄皮渣富含钙、镁、磷、钾、钠等矿质元素，番茄种子是开发高钙高赖氨酸蛋白质的理想原料，对谷类食物具有双重强化作用；番茄果皮的膳食纤维含量为 69.79%，是开发高钙型膳食纤维的潜在原料。

番茄种子蛋白质是一种完全蛋白质，其中人体必需氨基酸占总氨基酸的 32% 以上；且氨基酸含量比大豆蛋白更丰富，是不可多得的高营养蛋白质。

番茄种子蛋白的氨基酸种类较为齐全，尤其富含谷氨酸、天冬氨酸、精氨酸、赖氨酸等，亮氨酸、丝氨酸、脯氨酸也有较高含量，但蛋氨酸、半胱氨酸含量较低。赖氨酸的含量明显比谷类食物高，因此，番茄种子蛋白可考虑作为谷物食品赖氨酸（第一限制性氨基酸）强化的蛋白源。

国外提取番茄种子蛋白质的工艺报道很多。1979 年报道在室温下用 10 倍体积的 0.2% NaOH 浸泡番茄子饼 20min，可从饼中提取相当于种子量 11% 的蛋白质。番茄种子蛋白质提取过程中，凝结温度是影响蛋白质溶解度和乳酸性质的主要因素。1980 年，Canella 进行试验表明：2% 的种子粉浓度，50℃、30min 是最适提取番茄种子蛋白质的条件。美国曾报道利用三种不同的蛋白凝结剂（柠檬酸，柠檬酸/盐酸，盐酸），在凝结温度 25℃、60℃ 和 95℃ 下，提取番茄种子蛋白质。发现这三种凝结剂对番茄种子蛋白质收率无任何影响。只是 25℃ 时样品凝结收率较热凝结收率高，所制备的蛋白质的乳胶能力和乳胶稳定性最高。

第三节　色素的提取

长期食用人工合成色素会严重危害人类的健康，人工合成色素由于安全性问题，在食品工业等领域的应用已逐渐受到控制。天然色素不仅色香诱人、染色性好、无毒无害，而且富含人体所需的营养物质，已被用于食品添加剂。天然色素在中国的需求量日益增加，近几年来，中国食用天然色素有较大发展，其品种已从 9 种增加至 20 种左右，年产量也有大幅度提高，寻找和开发更多的天然色素已成为中国发展食用色素的主要方向。

果蔬之所以呈现不同的颜色，是因为其体内存在着多种多样的色素。色素按溶解度可分为脂溶性色素和水溶性色素。例如，叶绿素和类胡萝卜素属于脂溶性色素，而花青素和花黄素属于水溶性色素。叶绿素普遍存在于果蔬中，并且使果蔬呈现绿色，叶绿素分为叶绿素 a 和叶绿素 b，前者呈蓝绿色，后者为黄绿色，它们在果蔬体内以 3:1 的比例存在。类胡萝卜素广泛存在于果蔬中，其颜色表现为黄、橙、红；类胡萝卜素又可分为胡萝卜素类和叶黄素类。胡萝卜素类包括 α-胡萝卜素、β-胡萝卜素、γ-胡萝卜素及番茄红素，在胡萝卜、番茄、西瓜、杏、桃、辣椒、南瓜、柑橘等果蔬中普遍存在。各种果蔬中均含有叶黄素，它与胡萝卜素、叶绿素共同存在于果蔬的绿色部分中，只有叶绿素分解后，才表现出黄色。花青素是果蔬呈现红、紫等色的主要色素，以溶液状态存在于果皮（苹果、葡萄、李等）和果肉（紫葡萄、草莓等）中。花黄素是水溶性色素，通常为浅黄色至无色，偶尔为鲜橙色，通常主要指黄酮及其衍生物，所以也有黄酮类色素之称，广泛存在于果蔬之中。果蔬皮中含有大量的色素物质，可用于提取天然色素，本节主要介绍辣椒红色素和葡萄皮红色素的提取方法。

一、辣椒红色素的提取

中国辣椒资源十分丰富。辣椒红色素是从食用辣椒中提取的一种天然植物色素，其色泽鲜艳，并具有很高的营养价值和医疗保健功能。辣椒红色素是从成熟的辣椒果皮中提取的，为暗红色膏状物，不溶于水，溶于乙醇和油脂中，在 pH3～12 使用时色调不变。由于具有良好的乳化分散性，及耐光、耐热、耐酸碱和耐氧化性，被广泛应用于食品、医药、肥皂以及化妆品等工业产品的着色过程。

辣椒红色素是目前使用最为广泛的天然食品着色剂之一，具有橙红、橙黄色调，属类胡萝卜素类色素，主要成分为辣椒红素、辣椒玉红素、玉米黄质、胡萝卜素、隐辣椒质等，是具有特殊气味的深红色黏性油状液体，无辣味，有辣椒的香味，溶于大多数非挥发性油，不溶于水和甘油，部分溶于乙醇，耐热和耐酸碱性较好，对可见光稳定，但在紫外线下易褪色。纯的辣椒红色素为深胭脂红色针状晶体，易溶于极性大的有机溶剂，与浓无机酸作用显蓝色。用于食品添加剂的辣椒红色素为暗红色油膏状，有辣味，无不良气味。辣椒红色素具有不溶于植物油和乙醇，在碱性溶液中溶解性大，耐酸碱，耐氧化等性质，在分离提取时，可利用这些性质使辣椒红色素与其他成分分离，而得到纯度较高的提取物。辣椒红色素被广泛的用于食品工业、化妆品工业、医药工业和饲料工业。

1. 辣椒红色素的提取方法
（1）工艺流程

辣椒干 → 去籽切碎 → 提取辣味素 → 除辣 → 提取红色素 → 减压浓缩 → 真空干燥 → 辣椒红色素

（2）操作要点

① 原料处理。将辣椒干去籽切碎，粒度小于 15mm 即可，原料含水量为 12.0% 左右；将经过提取辣味素后的辣椒置于一容器内，加入浓度为 2% 的氢氧化钠溶液，碱液用量为辣椒原质量的 10～15 倍。将容器放入超级恒温器内，在 55℃ 下恒温 2h 左右，然后过滤，并将辣椒果皮置于逆流冲洗器中冲洗至 pH 为 7 左右，取出果皮，晾干。

② 提取红色素。

a. 热逆流提取法。将原重为 30g 并经过除辣处理后的辣椒果皮装入热逆流提取器中，向底部的三颈烧瓶中加入 95% 的食用乙醇 150ml，向分馏头中通入冷却水，然后开始提取操作。

提取时先关闭支管控制旋塞，让加热溶剂所产生的蒸汽经旋塞进入主管，通过筛板和辣椒填充层后进入分馏头被冷却，冷凝液全部回流至主管内由下而上流入辣椒填充层中。当逆流而上的蒸汽速率足够大时，辣椒填充层的底部将有"液泛"现象发生，为使溶质能有充分时间溶出，可控制在液泛条件下操作，当液面高度接近辣椒填充高度时，立即开启支管旋塞，让蒸汽由支管直接进入分馏头中冷凝，提取液则流入三颈瓶内。

重复上述操作，直至提取达到要求为止。

提取完毕后，用电磁铁吸引摆动漏斗，开启支管旋塞，并关闭主管旋塞，向夹套中通入加热介质，以回收残渣中的溶剂和浓缩提取液时产生的溶剂蒸汽，回收的溶剂存于接液瓶中，以供重复使用。

利用热逆流法提取辣椒红色素，所提色素纯度较好，得率较高，不需要将辣椒粉碎成粉末，残渣的可利用性强。提取时间短，溶剂用量少，收率高、色价高。

b. 索氏提取法。将原重为 30g 并经过除辣处理后的辣椒果皮装入索氏提取器中，加入 95% 的食用乙醇 200ml，加热提取 240min，然后对提取液进行初浓缩。

c. 回流提取法。将原重为 30g 并经过除辣处理后的辣椒果皮干燥，并粉碎至粉末状。然后将其装入接有回流冷凝器的圆底烧瓶中，加入 95% 的食用乙醇 300ml，加热回流提取 120min。滤出提取液，向残渣中再加入 300ml 溶剂，重复提取一次，滤出提取液。两次提取液合并进行初浓缩。

③ 浓缩、干燥。将各法所提红色素的初浓缩物分别上旋转蒸发器浓缩至黏稠状，然后移至真空干燥箱内，在80℃、1300Pa条件下真空干燥120min，即得辣椒红色素产品。

2. 常用的辣椒红色素提取方法

常见的提取辣椒红色素的方法大致分为三种：油溶法、溶剂法和超临界CO_2流体萃取法。

（1）油溶法　油溶法是指在常温下用呈液状的食用油如棉籽油、豆油、菜籽油等浸渍辣椒果皮或干辣椒粉，使辣椒红色素溶解在食用油中，然后通过一定的工艺流程从食用油中提出辣椒红色素。但是由于油与色素分离较困难，使得辣椒红色素物质提取率低，难以得到色价高的产品。

（2）溶剂法　溶剂法是指将去除次品杂质的干辣椒磨成粉后，在一定温度条件下，用有机溶剂如丙酮、乙醇、乙醚、氯仿、三氯乙烷、正己烷等进行浸提，将浸提液浓缩得到粗辣椒油树脂，减压蒸馏得粗制品。溶剂法按操作方式又可分为浸渍法、渗漏法、回流提取法及索氏提取法。以上各种方法在提取前，均需将辣椒粉碎成粉末，操作费用较高。此外，提取后的残渣中还残留有相当量的红色素，所得粗品的杂质含量高，精制费用昂贵，残渣的可利用性差，给生产带来困难。粗制品不但含杂质多，还带有辣椒特有的辣味，需采用多种改进方法，以消除杂质及异味，具体操作如下。

① 先将粗制的辣椒油树脂进行水蒸气蒸馏，去除辣椒异味，再用碱水处理，有机溶剂提取，蒸馏得到辣椒红素；或先用碱水处理辣椒油树脂，然后用溶剂提取，浓缩，添加与油溶法相同的食用油，再用水蒸气蒸馏以除去异味。

② 在辣椒油树脂中加入脂肪醇与碱性物质，如甲醇-甲醇钠、乙醇-乙醇钠、正丙醇-正丙醇钠、异丙醇-异丙醇钠、丁醇-丁醇钠等，通过这些碱性物质的催化作用，促使辣椒油树脂中的脂肪成分发生酯交换反应，然后蒸馏过量的醇，再将留下的椒渣中加水或食盐水，用酸调至中性，分层，油层中加入非极性或低极性溶剂，如正己烷、石油醚，析出固体，过滤得到辣椒红素，该法制出的辣椒红素质量较好，且无异味。

③ 先以15%～40%的NaOH（或KOH）溶液处理辣椒油树脂，使辣椒红素中的脂肪成分发生皂化反应，再用有机溶剂（如丙酮）进行提取浓缩，然后用水蒸气蒸馏或在减压下用惰性气体处理，即可得到无异味的辣椒红素。此法所制出的辣椒红素收率高，质量好。

④ 以20%的碱性金属化合处理辣椒油树脂，然后再加入适量的碱土金属化合物，使其形成一个水溶液体系，该水溶液体系以稀酸在室温下处理，形成盐后过滤，分出固体，水洗，再用有机溶剂提取，减压浓缩可得辣椒红素，所得的产品质地优良，无异味。

（3）超临界CO_2流体萃取法　超临界流体萃取法是食品工业新兴的一项萃取和分离技术，与传统的化学溶剂萃取法相比，其优越性是无化学溶剂消耗和残留，无污染，避免萃取物在高温下的热劣化，保护生理活性物质的活性及保持萃取物的天然风味等。利用超临界二氧化碳作为萃取剂，从液体或固体物料中萃取，分离和纯化物料，脱除辣椒色素中的残留溶剂，制备高浓度辣椒红色素。超临界二氧化碳流体纯化辣椒红色素的最佳工艺条件是萃取压力18MPa，萃取温度为25℃，萃取剂流量2.0L/min，萃取时间3h。研究表明，精制辣椒红色素时，萃取压力控制在20MPa下，辣椒红色素的色价几乎不受损失，有机溶剂的残留可以降低2×10^{-6}左右，辣椒色素中红色系色素和黄色系色素可以分离开。在小于10MPa

压力下可萃取出黄色成分，保留红色素，同时，当压力大于12MPa时，可将辣椒油树脂的红色组分基本萃取完全。

目前，国内外最先进的提取方法是用95%食用乙醇提取辣椒油树脂，该方法较经济实惠，且生产能力大，无残留溶剂造成的毒性。其工艺流程如下：

原料→挑选→清洗→脱水→烘干→去籽、蒂→粉碎→过筛（残渣）→浸提→过滤→滤液浓缩

最后浓缩液呈红色油脂状，即为辣椒油树脂，得率为10%。然后将提出来的辣椒油精，采用超临界二氧化碳流体萃取法萃取，二氧化碳萃取压力以控制在15MPa，温度55℃时，萃取效果最好。分离时采用常温常压分离，最后色辣分离结果是：当萃取物为淡黄色油状物（含乙醇和水）时，表明辣椒碱已被萃取出来，口尝极辣，辣椒碱含量为2.7%。而萃余物为红色半干粉状物，口尝基本无辣味。将萃取物和萃余物分别进一步脱溶、纯化、结晶、重结晶、精制、包装，即得辣椒红色素和辣椒碱产品。

二、葡萄皮红色素提取

中国有十分丰富的葡萄资源。葡萄皮中红色素来源较为丰富，其色素是人们熟悉的水溶性花色苷色素。从葡萄饮料和酿酒工业中产生的大量废弃葡萄皮残渣中提取天然红色素，可以充分利用葡萄资源，成本低，效益高。

葡萄皮红色素是从葡萄皮中提取的天然食用色素，主要成分为花色苷色素，包括锦葵色素-3-葡糖啶、丁香啶等；为暗紫色粉末，易溶于水及乙醇水溶液，不溶于油脂、无水乙醇；酸性时呈稳定的红色或紫红色，中性时呈蓝色，碱性时呈暗蓝色；广泛应用于食品、配制酒、碳酸饮料、果汁（味）型饮料、腌渍品、果酱、糖果等的着色。

利用葡萄饮料厂的生产废料葡萄皮提取天然色素，该色素易溶于有机溶剂，在70%的乙醇中溶解度较大，在可见光区最大吸收波长为560nm。该色素对光、热的稳定性较好，但抗氧化能力差，在使用时，应避免与氧化性物质接触。在酸性条件下色素的稳定性较好，且色泽鲜艳、纯正，在中性介质中接近蓝色，而在碱性介质中出现褐色。在从葡萄皮提取天然色素中，达到最大提取率的最佳条件是：葡萄皮量（g）与提取剂的用量（ml）之比为1:7，用浓度为80%乙醇溶液和0.5%柠檬酸溶液（5:1）的混合液作提取液；调解溶液的pH值在2～4之间；在60～80℃的水浴中加热70min；最后分别进行过滤、减压浓缩、干燥，可以得到有较高提取率的葡萄皮色素。

葡萄皮提取红色素方法如下。

1. 工艺流程

葡萄皮→浸提→粗滤→离心→沉淀→浓缩→干燥→成品

2. 操作要点

（1）葡萄皮　选用含有红色素较多的葡萄分离出果皮，或用除去籽的葡萄渣，干燥待用。

（2）浸提　浸提时用酸化甲醇或酸化乙醇，按等量重的原料加入，在溶剂的沸点温度下，pH3～4浸提1h左右，得到色素提取液，然后加入维生素C或聚磷酸盐进行护色，速冷。

（3）粗滤与离心　粗滤后进行离心，以便除去部分蛋白质和杂质。

（4）沉淀　离心后的提取液加入适量的酒精，使果胶、蛋白质等沉淀分离。

（5）浓缩　在45～50℃、93kPa真空度下，进行减压浓缩，并回收溶剂。

（6）干燥　浓缩后进行喷雾干燥或减压干燥，即可得葡萄皮红色素粉剂。

【本章小结】

果蔬综合利用是根据各种果蔬菜不同部分所含成分及特点,对其进行全植株的高效利用,使原料各部分所含的有用的成分,能被充分合理地利用。通过对果、汁、皮、渣、种子、壳、叶、茎、根、花等进行有效的加工利用,使之变废为宝或变一用为多用,不但可以减轻对环境的污染,更重要的可以从这些被废弃的生物资源中得到大量的生理活性物质,实现农产品原料的梯度加工增值和可持续发展,可以提高经济效益和生态效益。

本章重点介绍了果胶的提取技术及从柑橘皮、葡萄皮、苹果皮渣、甜菜渣等果蔬加工下脚料中提取果胶的方法;菠萝蛋白酶的制取技术;从食用辣椒中提取辣椒红色素及从葡萄皮中提取葡萄皮红色素等天然色素提取技术。

【复习思考题】

1. 果蔬下脚料为什么要进行综合利用?
2. 果蔬综合利用的含义?
3. 提取果胶的原料有哪些?
4. 简述果胶的提取工艺流程与操作要点。
5. 菠萝蛋白酶的提取方法有哪些?
6. 辣椒红色素的提取方法有哪些?各有何优缺点?
7. 举例说明葡萄皮色素的提取方法。

【实验实训十八】 苹果果胶的制取

一、技能目标

通过实训使学生理解从苹果皮渣中提取果胶的原理,掌握利用苹果皮渣提取果胶的方法。

二、材料、仪器与设备

1. 材料:苹果皮或苹果渣,盐酸,95%乙醇,蔗糖。
2. 仪器与设备:铝盆,过滤装置,粉碎机,真空浓缩锅,真空干燥箱。

三、工艺流程

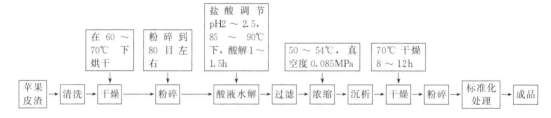

四、操作步骤

1. 清洗:新鲜苹果皮渣含水量较高,极易腐烂变质,应及时处理,将苹果皮渣用清水洗净,除去杂质。
2. 干燥:将洗净后的苹果皮渣在温度65~70℃的条件下烘干。
3. 粉碎:将烘干后的苹果皮渣用粉碎机粉碎到80目左右。
4. 酸液水解:给粉碎后的苹果皮渣粉末加入8倍左右皮渣粉末重的水,用盐酸调节pH

为 2～2.5 进行酸解，在 85～90℃下，酸解 1～1.5h。

5. 过滤：酸解进行过滤，除去果渣，留清液备用。

6. 浓缩：滤液在温度 50～54℃，真空度为 0.085MPa 下进行浓缩。

7. 沉析：浓缩液要及时冷却，冷却后的浓缩液按 1:1 的比例加入 95% 的乙醇进行沉析，待沉析彻底后过滤或离心分离，脱去乙醇并回收得到湿果胶。

8. 干燥：将湿果胶在 70℃以下，进行真空干燥 8～12h。

9. 粉碎：用粉碎机粉碎到 80 目左右，即成为果胶粉。

10. 标准化处理：添加 18%～35% 的蔗糖进行标准化处理，以达到商品果胶的要求。

五、产品质量标准

外观：白色到淡黄色的粉末；味道：温和气味；口感：没有不良味道；胶凝度：150 度±5 度（US—SAG）；酯化度：65%～70%；半乳糖醛酸：80%～90%；pH（1% 水溶液）2.8±0.2；水分＜12%；灰分＜3%；酸不溶性灰分＜0.5%；粒度＜60 目；二氧化硫＜5mg/kg；重金属＜0.5mg/kg。

参 考 文 献

[1] 刘章武. 果蔬资源开发与利用. 北京：化学工业出版社，2007.
[2] 吴锦涛，张昭其. 果蔬保鲜与加工. 北京：化学工业出版社，2001.
[3] 李勇. 食品冷冻加工技术. 北京：化学工业出版社，2005.
[4] 艾启俊，张德权. 果品深加工新技术. 北京：化学工业出版社，2003.
[5] 赵丽芹. 园艺产品贮藏加工学. 北京：中国轻工业出版社，2001.
[6] 赵晨霞，祝战斌. 果蔬贮藏加工实训教程. 北京：科学出版社，2006.
[7] 罗云波，蔡同一. 园艺产品贮藏加工学. 北京：中国农业大学出版社，2001.
[8] 高福成，王海鸥. 现代食品高新技术. 北京：中国轻工业出版社，1997.
[9] 陈功. 净菜加工技术. 北京：中国轻工业出版社，2005.
[10] 仇农学. 现代果汁加工技术与设备. 北京：化学工业出版社，2006.
[11] 林亲录，邓放明. 园艺产品加工学. 北京：中国农业出版社，2003.
[12] 叶兴乾. 果品蔬菜加工工艺学. 北京：中国农业出版社，2002.
[13] 潘永贵，李枚秋. MP果蔬贮期不良变化及防治. 食品工业科技，1999.
[14] 武杰. 新型果蔬食品加工工艺与配方，北京：科学技术文献出版社，2001.
[15] 狄玉振. 蔬菜深加工技术指南，北京：中国育文出版社，1999.
[16] 朱维军，陈月英. 果蔬贮藏保鲜与加工. 北京：高等教育出版社，1999.
[17] 北京农业大学. 果品贮藏加工学. 第2版. 北京：中国农业出版社，2000.
[18] 杨天英. 发酵调味品工艺学. 北京：中国轻工业出版社，2000.
[19] 上海市酿造科学研究所编著. 发酵调味品生产技术. 北京：中国轻工业出版社，1998.
[20] 何国庆. 食品发酵与酿造工艺学. 北京：中国轻工业出版社，2001.
[21] 顾国贤. 酿造酒工艺学. 北京：中国轻工业出版社，2001.
[22] 郑友军，王滨. 饮料加工实用手册. 南宁：广西人民出版社，1986.
[23] 汉斯·J. 比利希，约阿希姆·维尔纳. 果汁加工. 北京：中国对外翻译出版公司，1986.
[24] 李正明，王兰君. 实用果蔬汁生产技术. 北京：中国农业出版社，1996.
[25] [英] C.P. 马利特著，冷冻食品加工技术. 张憼等译. 北京：中国轻工业出版社，2004.
[26] 赵晨霞. 果蔬贮藏加工技术. 北京：科学出版社，2004.
[27] 赵丽芹. 果蔬加工工艺学. 北京：中国轻工业出版社，2002.
[28] 蔡同一，陈芳. 果蔬原料的综合利用现状及展望. 饮料工业，2002（增刊）：19-23.
[29] 刘达玉，钟世荣. 番茄皮渣组成及利用价值研究. 四川轻化工学院学报，2000（1）：28-30.
[30] 洪海龙，贺文智，索全伶. 辣椒红色素的提取工艺研究. 中国食品添加剂，2004（6）：19-21.
[31] 王战勇，苏婷婷. 葡萄皮色素提取条件综合研究. 氨基酸和生物资源，2005（2）：8-10.
[32] 陈学平. 果蔬产品加工工艺学. 北京：中国农业出版社，1995.
[33] 高海生，祝美云. 果蔬食品工艺学. 北京：中国农业科技出版社，1998.
[34] 彭坚等，果蔬贮藏加工原理与技术，北京：中同农业科学技术出版社，2002.10.
[35] 吴卫华，苹果加工. 北京：中国轻工业出版社，2001.
[36] 邵长富，赵晋府. 软饮料工艺学. 北京：中国轻工业出版社，2005.
[37] 赵晨霞. 园艺产品贮藏与加工. 北京：中国农业出版社，2005.
[38] 乔旭光. 果品实用加工技术. 北京：金盾出版社，2001.
[39] 张文玉. 果蔬汁果蔬酱制品452例. 北京：科技文献出版社，2003.